JN221854

Rグラフィックスクックブック 第2版

ggplot2によるグラフ作成のレシピ集

Winston Chang 著

石井 弓美子、河内 崇
瀬戸山 雅人 訳

本文中の製品名は、一般に各社の登録商標、商標、または商品名です。
本文中では™、®、©マークは省略しています。

SECOND EDITION

R Graphics Cookbook

Practical Recipes for Visualizing Data

Winston Chang

Beijing • Boston • Farnham • Sebastopol • Tokyo

©2019 O'Reilly Japan, Inc. Authorized Japanese translation of the English edition of "R Graphics Cookbook, 2nd Edition". ©2019 Winston Chang. This translation is published and sold by permission of O'Reilly Media, Inc., the owner of all rights to publish and sell the same.

本書は、株式会社オライリー・ジャパンがO'Reilly Media, Inc. の許諾に基づき翻訳したものです。日本語版についての権利は、株式会社オライリー・ジャパンが保有します。

日本語版の内容について、株式会社オライリー・ジャパンは最大限の努力をもって正確を期していますが、本書の内容に基づく運用結果については責任を負いかねますので、ご了承ください。

訳者まえがき

私は、分析結果を可視化するためのグラフを作成するときに苦労することがあります。グラフというものは、あまりこだわらなければ最低限のものをすぐに描くことはできるのですが、わかりやすく結果を伝えるために後から情報を追加したり、途中で考えが変わって別の方法でデータを可視化したくなったり、さまざま点にこだわりたくなるものでもあります。

Rは標準のbaseパッケージでもある程度のグラフを描く機能を持っていますが、グラフの見せ方を変えるためにまったく別の関数の使い方を調べ直す必要があったり、そうやって描いたグラフがあまり「オシャレ」ではなかったりして、見栄えやグラフのわかりやすさにこだわりたいときには不満が残るときがあります。スプレッドシートからグラフを生成するアプリケーションなどは、それよりもさらにひどい状況です。

ggplot2は、グラフの作成にオブジェクト指向的な考え方を取り入れることを提唱したリーランド・ウィルキンソンの『*Grammar of Graphics*』(Springer 2005)をRのパッケージとして実装したライブラリです。オブジェクト指向プログラミング言語のように、属性の継承や特定の部分での属性の上書き(オーバーライド)などの設定を行うことができます。また、ggplot2では、統一的なインタフェースでさまざまなグラフを描くことができるので、少し使い方を覚えれば、さまざまな種類のグラフに覚えた考え方を適用して別の見せ方のグラフを作り直すことも簡単にできます。ただ、私が最初にggplot2を使用したときがそうだったのですが、Rのbaseパッケージなどと比べてggplot2は多機能なこともあり、考え方や使い方に慣れるのに少し時間がかかります。また、実用的で使いやすい日本語の書籍もあまりないように思います。

この本は、有名なサイト「Cookbook for R」(http://www.cookbook-r.com/)を公開しているウィンストン・チャン氏によるもので、Rのggplot2、dplyrパッケージの製作者であるハドレー・ウィッカム氏もレビューに参加しています。初版の日本語版は2013年に出版され、今回は、ggplot2のバージョン3.0.0に対応し、前処理などもdplyrの機能やパイプ演算子を使った書き方で刷新されています。また、この本の原書の原稿とソースコードが記載されたR Markdownのファイルはhttps://github.com/wch/

rgcookbookで公開されています。

私としては、こだわりたい点から逆引きしてグラフを描く方法を学ぶことのできるこの本のスタイルはggplot2の修得にかなり適しているのではないかと思います。そして、日本語翻訳版では、日本のggplot2ユーザ向けに日本語フォントの使用法も紹介しています。日本語フォントの扱いは、日本のggplot2ユーザがよく失敗するところだと思います。これらの情報も整理した形で掲載しているこの本は、かなり実用的な本になったのではないかと思います。初版出版後には、学術系の研究者の知り合いなどに、「あの本、すごく役立っているよ！」と言っていただくこともあり、私の励みにもなっています。

この本を翻訳するにあたっては、共同翻訳者の多大なる協力を得ることで書き終えることができました。石井氏（12章、13章の翻訳担当）、河内氏（9章、10章、11章、14章、15章の翻訳担当）は貴重なプライベートな時間を使ってこの本の完成度を高めてくださいました。ありがとうございました。また、いつものようにオライリー・ジャパンの赤池氏にはあらゆるサポートをしていただき、感謝いたします。

この本を読んだ皆様がご自分の作成したきれいなグラフを眺めながら幸せな気持ちになることを願います。

瀬戸山 雅人

はじめに

この本の第1版が出版された5年前、「データサイエンス」という単語は、一般的な辞書に追加されたばかりでした。しかし現在では、この単語は、科学やジャーナリズム、ハイテク産業の関係者であれば知らずに過ごすことはできません。さまざまな分野の発展によってこの状況が生まれたのです。例えば、データを定量的に理解することが利益を生むことは一般的な認識になりました。また、データサイエンスの手法について学ぶことができる情報源も、より良いさまざまなものが手に入るようになりました。ツールも進化し、簡単に使えるようになりました。

この本のゴールは、データを可視化することによって読者がデータを理解するのを手助けし、そこで理解したことを周囲の人へ伝えるのを手助けすることです。データ分析とは、生のデータを誰かの心に残るようなアイデアへと変換するプロセスと考えることもできます。このとき重要になる技術がデータの可視化です。私たちの脳は高度に発達した視覚的パターン認識のシステムを持っています。データの可視化とは、この認識システムを効果的に使って、定量的な情報を人間の心に残す方法なのです。

この本の各レシピでは、それぞれ1つの問題と解決策を記載しています。ほとんどの場合、私が示す解決策は、Rでの唯一の解決策というわけではありません。しかし、個人的にはベストの策を示したつもりです。Rが人気である理由の1つに、多くのパッケージを使うことができ、それらのパッケージによってRでできることを増やせる、というものがあります。Rには多くのデータ可視化パッケージがありますが、この本では主にggplot2を使います。

この本は、Rにおけるデータ可視化のすべての方法を網羅的に示すマニュアルではありません。しかし、あなたが考えたグラフの描き方を理解するのに、きっとこの本は役立つでしょう。また、何を描けばよいかがわからないような場合にも、この本を見れば何ができるのかがわかり、アイデアが湧くことでしょう。

レシピ

この本は、Rの最低限の基礎知識がある読者向けに書いています。この本のレシピは、それぞれ固有の課題への取り組み方を説明しています。使用する例はシンプルにするように心がけました。そのほうが各レシピにどのような効果があるのかが理解しやすく、読者の皆様の取り組んでいる問題へとレシピを適用しやすくなるからです。

ソフトウェアと利用環境について

ほとんどのレシピでは、ggplot2パッケージをグラフ作成に使い、dplyrをデータ前処理に使っています。これらのパッケージは**tidyverse**の一部です。tidyverseはデータを簡単に扱えるようにするためのRパッケージの集合です。また、一部のレシピでは最新のggplot2のバージョンである3.0.0[*1]を必要とします。そして、ggplot2を使用するために比較的最新のRのバージョンが必要になります。最新のバージョンのRは、RプロジェクトのWebサイト（https://www.r-project.org）からいつでもダウンロード可能です。

ggplot2を深く知らない状態でもレシピを使うことはできますが、ggplot2がどのように動作するのか詳細を知りたい場合は**「付録A　ggplot2を理解する」**を参考にしてください。

Rをインストールすると、必要なパッケージをインストールできるようになります。tidyverseに加えて、gcookbookパッケージもインストールすると便利です。このパッケージにはこの本の多くの例のデータが含まれています。これらのパッケージをインストールするにはRのコンソールで次のスクリプトを実行します。

```
install.packages("tidyverse")
install.packages("gcookbook")
```

スクリプトを実行すると、CRAN（The Comprehensive R Archive Network）のミラーサイトを選択するように聞かれるかもしれません。どのミラーサイトを選んでもうまくいきますが、自分のネットワークに近いサイトを選ぶと、遠いサイトより速くインストールできるでしょう。パッケージのインストールが終了したら、この本のレシピを使いたいRのセッションで、次のように入力してggplot2とdplyrを読み込みます。

```
library(ggplot2)
```

＊1　訳注：2018年12月現在

```
library(dplyr)
```

この本のレシピでは、既にggplot2とdplyrパッケージを読み込んでいることを前提にしています。したがって、レシピではこの行を記載していません。

もし、次のようなエラーが表示されたら、ggplot2パッケージの読み込みを忘れていることを意味します。

```
エラー： 関数 "ggplot2" を見つけることができませんでした
```

一般的なRの実行環境はmacOS、Linux、Windowsです。この本のすべてのレシピはこれらの実行環境で動作します。実行環境で異なる差には、ビットマップファイルを出力するときに発生するものがあります。これらの差については、**「14章　文書用に図を出力する」**で説明します。

本書の表記法

本書では、次の表記法を使います。

ゴシック（サンプル）
: 新しい用語を示す。

等幅（`sample`）
: プログラムリストに使うほか、本文中でもパッケージ、プログラミング言語、ファイル拡張子、ファイル名、変数、関数、データ型、環境変数、文、キーワードなどのプログラム要素を表すために使う。

イタリック（*sample*）
: 数式に使う。

斜体の等幅（*`sample`*）
: ユーザが実際の値に置き換えて入力すべき部分、コンテキストによって決まる値に置き換えるべき部分、プログラム内のコメントを表す。

一般的なメモを示す。

問い合わせ先

本書に関するご意見、ご質問などは、出版社にお送りください。

株式会社オライリー・ジャパン
電子メール japan@oreilly.co.jp

本書には、正誤表、追加情報を掲載したWebサイトがあります。

http://shop.oreilly.com/product/0636920063704.do（英語）
https://www.oreilly.co.jp/books/9784873118925/（日本語）

謝辞

どのような本も1人で作ることはできません。この本を実現するにあたっては、多くの方々に直接的、間接的にお世話になりました。Rコミュニティの方々には、Rを創り出し、そして、R周辺のダイナミックなエコシステムを育成していただいたことを感謝いたします。Hadley Wickham氏と他のtidyverseチームのメンバーの方々にも感謝します。彼らは、この本がテーマにしているソフトウェアを創り出し、私がRやデータ分析、可視化の知識を深める多くの機会を提供していただきました。私が所属するRStudioにも感謝します。RStudioでは、Rコミュニティで指導的立場にある人々と一緒に働けるだけでなく、Rコミュニティ全体が利益を得られるようなソフトウェア開発に対しても報酬を与えてくれます。

この本とこの本の初版でテクニカルレビューをしてくださった、Garrett Grolemund氏、Thomas Lin Pedersen氏、Paul Teetor氏、Hadley Wickham氏、Dennis Murphy氏、Erik Iverson氏にも感謝します。彼らの知識の深さと注意深さにより、この本は非常に改善しました。Jen Wang氏にはこの本の2版を編集してくださったことを感謝します。

最後に、妻のシリアにはそのサポートに感謝し、また、この本のことに限らずいつも理解してくれていることに感謝しています。

目次

1章
Rの基本

この章では、パッケージのインストールと使用方法、およびデータの読み込みといった基本事項について説明します。

この本のほとんどのレシピではggplot2とdplyr、gcookbookパッケージが必要です（gcookbookパッケージには、この本の例で使っているデータが含まれています。あなたの実務で必要になるわけではありません）。すぐに始められるように、以下を実行してこれらをインストールしましょう。

```
install.packages("tidyverse")
install.packages("gcookbook")
```

それぞれのRセッションでは、この本で紹介するスクリプト例文の前に次のコマンドを記述することで、インストールしたパッケージを読み込めます。

```
library(tidyverse)
library(gcookbook)
```

library(tidyverse)を実行すると、ggplot2とdplyr、その他のパッケージが読み込まれます。Rセッションで無駄な読み込みをなくし、厳密に必要なパッケージだけを使いたい場合は、次のようにggplot2とdplyrパッケージを個別に読み込むこともできます。

```
library(ggplot2)
library(dplyr)
library(gcookbook)
```

ggplot2がどのように動作するかについて、より深く理解したい場合は、**「付録A　ggplot2を理解する」**を参照してください。付録Aでは、ggplot2の背景にある思想についても説明しています。

Rのパッケージは、機能やデータをまとめて配布しやすいようにバンドルしたものです。パッケージをインストールすることで、コンピュータ上のRの機能を拡張できます。もしRのユーザがパッケージを作成し、それが他のユーザにも有用であると考えた場合には、パッケージリポジトリを通じてそのパッケージを配布できます。Rのパッケージを配布するための第1リポジトリはCRAN（The Comprehensive R Archive Network）ですが、ゲノムのデータ解析に関連するパッケージに特化したBioconductorなどもあります。

Rをある程度学習したことある人であれば、**tidyverse**について聞いたことがあるかもしれません。tidyverseは特定のRパッケージのコレクションです。それらのパッケージは、データの構造や操作方法に関して共通の考え方を持っているものです。一方、**Rのbaseパッケージ**は、Rをダウンロードしてインストールしたときに、同梱されているパッケージです。tidyverseは、Rに対して機能を追加し、データ操作や可視化を簡単にしてくれます。この本では大部分でtidyverseを使います。なぜなら、tidyverseを使えば、素早くシンプルな（それでいて力不足でもない）方法でデータを扱えるようになるからです。

tidyverseを使ったことがない人には、読むべきレシピが1つあります。そのレシピでは、パイプ演算子と呼ばれる見慣れない%>%を使った構文について説明しています。この章の**「レシピ1.7　%>%で関数をつなぐパイプ演算子」**を参照してください。

レシピ1.1　パッケージをインストールする

問題

CRANからパッケージをインストールしたい。

解決策

`install.packages()`を使用して、インストールしたいパッケージの名前を渡します。ggplot2をインストールするには、以下を実行します。

```
install.packages("ggplot2")
```

このスクリプトを実行すると、ダウンロードのミラーサーバを選択するためのプロンプトが表示される場合があります。通常は、一番最初の選択肢であるhttps://cloud.r-project.org/を選択するのが良いでしょう。これは世界中にエンドポイントがあるクラウドベースのミラーになっています。

解説

複数のパッケージを同時にインストールしたい場合は、パッケージ名をベクトル形式で指定します。例えば、次のようにするとこの本で使うほとんどのパッケージがインストールされます。

```
install.packages(c("tidyverse", "gcookbook"))
```

Rでパッケージのインストールを実行すると、指定したパッケージが依存しているすべてのパッケージが自動的にインストールされます。

レシピ1.2　パッケージを読み込む

問題

インストールしたパッケージを読み込みたい。

解決策

library()を使用して、読み込みたいパッケージの名前を指定します。ggplot2を読み込むには、以下を実行します。

```
library(ggplot2)
```

パッケージは、あらかじめコンピュータにインストールされている必要があります。

解説

この本に記載しているほとんどのレシピでは、コードを実行する前にパッケージの読み込みが必要です。例えば、グラフを描画するためにはggplot2パッケージの読み込みが、例題用データセットを得るためにはMASSやgcookbookパッケージの読み込みが必要になります。

Rの特徴の1つとして、パッケージ／ライブラリという用語の特殊な使用法があります。パッケージを読み込むためにlibrary()という名称のコマンドを使用しますが、パッケージはライブラリとは異なるものです。Rを長い間使っているユーザの中には、パッケージをライブラリと呼ぶことに違和感を持つ人もいます。

ライブラリとは、パッケージのセットを含むディレクトリのことを指します。例えば、各ユーザごとのライブラリを持つと同時に、システム全体のためのライブラリを持つといったことが起こりうるのです。

レシピ1.3　パッケージをアップグレードする

問題

インストール済みのパッケージをアップグレードしたい。

解決策

update.packages()を実行します。

```
update.packages()
```

update.packages()を実行すると、アップグレード可能なパッケージごとにプロンプトが表示されます。この確認をせずに一括ですべてのパッケージをアップグレードしたい場合は、ask = FALSEを使います。

```
update.packages(ask = FALSE)
```

解説

時間が経つとともに、パッケージの作成者たちはバグの修正や新機能を追加しながら、パッケージの新しいバージョンをリリースしていきます。通常は、最新の状態を保つのが良いでしょう。しかし、パッケージの新バージョンには予期しないバグが含まれていたり、動作が少し変更されていたりすることも念頭に置きましょう。

レシピ1.4 区切られたテキストデータファイルを読み込む

問題

区切り文字で区切られたテキストデータファイルを読み込みたい。

解決策

ファイルの読み込みにおいて最もよく用いられるのは、カンマ区切りで作られたデータ(CSV：comma separated values)でしょう。

```
data <- read.csv("datafile.csv")
```

read.csv関数の代わりに、readrパッケージのread_csv()関数(. ではなく _ となっていることに注意してください)を使うこともできます。この関数はread.csv()よりも非常に高速で、文字列や日付、時間の扱いがしやすくなっています。

解説

データファイルにはさまざまな形式があるため、それらを読み込む方法も多様です。例えば、データファイルの1行目にヘッダ情報が**含まれない**場合は、次のように指定します。

```
data <- read.csv("datafile.csv", header = FALSE)
```

読み込み結果のデータフレームには、V1、V2などといった名前の列が生成されているはずですが、これらの列の見出しを手動で変更したい場合には、次のように指定します。

```
# 手動で列見出しを割り当てる
names(data) <- c("Column1", "Column2", "Column3")
```

デリミタとする文字は、引数sepで指定できます。スペース区切りなら、sep=" "と指定します。タブ区切りなら、次のように\tと指定します。

```
data <- read.csv("datafile.csv", sep = "\t")
```

デフォルトでは、データに含まれる文字列はファクタ（factor）として扱われます。仮にデータファイルの内容が次の通りで、このファイルをread.csv()を使って読み込んだとします。

```
"First","Last","Sex","Number"
"Currer","Bell","F",2
"Dr.","Seuss","M",49
"","Student",NA,21
```

読み込み結果のデータフレームでは、FirstやLastがファクタとして格納されます。しかしこの例の場合、これらは文字列（Rの用語では**文字（character）ベクトル**）として扱うほうが目的にかなっています。データを文字列として読み込むには、stringsAsFactors = FALSEを指定します。読み込み後、ファクタとして扱いたい列がある場合には、それらの列を個別にファクタに変換します。

```
data <- read.csv("datafile.csv", stringsAsFactors = FALSE)

# ファクタに変換する
data$Sex <- factor(data$Sex)
str(data)
#> 'data.frame': 3 obs. of 4 variables:
#> $ First : chr "Currer" "Dr." ""
#> $ Last : chr "Bell" "Seuss" "Student"
#> $ Sex : Factor w/ 2 levels "F","M": 1 2 NA
#> $ Number: int 2 49 21
```

逆に、文字列をファクタとして認識する設定でファイルを読み込み、それから個別の列をファクタから文字列に変換することも可能です。

関連項目

read.csv()は、read.table()に付属する便利なラッパー関数です。read.table()の使い方をより詳しく知りたい場合は、?read.tableを参照してください。

レシピ1.5 Excelファイルからデータを読み込む

問題

Excelファイルからデータを読み込みたい。

解決策

readxlパッケージには、Excelの.xlsファイルや.xlsxファイルを読み込むためのread_excel()関数があります。この関数は、Excelスプレッドシートの先頭のシートだけを読み込むものです。

```
# インストールは1度のみでよい
install.packages("readxl")

library(readxl)
data <- read_excel("datafile.xlsx", 1)
```

解説

read_excel()関数では、sheetにシート番号やシート名を指定することで、先頭以外のシートを読み込むことができます。

```
data <- read_excel("datafile.xls", sheet = 2)

data <- read_excel("datafile.xls", sheet = "Revenues")
```

read_excel()では、スプレッドシートの最初の行のデータを列名として使います。最初の行を列名として使いたくない場合は、col_names = FALSEを指定します。この場合、列名は、X1、X2のようになります。

デフォルトでは、read_excel()は各列のデータ型を推定します。しかし、各列の型を明示的に指定したい場合は、引数col_typesを使うことができます。型に"blank"を指定するとその列を削除することもできます。

```
# 最初の列を削除し、後続の3列については型を指定する
data <- read_excel("datafile.xls",
                   col_types = c("blank", "text", "date", "numeric"))
```

関連項目

Excelファイルの読み込みにおいて使用できるその他のオプションについては、?read_excelを参照してください。

Excelファイルの読み込みには、この他にもパッケージがあります。gdataパッケージには、.xlsファ

イルを読み込むためのread.xls()関数や、.xlsxファイルを読み込むためのread.xlsx()関数があります。これらを実行するためには、外部ソフトウェアをコンピュータにインストールする必要があります。read.xls()ではJavaが必要で、read.xlsx()ではPerlが必要です。

レシピ1.6　SPSS/SAS/Stataファイルからデータを読み込む

問題

SPSSファイルや、SAS、Stataなどからデータを読み込みたい。

解決策

havenパッケージには、SPSSファイルを読み込むためのread_sav関数があります。SPSSファイルを読み込むには、次のようにします。

```
# 初回にインストールするだけでよい
install.packages("haven")

library(foreign)
data <- read_sav("datafile.sav")
```

解説

havenパッケージには、他のフォーマットを読み込むための以下のような関数もあります。

関数	読み込み可能なフォーマット
read_sas()	SAS
read_dta()	Stata

haven以外には、foreignパッケージというものもあります。foreignパッケージでは、SPSSとStataファイルがサポートされていますが、havenパッケージの関数ほどは、アップデートされていません。例えば、foreignパッケージではバージョン12までのStataファイルをサポートしますが、havenパッケージではバージョン14（この本の執筆時点で最新）までサポートするといった具合です。

foreignパッケージには、他のフォーマットを読み込むための以下のような関数もあります。

関数	読み込み可能なフォーマット
read.octave()	OctaveとMATLAB
read.systat()	SYSTAT
read.xport()	SAS XPORT
read.dta()	Stata
read.spss()	SPSS

関連項目

foreignパッケージに含まれるすべての関数のリストを表示するには、ls("package:foreign")を実行してください。

レシピ1.7 %>%で関数をつなぐパイプ演算子

問題

ある関数を実行し、その結果を別の関数に渡したい。それを読みやすく書きたい。

解決策

パイプ演算子%>%を使います。次の例を見てください。

```
library(dplyr) # パイプ演算子は、dplyrで提供されている

morley # morleyデータセットの確認
#>     Expt Run Speed
#> 001    1   1   850
#> 002    1   2   740
#> 003    1   3   900
#>  ...<94 more rows>...
#> 098    5  18   800
#> 099    5  19   810
#> 100    5  20   870

morley %>%
  filter(Expt == 1) %>%
  summary()
#>      Expt        Run            Speed
#>  Min.   :1   Min.   : 1.00   Min.   : 650
#>  1st Qu.:1   1st Qu.: 5.75   1st Qu.: 850
#>  Median :1   Median :10.50   Median : 940
#>  Mean   :1   Mean   :10.50   Mean   : 909
#>  3rd Qu.:1   3rd Qu.:15.25   3rd Qu.: 980
#>  Max.   :1   Max.   :20.00   Max.   :1070
```

この例では、morleyデータセットをdplyrのfilter()関数に渡しています。その際、Exptの値が1である行だけを条件に抽出しています。その後、その結果をsummary()関数に渡して、データの要約統計量を計算しています。

パイプ演算子を使っていなければ、先ほどのコードは次のように書くことになります。

```
summary(filter(morley, Expt == 1))
```

このコードでは、関数呼び出しが内側から外側に向かって処理されます。数学的な視点からすると、これは意味があるのかもしれませんが、読みやすさという点ではこのコードは混乱しやすいです。特に、多くの関数がネストしている場合は尚更です。

解説

%>%を使うこのパターンは、tidyverseパッケージでは広く用いられています。なぜなら、tidyverseパッケージでは、比較的小さな機能を持つ関数が多いからです。これらの関数をブロックのように組み合わせることで、望みの結果を得られるようにする、という思想があります。

ここで起こっていることを説明するために、次の2つの同等なコードを見てみましょう。

```
f(x)

# 以下と同じ
x %>% f()
```

つまりパイプ演算子は、左のものを右の関数の第1引数として使っているのです。

複数の関数呼び出しを次のように**つなげて**使うこともできます。

```
h(g(f(x)))

# 以下と同じ
x %>%
  f() %>%
  g() %>%
  h()
```

この関数の連鎖の中では、関数呼び出しの記述の順番が実行の順番と同じになっています。

最終結果を保存したい場合、`<-`演算子を先頭で使います。例えば、次の例では関数の連鎖による結果を、元のxに上書きして保存しています。

```
x <- x %>%
  f() %>%
  g() %>%
  h()
```

パイプ演算子で渡されたものが第1引数に入るため、関数にそれ以外の引数がある場合は、その引数が右にずらされます*[1]。最初の例に戻ると、次の2つは同等になります。

```
filter(morley, Expt == 1)

morley %>% filter(Expt == 1)
```

パイプ演算子は、実際にはmagrittrパッケージ由来のものです。しかし、dplyrがそれをインポートしているため、library(dplyr)を呼び出すことで使えるようにしています。

関連項目

「15章 データの前処理」には、データ操作において%>%を使う豊富な例があります。

*1 訳注：この例では、パイプ演算子を使った場合、第1引数であるExpt == 1の部分が右にずれて実際には第2引数になっています。

2章 データの基本的なプロット

この本のほとんどのグラフィックスにはggplot2パッケージを使っていますが、これがグラフを作成する唯一の方法ではありません。データを手早くグラフ化するには、Rのbaseパッケージに含まれるプロット用関数を使うことが役に立つ場合もあります。これらはRをインストールするとデフォルトで使える関数で、追加のパッケージをインストールする必要はありません。入力しやすく、単純なケースを扱う場合に使いやすく、また実行速度が非常に速いという利点があります。

ただし、ごく単純なグラフから何か工夫を加えたいなら、一般的にはggplot2に切り替えたほうが得策です。理由の1つとしては、baseグラフィックスではさまざまな修飾子や特殊な指定が必要になるのに対して、ggplot2は統一されたインタフェースとオプションのセットを持っているということがあります。ggplot2の使い方を一度修得したら、その知識を散布図やヒストグラムからバイオリンプロットや地図まで、すべてに応用できるのです。

この章で紹介するレシピでは、baseグラフィックスを使用したグラフの作成方法を示します。それぞれのレシピでは、baseグラフィックスの関数と同様のグラフをggplot2の`ggplot()`関数を使用して作成する方法も紹介しています。この本の初版では、`qplot()`関数を使った例を記載していましたが、現在では`ggplot()`の使用が推奨されています。

baseグラフィックスの使い方を既に知っているなら、これらの例と比べることで、ggplot2を使って洗練されたグラフを描画し始めるときに役に立つでしょう。

レシピ2.1　散布図を作成する

問題

散布図を作成したい。

解決策

散布図（**図2-1**）を作成するには、`plot()`関数を使用して、xの値のベクトル、yの値のベクトルの順で渡します。

```
plot(mtcars$wt, mtcars$mpg)
```

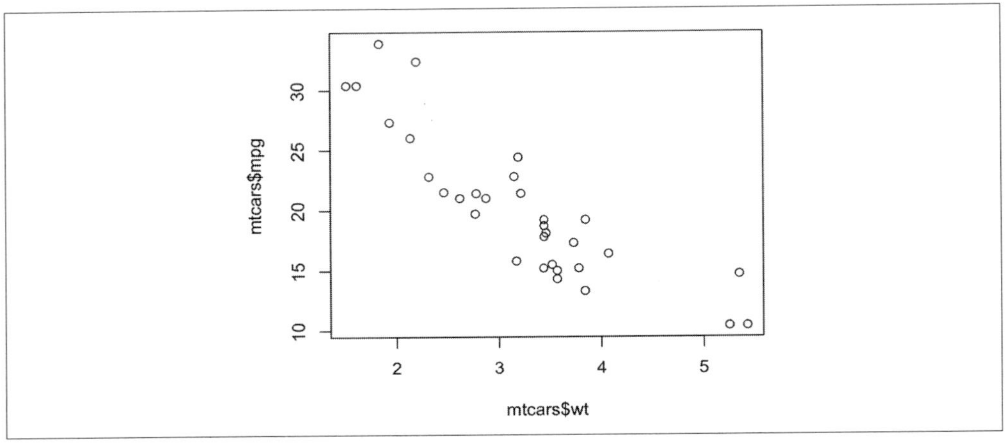

図2-1 baseグラフィックスを使用した散布図

`mtcars$wt`というのは、`mtcars`データフレームの`wt`列のことです。同様に`mtcars$mpg`は、`mpg`列です。

ggplot2では、`ggplot()`関数を使って同様の結果を得られます（**図2-2**）。

```
library(ggplot2)

ggplot(mtcars, aes(x = wt, y = mpg)) +
  geom_point()
```

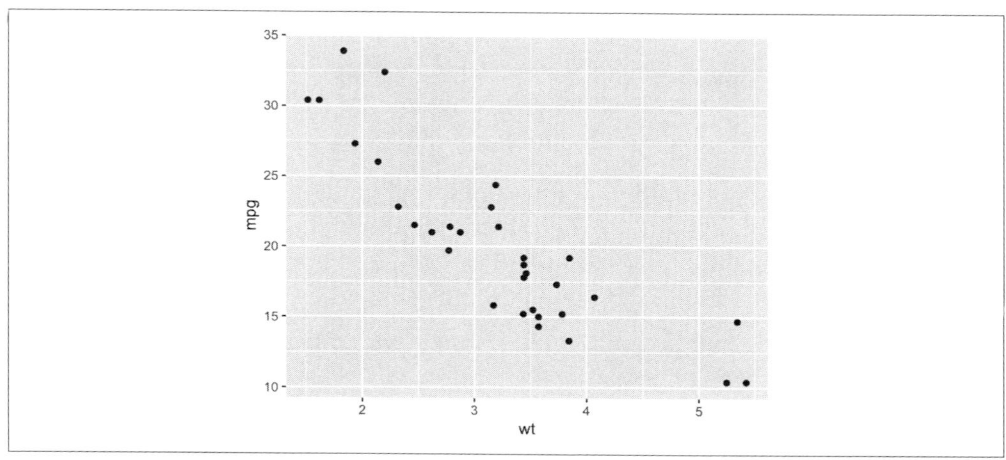

図2-2 ggplot2を使用した散布図

最初のggplot()という部分ではプロット用のオブジェクトを作成し、次のgeom_point()という部分で点をプロットするためのレイヤーを追加しています。

通常、ggplot()関数では、データフレーム（mtcars）をまず渡して、その後、どの列をxとyとして使うのかを指定します。xとyにベクトルを渡したい場合は、data = NULLを渡した上で、xとyにベクトルを指定することもできます。ただし、ggplot2は個別のベクトルではなくデータフレームをデータソースとして使う前提で設計されているため、このような使い方は、ggplot2の能力を制限することになってしまうでしょう。

```
ggplot(data = NULL, aes(x = mtcars$wt, y = mtcars$mpg)) +
  geom_point()
```

関連項目

散布図の作成に関するより詳しい情報については、**「5章 散布図」**を参照してください。

レシピ2.2 折れ線グラフを作成する

問題

折れ線グラフを作成したい。

解決策

plot()関数を使用して折れ線グラフを作成するには（**図2-3**左）、xの値のベクトル、yの値のベクトルの順で渡し、type="l"を指定します。

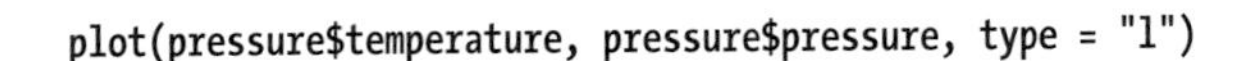

```
plot(pressure$temperature, pressure$pressure, type = "l")
```

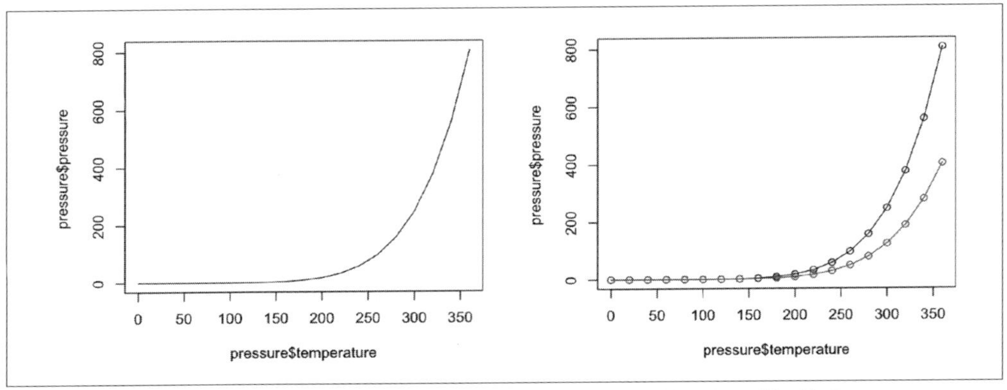

図2-3　左：baseグラフィックスで作成した折れ線グラフ　右：点と他の線を足した折れ線グラフ

グラフに点や複数の線を加えるには（**図2-3**右）、まず`plot()`を呼び出して1本目の線を描き、その後`points()`で点を、`lines()`で2本目以降の線を追加します。

```
plot(pressure$temperature, pressure$pressure, type = "l")
points(pressure$temperature, pressure$pressure)

lines(pressure$temperature, pressure$pressure/2, col = "red")
points(pressure$temperature, pressure$pressure/2, col = "red")
```

ggplot2では、`geom_line()`を使って同様の結果を得られます（**図2-4**）。

```
library(ggplot2)
ggplot(pressure, aes(x = temperature, y = pressure)) +
  geom_line()
```

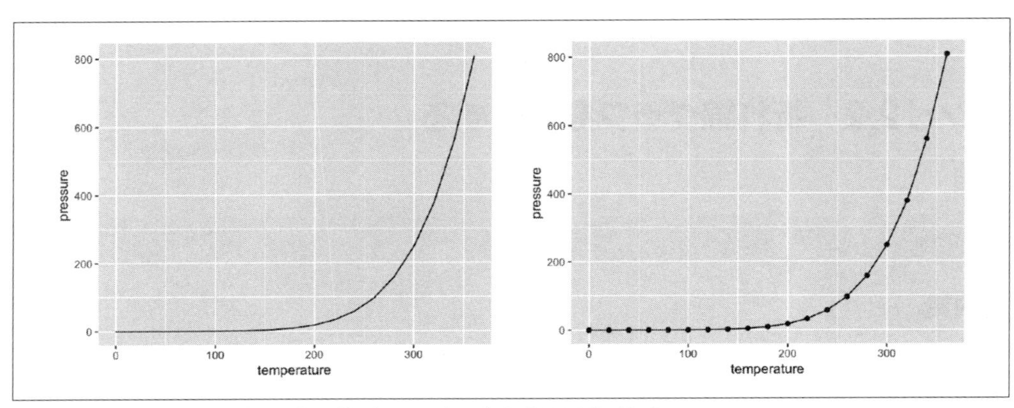

図2-4　左：ggplot()で作成した折れ線グラフ　右：点を重ねた折れ線グラフ

散布図と同様に、データフレームの代わりにベクトル形式でデータを指定することもできます（ただし、プロット作成後にできることに制約があります）。

```
ggplot(pressure, aes(x = temperature, y = pressure)) +
  geom_line() +
  geom_point()
```

ggplot()関数では、実行するコマンドを複数行に分けて、各行は+で終わるようにし、Rの実行環境が次の行にコマンドが続くことをわかるようにする、というのが一般的です。

関連項目

折れ線グラフの作成に関するより詳しい情報については、「**4章　折れ線グラフ**」を参照してください。

レシピ2.3　棒グラフを作成する

問題

棒グラフを作成したい。

解決策

値を示す棒グラフを作成するには（**図2-5**左）、barplot()を使用し、それぞれの棒の高さとなる値のベクトルを渡します。任意で、それぞれの棒にラベルを追加するためのベクトルも指定できます。ベクトルの要素ごとに名前が与えられている場合は、その名前が自動的にラベルとして使用されます[*1]。

```
# まず、BODデータを確認する
BOD
#>   Time demand
#> 1    1    8.3
#> 2    2   10.3
#> 3    3   19.0
#> 4    4   16.0
#> 5    5   15.6
#> 6    7   19.8

barplot(BOD$demand, names.arg = BOD$Time)
```

＊1　訳注：次のコードのBODとは、生物学的酸素要求量（Biochemical Oxygen Demandのことで、このデータはRのdatasetsパッケージに含まれています。

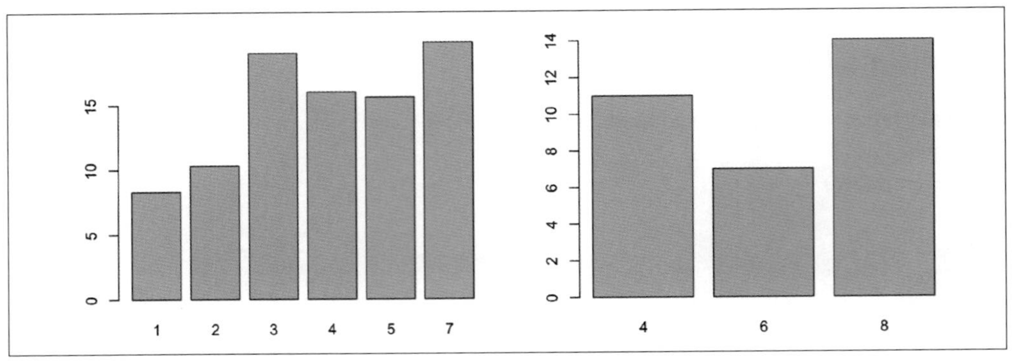

図2-5 左：baseグラフィックスで作成した棒グラフ　右：個数を集計した棒グラフ

「棒グラフ」は、棒の高さがそれぞれのカテゴリの**個数**を表すグラフとして使われることもあります。これはヒストグラムに似ていますが、x軸が連続値でなく離散値であるという点で異なります。ベクトル内のそれぞれの値の個数を生成するには`table()`関数を使用します。

```
# 4の値が11個、6の値が7個、8の値が14個
table(mtcars$cyl)
#>  4  6  8
#> 11  7 14
```

このテーブルを`barplot()`に渡せば、個数を集計したグラフを生成できます。

```
# 個数のテーブルからグラフを生成する
barplot(table(mtcars$cyl))
```

ggplot2では、`geom_col()`を使用することで同様の結果を得られます（**図2-6**）。**値**を示す棒グラフをプロットするために、次のように`geom_col()`を使います。変数`x`が連続値の場合と離散値の場合の出力のち外に注目してください。

```
library(ggplot2)

# 値を棒グラフで表示。BODデータフレームの"Time"列をx軸、"demand"列をy軸に使用している。
ggplot(BOD, aes(x = Time, y = demand)) +
  geom_col()

# 変数xを離散値として扱うために、ファクタに変換する
ggplot(BOD, aes(x = factor(Time), y = demand)) +
  geom_col()
```

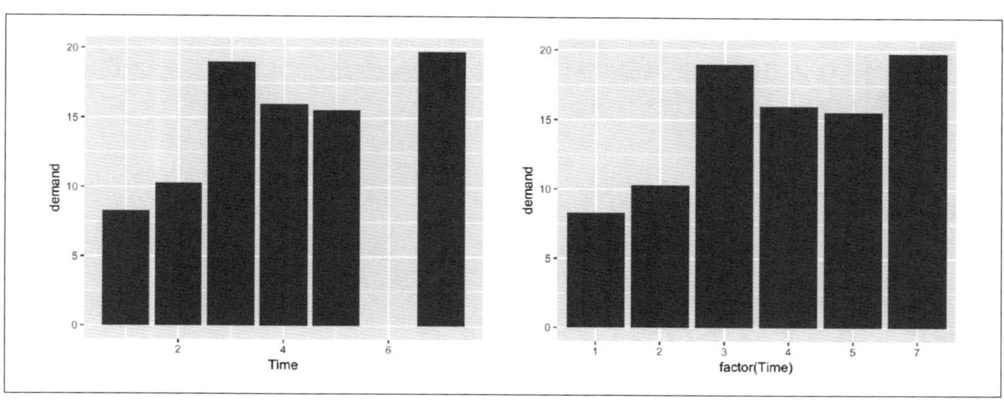

図2-6　左：geom_col()で作成した、値を示す棒グラフ（変数xは連続値）
右：変数xをファクタに変換した棒グラフ（6のエントリがないことに注目）

ggplot2では、geom_col()の代わりにgeom_bar()を使うことで、各カテゴリの個数をグラフ化できます（**図2-7**）。先ほどと同様、x軸が連続値の場合と離散値の場合の違いに注目してください。データの種類によっては、連続値を持つxをfactor()関数で離散値に変換するとわかりやすくなります。

```
# 個数データの棒グラフ。mtcarsデータフレームの"cyl"列をx軸として使い、y軸は各cylの値を持つ行数を集計している。
ggplot(mtcars, aes(x = cyl)) +
  geom_bar()

# 個数データの棒グラフ
ggplot(mtcars, aes(x = factor(cyl))) +
  geom_bar()
```

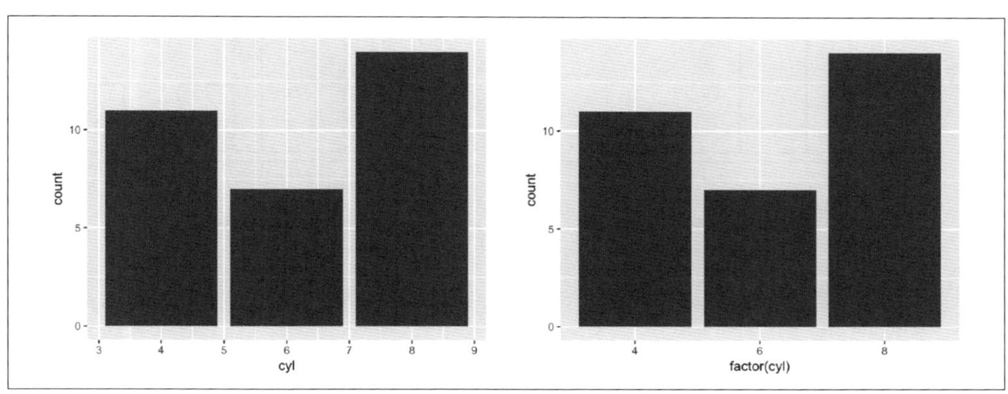

図2-7　左：geom_bar()で作成した、個数を示す棒グラフ（変数xは連続値）
右：変数xをファクタに変換した棒グラフ

以前のバージョンのggplot2では、棒グラフを作成するためにgeom_bar(stat = "identity")を使う方法を推奨していました。ggplot2 2.2.0以降では、geom_col()関数があり、これで同じことができます。

関連項目

棒グラフの作成に関するより詳しい情報については、**「3章　棒グラフ」**を参照してください。

レシピ2.4　ヒストグラムを作成する

問題

1次元のデータの分布を、ヒストグラムで表したい。

解決策

ヒストグラム（**図2-8**）を作成するには、hist()を使用し、値のベクトルを渡します。

```
hist(mtcars$mpg)

# ビン*1を分割する回数はbreaksで指定する
hist(mtcars$mpg, breaks = 10)
```

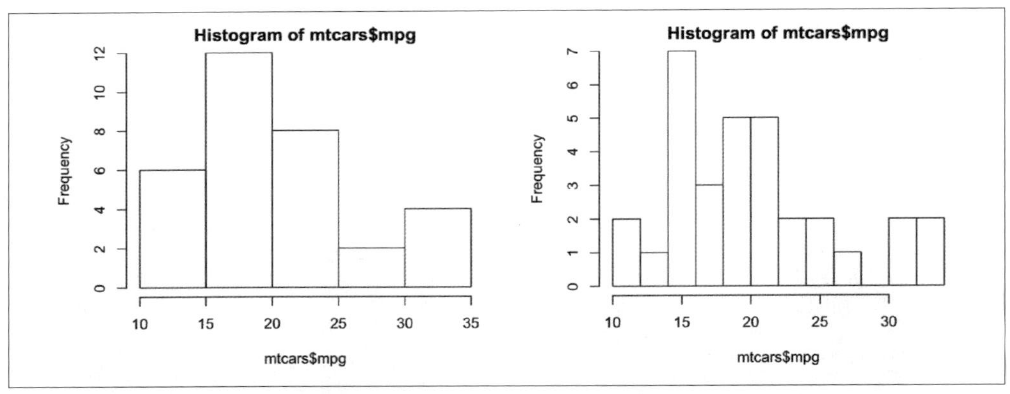

図2-8　左：baseグラフィックスで作成したヒストグラム
右：ビンの数を増やしたヒストグラム。ビンの幅が狭くなるにつれ、ビンごとの要素数は少なくなることに注目

ggplot2では、geom_histogram()を使って同様な結果を得られます（**図2-9**）。

*1　訳注：データ範囲をいくつかの任意の区間に区切ったときの各区間をビンと呼びます。

```
library(ggplot2)
ggplot(mtcars, aes(x = mpg)) +
  geom_histogram()
#> `stat_bin()` using `bins = 30`. Pick better value with `binwidth`.

# （デフォルトのbinwidth=30では大きすぎたので）より小さめなビンを使う
ggplot(mtcars, aes(x = mpg)) +
  geom_histogram(binwidth = 1)

ggplot(mtcars, aes(x = mpg)) +
  geom_histogram(binwidth = 4)
```

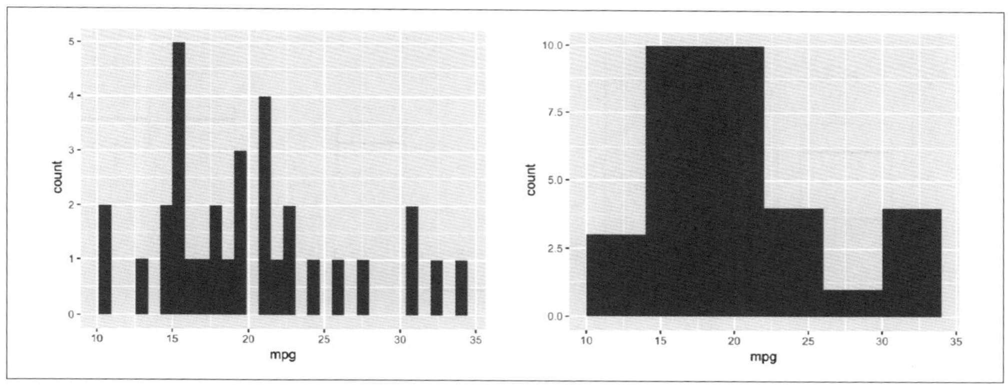

図2-9　左：ビン幅を1にしたヒストグラム　右：ビン幅を4にしたヒストグラム

ビン幅を指定せずにヒストグラムを作成すると、ggplot()関数はデフォルトのビン幅30を使用したことをメッセージで伝え、より良いビン幅の使用を促します。これは、デフォルトの30という値が、あなたが使用したデータに適していたとしてもそうでなかったとしても、異なるビン幅を試してみることがデータ探索において重要だからです。

関連項目

ヒストグラムの作成に関するより詳しい情報については、**「レシピ6.1　基本的なヒストグラムを作成する」**と**「レシピ6.2　グループ化されたデータから複数のヒストグラムを作成する」**を参照してください。

レシピ2.5　箱ひげ図を作成する

問題

分布の比較を行うために、箱ひげ図を作成したい。

解決策

箱ひげ図（**図2-10**）を作成するには、plot()を使用して、xの値のファクタとyの値のベクトルを渡します。xが（数値のベクトルでなく）ファクタであれば、箱ひげ図が自動で作成されます。

```
plot(ToothGrowth$supp, ToothGrowth$len)
```

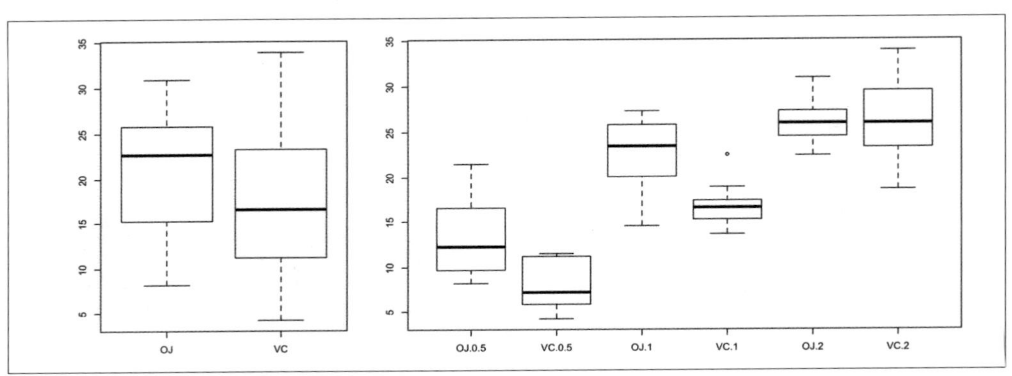

図2-10　左：baseグラフィックスで作成した箱ひげ図　右：グループ分けの変数を増やした箱ひげ図

2つのベクトルが同じデータフレームにある場合は、定型の構文（boxplot()関数）も使えます。この構文を使うと、**図2-10**のように、x軸で2つの変数を組み合わせることができます。

```
# 定型構文
boxplot(len ~ supp, data = ToothGrowth)

# x軸の2つの変数の相互関係を図示する
boxplot(len ~ supp + dose, data = ToothGrowth)
```

ggplot2パッケージでは、geom_boxplot()を使用して同様の結果を得られます（**図2-11**）。

```
library(ggplot2)
ggplot(ToothGrowth, aes(x = supp, y = len)) +
  geom_boxplot()
```

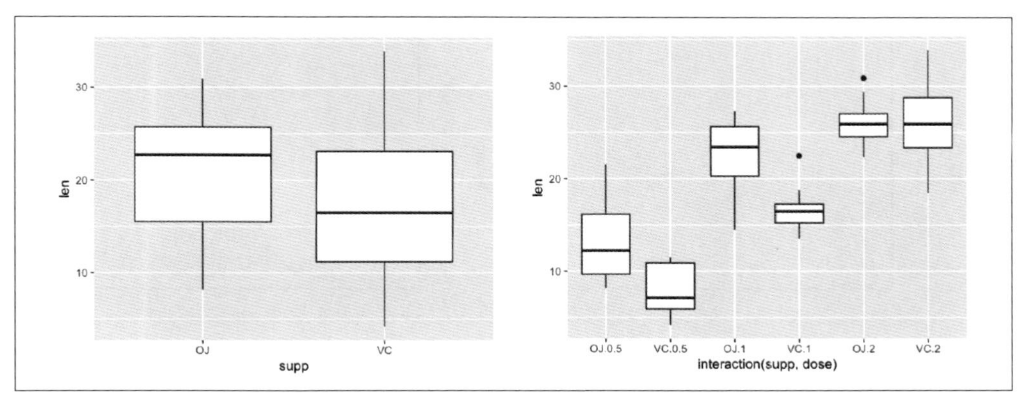

図2-11　左：ggplot()で作成した作成した箱ひげ図　右：グループ分けの変数を増やした箱ひげ図

interaction()で変数を組み合わせることによって、複数の変数を使用した箱ひげ図も作れます（**図2-11**右）

```
ggplot(ToothGrowth, aes(x = interaction(supp, dose), y = len)) +
  geom_boxplot()
```

baseグラフィックスで作成した箱ひげ図とggplot2で作成した図に、ほんの少しだけ違いがあることにお気付きかもしれません。baseグラフィックスとggplot2では分位数の計算方法が少しだけ異なることから、この違いは生じています。計算方法の違いの詳細については、?geom_boxplotと?boxplot.statsを参照してください。

関連項目

基本的な箱ひげ図の作成についてより詳しくは、**「レシピ6.6　基本的な箱ひげ図を作成する」**を参照してください。

レシピ2.6　関数曲線をプロットする

問題

関数曲線をプロットしたい。

解決策

図2-12のような関数曲線をプロットするには、curve()を使用して、変数xを使った数式を渡します。

```
curve(x^3 - 5*x, from = -4, to = 4)
```

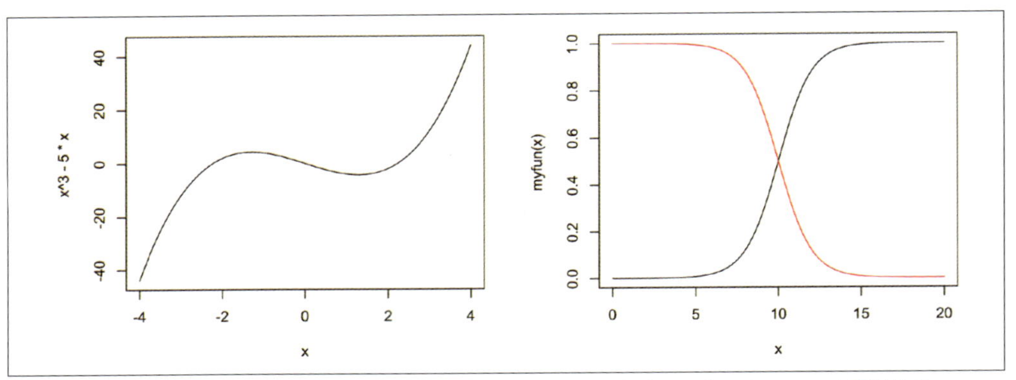

図2-12 左：baseグラフィックスで作成した関数曲線 右：ユーザ定義の関数をプロットした関数曲線

数値型のベクトルを入力に取り数値型のベクトルを返す関数ならば、自身で定義した関数も含め、何でもプロットすることができます。add=TRUEを指定すると、既に描画されたプロットに関数曲線が追加されます。

```
# ユーザ定義の関数をプロットする
myfun <- function(xvar) {
  1 / (1 + exp(-xvar + 10))
}
curve(myfun(x), from = 0, to = 20)
# 曲線を追加する
curve(1 - myfun(x), add = TRUE, col = "red")
```

ggplot2パッケージでは、stat_function(geom = "line")を使用し、入力と出力の両方に数値型のベクトルを取る関数を渡すことで、同様の結果を得られます（**図2-13**）。

```
library(ggplot2)
# xの範囲を0～20にする
ggplot(data.frame(x = c(0, 20)), aes(x = x)) +
  stat_function(fun = myfun, geom = "line")
```

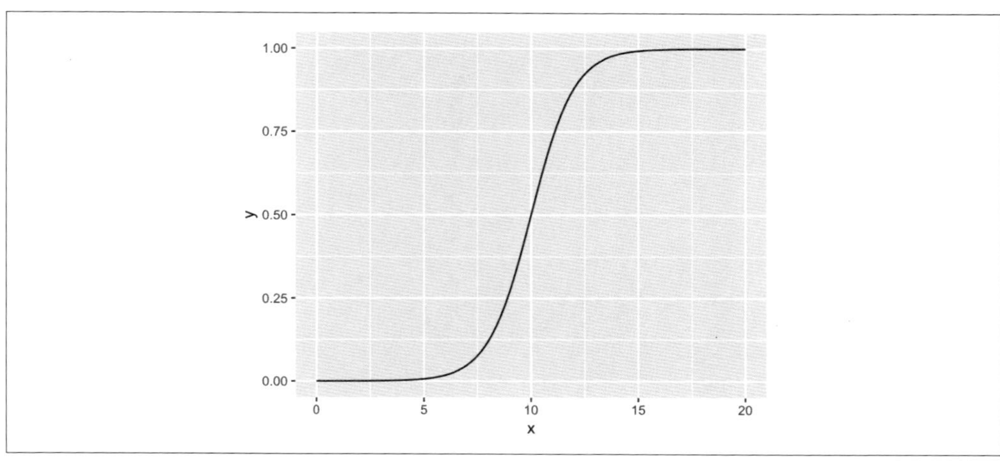

図2-13　ggplot2で作成した関数曲線

関連項目

関数曲線のプロットに関するより詳しい情報については、**「レシピ13.2　関数をプロットする」**を参照してください。

3章
棒グラフ

棒グラフは、おそらくデータの可視化に最もよく使用されるグラフでしょう。この形式のグラフは、通常はx軸にさまざまな区分を設け、y軸に各区分に対応する数値を表示するために使用されます。例えば、4種類の品物の値段を示すといった場合に使えます。この章で見ていくように、棒グラフは、時間が連続的な変数として使われる場合（例えば時間の経過に対する価格の変動を表示するときなど）には、表現できなくはないもののあまり向いていません。

棒グラフを作成するときにきちんと区別すべき点が1つあります。棒の高さは、データセット内の事象の**個数**を示す場合と、**値**を示す場合があるということです。この区別はきちんと心に留めておいてください。これらの2つの表現方法ではデータとの関係がまったく異なりますが、どちらの場合にも同じ用語が使われるため、混乱の原因になりやすいのです。この章ではこの区別についてより詳しく解説し、両タイプの棒グラフのレシピを紹介します。

この章以降では、Rのbaseグラフィックスではなく、ggplot2の使い方の紹介に重点を置くことにします。ggplot2を使うことで、ものごとがシンプルになり、洗練されたグラフを描けるようになります。

レシピ3.1　棒グラフを作成する

問題

データフレームがあり、その内容は1つの列に棒のx位置情報を持ち、もう1つの列に棒の垂直（y）方向の高さの情報を持つものである。これを使用して棒グラフを作成したい。

解決策

`ggplot()`と`geom_col()`を使い、x軸およびy軸に適用する変数を指定します（**図3-1**）。

```
library(gcookbook)  # pg_meanデータセットを使うためにgcookbookを読み込む
ggplot(pg_mean, aes(x = group, y = weight)) +
  geom_col()
```

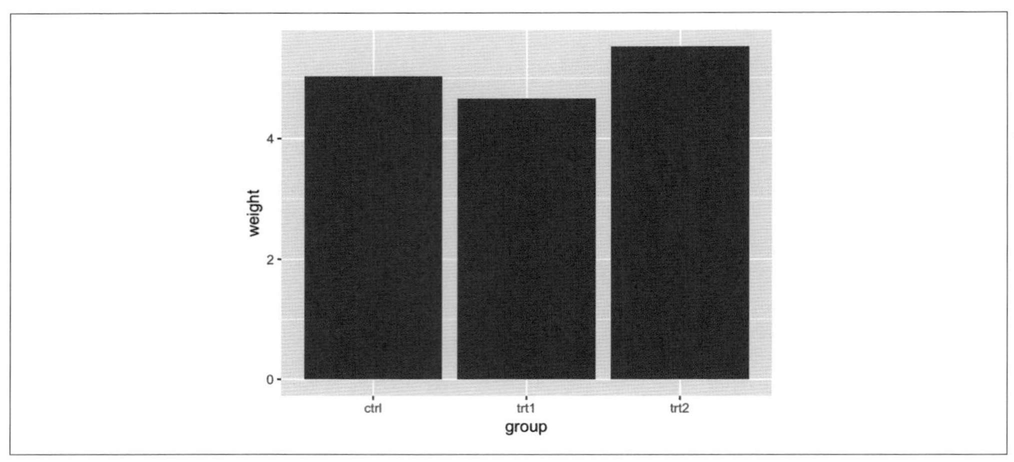

図3-1 数値を示す棒グラフで、x軸が離散値の場合

以前のバージョンのggplot2では、棒グラフを作成するために`geom_bar(stat = "identity")`を使うのが推奨されていました。ggplot2 2.2.0以降では、`geom_col()`があるため、これを使用して棒グラフを作成します。

解説

xが連続値（または数値）変数の場合は、棒の描画結果は少し異なります。それぞれの実際のxの値に対応して1本ずつ棒が描画されるのではなく、最小値から最大値まででxが取り得るすべての値に対して棒が生成されます（**図3-2**）。`factor()`を使用すると、連続値変数を離散値変数に変換できます。

```
# Time == 6のエントリは存在しない
BOD
#>   Time demand
#> 1    1    8.3
#> 2    2   10.3
#> 3    3   19.0
#> 4    4   16.0
#> 5    5   15.6
#> 6    7   19.8

# Timeは数値（連続値）
str(BOD)
#> 'data.frame':    6 obs. of  2 variables:
#>  $ Time  : num  1 2 3 4 5 7
#>  $ demand: num  8.3 10.3 19 16 15.6 19.8
```

```
#>  - attr(*, "reference")= chr "A1.4, p. 270"

ggplot(BOD, aes(x = Time, y = demand)) +
  geom_col()

# factor()を使ってTimeを離散値（カテゴリカル）変数に変換する
ggplot(BOD, aes(x = factor(Time), y = demand)) +
  geom_col()
```

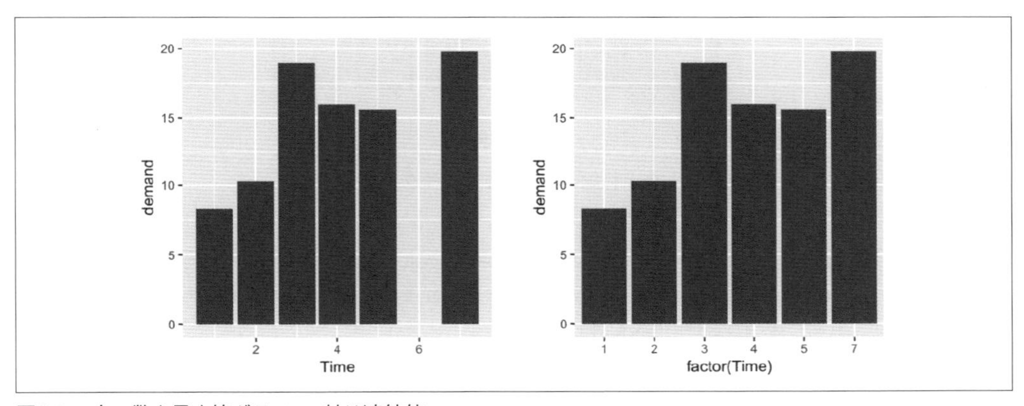

図3-2　左：数を示す棒グラフ。x軸は連続値
右：変数xをファクタに変換した棒グラフ（6に対応する棒が消えることに注目）

BODデータには、Time = 6の行がありませんでした。xが連続値変数のときは、ggplot2は数値軸を使用して、その範囲にあるすべての数値を用意します。したがって、プロットには、6の部分が用意された上で空白のスペースになります。Timeがファクタに変換された場合、ggplot2は離散値として扱い、x軸の値は数値としてではなく任意のラベルとして扱われます。したがって、プロットにおいて最小値と最大値の間に含まれるすべての数値が配置されることはありません。

これらの例では、元データはxの値の列とyの値の列をそれぞれ持つ形式です。棒の高さでグループごとの**個数**を表現したい場合は、**「レシピ3.3　個数を示す棒グラフを作成する」**を参照してください。

デフォルトでは、棒グラフの塗りつぶし色には濃いグレーが使われます。塗りつぶし色を指定するには、fillを使います。また、デフォルトでは棒に枠線は付いていません。枠線を追加するには、colourを使います。**図3-3**では、塗りつぶし色にライトブルー、枠線の色に黒を指定しています。

```
ggplot(pg_mean, aes(x = group, y = weight)) +
  geom_col(fill = "lightblue", colour = "black")
```

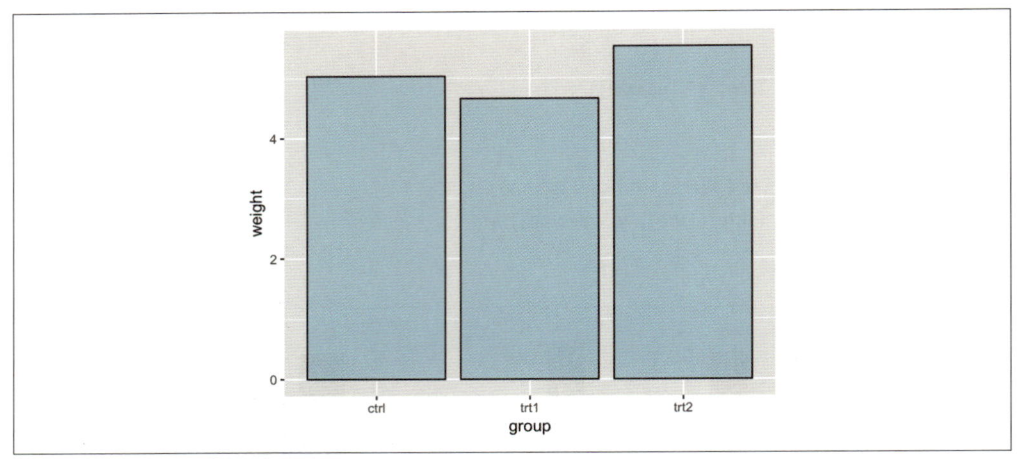

図3-3　すべての棒に単一の塗りつぶし色と枠線の色を指定した棒グラフ

ggplot2では、基本的にはアメリカ式綴りのcolorではなくイギリス式綴りのcolourを使用します。ただし、内部的にはアメリカ式綴りがイギリス式綴りに変換されるため、アメリカ式綴りを使っても正しく動作します。

関連項目

棒の高さでグループごとの個数を表現したい場合は、**「レシピ3.3　個数を示す棒グラフを作成する」**を参照してください。

他の変数の値を基にファクタのレベル順を並び替えるには、**「レシピ15.9　データの値に基づいてファクタのレベル順を変更する」**を参照してください。ファクタのレベル順を手動で変更するには、**「レシピ15.8　ファクタのレベル順を変更する」**を参照してください。

色の使用についてより詳しくは、**「12章　色を使う」**を参照してください。

レシピ3.2　棒をグループ化する

問題

2つ目の変数で棒をグループ化したい。

解決策

`fill`に変数をマッピングして、`geom_col(position="dodge")`を使います。

この例では、`cabbage_exp`データセットを使用しています。このデータセットは、2つのカテゴリカル変数CultivarとDate、および1つの連続値変数Weightを持つものです。

```
library(gcookbook) # cabbage_expデータセットを使うためにgcookbookを読み込む
#>   Cultivar Date Weight        sd  n         se
#> 1      c39  d16   3.18 0.9566144 10 0.30250803
#> 2      c39  d20   2.80 0.2788867 10 0.08819171
#> 3      c39  d21   2.74 0.9834181 10 0.31098410
#> 4      c52  d16   2.26 0.4452215 10 0.14079141
#> 5      c52  d20   3.11 0.7908505 10 0.25008887
#> 6      c52  d21   1.47 0.2110819 10 0.06674995
```

Dateをx位置に、Cultivarを塗りの色にマッピングします（**図3-4**）。

```
ggplot(cabbage_exp, aes(x = Date, y = Weight, fill = Cultivar)) +
  geom_col(position = "dodge")
```

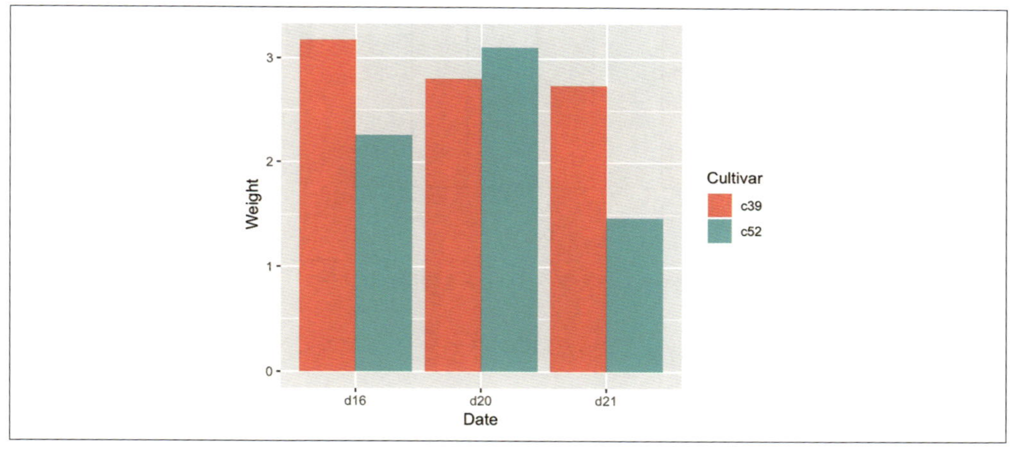

図3-4　棒をグループ化したグラフ

解説

最も基本的な棒グラフは、1つのカテゴリカル変数をx軸に、1つの連続値変数をy軸に取るものです。時には、x軸の変数に加えて、データを分類するためのもう1つのカテゴリカル変数を使いたい場合もあるでしょう。分類に使う変数を、棒の塗りつぶし色を指定するfillにマッピングすることで、棒をグループ化して描画できます。また、position="dodge"も併せて指定しましょう。この指定は、棒を水平方向に「避けて」描画するためのものです。この指定を行わなければ、積み上げ型の棒グラフになってしまいます（**「レシピ3.7　積み上げ棒グラフを作成する」**）。

棒グラフのx軸にマッピングする変数と同じく、棒の塗りつぶし色にマッピングする変数は連続値変数でなくカテゴリカル変数でなくてはなりません。

黒の枠線を付けるには、geom_col()の中でcolour="black"を指定します。色の指定には、scale_fill_brewer()またはscale_fill_manual()を使用できます。**図3-5**では、RColorBrewerからPastel1パレットを使っています。

```
ggplot(cabbage_exp, aes(x = Date, y = Weight, fill = Cultivar)) +
  geom_col(position = "dodge", colour = "black") +
  scale_fill_brewer(palette = "Pastel1")
```

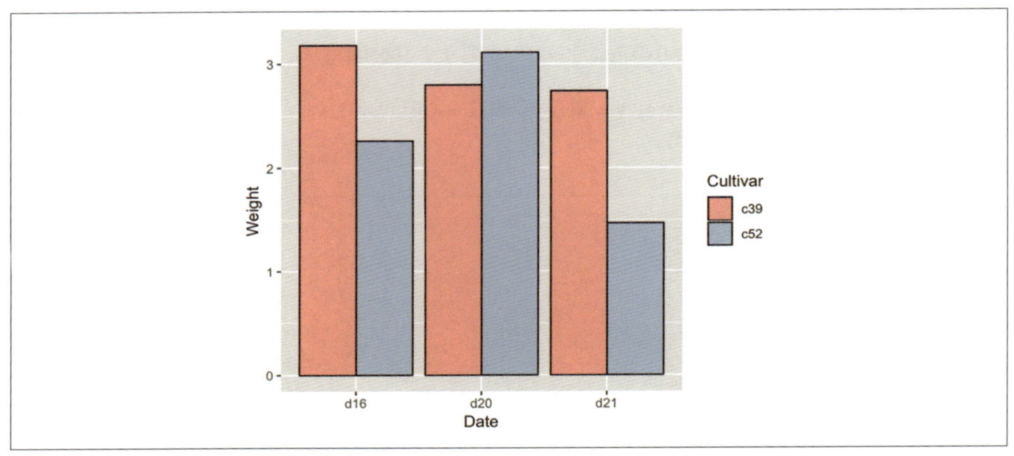

図3-5 棒をグループ化し、黒の枠線や異なるカラーパレットを使用したグラフ

colour（棒の枠線色）やlinestyleといった他のエステティック属性もグループ化変数に使用できますが、おそらくfillが最も適しているでしょう。

もしカテゴリカル変数の組合せに欠落があると、グラフ上にその部分の棒は表示されず、近傍の棒がそのスペースを埋めてしまうということに注意してください。サンプルのデータフレームから最終行を削除すると、グラフは**図3-6**のようになってしまいます。

```
ce <- cabbage_exp[1:5, ]  # 最終行を除いたデータを使う
ce
#>   Cultivar Date Weight        sd  n         se
#> 1      c39  d16   3.18 0.9566144 10 0.30250803
#> 2      c39  d20   2.80 0.2788867 10 0.08819171
#> 3      c39  d21   2.74 0.9834181 10 0.31098410
#> 4      c52  d16   2.26 0.4452215 10 0.14079141
#> 5      c52  d20   3.11 0.7908505 10 0.25008887

ggplot(ce, aes(x = Date, y = Weight, fill = Cultivar)) +
```

```
geom_col(position = "dodge", colour = "black") +
scale_fill_brewer(palette = "Pastel1")
```

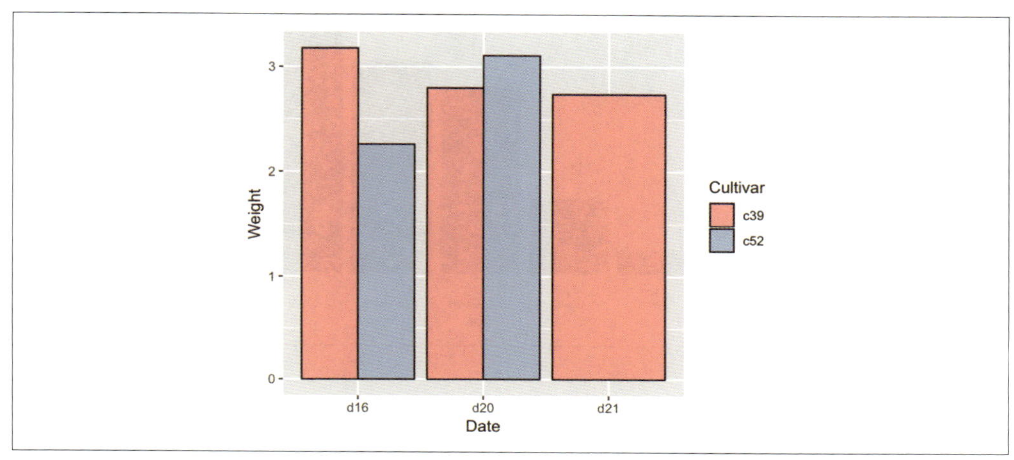

図3-6　棒が消えたグラフ。他の棒が消えた部分を埋める。

使用するデータにもし変数のミスマッチがあれば、yの変数にNA（欠損値）を加えて、ファクタレベルの組合せの足りない部分に手動でエントリを追加できます。

関連項目

棒グラフで色を使用する方法の詳細は、**「レシピ3.4　色付きの棒グラフを作成する」**を参照してください。

他の変数の値を基にファクタのレベル順を変更するには、**「レシピ15.9　データの値に基づいてファクタのレベル順を変更する」**を参照してください。

レシピ3.3　個数を示す棒グラフを作成する

問題

データが1行ごとに個々のケースの情報を持つような形式で、各ケースの個数をプロットしたい。

解決策

yに何もマッピングせずに、geom_bar()を使います（**図3-7**）。

```
# geom_bar(stat = "bin")を使うのと同じ
ggplot(diamonds, aes(x = cut)) +
  geom_bar()
```

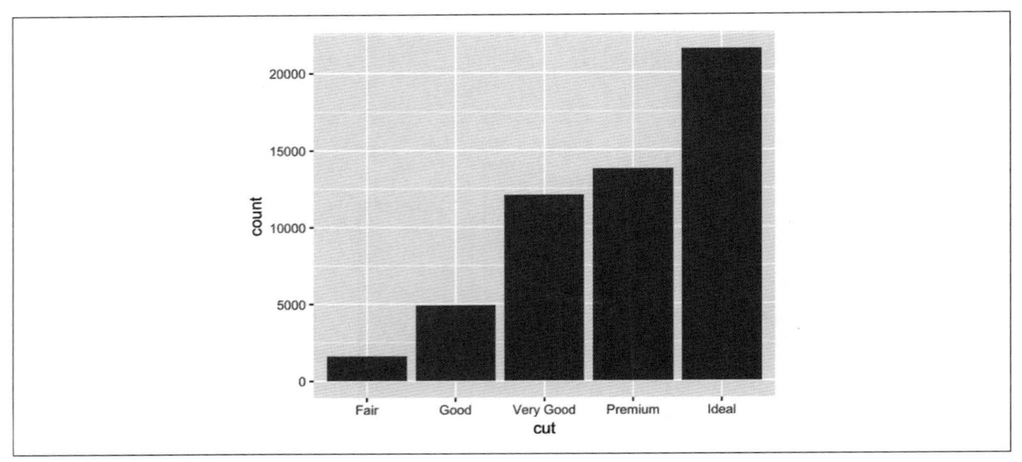

図3-7 個数を示す棒グラフ

解説

diamondsデータセットには53,940個の行があり、次のように各行が1つのダイヤモンドの情報を持っています。

```
diamonds
#> # A tibble: 53,940 x 10
#>   carat cut       color clarity depth table price     x     y     z
#>   <dbl> <ord>     <ord> <ord>   <dbl> <dbl> <int> <dbl> <dbl> <dbl>
#> 1 0.23  Ideal     E     SI2      61.5    55   326  3.95  3.98  2.43
#> 2 0.21  Premium   E     SI1      59.8    61   326  3.89  3.84  2.31
#> 3 0.23  Good      E     VS1      56.9    65   327  4.05  4.07  2.31
#> 4 0.290 Premium   I     VS2      62.4    58   334  4.2   4.23  2.63
#> 5 0.31  Good      J     SI2      63.3    58   335  4.34  4.35  2.75
#> 6 0.24  Very Good J     VVS2     62.8    57   336  3.94  3.96  2.48
#> # ... with 5.393e+04 more rows
```

geom_bar()を使うと、デフォルトではstat="bin"を指定するのと同じ動作になります。つまりそれぞれのグループ（この例では各x位置）に当てはまるケースの個数を数え上げる処理を行います。作成されたグラフから、理想的な（Ideal）カットが行われたものは約23,000個あることがわかります。

上記の例は、x軸には離散値変数が設定された場合の例です。x軸に連続値変数を使った場合は、**図3-8**の上のように固有な値を持つxごとに個数を示す棒が描画されます。

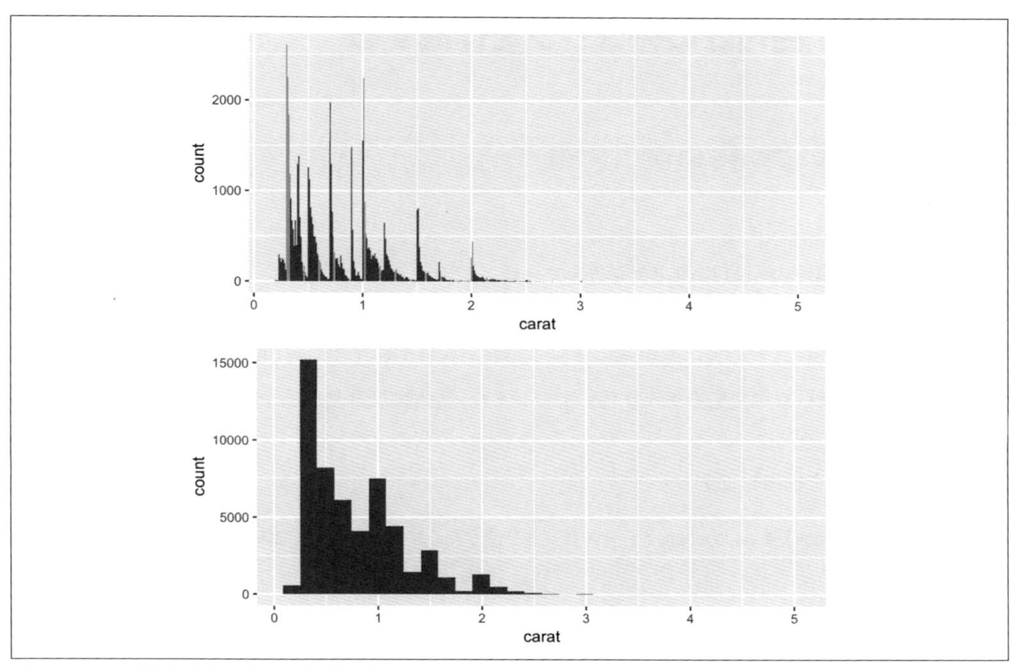

図3-8　上：連続値変数の軸上に個数を集計したグラフ　下：ヒストグラム

連続値変数のx軸を使った棒グラフはヒストグラムと似ています。しかし、同じというわけではありません。ヒストグラムを**図3-8**の下に示します。この連続値変数のx軸を使った棒グラフでは、各棒は固有のx値を持つデータの個数を示しています。一方、ヒストグラムでは各棒は、xが特定の**範囲**にあるデータの個数を示しています。

関連項目

`ggplot()`で各グループに属する行の個数を数えるのではなく、手元のデータフレームにyの値を示す列が既にある場合は、`geom_col()`を使います。**「レシピ3.1　棒グラフを作成する」**を参照してください。

`ggplot()`にデータを送る前にあらかじめ個数を計算しておくことで、同じ見た目のグラフを出力することもできます。データの要約に関する詳細は、**「レシピ15.17　グループごとにデータを要約する」**を参照してください。

ヒストグラムに関する詳細は、**「レシピ6.1　基本的なヒストグラムを作成する」**を参照してください。

レシピ3.4　色付きの棒グラフを作成する

問題

グラフの棒にさまざまな色を付けたい。

解決策

エステティック属性のfillに適切な変数をマッピングします。

ここでは、uspopchangeデータセットを例に使います。このデータセットには、2000年から2010年までの、アメリカの州ごとの人口変動率のデータが収められています。人口の増加率が高い10州を抽出して、パーセンテージの変動をグラフ化します。また、地域ごと（北東部、南部、中北部または西部）に棒に色を付けましょう。

まず、上位10州を抽出します。

```
library(gcookbook) # uspopchangeデータセットを使うためにgcookbookを読み込む
library(dplyr)

upc <- uspopchange %>%
  arrange(desc(Change)) %>%
  slice(1:10)

upc
#>             State Abb Region Change
#> 1          Nevada  NV   West   35.1
#> 2         Arizona  AZ   West   24.6
#> 3            Utah  UT   West   23.8
#>  ...<4 more rows>...
#> 8         Florida  FL  South   17.6
#> 9        Colorado  CO   West   16.9
#> 10 South Carolina  SC  South   15.3
```

これで、Regionをfillにマッピングするとグラフを描画できます（**図3-9**）。

```
ggplot(upc, aes(x = Abb, y = Change, fill = Region)) +
  geom_col()
```

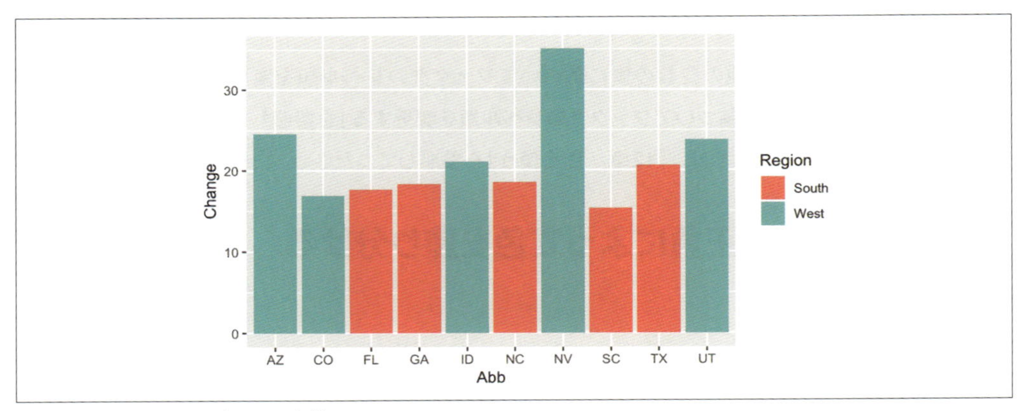

図3-9　fillにマッピングされた変数

解説

デフォルトの色はそれほど魅力的ではないため、`scale_fill_brewer()`か`scale_fill_manual()`を使って色を指定したくなるかもしれません。この例では後者の関数を使い、さらに`colour="black"`で棒の枠線を黒に指定しています（**図3-10**）。これらの**指定**は`aes()`の外側で行うのに対して、**マッピング**は`aes()`の内側で行うことに注目してください。

```
ggplot(upc, aes(x = reorder(Abb, Change), y = Change, fill = Region)) +
  geom_col(colour = "black") +
  scale_fill_manual(values = c("#669933", "#FFCC66")) +
  xlab("State")
```

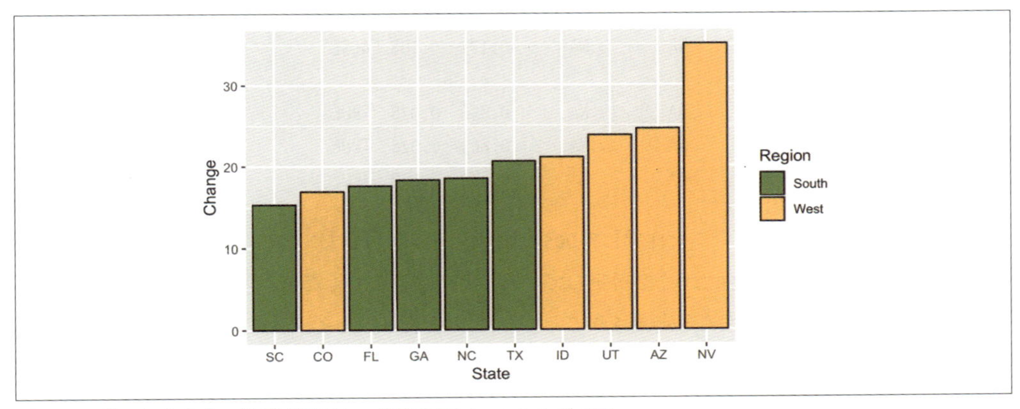

図3-10　棒の色を変え、枠線を黒にし、変動率でソートしたグラフ

また、この例では`reorder()`関数も使い、`Change`の値に基づいてファクタ`Abb`のレベル順を変えています。この例においては、棒をアルファベット順でなく高さ順に並び替える働きをしています。

関連項目

reorder()関数を使い、他の変数の値に基づいてファクタのレベル順を変更する方法については、**「レシピ15.9　データの値に基づいてファクタのレベル順を変更する」**を参照してください。

色の使用についてより詳しくは、**「12章　色を使う」**を参照してください。

レシピ3.5　棒の正負によって色を塗り分ける

問題

正の値と負の値の棒に、異なる色を使用したい。

解決策

climateデータの一部を使い、それぞれの値が正か負かを示すpos列を新しく追加します。

```
library(gcookbook) # climateデータセットを使うためにgcookbookを読み込む
library(dplyr)

climate_sub <- climate %>%
  filter(Source == "Berkeley" & Year >= 1900) %>%
  mutate(pos = Anomaly10y >= 0)

climate_sub
#>        Source Year Anomaly1y Anomaly5y Anomaly10y Unc10y   pos
#> 1   Berkeley 1900        NA        NA     -0.171  0.108 FALSE
#> 2   Berkeley 1901        NA        NA     -0.162  0.109 FALSE
#> 3   Berkeley 1902        NA        NA     -0.177  0.108 FALSE
#>  ...<99 more rows>...
#> 103 Berkeley 2002        NA        NA      0.856  0.028  TRUE
#> 104 Berkeley 2003        NA        NA      0.869  0.028  TRUE
#> 105 Berkeley 2004        NA        NA      0.884  0.029  TRUE
```

データを用意できたら、グラフを作成してposを塗りつぶし色（fill）にマッピングします（**図3-11**）。ここで、棒にposition="identity"を指定していることに注目してください。この指定を加えることで、「負の値の積み上げはきちんと定義されていない」旨の警告メッセージが出なくなります。

```
ggplot(climate_sub, aes(x = Year, y = Anomaly10y, fill = pos)) +
  geom_col(position = "identity")
```

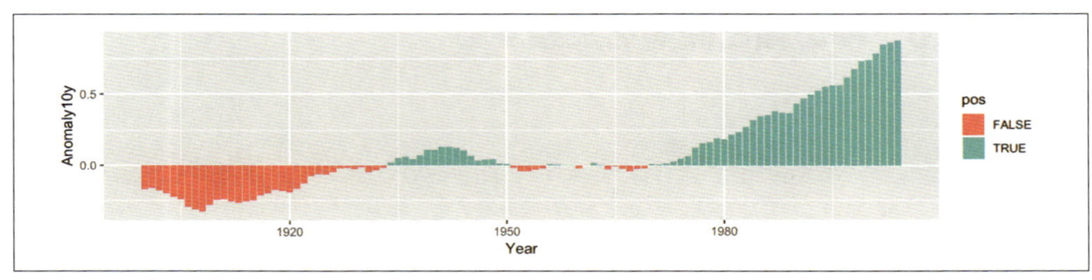

図3-11　正の値と負の値に異なる色を使う

解説

はじめに試した方法には、いくつか問題があります。まず、色はおそらく求めるものとは反対になっているはずです。通常、青は冷たいものを、赤は熱いものを意味するからです。また、この例では凡例の表示は余分です。

`scale_fill_manual()`を使えば色が変更でき、また`guide=FALSE`と指定すれば凡例を消去できます（**図3-12**）。また、棒の周りの黒い枠線は、`colour`と`size`で指定します。`size`では、枠線の太さをミリ単位で指定できます。

```
ggplot(climate_sub, aes(x = Year, y = Anomaly10y, fill = pos)) +
  geom_col(position = "identity", colour = "black", size = 0.25) +
  scale_fill_manual(values = c("#CCEEFF", "#FFDDDD"), guide = FALSE)
```

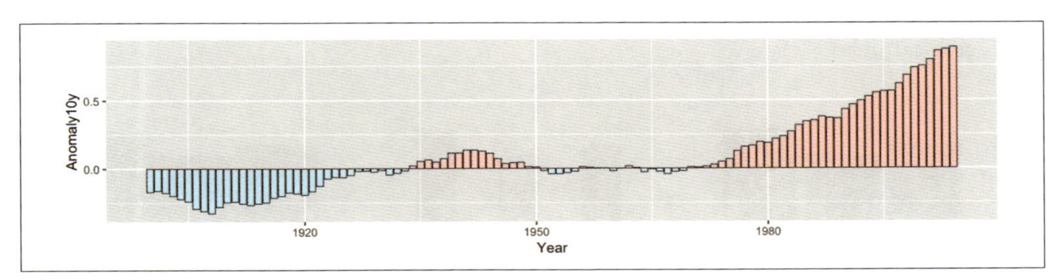

図3-12　色を変更し、凡例を消去したグラフ

関連項目

使用する色を変更する方法については、「**レシピ12.4　離散値変数に異なるパレットを使う**」と「**レシピ12.5　離散値変数に手動で定義したパレットを使う**」を参照してください。

凡例を非表示にする方法については、「**レシピ10.1　凡例を非表示にする**」を参照してください。

レシピ3.6 棒の幅と間隔を調整する

問題

棒の幅と、棒同士の間隔を調整したい。

解決策

棒の幅を狭くまたは広くするには、geom_col()にwidthを指定します。デフォルトの値は0.9で、これより大きくすれば棒の幅は広く、小さくすれば棒の幅は狭くなります（**図3-13**）。

例えば、標準の幅の棒グラフは次のように記述します。

```
library(gcookbook) # pg_meanデータセットを使うためにgcookbookを読み込む

ggplot(pg_mean, aes(x = group, y = weight)) +
  geom_col()
```

幅を狭くする場合、次のように記述します。

```
ggplot(pg_mean, aes(x = group, y = weight)) +
  geom_col(width = 0.5)
```

幅を広くする場合、次のように記述します（最大の幅は1です）。

```
ggplot(pg_mean, aes(x = group, y = weight)) +
  geom_col(width = 1)
```

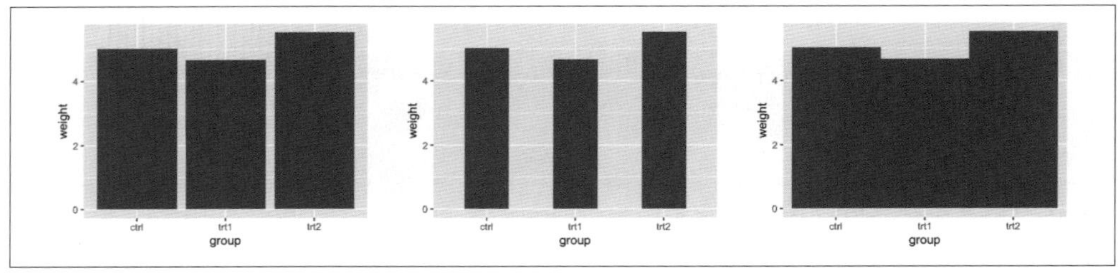

図3-13 さまざまな幅の棒グラフ

グループ化された棒グラフの場合、デフォルトでは各グループの棒の間にはスペースはありません。グループ内の棒の間にスペースを空けるには、widthの値を小さくし、position_dodgeの値をwidthよりも大きくします（**図3-14**）。

以下は、グループ化されたグラフで棒を細くする場合の記述です。

```
ggplot(cabbage_exp, aes(x = Date, y = Weight, fill = Cultivar)) +
```

```
  geom_col(width = 0.5, position = "dodge")
```

棒の間にスペースを空ける場合、次のようになります。

```
ggplot(cabbage_exp, aes(x = Date, y = Weight, fill = Cultivar)) +
  geom_col(width = 0.5, position = position_dodge(0.7))
```

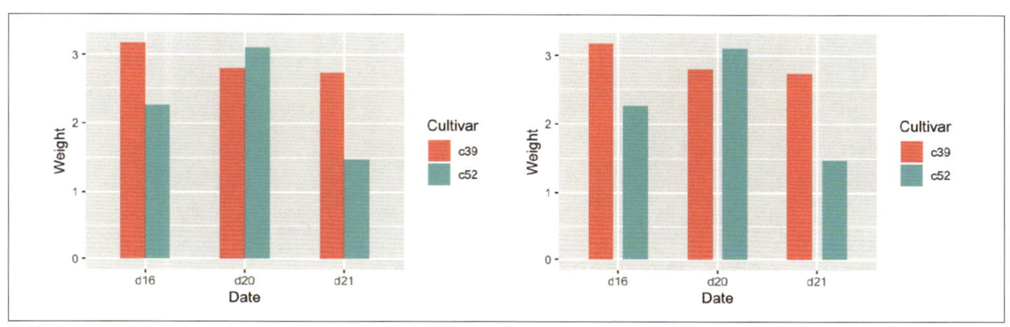

図3-14　左：棒を細くし、グループ化した棒グラフ　右：棒の間にスペースを空けた棒グラフ

1つ目のグラフではposition = "dodge"を使い、2つ目ではposition = position_dodge()を使いました。position = "dodge"はposition = position_dodge()の簡略表現ですが、これにはデフォルト値の0.9が使われます。デフォルト以外の値を使いたい場合は、コマンドを略さず書く必要があります。

解説

widthのデフォルト値は0.9で、position_dodge()のデフォルトとして使われる値も同じ値です。より正確に言うと、position_dodge()内で指定するwidthの値はNULLであり、これによってgeom_col()内で使われているwidthの値と同じ値をposition_dodge()でも使うことをggplot2に伝えているということです。

以下の記述はすべて同じ結果になります。

```
geom_col(position = "dodge")
geom_col(width = 0.9, position = position_dodge())
geom_col(position = position_dodge(0.9))
geom_col(width = 0.9, position = position_dodge(width=0.9))
```

x軸上の項目は、1、2、3...といったxの値ですが、通常はこれらの数値で参照することはないでしょう。geom_col(width = 0.9)と記述すると、各グループがx軸上で0.9の幅を取ります。position_dodge(width = 0.9)と記述すると、棒の間隔が空き、それぞれの棒の**中心**が、もし棒の幅が0.9でグループ内の棒が接触していれば中心であったであろう場所に来ます。これは**図3-15**に示す通りです。

2つのグラフの棒の間隔（position_dodge()のwidth）は同じ0.9ですが、上のグラフは棒の幅（geom_col()のwidth）も0.9であるのに対して、下のグラフは棒の幅は0.2です。棒の幅は違っても、棒の中心位置は揃っています。

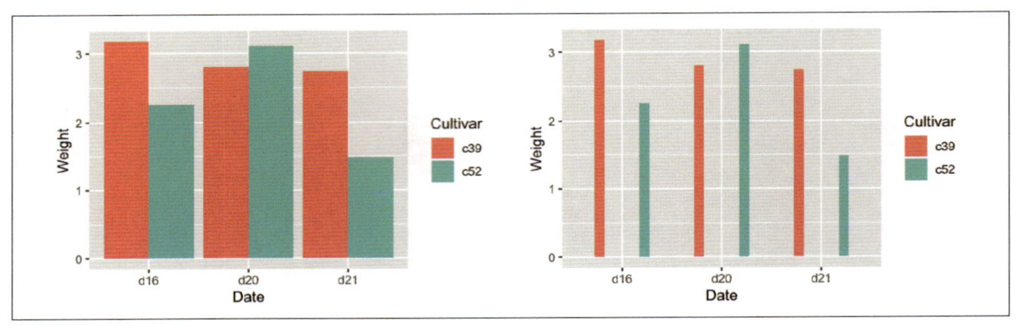

図3-15　棒の間隔は同じ0.9だが、棒の幅は0.9（上）と0.2（下）で異なる

グラフ全体の幅を調整する場合は、棒の寸法はグラフ全体の幅に合わせて変わります。グラフが表示されるウィンドウをリサイズすれば、どのようにサイズが調整されるかがわかるでしょう。ファイルへの出力時にグラフの幅を調整する方法については、**「14章　文書用に図を出力する」**を参照してください。

レシピ3.7　積み上げ棒グラフを作成する

問題

積み上げ棒グラフを作成したい。

解決策

geom_col()を使い、fillに変数をマッピングします。これにより、Dateをx軸に取り、Cultivarを塗りつぶし色に使うグラフが描画されます（**図3-16**）。

```
library(gcookbook) # cabbage_expデータセットを使うためにgcookbookを読み込む

ggplot(cabbage_exp, aes(x = Date, y = Weight, fill = Cultivar)) +
  geom_col()
```

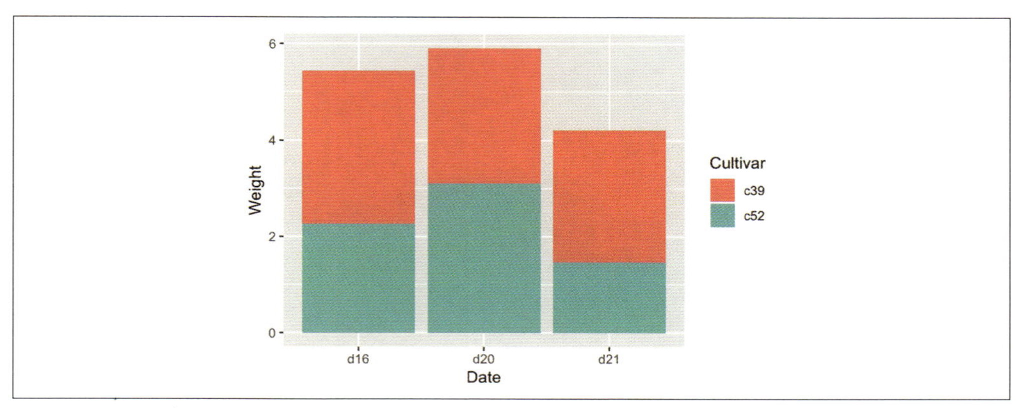

図3-16　積み上げ棒グラフ

解説

グラフがどのように作られるかを理解するには、データの構造を知ることが役に立ちます。Dateには3レベル、Cultivarには2レベルの値があり、それぞれの組合せに対してWeightの値が存在します。

```
cabbage_exp
#>   Cultivar Date Weight        sd  n         se
#> 1      c39  d16   3.18 0.9566144 10 0.30250803
#> 2      c39  d20   2.80 0.2788867 10 0.08819171
#> 3      c39  d21   2.74 0.9834181 10 0.31098410
#> 4      c52  d16   2.26 0.4452215 10 0.14079141
#> 5      c52  d20   3.11 0.7908505 10 0.25008887
#> 6      c52  d21   1.47 0.2110819 10 0.06674995
```

デフォルトでは、積み上げの順序は凡例の項目の順序と同じです。しかし、データによっては逆の順序のほうが役立つ場合もあるでしょう。その場合、guides関数を使い、凡例を逆順にするようにエステティック属性を指定します。次の例では、fillにこれを指定しています（**図3-17**）。

```
ggplot(cabbage_exp, aes(x = Date, y = Weight, fill = Cultivar)) +
  geom_col() +
  guides(fill = guide_legend(reverse = TRUE))
```

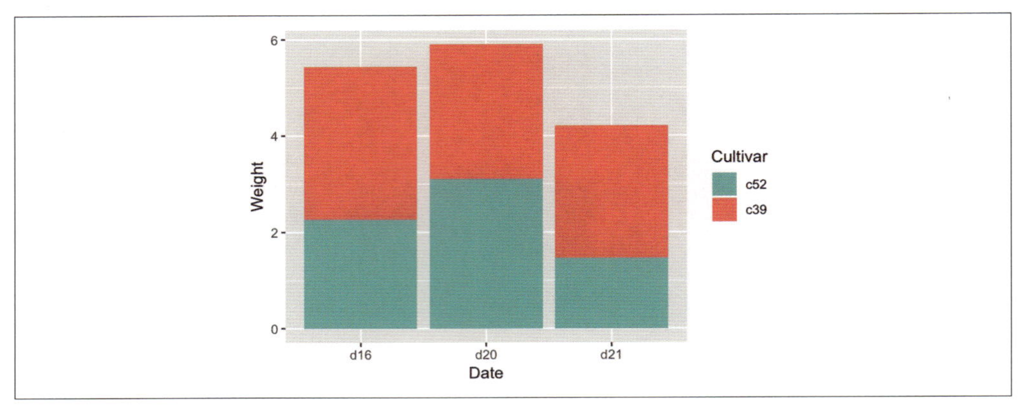

図3-17　凡例の順序を逆にした積み上げ棒グラフ

図3-18のように、積み上げ順序のほうを変えたい場合は、`position_stack(reverse = TRUE)`を使います。この場合、積み上げ順序と揃えるために、凡例の順序も逆に設定する必要もあるでしょう。

```
ggplot(cabbage_exp, aes(x = Date, y = Weight, fill = Cultivar)) +
  geom_col(position = position_stack(reverse = TRUE)) +
  guides(fill = guide_legend(reverse = TRUE))
```

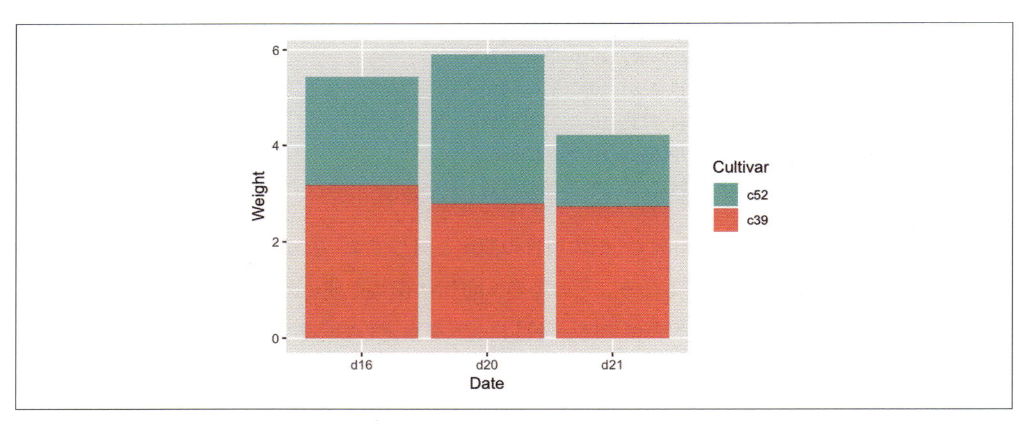

図3-18　凡例の順序を逆にした積み上げ棒グラフ

データフレームの列を修正し、ファクタレベルの順番を変更することも可能です（**「レシピ15.8　ファクタのレベル順を変更する」**を参照）。ただし、データの内容を修正すると他の分析結果にも影響が出る可能性があるため、気を付けてください。

グラフの体裁をより洗練させてみましょう。ここでは、`scale_fill_brewer()`を使って異なるカラーパレットを使い、`colour = "black"`を使って黒い枠線を描画してみます（**図3-19**）。

```
ggplot(cabbage_exp, aes(x = Date, y = Weight, fill = Cultivar)) +
  geom_col(colour = "black") +
  scale_fill_brewer(palette = "Pastel1")
```

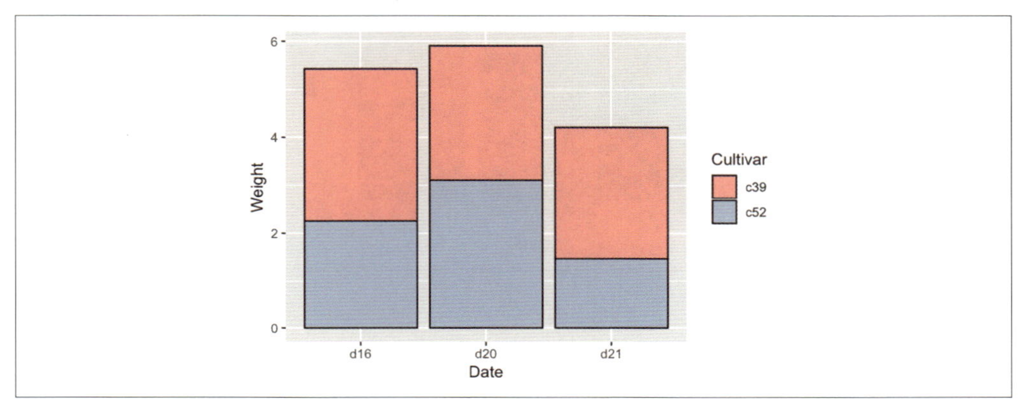

図3-19　新しいカラーパレットと黒の枠線を使用した積み上げ棒グラフ

関連項目

棒グラフで色を指定する方法については、**「レシピ3.4　色付きの棒グラフを作成する」**を参照してください。

他の変数の値に基づいてファクタのレベル順を変更する方法については、**「レシピ15.9　データの値に基づいてファクタのレベル順を変更する」**を参照してください。ファクタのレベル順を手動で変更する方法については、**「レシピ15.8　ファクタのレベル順を変更する」**を参照してください。

レシピ3.8　100%積み上げ棒グラフを作成する

問題

構成割合を示す積み上げ棒グラフ（100％積み上げ棒グラフとも呼ばれる）を作成したい。

解決策

geom_col(position = "fill")を使います（**図3-20**）。

```
library(gcookbook) # cabbage_expデータセットを使うためにgcookbookを読み込む

ggplot(cabbage_exp, aes(x = Date, y = Weight, fill = Cultivar)) +
  geom_col(position = "fill")
```

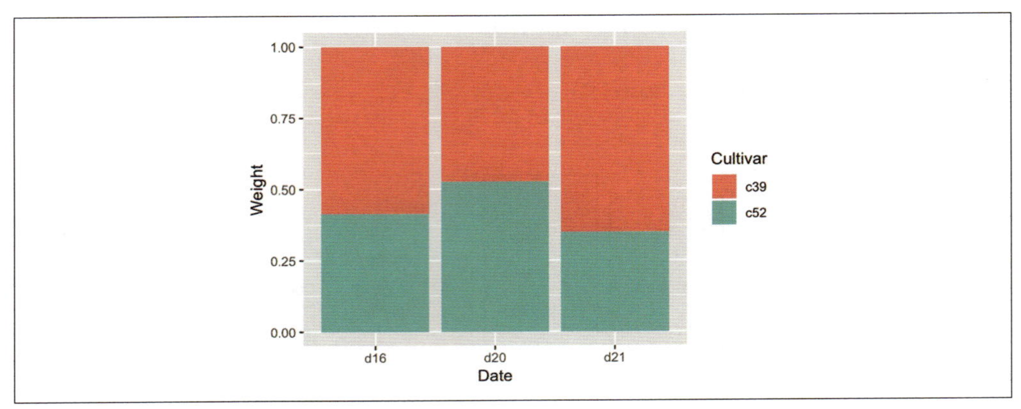

図3-20　100％積み上げ棒グラフ

解説

position = "fill"を指定すると、y値は0から1の範囲にスケールが調整されます。yのラベルをパーセント値で表示したい場合は、scale_y_continuous(labels = scales::percent)を指定します。

```
ggplot(cabbage_exp, aes(x = Date, y = Weight, fill = Cultivar)) +
  geom_col(position = "fill") +
  scale_y_continuous(labels = scales::percent)
```

scales::percentという書き方は、scalesパッケージのpercent関数を使うという意味です。代わりに、library(scales)をした上で、単にscale_y_continuous(labels = percent)と書くこともできます。こうするとscalesパッケージで利用可能なすべての関数が現在のRセッションで利用可能な状態になります。

出力するグラフの見栄えをもう少し良くするために、カラーパレットを変更したり、枠線を追加したりすることもできます（**図3-21**）。

```
ggplot(cabbage_exp, aes(x = Date, y = Weight, fill = Cultivar)) +
  geom_col(colour = "black", position = "fill") +
  scale_y_continuous(labels = scales::percent) +
  scale_fill_brewer(palette = "Pastel1")
```

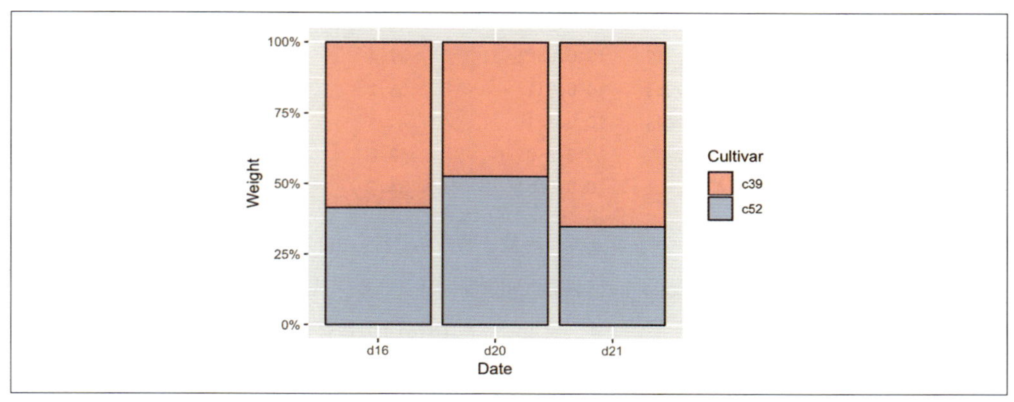

図3-21　新しいパレットを使い、黒の枠線を加えた100％積み上げ棒グラフ

ggplot2に割合を自動的に計算させるのではなく、自分で割合を計算したい場合もあるかもしれません。そうすれば、計算した値を他の処理で使うこともできます。

このためには、まずデータのスケールを積み上げごとに100％に調整します。これはdplyrパッケージの`group_by()`と`mutate()`を合わせて使うことで可能です。

```
library(gcookbook)
library(dplyr)

cabbage_exp
#>   Cultivar Date Weight        sd  n         se
#> 1      c39  d16   3.18 0.9566144 10 0.30250803
#> 2      c39  d20   2.80 0.2788867 10 0.08819171
#> 3      c39  d21   2.74 0.9834181 10 0.31098410
#> 4      c52  d16   2.26 0.4452215 10 0.14079141
#> 5      c52  d20   3.11 0.7908505 10 0.25008887
#> 6      c52  d21   1.47 0.2110819 10 0.06674995

# "Date"で分けたグループごとにmutate()を行う
ce <- cabbage_exp %>%
  group_by(Date) %>%
  mutate(percent_weight = Weight / sum(Weight) * 100)

ce
#> # A tibble: 6 x 7
#> # Groups:   Date [3]
#>   Cultivar Date  Weight    sd     n     se percent_weight
#>   <fct>    <fct>  <dbl> <dbl> <int>  <dbl>          <dbl>
```

```
#> 1 c39        d16      3.18 0.957       10 0.303               58.5
#> 2 c39        d20      2.8  0.279       10 0.0882              47.4
#> 3 c39        d21      2.74 0.983       10 0.311               65.1
#> 4 c52        d16      2.26 0.445       10 0.141               41.5
#> 5 c52        d20      3.11 0.791       10 0.250               52.6
#> 6 c52        d21      1.47 0.211       10 0.0667              34.9
```

各グループごとにWeightのパーセント割合を計算するためには、dplyrのgroup_byとmutate()関数を使います。先ほどの例では、group_by()関数でdplyrに「ここから先の処理はDateによって分割されたグループに対して行う」と伝えています。そして、mutate()関数によって、「各行のWeightの値を**グループ内の**すべてのWeightの合計値で割った値を使って、新しい列を計算する」と伝えています。

cabbage_expとceの出力が異なることに気付いた人がいるかもしれません。これは、cabbage_expが通常のデータフレームであるのに対し、ceが**tibble**であるためです。tibbleは、データフレームにいくつかの追加情報を付与したものです。dplyrパッケージはtibbleを作成します。詳細については、**「15章　データの前処理」**を参照してください。

新しい列を計算した後は、通常の積み上げ棒グラフと同様にグラフを作成できます。

```
ggplot(ce, aes(x = Date, y = percent_weight, fill = Cultivar)) +
  geom_col()
```

関連項目

グループごとにデータを変換する方法の詳細は、**「レシピ15.16　グループごとに新規の列を計算する」**を参照してください。

レシピ3.9　棒グラフにラベルを追加する

問題

棒グラフの棒にラベルを追加したい。

解決策

グラフにgeom_text()を加えます。これには、x、y、およびテキストそのものへのマッピングが必要になります。vjust（vertical justification、縦方向の位置揃え）を設定することで、**図3-22**に示すように、テキストを棒上端の上側または下側に動かすことができます。

```
library(gcookbook) # cabbage_expデータセットを使うためにgcookbookを読み込む
```

```
# ラベルを棒上端の下側に配置
ggplot(cabbage_exp, aes(x = interaction(Date, Cultivar), y = Weight)) +
  geom_col() +
  geom_text(aes(label = Weight), vjust = 1.5, colour = "white")

# ラベルを棒の上に配置
ggplot(cabbage_exp, aes(x = interaction(Date, Cultivar), y = Weight)) +
  geom_col() +
  geom_text(aes(label = Weight), vjust = -0.2)
```

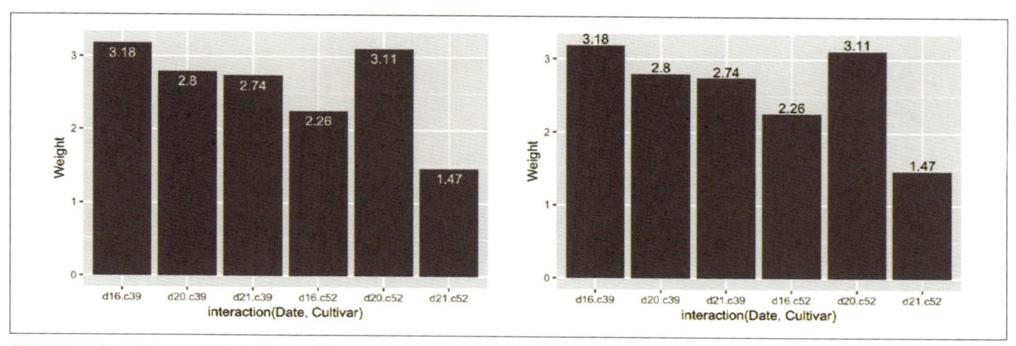

図3-22 左：ラベルを棒上端の下側に配置 右：ラベルを棒の上に配置

ラベルを棒の上に配置した場合、棒の高さによってはラベルが見切れてしまうことがあることに注意してください。ラベルの見切れを避ける方法については、**「レシピ8.2 連続値の軸の範囲を設定する」**を参照してください。

棒グラフへのラベルの追加に関して、その他の一般的なシナリオは値ではなく**個数**を表示したいケースです。これには、geom_bar()を使って、データの行数に対応する高さを持つ棒を表示し、その後、geom_text()を使って個数を表示します（**図3-23**）。

```
ggplot(mtcars, aes(x = factor(cyl))) +
  geom_bar() +
  geom_text(aes(label = ..count..), stat = "count", vjust = 1.5,
            colour = "white")
```

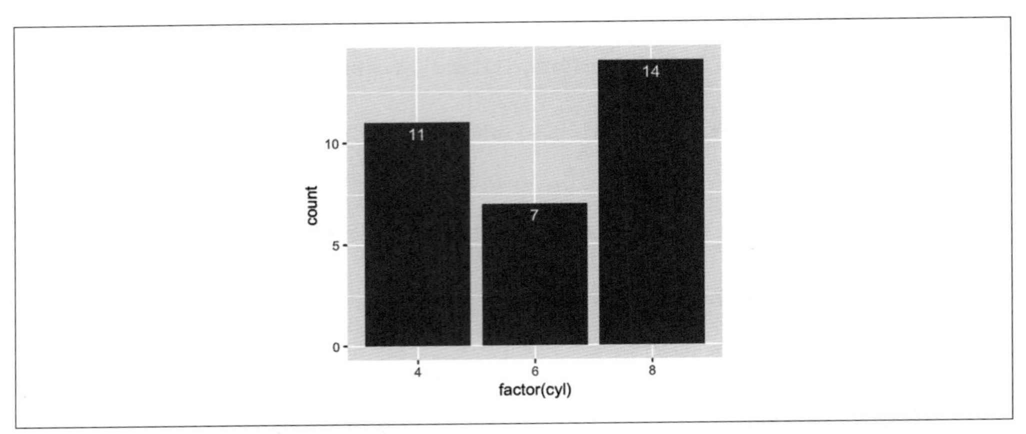

図3-23　棒の上端に個数を表示した棒グラフ

ここでは、geom_text()に統計量"count"を使うことを指定して、各x値の行数を計算しています。そして、そこで計算された値をラベルとして使うために、エステティックマッピングでaes(label = ..count..)を指定しています。

解説

図3-22では、棒の上端位置がラベルのy座標の中心となっています。縦方向の位置揃え（vjust）を設定することで、ラベルを棒上端の上または下のどちら側にでも表示させることができます。ただし、この方法には1つ欠点があります。ラベルを棒の上に表示させる場合、プロット領域の上で見切れてしまう場合があるのです。これを修正するには、yのlimitsを手動で設定するか、または縦方向の位置揃えを設定せずに、棒のある一定の**上側**にテキストのy位置を設定するといった方法があります。テキストのy位置を変更する方法にも1つ欠点があり、棒上端から完全に上側、または完全に下側にテキストを配置したくても、加えるべき値はデータのy範囲に依存して変わってしまいます。それとは対照的に、vjustの値を変更する方法ならば、常に棒の上端から同じ距離でテキストを配置することができます。

```
# yの上限値を少し広げる
ggplot(cabbage_exp, aes(x = interaction(Date, Cultivar), y = Weight)) +
  geom_col() +
  geom_text(aes(label = Weight), vjust = -0.2) +
  ylim(0, max(cabbage_exp$Weight) * 1.05)

# y位置を棒の上端から少し上側にマッピングする―yのプロットの幅は自動で調整される
ggplot(cabbage_exp, aes(x = interaction(Date, Cultivar), y = Weight)) +
  geom_col() +
  geom_text(aes(y = Weight + 0.1, label = Weight))
```

グループ化された棒グラフの場合は、position=position_dodge()を指定し、棒のずらし幅を与える必要があります。デフォルトのずらし幅は0.9です。棒の幅が狭くなるため、必要に応じてsizeを使い、ラベルが棒の幅に合うようにフォントサイズを小さくしましょう。sizeのデフォルト値は5なので、3などを指定するとフォントを小さくできます（**図3-24**）。

```
ggplot(cabbage_exp, aes(x = Date, y = Weight, fill = Cultivar)) +
  geom_col(position = "dodge") +
  geom_text(
    aes(label = Weight),
    colour = "white", size = 3,
    vjust = 1.5, position = position_dodge(.9)
  )
```

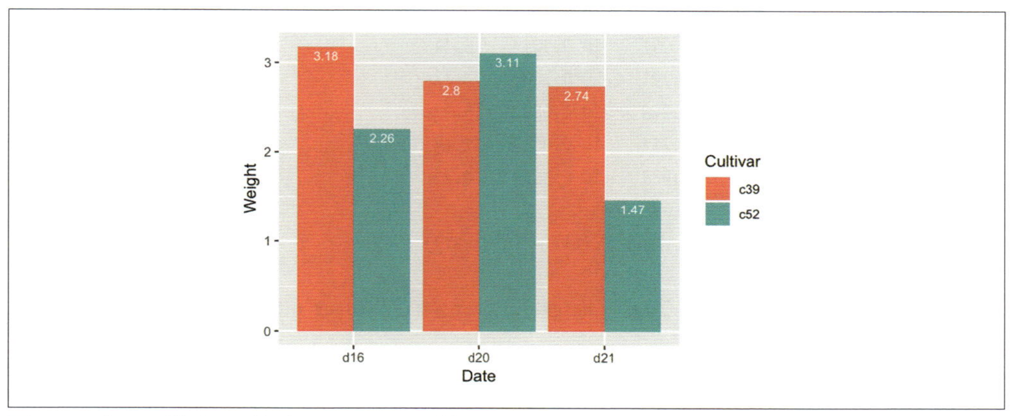

図3-24　グループ化された棒グラフにラベルを追加する

積み上げ棒グラフにラベルを追加する場合、それぞれの積み上げの累積和を計算する必要があります。計算の前に、データが正しくソートされているかを確認しましょう。ソートが正しくなければ、間違った順序で累積和が算出されてしまいます。データを正しくソートするには、dplyrパッケージのarrange()関数を使います。Cultivarの順序を逆にしたい場合は、rev()関数を使う必要があることに注意してください。

```
library(dplyr)

# 日数と品種の列でソートする
ce <- cabbage_exp %>%
  arrange(Date, rev(Cultivar))
```

データが正しくソートされたことを確認したら、group_by()を使ってDateごとにデータをグループ化し、各グループ内でWeightの累積和を算出します。

```
# 累積和を出す
ce <- ce %>%
  group_by(Date) %>%
  mutate(label_y = cumsum(Weight))

ce
#> # A tibble: 6 x 7
#> # Groups:   Date [3]
#>   Cultivar Date  Weight    sd     n     se label_y
#>   <fct>    <fct>  <dbl> <dbl> <int>  <dbl>   <dbl>
#> 1 c52      d16     2.26 0.445    10 0.141     2.26
#> 2 c39      d16     3.18 0.957    10 0.303     5.44
#> 3 c52      d20     3.11 0.791    10 0.250     3.11
#> 4 c39      d20     2.8  0.279    10 0.0882    5.91
#> 5 c52      d21     1.47 0.211    10 0.0667    1.47
#> 6 c39      d21     2.74 0.983    10 0.311     4.21

ggplot(ce, aes(x = Date, y = Weight, fill = Cultivar)) +
  geom_col() +
  geom_text(aes(y = label_y, label = Weight), vjust = 1.5, colour = "white")
```

プロットの結果は、**図3-25**のようになります。

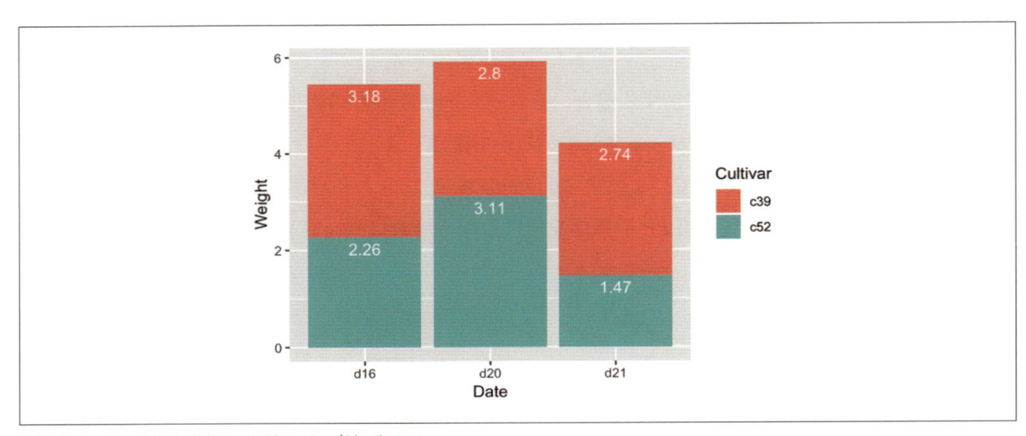

図3-25　ラベルを追加した積み上げ棒グラフ

ラベルを使用する場合、積み上げ順序の変更は、累積値を出す前にファクタのレベル順を変更する（**「レシピ15.8　ファクタのレベル順を変更する」**を参照）のが最善の方法です。

棒の中心にラベルを配置したい場合（**図3-26**）、y位置を指定するために累積和の値を調節する必要があります。またgeom_col()のyオフセットは除去してよいでしょう。

```
ce <- cabbage_exp %>%
  arrange(Date, rev(Cultivar))

# y位置を計算して中央に配置する
ce <- ce %>%
  group_by(Date) %>%
  mutate(label_y = cumsum(Weight) - 0.5 * Weight)

ggplot(ce, aes(x = Date, y = Weight, fill = Cultivar)) +
  geom_col() +
  geom_text(aes(y = label_y, label = Weight), colour = "white")
```

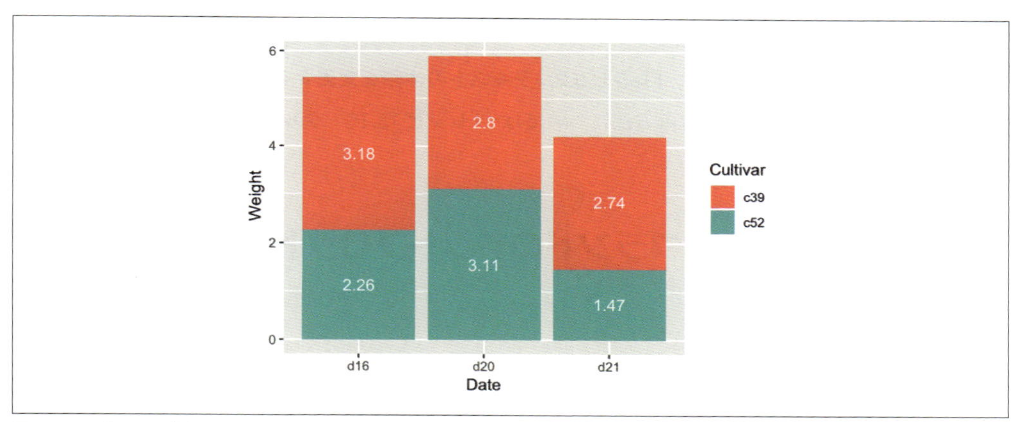

図3-26　積み上げ棒の中心にラベルを配置したグラフ

より洗練された外観のグラフにするには（**図3-27**）、塗りつぶし色を変更する、sizeを使って棒の中心のラベルをより小さなフォントで表示する、pasteを使ってラベルに単位「kg」を追加する、といった工夫ができます。また、図に示す例では、formatを使って小数点以下の桁数を2桁に揃えていることに注目してください。

```
ggplot(ce, aes(x = Date, y = Weight, fill = Cultivar)) +
  geom_col(colour = "black") +
  geom_text(aes(y = label_y,
                label = paste(format(Weight, nsmall = 2), "kg")),
                size = 4) +
  scale_fill_brewer(palette = "Pastel1")
```

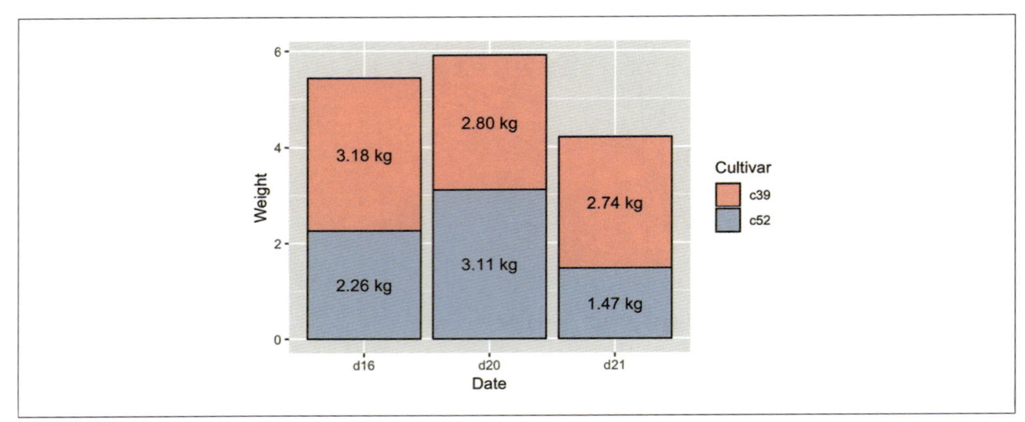

図3-27 ラベルを付け、外観をカスタマイズした積み上げ棒グラフ

関連項目

テキストの外観を変更するには、**「レシピ9.2 テキストの体裁を変更する」**を参照してください。

グループごとにデータを変換する方法については、**「レシピ15.16 グループごとに新規の列を計算する」**を参照してください。

レシピ3.10 クリーブランドのドットプロットを作成する

問題

クリーブランドのドットプロットを作成したい。

解決策

クリーブランドのドットプロットは、視覚的に無駄がなく読みやすいことから、棒グラフの代わりに使われることがあります。

図3-28のようなドットプロットを作成する最も簡単な方法は、geom_point()を使うものです。

```
library(gcookbook) # tophitters2001データセットを使うためにgcookbookを読み込む
tophit <- tophitters2001[1:25, ] # tophitters2001データセットから上位25名を抽出する

ggplot(tophit, aes(x = avg, y = name)) +
  geom_point()
```

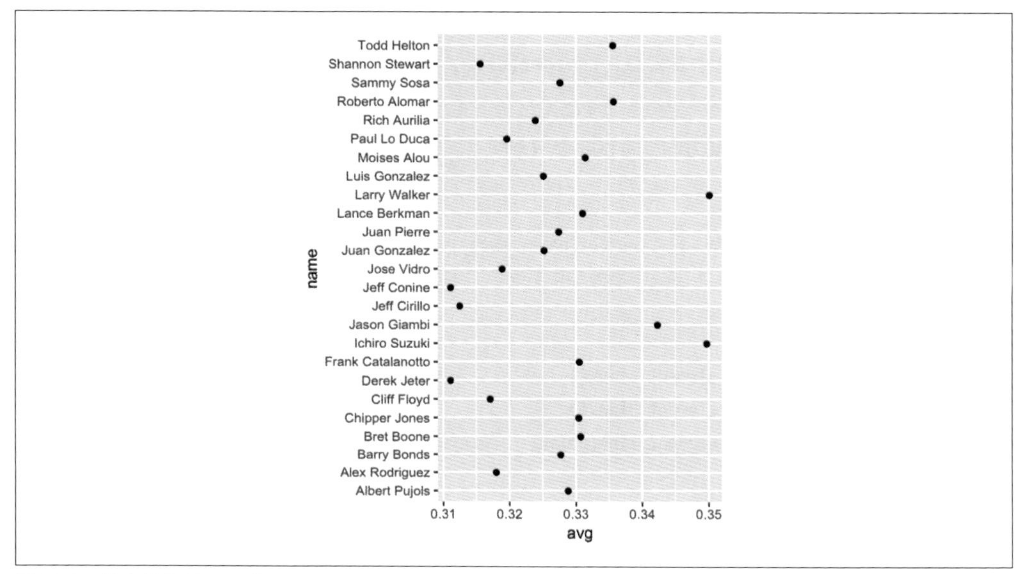

図3-28　基本的なドットプロット

解説

tophitters2001データセットにはたくさんの列がありますが、この例ではそのうちの3列のみに注目しましょう。

```
tophit[, c("name", "lg", "avg")]
#>             name lg    avg
#> 1   Larry Walker NL 0.3501
#> 2  Ichiro Suzuki AL 0.3497
#> 3   Jason Giambi AL 0.3423
#>  ...<19 more rows>...
#> 23  Jeff Cirillo NL 0.3125
#> 24   Jeff Conine AL 0.3111
#> 25   Derek Jeter AL 0.3111
```

図3-28では選手の名前がアルファベット順にソートされており、グラフとしては見やすくありません。ドットプロットは、しばしば水平軸の連続値変数の値でソートされます。

tophitの列はたまたまavgでソートされていますが、グラフでも同じ順で表示されるわけではありません。デフォルトでは、与えられた軸に並ぶ要素は、そのデータ型に応じた方法で整列されます。nameは文字列ベクトルなので、アルファベット順に整列されるのです。もしこれがファクタであれば、ファクタレベルで定義された順序で整列できます。この場合は、nameを異なる変数avgでソートしたいということになります。

このようにソート順を変更するには、reorder(name, avg)と指定します。これはname列を取得し、ファクタに変換し、ファクタレベルをavgでソートするという指定です。より見やすいグラフにするために、テーマを変更して縦方向の目盛線を取り除き、横方向の目盛線を点線に変更しましょう（**図3-29**）。

```
ggplot(tophit, aes(x = avg, y = reorder(name, avg))) +
  geom_point(size = 3) +  # ドットを大きくする
  theme_bw() +
  theme(
    panel.grid.major.x = element_blank(),
    panel.grid.minor.x = element_blank(),
    panel.grid.major.y = element_line(colour = "grey60", linetype = "dashed")
  )
```

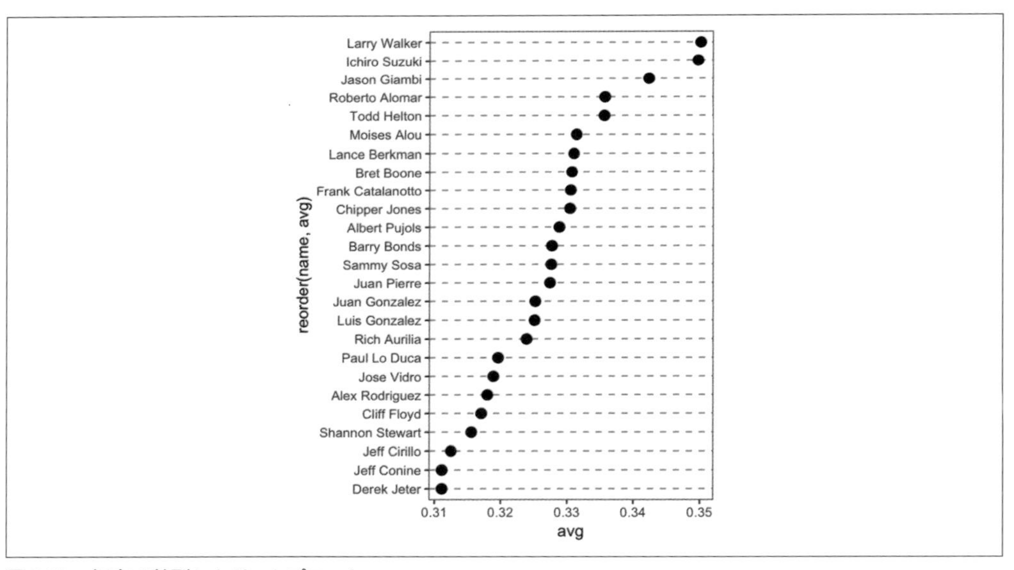

図3-29　打率で整列したドットプロット

軸を入れ替えて、x軸に名前、y軸に値をプロットすることもできます（**図3-30**）。また、この図ではラベルを60度傾けています。

```
ggplot(tophit, aes(x = reorder(name, avg), y = avg)) +
  geom_point(size = 3) +  # ドットを大きくする
  theme_bw() +
  theme(
```

```
    panel.grid.major.y = element_blank(),
    panel.grid.minor.y = element_blank(),
    panel.grid.major.x = element_line(colour = "grey60", linetype = "dashed"),
    axis.text.x = element_text(angle = 60, hjust = 1)
  )
```

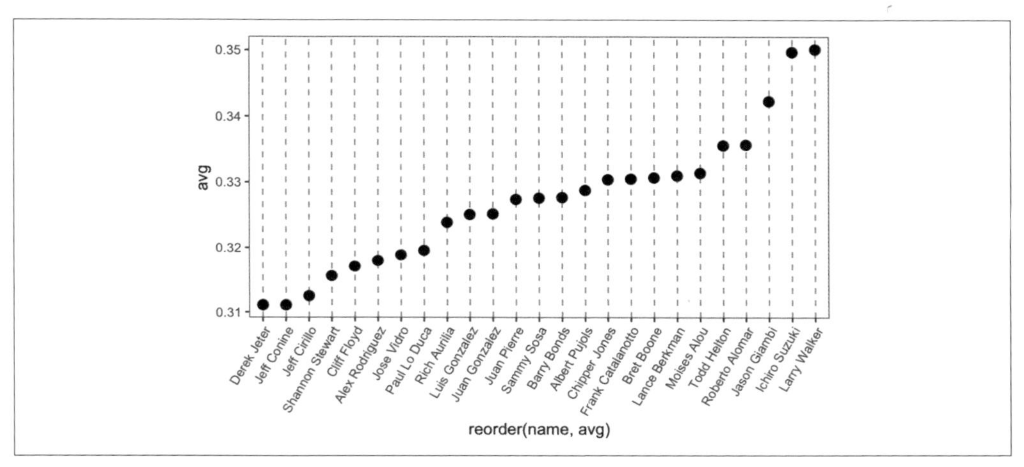

図3-30 x軸に名前、y軸に値をプロットしたドットプロット

要素をさらに他の変数でグループ化することが望ましい場合もあります。この例では、ナショナルリーグとアメリカンリーグを表すNLとALのレベルを持つlgのファクタを使ってグループ化しましょう。今回は、最初にlgでソートし、その次にavgでソートします。残念ながら、reorder()関数はファクタレベルの並び替えを1つの変数を使ってしか行えません。ファクタレベルを2つの変数で並び替えるには、手動で行う必要があります。

```
# nameを取得し、最初にlgでソートし、次にavgでソートする
nameorder <- tophit$name[order(tophit$lg, tophit$avg)]

# nameをnameorderの順序のレベルを持つファクタに変換する
tophit$name <- factor(tophit$name, levels = nameorder)
```

図3-31に示すグラフを描画するためには、lgを点の色にマッピングする指定も加えます。また、プロット領域いっぱいに目盛線を表示するのは避けて、y軸から点の間だけに線を描画します。これはgeom_segment()を使って実現しています。geom_segment()にはx、y、xend、およびyendの値が必要になることに注意してください。

```
ggplot(tophit, aes(x = avg, y = name)) +
  geom_segment(aes(yend = name), xend = 0, colour = "grey50") +
```

```
  geom_point(size = 3, aes(colour = lg)) +
  scale_colour_brewer(palette = "Set1", limits = c("NL", "AL")) +
  theme_bw() +
  theme(
    panel.grid.major.y = element_blank(),   # 横方向の目盛線を非表示にする
    legend.position = c(1, 0.55),           # プロット領域の内側に凡例を表示
    legend.justification = c(1, 0.5)
  )
```

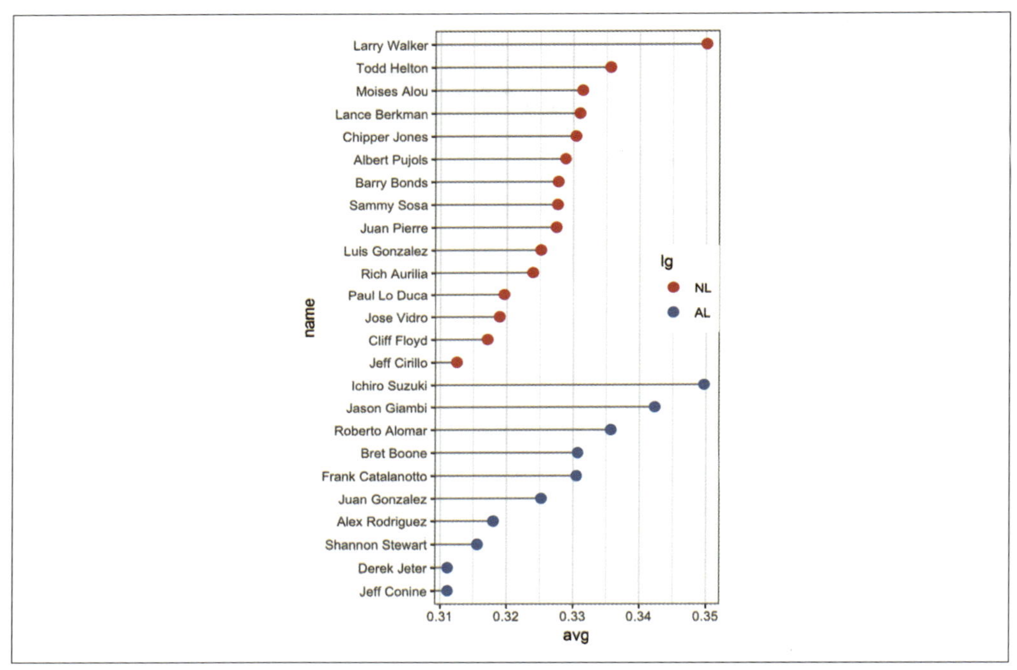

図3-31 リーグ別にグループ化し、線を軸から点の間のみ描画したグラフ

2つのグループを分けるもう1つの方法として、**図3-32**に示すようにファセットを使う方法があります。ファセットが表示される順番は、**図3-31**のソート順とは異なります。表示順を変更するには、変数lgのファクタのレベル順を変更する必要があります。

```
ggplot(tophit, aes(x = avg, y = name)) +
  geom_segment(aes(yend = name), xend = 0, colour = "grey50") +
  geom_point(size = 3, aes(colour = lg)) +
  scale_colour_brewer(palette = "Set1", limits = c("NL", "AL"), guide = FALSE) +
  theme_bw() +
  theme(panel.grid.major.y = element_blank()) +
  facet_grid(lg ~ ., scales = "free_y", space = "free_y")
```

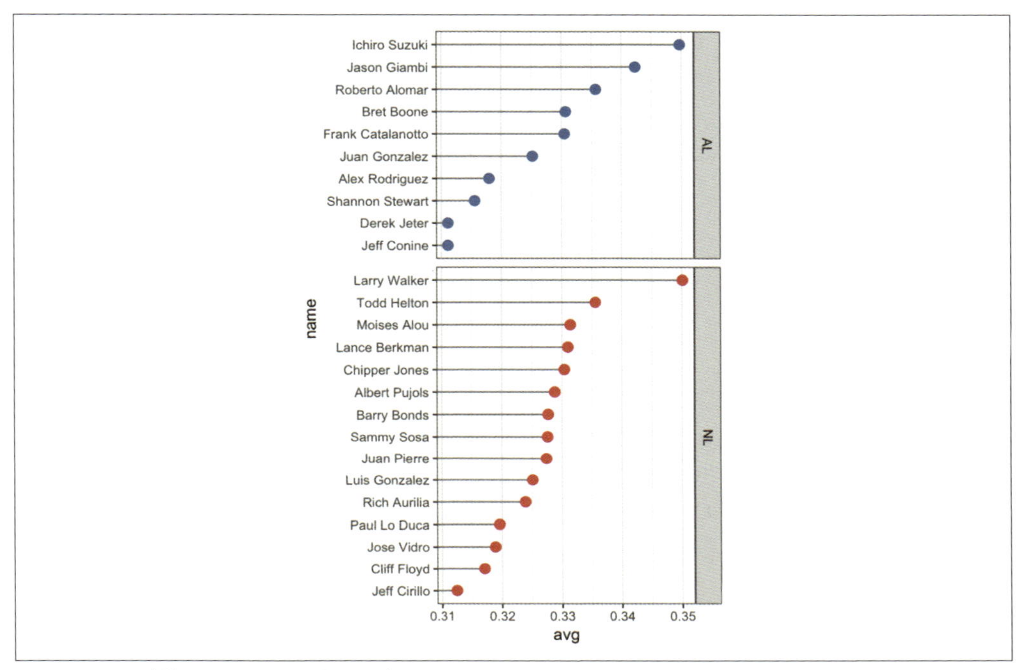

図3-32　リーグ別にファセットで分けたグラフ

関連項目

ファクタのレベル順を変更する方法については、**「レシピ15.8　ファクタのレベル順を変更する」**を参照してください。また、別の値を基にファクタのレベル順を変更する方法についての詳細は、**「レシピ15.9　データの値に基づいてファクタのレベル順を変更する」**を参照してください。

凡例の表示位置を移動する方法については、**「レシピ10.2　凡例の位置を変える」**を参照してください。目盛線を非表示にする方法については、**「レシピ9.6　目盛線を非表示にする」**を参照してください。

4章 折れ線グラフ

折れ線グラフは、一般的にy軸上の連続値変数がx軸上のもう1つの連続値変数に対してどのように変化するかを視覚化するために使われます。変数xは時間を示す場合が多いですが、実験において投与された薬の量といったような、他の連続値変数を示す場合もあります。

棒グラフと同様に、例外も存在します。折れ線グラフは、x軸に離散値変数を取って使われる場合もあります。ただし、離散値変数が正しく順序付けされている場合には折れ線グラフでの表現は適切ですが（例えば"S"、"M"、"L"など）、変数が順序付けられていない場合は折れ線グラフでは表現できません（例えば"牛"、"ガチョウ"、"豚"など）。この章のほとんどの例ではxの変数に連続値変数を使っていますが、変数をファクタに変換し、離散値変数として扱う場合の例も紹介します。

レシピ4.1　基本的な折れ線グラフを作成する

問題

基本的な折れ線グラフを作成したい。

解決策

ggplot()とgeom_line()を使い、xとyにマッピングする変数を指定します（**図4-1**）。

```
ggplot(BOD, aes(x = Time, y = demand)) +
  geom_line()
```

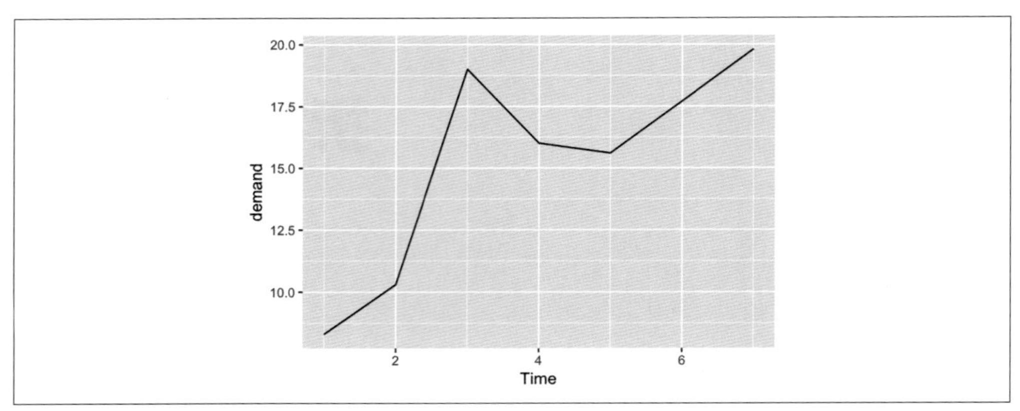

図4-1 基本的な折れ線グラフ

解説

このサンプルのデータセットでは、xの変数であるTimeとyの変数であるdemandがそれぞれ列になっています。

```
BOD
#>   Time demand
#> 1    1    8.3
#> 2    2   10.3
#> 3    3   19.0
#> 4    4   16.0
#> 5    5   15.6
#> 6    7   19.8
```

折れ線グラフは、x軸に離散値（カテゴリカル）変数または連続値（数値）変数を取って作成されます。ここで示す例では、変数demandは数値変数ですが、factor()を使用してファクタに変換することで、カテゴリカル変数として扱うこともできます（**図4-2**）。xの変数がファクタの場合は、データポイントが同じグループに属しており線で結ぶ必要があることをggplot()に明示するために、aes(group=1)を指定する必要があります（ファクタを扱う場合にgroupが必要になる理由については、**「レシピ4.3 複数の線を持つ折れ線グラフを作成する」**を参照してください）。

```
BOD1 <- BOD  # データのコピーを作成する
BOD1$Time <- factor(BOD1$Time)

ggplot(BOD1, aes(x = Time, y = demand, group = 1)) +
  geom_line()
```

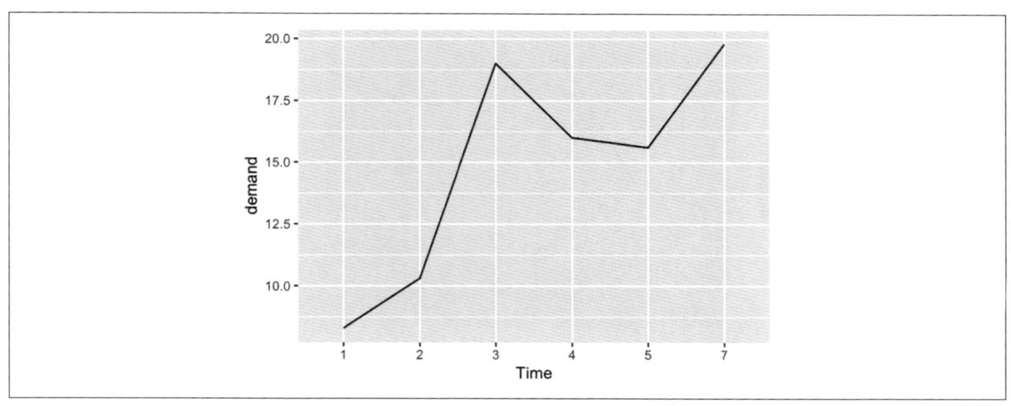

図4-2 x軸にファクタを取る基本的な折れ線グラフ(x軸上で6に対応するスペースは割かれないことに注目)

BODデータセットでは`Time = 6`に対応するエントリが存在しないため、ファクタに変換された場合に6のレベルはありません。ファクタはカテゴリカルな値を保持するものであり、その意味では6は関係のない値となるのです。データセットに含まれていない結果、x軸上に6に対応するスペースは割かれません。

ggplot2では、折れ線グラフのy範囲のデフォルトは、データ内のyの最小値から最大値までをちょうど含むように設定されます。しかし、データの種類によっては、yの範囲を0からスタートさせたほうがよい場合があるでしょう。範囲の設定は、`ylim()`を使用して行えます。あるいは`expand_limits()`を使用して、ある値を含むように範囲を拡大する方法もあります。ここでは、yの範囲を0からBODのdemand列の最大値までに設定します(**図4-3**)。

```
# これらは同じ結果になる
ggplot(BOD, aes(x = Time, y = demand)) +
  geom_line() +
  ylim(0, max(BOD$demand))

ggplot(BOD, aes(x = Time, y = demand)) +
  geom_line() +
  expand_limits(y = 0)
```

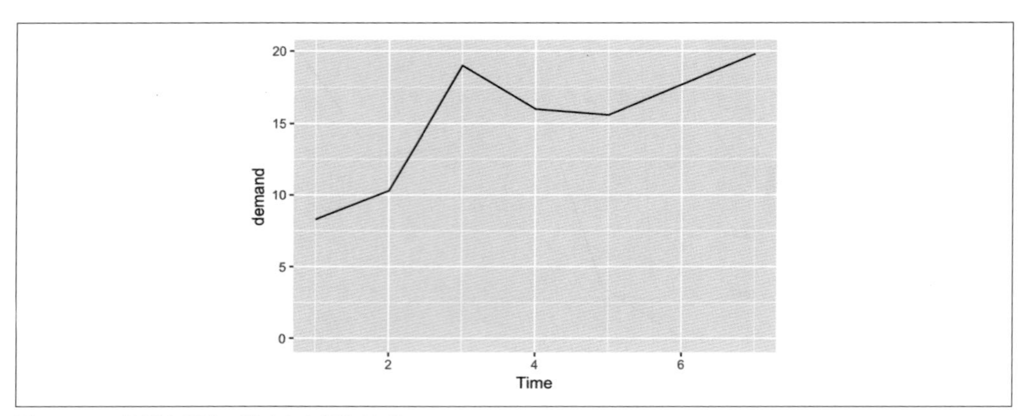

図4-3 yの範囲を手動で設定した折れ線グラフ

関連項目

軸の範囲を変更する方法についてより詳しくは、**「レシピ8.2 連続値の軸の範囲を設定する」**を参照してください。

レシピ4.2 折れ線グラフに点を追加する

問題

折れ線グラフに点を追加したい。

解決策

geom_point()を追加します（**図4-4**）。

```
ggplot(BOD, aes(x = Time, y = demand)) +
  geom_line() +
  geom_point()
```

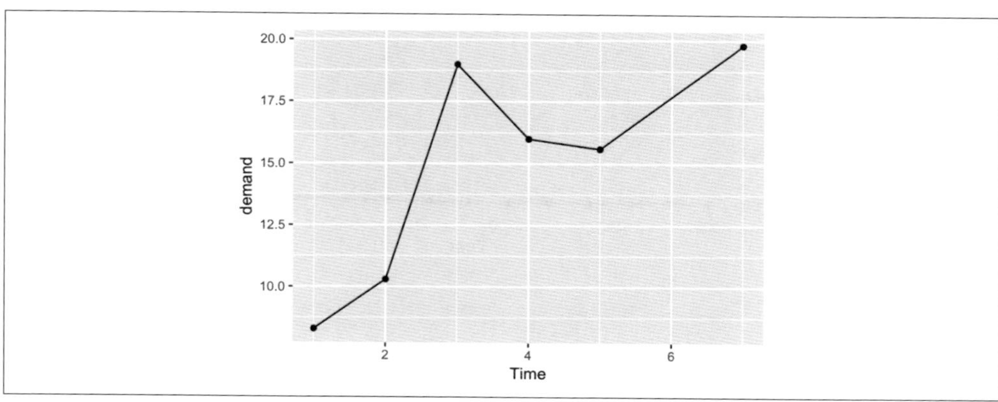

図4-4　点を追加した折れ線グラフ

解説

折れ線グラフ上にデータポイントを表示するとわかりやすい場合があります。観測データの数が密でない場合や、観測データの間隔が一定でない場合などに、点の位置を示すとグラフがより見やすくなります。例えば、BODデータセットではTime=6に対応するエントリは存在しませんが、点がない線のみのグラフではそれを明示できません（**図4-3**と**図4-4**を比べてみてください）。

worldpopデータセットでは、データポイント間の間隔が一定ではありません。大昔の推定値は、近代ほどの頻度では取られていないからです。グラフ上に表示された点は、推定値が算出された点を示しています（**図4-5**）。

```
library(gcookbook) # worldpopデータセットを使うためにgcookbookを読み込む

ggplot(worldpop, aes(x = Year, y = Population)) +
  geom_line() +
  geom_point()

# y軸の対数表示指定を加える
ggplot(worldpop, aes(x = Year, y = Population)) +
  geom_line() +
  geom_point() +
  scale_y_log10()
```

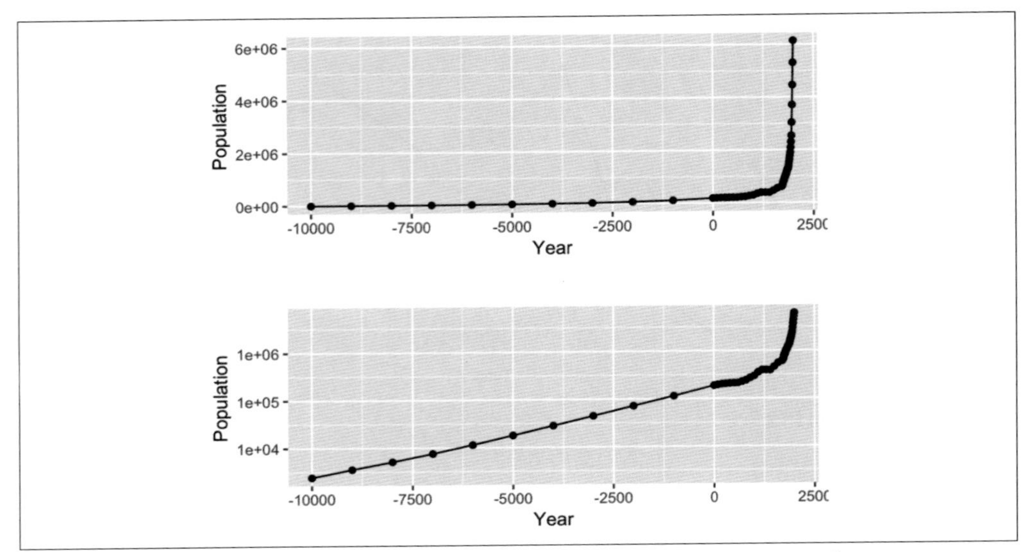

図4-5 上：点はデータポイントの場所を示す 下：同じデータで、y軸を対数表示にしたグラフ

y軸を対数表示にすると、比例的に推移していた人口増加率が、この1000年で大きく伸びたことがわかります。紀元前では、5000年でおよそ10倍というほぼ一定の変化率です。最近の1000年では、人口はそれよりも大幅に速く増加しています。また、人口は近代のほうがより頻繁に（また、おそらくより正確に）推計されているということもわかります。

関連項目

点の体裁を変更する方法については、**「レシピ4.5 点の体裁を変更する」**を参照してください。

レシピ4.3 複数の線を持つ折れ線グラフを作成する

問題

折れ線グラフで2本以上の折れ線を描画したい。

解決策

x軸とy軸にマッピングされた変数に加えて、colourまたはlinetypeに別の変数（離散値変数）をマッピングします（**図4-6**）。

```
library(gcookbook) # tgデータセットを使うためにgcookbookを読み込む

# suppをcolourにマッピングする
```

```
ggplot(tg, aes(x = dose, y = length, colour = supp)) +
  geom_line()

# suppをlinetypeにマッピングする
ggplot(tg, aes(x = dose, y = length, linetype = supp)) +
  geom_line()
```

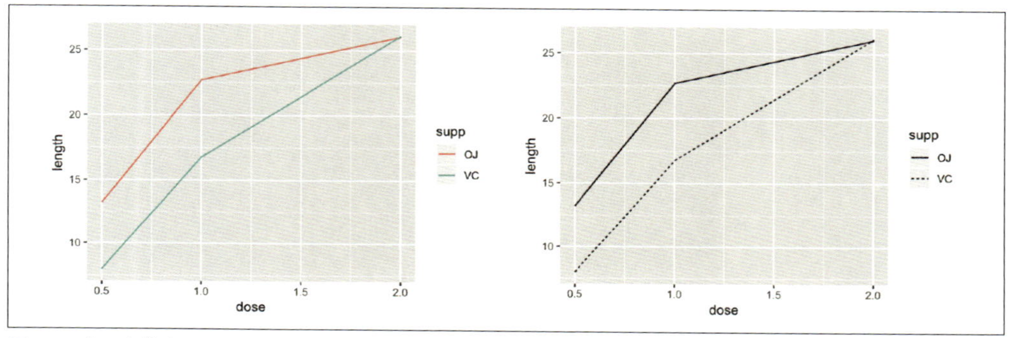

図4-6　左：変数をcolourにマッピングした場合のグラフ　右：変数をlinetypeにマッピングした場合のグラフ

解説

tgのデータには、先ほどの例でcolourとlinetypeにマッピングしたファクタsuppを含む3つの列があります。

```
tg
#>   supp dose length
#> 1   OJ  0.5  13.23
#> 2   OJ  1.0  22.70
#> 3   OJ  2.0  26.06
#> 4   VC  0.5   7.98
#> 5   VC  1.0  16.77
#> 6   VC  2.0  26.14
```

変数xがファクタの場合は、ggplotにおいてgroupに同じ変数を指定する必要があります。この理由については後述します。

折れ線グラフは、x軸に連続値変数と離散値変数のどちらを取ってもプロットが可能です。x軸にマッピングされた変数は、たとえそれが数値として記録されているとしても、カテゴリカル変数と**みなせる**場合もあります。ここに示す例では、doseは0.5、1.0、および2.0の3つの値を持ちます。これらの値は、連続的なスケール上の数でなく、カテゴリとして扱うほうがよいかもしれません。その場合は、doseをファクタに変換します(**図4-7**)。

```
ggplot(tg, aes(x = factor(dose), y = length, colour = supp, group = supp)) +
  geom_line()
```

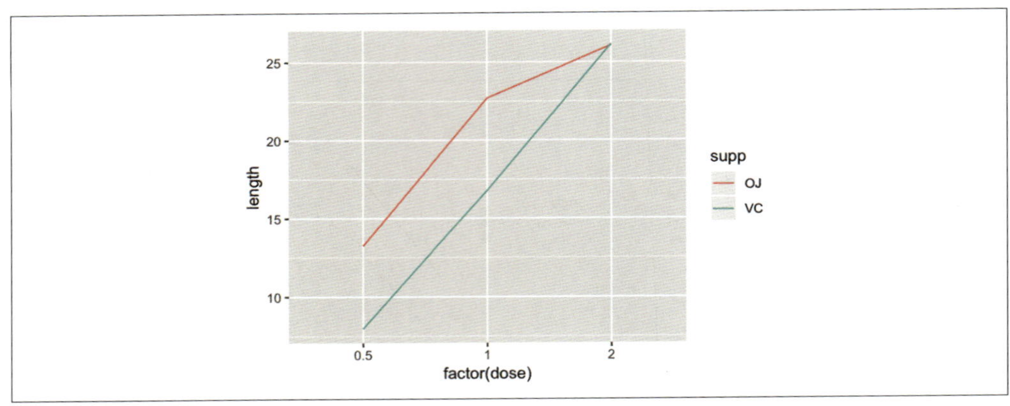

図4-7 連続値変数であるxをファクタに変換してプロットした折れ線グラフ

ここで`group = supp`を指定していることに注目してください。この記述がなければ、ggplotは折れ線を描画するのにデータをどのようにグループ化すべきかを判別できず、エラーになってしまいます。

```
ggplot(tg, aes(x = factor(dose), y = length, colour = supp)) + geom_line()
#> geom_path: Each group consists of only one observation. Do you need to
#> adjust the group aesthetic?
```

訳:各グループは1つの観測データしか含みません。group属性を調整する必要があるかもしれません。

データが正しくグループ分けされていない場合、**図4-8**に示すように、ノコギリ状のジグザグなパターンが現れるという問題もよく発生します。

```
ggplot(tg, aes(x = dose, y = length)) +
  geom_line()
```

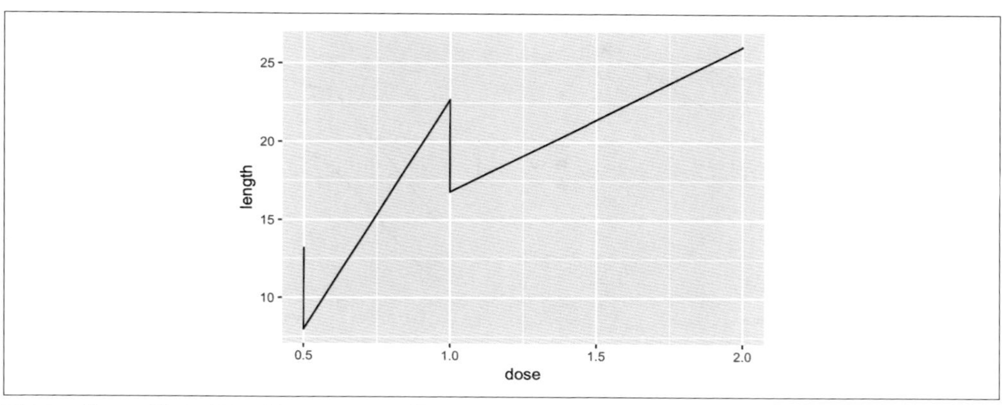

図4-8　グループ分けが正しくないとノコギリ状のパターンが現れる

この現象は、それぞれのy位置に複数のデータポイントが存在し、ggplotがこれらをすべて1つのグループだと認識してしまうことが原因で発生します。本来は異なるグループのデータポイントが1つの線で結ばれてしまい、結果的にノコギリ状のパターンが現れるのです。もし`colour`や`linetype`といったエステティック属性に何らかの**離散値**変数がマッピングされていれば、これらの変数は自動的にグループ分け用の変数として使われます。しかし、（エステティック属性にマッピングされていない）他の変数をグループ分けに使用したい場合は、`group`で指定しなければなりません。

作成した折れ線グラフが間違っているような気がするときは、`group`でグループ分けの変数を明示的に指定する方法を試してみてください。折れ線グラフでは、ggplotが変数のグループ分け方法を判別できないことが原因で正しい折れ線が描画されないケースがよく発生します。

折れ線上に点を表示するプロットの場合は、`shape`や`fill`といった点の属性に変数をマッピングすることもできます（**図4-9**）。

```
ggplot(tg, aes(x = dose, y = length, shape = supp)) +
  geom_line() +
  geom_point(size = 4)  # 点のサイズを少し大きくする

ggplot(tg, aes(x = dose, y = length, fill = supp)) +
  geom_line() +
  geom_point(size = 4, shape = 21)  # 点に塗りつぶし色を指定する
```

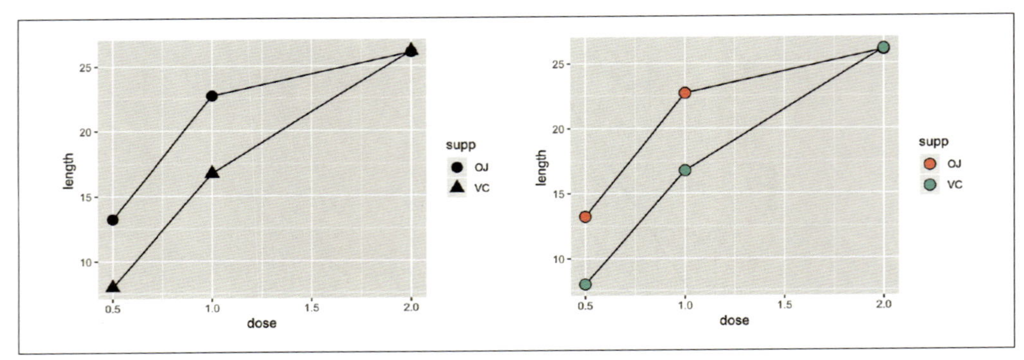

図4-9 左：点の形を変えた折れ線グラフ　右：点の塗りつぶし色を変えた折れ線グラフ

折れ線の点が重なってしまうことがあります。この場合には、重複する点をずらす（**ドッジ**（dodge）を使用する）、すなわち点同士の左右の位置を調節する方法があります（**図4-10**）。このとき、点の位置に合わせて線も調節する必要があります。こうしなければ、点の位置だけが移動して点と線が揃わなくなってしまいます。また、点と線をずらす距離の指定も必要です。

```
ggplot(tg, aes(x = dose, y = length, shape = supp)) +
  geom_line(position = position_dodge(0.2)) +           # 線を0.2だけずらす
  geom_point(position = position_dodge(0.2), size = 4)  # 点を0.2だけずらす
```

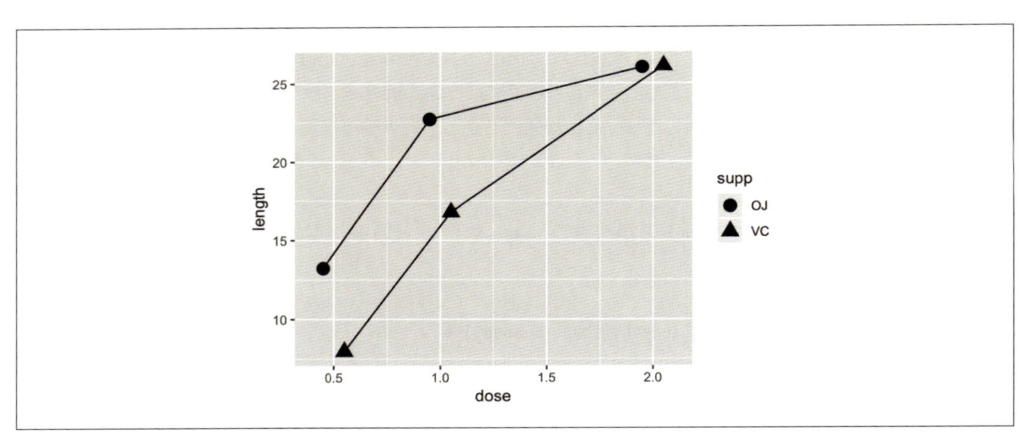

図4-10 重複を避けるために点をずらす

レシピ4.4　線の体裁を変更する

問題

折れ線グラフの線の体裁を変更したい。

解決策

折れ線の種類（実線、破線、点線など）はlinetypeで、太さ（ミリ単位）はsizeで、色はcolour（またはcolor）で指定します。

これらの属性は、geom_line()の呼び出し時に指定を渡します（**図4-11**）。

```
ggplot(BOD, aes(x = Time, y = demand)) +
  geom_line(linetype = "dashed", size = 1, colour = "blue")
```

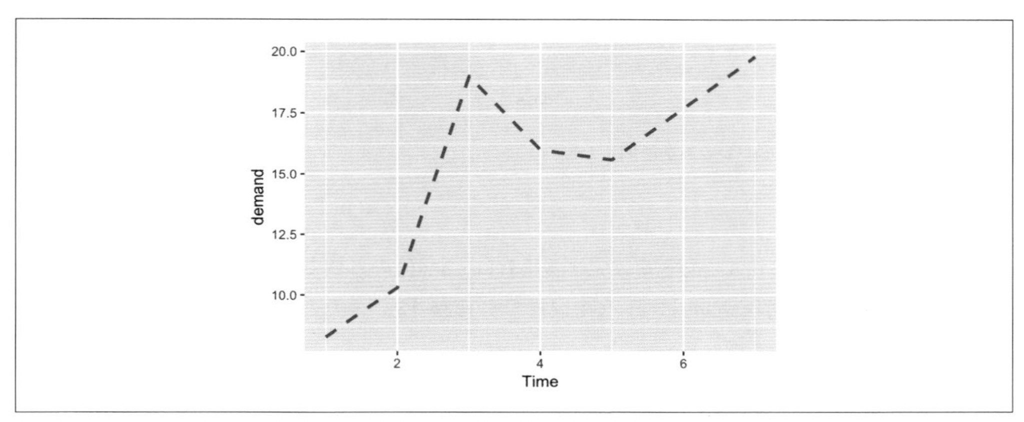

図4-11　linetype、size、およびcolourをカスタムで指定した折れ線グラフ

線が2本以上ある場合は、エステティック属性を指定すると、その指定はすべての線に影響します。一方、**「レシピ4.3　複数の線を持つ折れ線グラフを作成する」**で見たように属性に変数をマッピングする方式では、それぞれの線の体裁が異なる結果になります。デフォルトの色はそれほど魅力的な色ではないため、**図4-12**に示すように、scale_colour_brewer()またはscale_colour_manual()を使って異なるパレットを使うこともできます。

```
library(gcookbook)  # tgデータセットを使うためにgcookbookを読み込む

ggplot(tg, aes(x = dose, y = length, colour = supp)) +
  geom_line() +
  scale_colour_brewer(palette = "Set1")
```

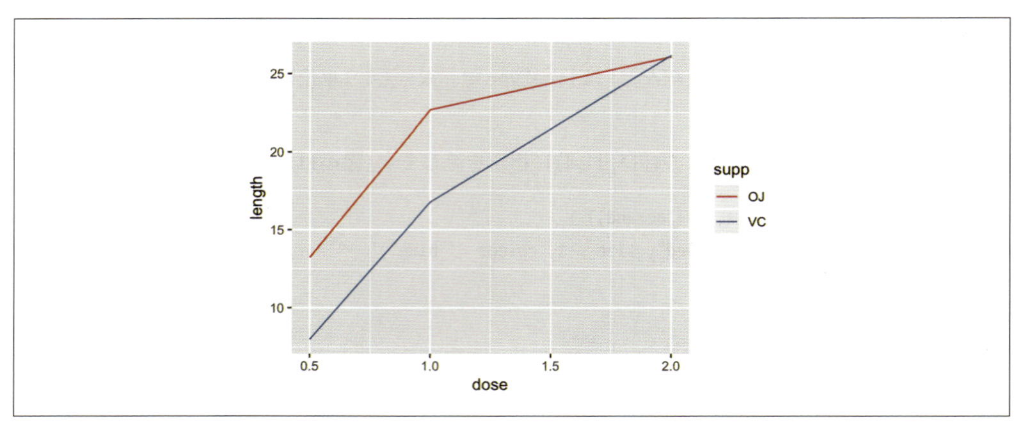

図4-12 RColorBrewer内のパレットを使用した例

解説

すべての線に1種類の決まった色を設定する場合は、aes()の外側でcolourを指定します。size、linetype、および点の形状shapeについても同様です（**図4-13**）。またこの場合、グループ化のための変数を指定する必要があるでしょう。

```
# 両方の線の属性が同じ場合は、グループ分けのための変数を指定する必要がある
ggplot(tg, aes(x = dose, y = length, group = supp)) +
  geom_line(colour = "darkgreen", size = 1.5)

# suppがcolourにマッピングされているため、これが自動的にグループ分けに使用される
ggplot(tg, aes(x = dose, y = length, colour = supp)) +
  geom_line(linetype = "dashed") +
  geom_point(shape = 22, size = 3, fill = "white")
```

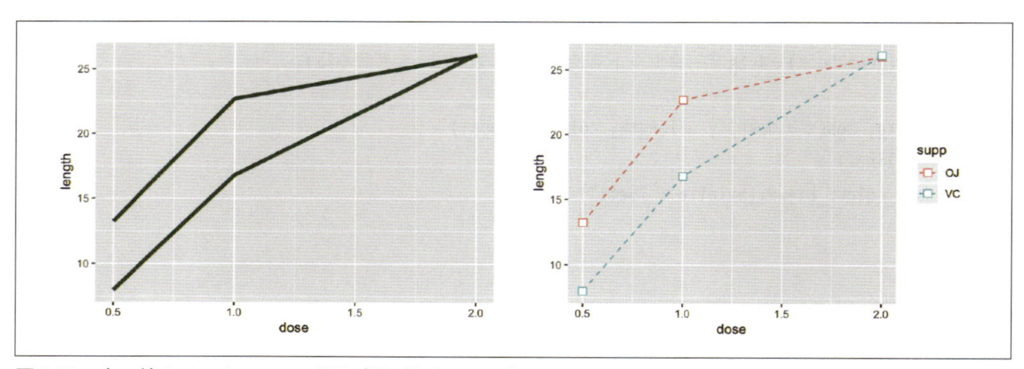

図4-13 左：線のsizeとcolourが同じ折れ線グラフ　右：suppをcolourにマッピングし、点も追加したグラフ

関連項目

色の使用についてより詳しくは、**「12章　色を使う」**を参照してください。

レシピ4.5　点の体裁を変更する

問題

折れ線グラフの点の体裁を変更したい。

解決策

aes()の外側で、geom_point()にsize、shape、colour、および（または）fillを指定します（プロットの結果は**図4-14**の通り）。

```
ggplot(BOD, aes(x = Time, y = demand)) +
  geom_line() +
  geom_point(size = 4, shape = 22, colour = "darkred", fill = "pink")
```

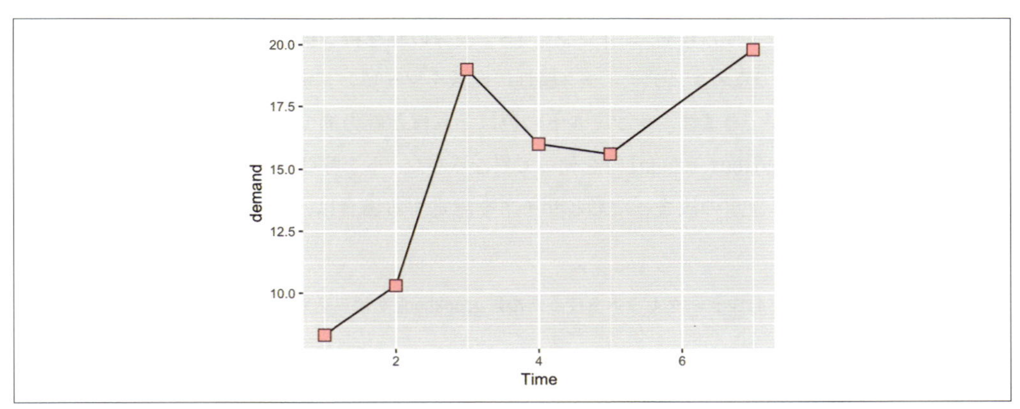

図4-14　点のサイズ、形状、枠と塗りの色をカスタムで指定したグラフ

解説

点の形（shape）のデフォルトは塗りつぶしなしの円形、サイズ（size）のデフォルトは2、また色（colour）のデフォルトは黒（"black"）です。塗りつぶし色（fill）は、枠線と塗りの色が分かれている21-25番のスタイルのみに関係します（点の形状の一覧は**「レシピ5.3　点の形を指定する」**を参照）。塗りつぶし色は、基本的にはNAまたは空指定です。**図4-15**に示すような白抜きの円を使いたい場合は、塗りつぶし色を白に指定することで実現できます。

```
ggplot(BOD, aes(x = Time, y = demand)) +
  geom_line() +
```

```
  geom_point(size = 4, shape = 21, fill = "white")
```

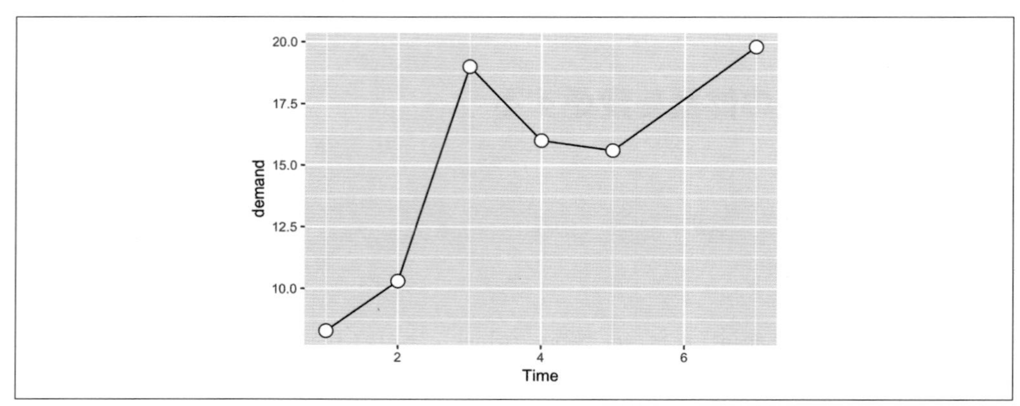

図4-15　塗りつぶし色を白に指定したグラフ

点と線に異なる色を使う場合は、線の後に点のスタイルを指定して、点が線の上に描画されるようにしましょう。逆の順番で指定すると、線が点の上に描画されてしまいます。

複数の折れ線をプロットする場合は、**「レシピ4.3　複数の線を持つ折れ線グラフを作成する」**で見たように、aes()の内部で点のエステティック属性に変数をマッピングすることで、グループごとに異なる色で描画することができます。デフォルトの色はそれほど魅力的ではないため、scale_colour_brewer()またはscale_colour_manual()を使って異なるパレットを呼び出すこともできます。**図4-16**のようにすべての点に1種類の決まった形とサイズを設定する場合は、aes()の外側でshapeまたはsizeを指定します。

```
library(gcookbook)  # tgデータセットを使うためにgcookbookを読み込む

# position_dodgeの指定は、複数回使用するため保存しておく
pd <- position_dodge(0.2)

ggplot(tg, aes(x = dose, y = length, fill = supp)) +
  geom_line(position = pd) +
  geom_point(shape = 21, size = 3, position = pd) +
  scale_fill_manual(values = c("black","white"))
```

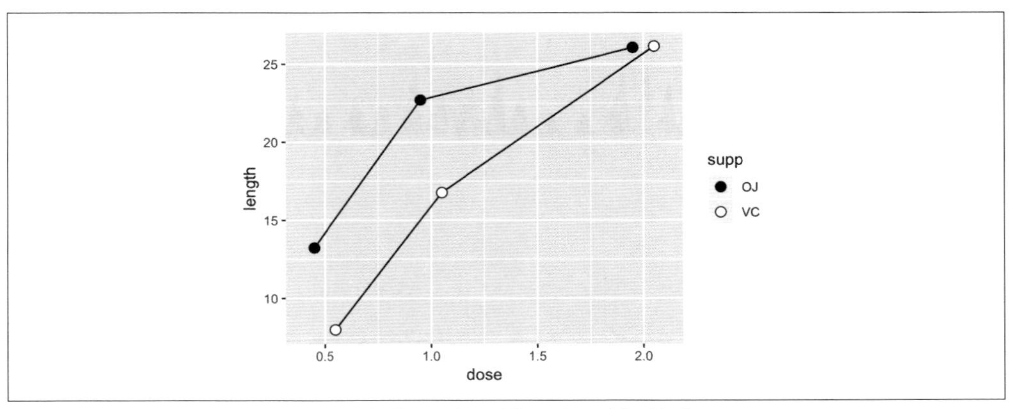

図4-16　塗りつぶし色を手動で黒と白に指定し、点の重複を避けた折れ線グラフ

関連項目

さまざまな点の形を使用する方法については「**レシピ5.3　点の形を指定する**」を、色についての詳細は「**12章　色を使う**」を参照してください。

レシピ4.6　網掛け領域付きのグラフを作成する

問題

網掛け（シェード）領域の付いたグラフを作成したい。

解決策

geom_area()を使って網掛け領域を描画します。結果は**図4-17**のようになります。

```
# sunspot.yearデータセットを変換し、今回の例で使用するデータフレームを作成する
sunspotyear <- data.frame(
    Year     = as.numeric(time(sunspot.year)),
    Sunspots = as.numeric(sunspot.year)
  )

ggplot(sunspotyear, aes(x = Year, y = Sunspots)) +
  geom_area()
```

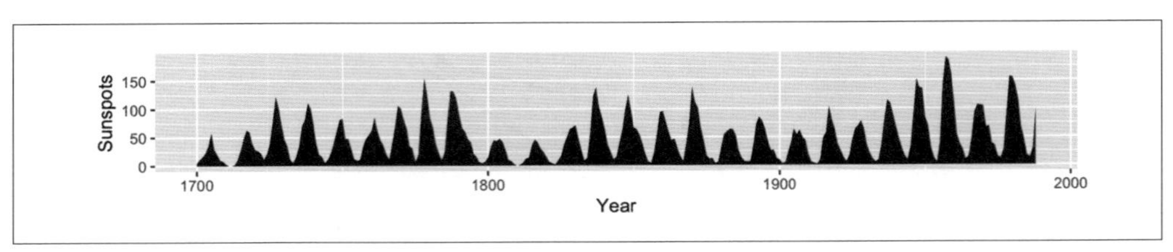

図4-17 網掛け領域付きのグラフ

解説

デフォルトでは、網掛け領域は濃いダークグレーで描画され、輪郭線は付きません。網掛けの色は、fillを設定することで変更できます。次の例では、網掛けの色を"blue"と指定し、alphaの値を0.2に設定することで80％透過にしています。これにより、**図4-18**に示すように、網掛け領域でも目盛線が見えるようになります。またこの例では、colourを設定して輪郭線も追加しています。

```
ggplot(sunspotyear, aes(x = Year, y = Sunspots)) +
  geom_area(colour = "black", fill = "blue", alpha = .2)
```

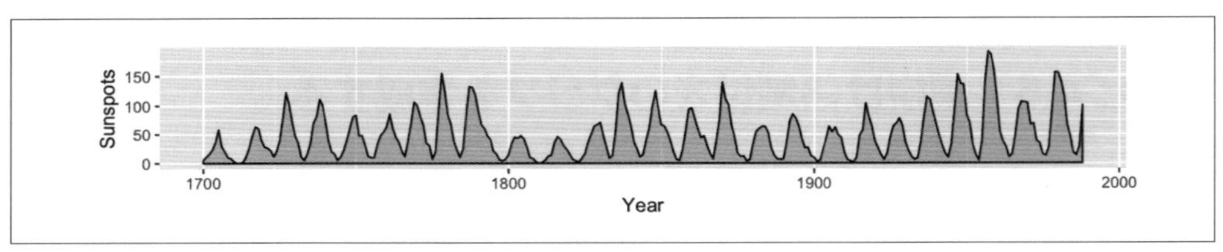

図4-18 網掛け領域を半透過状態にし、輪郭線を追加したグラフ

網掛けの全領域に輪郭線を描画すると、領域のはじめと終わりに縦の線が入り、また領域の底も線で縁取られてしまいます。これを避けるには、輪郭線を書かずに（colourを指定せずに）網掛け領域を描画し、geom_line()で折れ線グラフを重ねてプロットするという方法があります。この方法を使ったのが**図4-19**です。

```
ggplot(sunspotyear, aes(x = Year, y = Sunspots)) +
  geom_area(fill = "blue", alpha = .2) +
  geom_line()
```

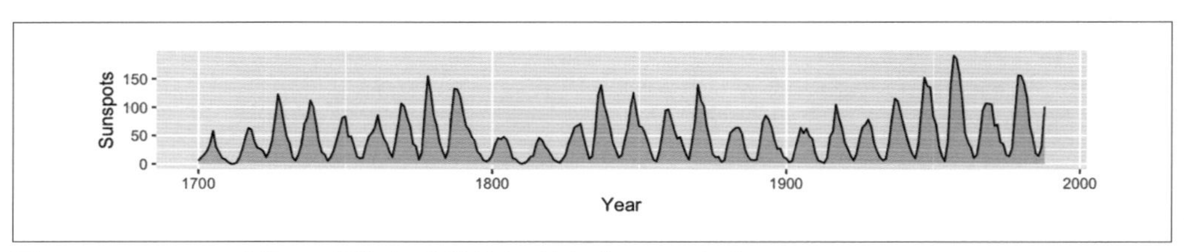

図4-19 geom_line()を使って網掛けの上側だけに線をプロットしたグラフ

関連項目

色を選択する方法についてより詳しくは、**「12章　色を使う」**を参照してください。

レシピ4.7　積み上げ面グラフを作成する

問題

積み上げ面グラフを作成したい。

解決策

`geom_area()`を使用して、ファクタを`fill`にマッピングします（**図4-20**）。

```
library(gcookbook) # uspopageデータセットを使うためにgcookbookを読み込む

ggplot(uspopage, aes(x = Year, y = Thousands, fill = AgeGroup)) +
  geom_area()
```

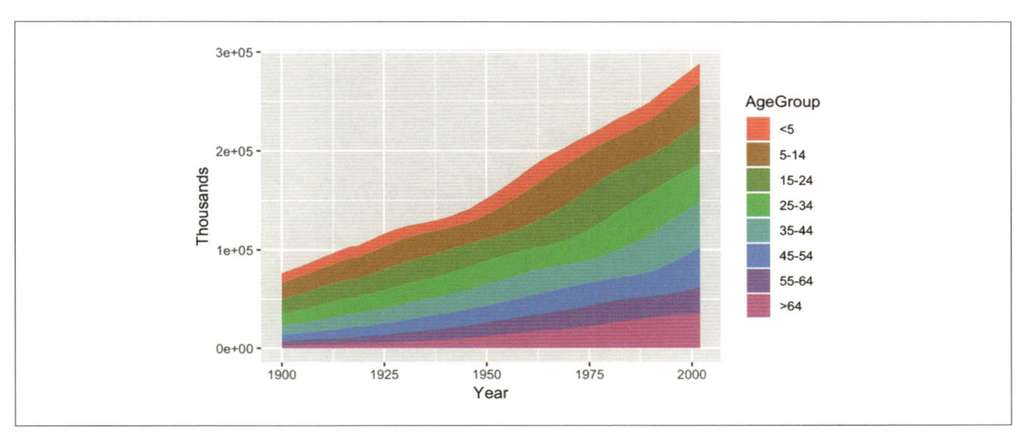

図4-20　積み上げ面グラフ

解説

積み上げ面グラフでプロットされるデータはしばしばwideフォーマット（横持ち形式）で提供されますが、ggplotではlongフォーマット（縦持ち形式）のデータが必要になります。データ型の変換については、**「レシピ15.19　横持ち形式から縦持ち形式へ変換する」**を参照してください。

ここでは、`uspopage`データセットを例として使用します。

```
uspopage
#>      Year AgeGroup Thousands
#> 1    1900       <5      9181
```

```
#> 2   1900     5-14     16966
#> 3   1900    15-24     14951
#>   ...<818 more rows>...
#> 822 2002    45-54     40084
#> 823 2002    55-64     26602
#> 824 2002      >64     35602
```

ここで紹介する例（**図4-21**）では、パレットを青の階調に変更し、エリア間の線を細く（size=.2）しています。また、塗りつぶし領域を半透過にし（alpha=.4）、目盛線が透けて見えるようにしています。

```
ggplot(uspopage, aes(x = Year, y = Thousands, fill = AgeGroup)) +
  geom_area(colour = "black", size = .2, alpha = .4) +
  scale_fill_brewer(palette = "Blues")
```

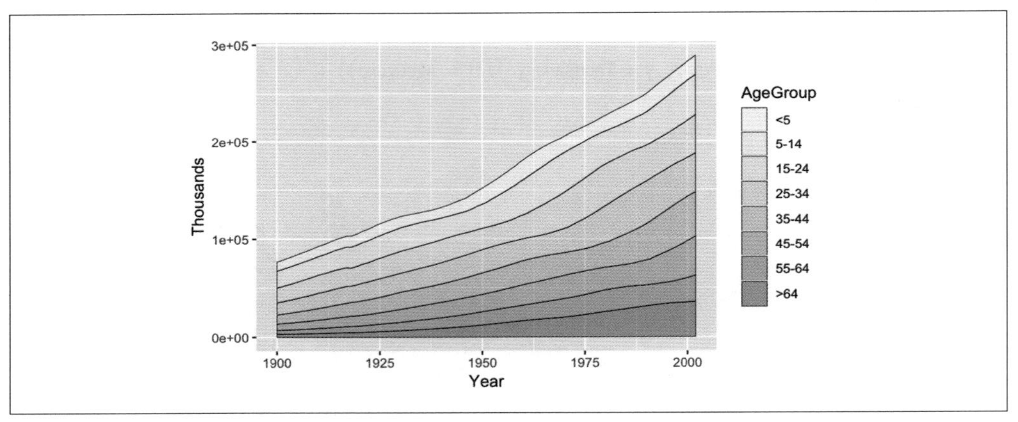

図4-21　細い線と異なるパレットを使用したグラフ

塗りつぶし領域はポリゴンとして描画されるため、左右の側面にも領域の枠線が付いてしまいます。これは邪魔ですし、紛らわしい表現と言えるでしょう。不要な枠線を取り除くには（**図4-22**）、まずはじめに枠線なしで積み上げ面グラフを描画し（colourの値をデフォルト値NAのままにする）、それからgeom_line()で積み上げ面に沿って線をプロットします。

```
ggplot(uspopage, aes(x = Year, y = Thousands, fill = AgeGroup,
                     order = dplyr::desc(AgeGroup))) +
  geom_area(colour = NA, alpha = .4) +
  scale_fill_brewer(palette = "Blues") +
  geom_line(position = "stack", size = .2)
```

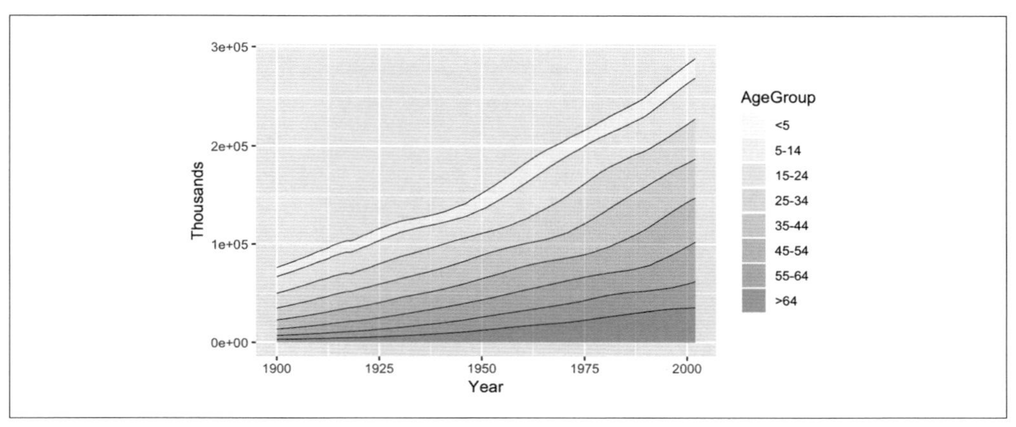

図4-22　左右の線を取り除いたグラフ

関連項目

データを横持ち形式から縦持ち形式に変換する方法については、**「レシピ15.19　横持ち形式から縦持ち形式へ変換する」**を参照してください。

色の選択についてより詳しくは、**「12章　色を使う」**を参照してください。

レシピ4.8　100％積み上げ面グラフを作成する

問題

積み上げ面の高さが一定の値にスケールされた、100％積み上げ面グラフを作成したい。

解決策

`geom_area(position = "fill")`を使います（**図4-23**上）。

```
ggplot(uspopage, aes(x = Year, y = Thousands, fill = AgeGroup)) +
  geom_area(position = "fill", colour = "black", size = .2, alpha = .4) +
  scale_fill_brewer(palette = "Blues")
```

解説

`position="fill"`を使うと、y値は0から1の範囲に調整されます。ラベルをパーセントで表示するためには、`scale_y_continuous(labels = scales::percent)`を使います（**図4-23**下）。

```
ggplot(uspopage, aes(x = Year, y = Thousands, fill = AgeGroup)) +
  geom_area(position = "fill", colour = "black", size = .2, alpha = .4) +
  scale_fill_brewer(palette = "Blues") +
```

```
scale_y_continuous(labels = scales::percent)
```

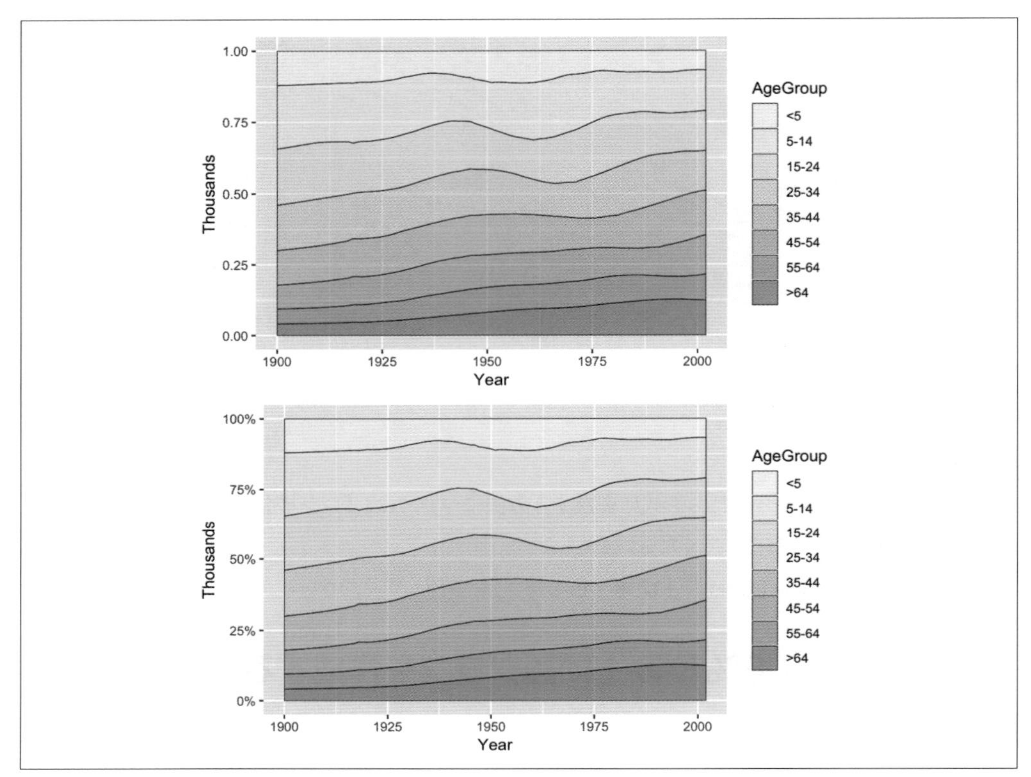

図4-23 上：100％積み上げ面グラフ 下：y軸のラベルをパーセント表示にしたもの

関連項目

積み上げ棒グラフも同様な方法で作成できます。パーセントの計算を独立して行う方法については、**「レシピ3.7 積み上げ棒グラフを作成する」**を参考にしてください。

データをグループごとに要約する方法について詳しくは、**「レシピ15.17 グループごとにデータを要約する」**を参照してください。

レシピ4.9 信頼区間の領域を追加する

問題

グラフに信頼区間の領域を追加したい。

解決策

geom_ribbon()を使い、yminとymaxに値をマッピングします。

climateデータセット内で、Anomaly10yは1950年から1980年までの平均気温からの偏差の10年移動平均（摂氏）を示し、Unc10yは95％の信頼区間を示します。ymaxとyminの値として、Anomaly10yにUnc10yを加算した値と減算した値をそれぞれ設定しましょう。

```
library(gcookbook) # climateデータセットを使うためgcookbookを読み込む
library(dplyr)

# climateデータの一部を取得する
climate_mod <- climate %>%
  filter(Source == "Berkeley") %>%
  select(Year, Anomaly10y, Unc10y)

climate_mod
#>     Year Anomaly10y Unc10y
#> 1   1800     -0.435  0.505
#> 2   1801     -0.453  0.493
#> 3   1802     -0.460  0.486
#>  ...<199 more rows>...
#> 203 2002      0.856  0.028
#> 204 2003      0.869  0.028
#> 205 2004      0.884  0.029

# 網掛け領域
ggplot(climate_mod, aes(x = Year, y = Anomaly10y)) +
geom_ribbon(aes(ymin = Anomaly10y - Unc10y,
                ymax = Anomaly10y + Unc10y),
                alpha = 0.2) +
geom_line()
```

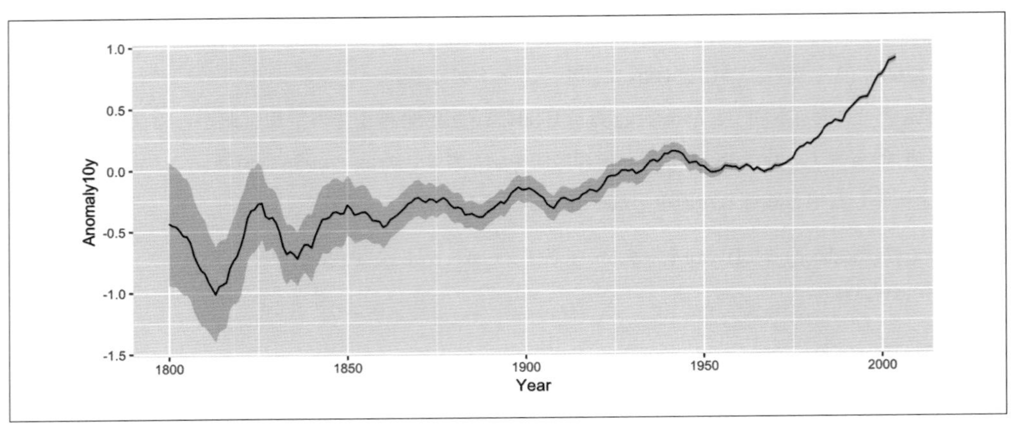

図4-24 信頼区間の領域を網掛けで追加した折れ線グラフ

網掛け領域の本来の色は濃いダークグレーですが、この例ではほぼ透過の状態です。透過度はalpha=0.2で設定されており、これにより80％の透過度が得られます。

解説

geom_ribbon()がgeom_line()の前に記述されていることに注目してください。こうすることで、折れ線が網掛け領域の上に描画されます。逆の順で記述すると、網掛け領域が折れ線に重なり、線が隠れてしまいます。ここで示した例では、網掛け領域に透過が設定されているのであまり問題になりませんが、網掛け領域がベタ塗りの場合は問題が生じるでしょう。

網掛け領域以外で信頼区間の領域を表現する方法として、信頼区間の領域の上限と下限を点線で示すという方法もあります（**図4-25**）。

```
# 信頼区間の領域の上限と下限を点線で示す
ggplot(climate_mod, aes(x = Year, y = Anomaly10y)) +
  geom_line(aes(y = Anomaly10y - Unc10y), colour = "grey50",
            linetype = "dotted") +
  geom_line(aes(y = Anomaly10y + Unc10y), colour = "grey50",
            linetype = "dotted") +
  geom_line()
```

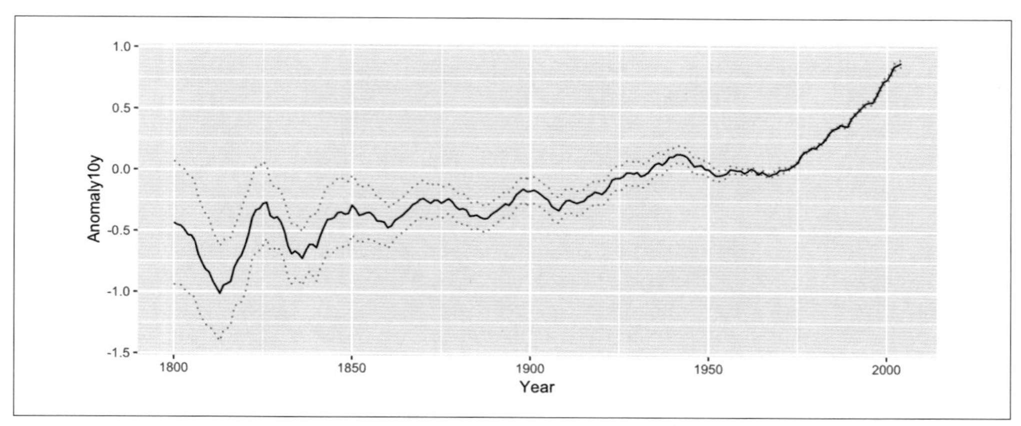

図4-25　信頼区間の領域を点線でプロットした折れ線グラフ

網掛け領域は、信頼区間の領域の他に、2つの値の差分といった情報も表現することができます。**「レシピ4.7　積み上げ面グラフを作成する」**で紹介した面グラフでは、yの網掛け領域の範囲は0からyまででです。この節で紹介した例では、それが`ymin`から`ymax`までになっているのです。

5章
散布図

散布図は、2つの連続値変数の関係を表示するのに使われます。散布図では、データセットの各観測点は、点で表現されます。散布図には、何らかの統計モデルに基づいた予測値を示す線も一緒に表示されていることがよくあります。これは、Rとggplot2パッケージを使うと簡単に行うことができ、点をただ見ただけではすぐに傾向がわからないデータから意味を見出しやすくなります。

データセットが大きい場合、各観測点をすべてプロットすると点が重なり、互いに覆い隠してしまう状態になってしまいます。この問題に対処するために、データを表示する前に要約したい場合もあるでしょう。この章ではこの要約の方法も見ていくことにします。

レシピ5.1　基本的な散布図を作成する

問題

2つの連続値変数を使って散布図を作成したい。

解決策

geom_point()を使い、ある変数をx、別の変数をyにマッピングします。

ここではheightweightデータセットを使います。このデータセットには多くの列がありますが、この例では2つの列だけを使います（**図5-1**）。

```
library(gcookbook) # heightweightデータセットを使うためにgcookbookを読み込む
library(dplyr)

# 使用する2つの列の概要を表示
heightweight %>%
  select(ageYear, heightIn)
#>      ageYear heightIn
```

```
#> 1      11.92     56.3
#> 2      12.92     62.3
#> 3      12.75     63.3
#>  ...<230 more rows>...
#> 235   13.67     61.5
#> 236   13.92     62.0
#> 237   12.58     59.3
```

```
ggplot(heightweight, aes(x = ageYear, y = heightIn)) +
  geom_point()
```

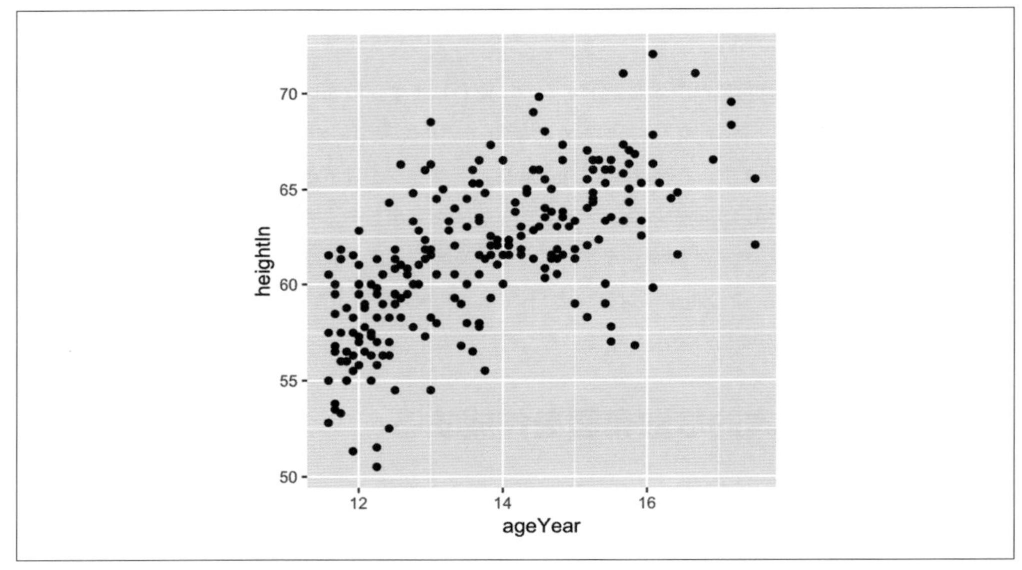

図5-1 基本的な散布図

解説

点とは異なる形状を使いたい場合、shapeを使って形状を指定します。デフォルトの無地の円（shape=19の場合）の代替として一般的なのは、塗りつぶしのない円（shape=21）です（**図5-2**左）。

```
ggplot(heightweight, aes(x = ageYear, y = heightIn)) +
  geom_point(shape = 21)
```

点のサイズは、sizeで制御できます。sizeのデフォルト値は2（size = 2）になっています。次のコード例では、size = 1.5に設定して点を小さくしています（**図5-2**右）。

```
ggplot(heightweight, aes(x = ageYear, y = heightIn)) +
```

```
  geom_point(size = 1.5)
```

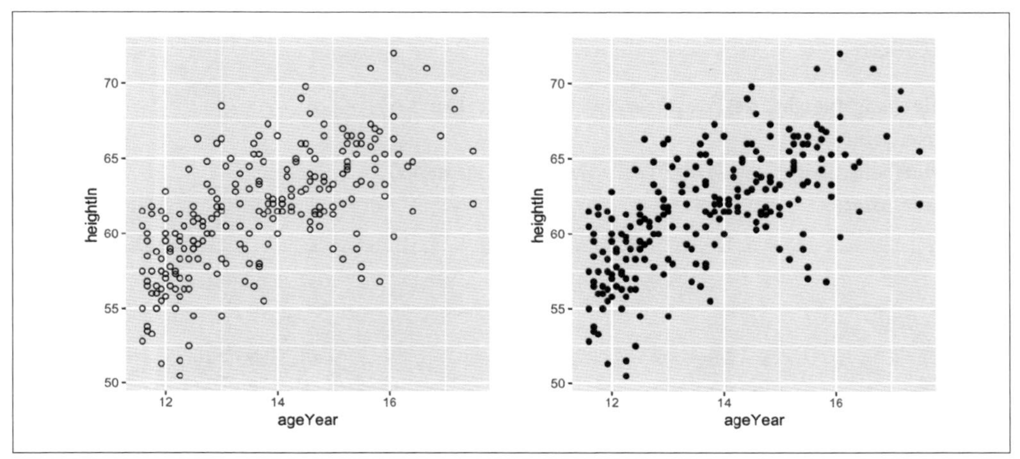

図5-2　左：塗りつぶしなしの円（shape 21）を使った散布図　右：小さい点を使った散布図

レシピ5.2　色と形を使用してデータポイントをグループ化する

問題

ある（グループ分け用の）変数を使い、点を色や形によって可視的にグループ化したい。

解決策

グループ化したい変数をshapeやcolourにマッピングします。この例では、heightweighデータセットの3つの列を使います。

```
library(gcookbook) # heightweightデータセットを使うためにgcookbookを読み込む

# 使用する3つの列を指定する
heightweight %>%
  select(sex, ageYear, heightIn)
#>     sex ageYear heightIn
#> 1     f   11.92     56.3
#> 2     f   12.92     62.3
#> 3     f   12.75     63.3
#>  ...<230 more rows>...
#> 235   m   13.67     61.5
#> 236   m   13.92     62.0
#> 237   m   12.58     59.3
```

変数sexの値に基づいてデータ点を可視的に区別するためには、エステティック属性colourやshapeを使います。sexをcolourやshapeのエステティック属性にマッピングすることで、これを実現します（**図5-3**）。

```
ggplot(heightweight, aes(x=ageYear, y=heightIn, colour=sex)) +
  geom_point()
ggplot(heightweight, aes(x=ageYear, y=heightIn, shape=sex)) +
  geom_point()
```

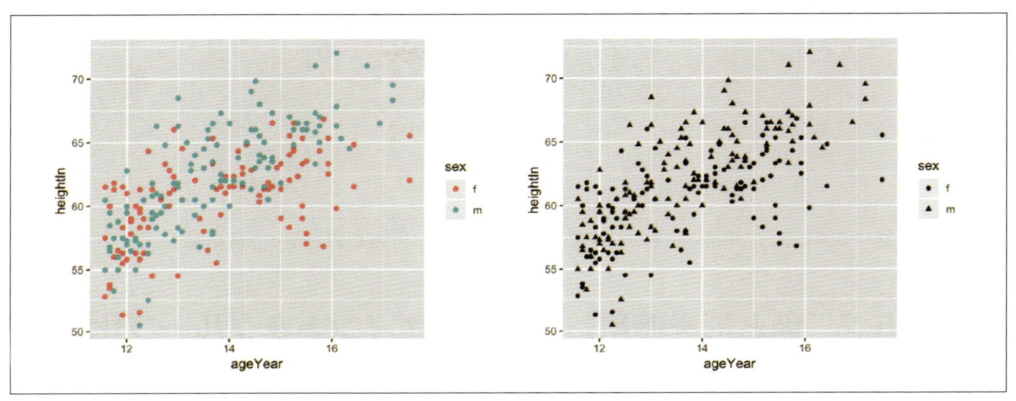

図5-3　左：1つの変数をcolourにマッピングしてグループ化する　右：shapeにマッピングしてグループ化する

解説

グループ化する変数は、カテゴリ化可能（つまり、ファクタや文字列ベクトル）である必要があります。もし、グループ化するための変数が数値のベクトルである場合は、グループ化する前にファクタに変換するべきです。

1つの変数をshapeとcolourの両方にマッピングすることも可能です。また、グループ化に使いたい変数が複数ある場合は、それぞれの変数をshapeとcolourにマッピングすることも可能です。変数sexをshapeとcolourにマッピングすると**図5-4**の左のようになります。

```
ggplot(heightweight, aes(x = ageYear, y = heightIn, shape = sex, colour = sex)) +
  geom_point()
```

デフォルトの色と形ではなく、別の形や色を使いたい場合があるかもしれません。別の形はscale_shape_manual()を使って指定することができます。また別の色はscale_colour_brewer()やscale_colour_manual()を使って指定することができます。グループ化する変数に別の形や色を指定すると**図5-4**の右のようになります。

```
ggplot(heightweight, aes(x = ageYear, y = heightIn, shape = sex, colour = sex)) +
```

```
  geom_point() +
  scale_shape_manual(values = c(1,2)) +
  scale_colour_brewer(palette = "Set1")
```

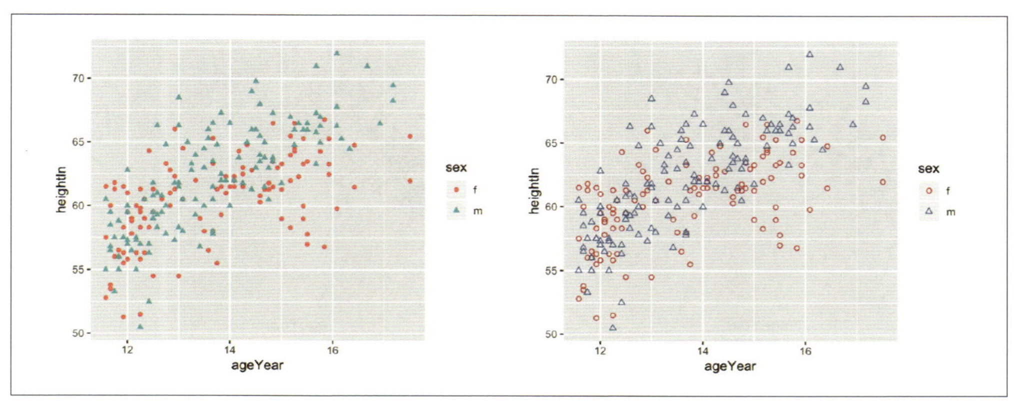

図5-4　左：色と形の両方にマッピング　右：色と形を手動で指定

関連項目

その他の形を使う場合は、**「レシピ5.3　点の形を指定する」**.を参照してください。

色の使い方のより詳細な内容は、**「12章　色を使う」**を参照してください。

レシピ5.3　点の形を指定する

問題

点の形をデフォルトと違う形に指定したい。

解決策

すべての点の形を一括で指定したい場合は、geom_point()でshapeを指定します（**図5-5**左）。

```
library(gcookbook) # heightweightデータセットを使うためにgcookbookを読み込む

ggplot(heightweight, aes(x = ageYear, y = heightIn)) +
  geom_point(shape = 3)
```

既にshapeに変数をマッピングしている場合は、scale_shape_manual()を使って形を変更します。

```
# 少しだけ点を大きくし、2つのグループのshapeに独自の値を指定する
ggplot(heightweight, aes(x = ageYear, y = heightIn, shape = sex)) +
  geom_point(size = 3) +
```

```
scale_shape_manual(values = c(1, 4))
```

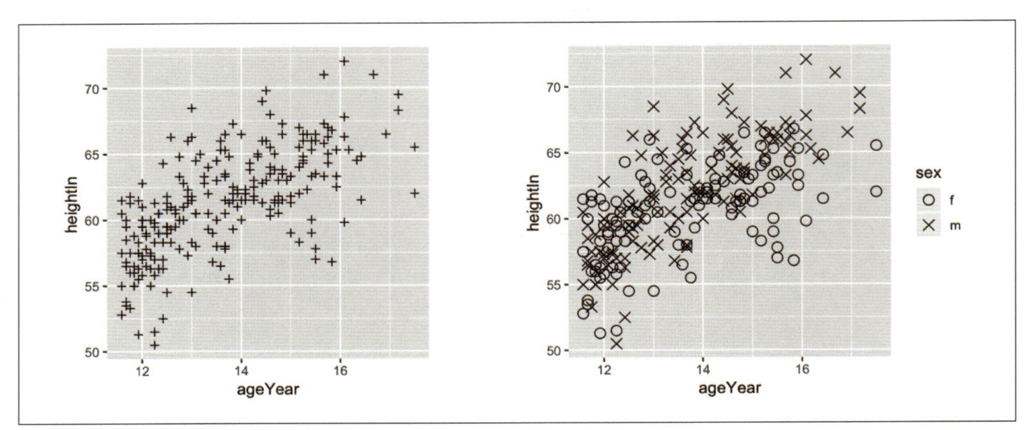

図5-5 左：エステティック属性shapeに独自の形を指定
右：shapeに既に変数がマッピングされている状態で、shapeパレットからshapeを複数指定

解説

図5-6は、Rのグラフで使える形（shape）の一覧です。外枠だけを持つ形（0-14）や、無地の形（15-20）、外枠と塗りつぶしの色が別々のもの（21-25）もあります。文字列を使うこともできます。

0-20の形では、無地のものを含むすべての点の色はエステティック属性`colour`で制御します。21-25の形では、外枠は`colour`で制御して、塗りつぶしの色は`fill`で制御します。

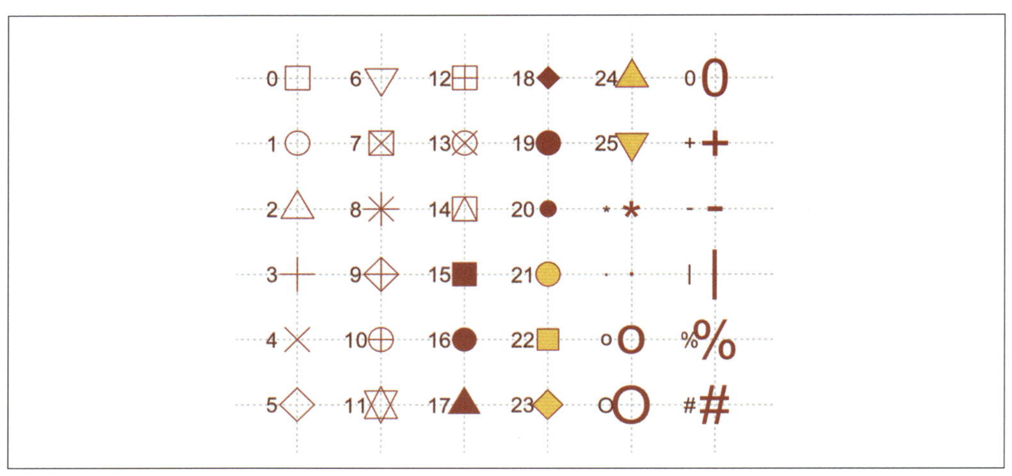

図5-6 Rで使える形（shape）

点の形で1つの変数の持つ情報を表現した上で、なおかつ、それらの点の塗りつぶし方（塗るか塗

らないか）によって別の変数の情報を表現することもできます。これを行うためには、まずcolourとfillの両方を指定可能なshapeを選び、そして、scale_shape_manualを設定します。次に、fillの色を決めてNA（NAを指定すると塗りつぶしがない形になります）とともにscale_fill_manualを設定します。

例えば、heightweightデータセットにおいて、100ポンド以上の体重であるかどうかでカテゴリ分けをする列を追加します（**図5-7**）。

```
# heightweightデータセットを使い、まず、weighsが100未満か100以上かを示す列を作成する。
# この列を含む情報をhwに保存する。
hw <- heightweight %>%
  mutate(weightgroup = ifelse(weightLb < 100, "< 100", ">= 100"))

# fillとcolourを両方持つshapeを指定し、塗りつぶしの色を空（NA）と特定の色に指定する。
ggplot(hw, aes(x = ageYear, y = heightIn, shape = sex, fill = weightgroup)) +
  geom_point(size = 2.5) +
  scale_shape_manual(values = c(21, 24)) +
  scale_fill_manual(
    values = c(NA, "black"),
    guide = guide_legend(override.aes = list(shape = 21))
  )
```

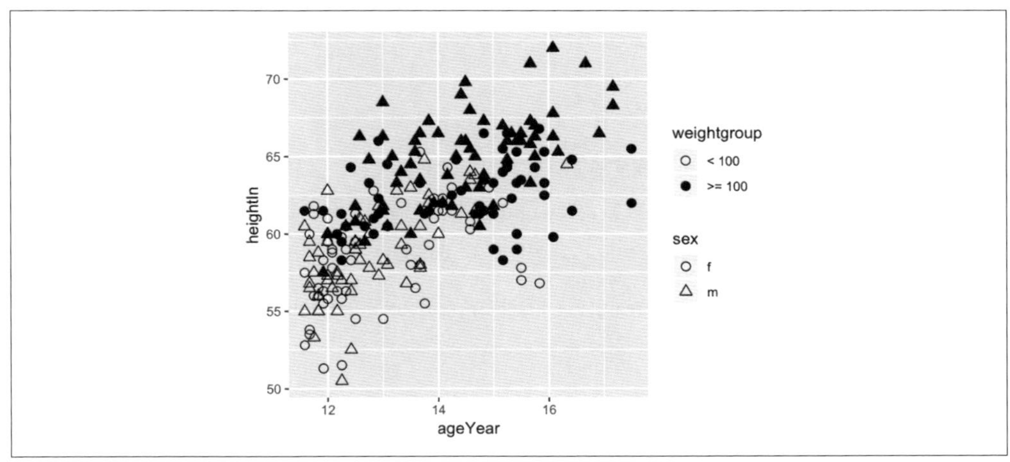

図5-7　1つの変数はshapeにマッピングし、もう1つの変数をfillにマッピングする

関連項目

色の使い方のより詳細な内容は、**「12章　色を使う」**を参照してください。

連続値変数をカテゴリカルの変数に変換する方法についての詳細は、**「レシピ15.14　連続値変数を**

カテゴリカル変数に変換する」を参照してください。

レシピ5.4 連続値変数を色やサイズにマッピングする

問題

点の色やサイズを、3つ目の連続値変数を使って表現したい。

解決策

連続値変数をsizeやcolourにマッピングします。この例では、heightweightデータセットを使います。heightweightデータセットには多くの列がありますが、この例では4つの列だけを使います。

```
library(gcookbook) # heightweightデータセットを使うためにgcookbookを読み込む

# 使用する4つの列を列挙。
heightweight %>%
  select(sex, ageYear, heightIn, weightLb)
#>     sex ageYear heightIn weightLb
#> 1     f   11.92     56.3     85.0
#> 2     f   12.92     62.3    105.0
#> 3     f   12.75     63.3    108.0
#>  ...<230 more rows>...
#> 235   m   13.67     61.5    140.0
#> 236   m   13.92     62.0    107.5
#> 237   m   12.58     59.3     87.0
```

「レシピ5.1 基本的な散布図を作成する」の基本的な散布図では、連続値変数ageYearとheightInの関係を表現しています。3つ目の連続値変数wightLbを表現するには、この3つ目の変数をcolourやsizeなど、別のエステティック属性にマッピングします（**図5-8**）。

```
ggplot(heightweight, aes(x = ageYear, y = heightIn, colour = weightLb)) +
  geom_point()

ggplot(heightweight, aes(x = ageYear, y = heightIn, size = weightLb)) +
  geom_point()
```

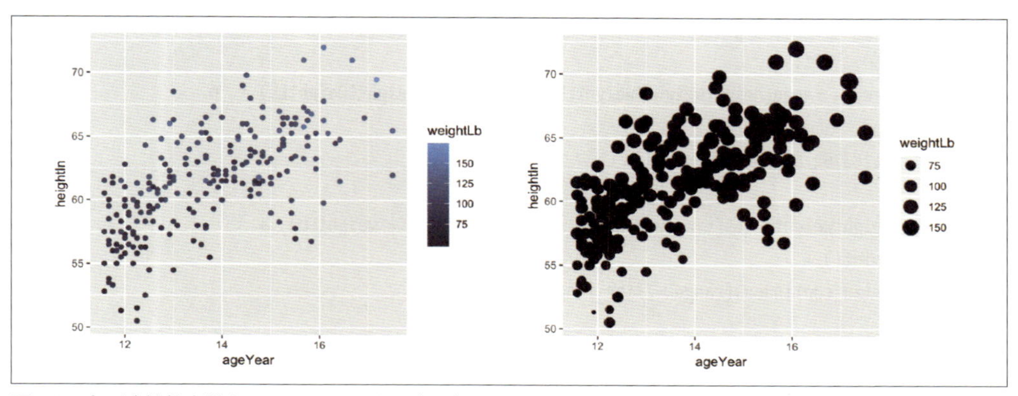

図5-8　左：連続値変数をcolourにマッピング　右：sizeにマッピング

解説

基本的な散布図は、2つの連続値変数の関係を表示します。1つの変数をx軸にマッピングし、もう1つをy軸にマッピングします。3つ以上の連続値変数がある場合、それらは、`size`と`colour`などの他のエステティック属性にマッピングする必要があります。

人間は空間的な位置の微妙な違いは容易に把握できるので、x軸とy軸にマッピングされた変数を高い精度で解釈することができます。しかし、サイズ（`size`）や色（`colour`）の微妙な違いを高い精度で把握するのは得意ではないので、これらのエステティック属性にマッピングされた変数は、ずっと低い精度でしか解釈できないでしょう。したがって、変数をこれらの属性にマッピングするときは、解釈の精度がそれほど重要ではないものにしましょう。

変数を`size`にマッピングするときには、他にも考慮すべきことがあります。結果が誤解されやすくなることがあるからです。**図5-8**の一番大きな点は、一番小さな点の約36倍の大きさになっていますが、実際の体重は3.5倍しか違いません。

この相対的なサイズの誤った表現は、ggplot2の点の半径のデフォルトサイズが、実際のデータ値にかかわらず1 mmから6 mmに決まっていることが原因で起こります。例えば、データ値が0から10の範囲で変化するとき、最も小さい値の0では半径1 mmの点として表示され、最も大きい値の10では6 mmの点として表示されます。同様に、データ値が100から110の範囲で変わる場合にも、データが100のときに1 mmの点になり、データが110のときに6 mmの点になります。このようにして、実際のデータ値にかかわらず最も大きなデータ点の半径が最も小さなデータ点の半径の6倍になり、面積は36倍になるのです。

点のサイズがデータ値の相対的な違いを正確に反映していることが重要な場合には、まず、点の半径にデータ値を反映させるのか、それとも点の面積にデータ値を反映させるのかを決めなければなりません。**図5-9**は、これらの表現の違いを示しています。

```
range(heightweight$weightLb)
#> [1]  50.5 171.5
size_range <- range(heightweight$weightLb) / max(heightweight$weightLb) *  6
size_range
#> [1] 1.766764 6.000000

ggplot(heightweight, aes(x = ageYear, y = heightIn, size = weightLb)) +
  geom_point() +
  scale_size_continuous(range = size_range)

ggplot(heightweight, aes(x = ageYear, y = heightIn, size = weightLb)) +
  geom_point() +
  scale_size_area()
```

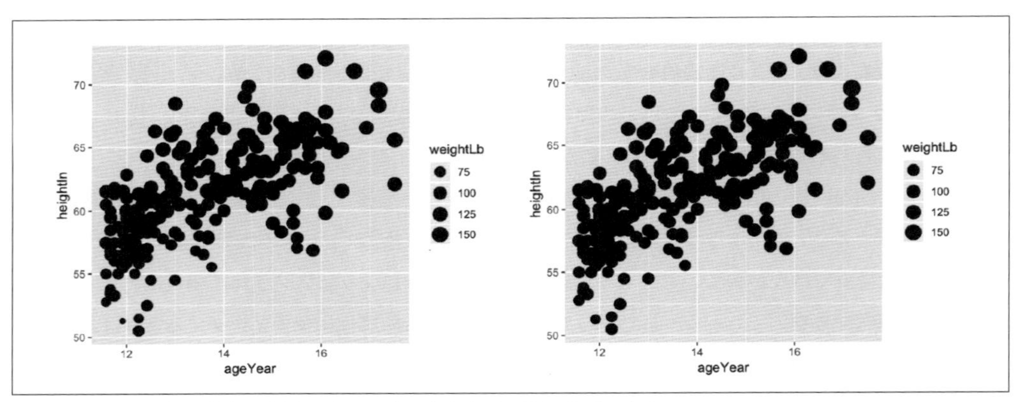

図5-9 左：値を点の半径に反映した図　右：値を点の面積に反映したもの

点の面積をデータ値に比例させるための詳細な内容は**「レシピ5.12　バルーンプロットを作成する」**を参照してください。

色のほうでは、実際には使用することができるエステティック属性が2つあります。colourとfillです。ほとんどの点の形では、colourを使います。しかし、21-25の形には外枠と、fillで色（colour）を制御できる内側の無地の領域があります。この外枠のある形は、**図5-10**のように明るい色を使ったカラースケールを使うときに便利です。なぜなら、外枠が背景と点の形を区別してくれるからです。この例では、塗りつぶしを黒から白にグラデーションさせています。また、塗りつぶしを見やすくするために少し点を大きくしています。

```
ggplot(heightweight, aes(x = ageYear, y = heightIn, fill = weightLb)) +
  geom_point(shape = 21, size = 2.5) +
  scale_fill_gradient(low = "black", high = "white")
```

```
# guide_legend()を使うと、カラーバーの代わりに離散的な凡例を使える
ggplot(heightweight, aes(x = ageYear, y = heightIn, fill = weightLb)) +
  geom_point(shape = 21, size = 2.5) +
  scale_fill_gradient(
    low = "black", high = "white",
    breaks = seq(70, 170, by = 20),
    guide = guide_legend()
  )
```

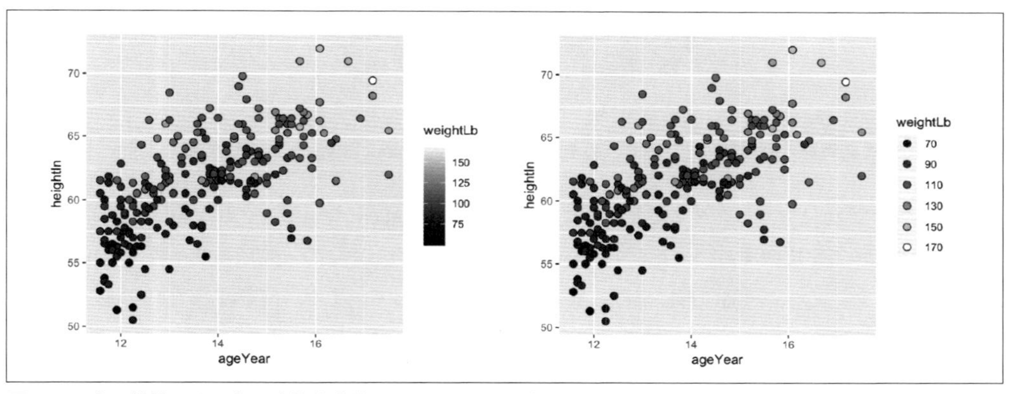

図5-10　左：外枠のある点で連続値変数をfillにマッピング
右：連続的なカラーバーの代わりに離散的な凡例を使用

連続値変数を特定のエステティック属性にマッピングするとき、これによって別のカテゴリカル変数を他のエステティック属性にマッピングできなくなるわけではありません。**図5-11**では、weightLbをsizeにマッピングして、さらにsexをcolourにマッピングしています。点が重なるところが非常に多かったので、ここではalpha=.5を指定して点を50％透過させています。そして、scale_size_area()も使っています。これは、点の面積を値に比例させるためです（**「レシピ5.12　バルーンプロットを作成する」**参照）。また、カラーパレットを変更しています。

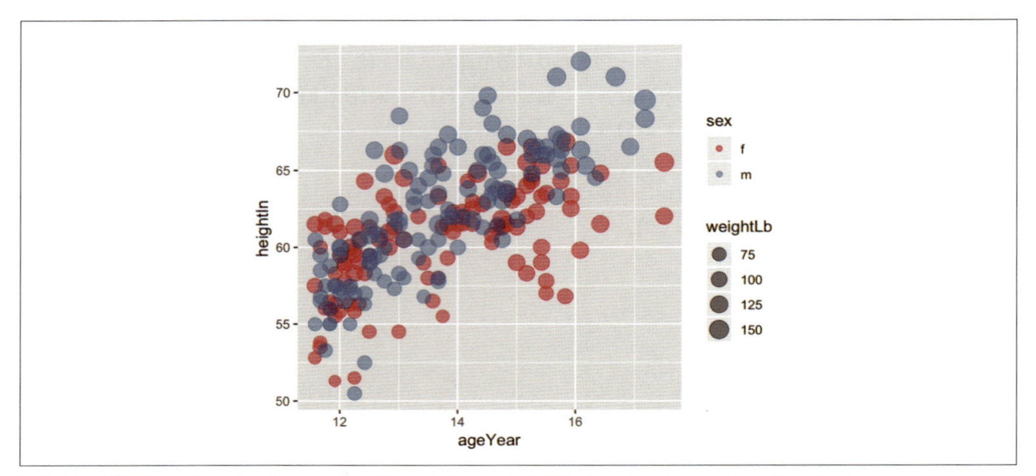

図5-11 連続値変数をsizeにマッピングし、カテゴリカル変数をcolourにマッピングした図

ある変数をsizeにマッピングするときには、他の変数をshapeにマッピングしないほうがよいです。違った形のサイズを比較するのは難しいからです。例えば、サイズ4の三角形はサイズ3.5の円よりも大きく見えます。また、一部の形は実際に異なるサイズを持っています。例えば16と19の形は両方とも円ですが、どのようなサイズを指定しても19の円の見た目は16の円よりも大きく見えてしまいます。

関連項目

色の使い方のより詳細な内容は、**「レシピ12.6　連続値変数に手動で定義したパレットを使う」**を参照してください。

バルーンプロットについては、**「レシピ5.12　バルーンプロットを作成する」**を参照してください。

レシピ5.5　オーバープロットを扱う

問題

多くの点があり、それらが互いに重なり合って見えなくなってしまう。

解決策

大きなデータセットを扱う場合、散布図の点が互いに重なり合って見えなくなり、それを見る人にとってデータの分布を正確に把握しづらくなることがあります。これを**オーバープロット**と呼びます。オーバープロットの量が少ないときは、より小さい点を使ったり、他の点が見やすくなる別の形（shapeが1のように塗りつぶしのない円）を使うなどしてそれを和らげることもできるかもしれません。**「レシピ5.1　基本的な散布図を作成する」**の**図5-2**はこれらの解決策の両方を示しています。

重度のオーバープロットが発生している場合は、可能な解決策がいくつかあります。

- 点を半透明にする
- データを長方形に詰める(量的分析向き)
- データを六角形に詰める
- 箱ひげ図を使う

解説

図5-12の散布図は約54,000の点を含みます。かなりオーバープロットされた状態で、グラフの別の領域との相対的な点の密度を把握するのが困難になっています。

```
# diamondsデータセットを使い、基本プロットを作成し、diamonds_spと名前を付けておく
diamonds_sp <- ggplot(diamonds, aes(x = carat, y = price))

diamonds_sp +
  geom_point()
```

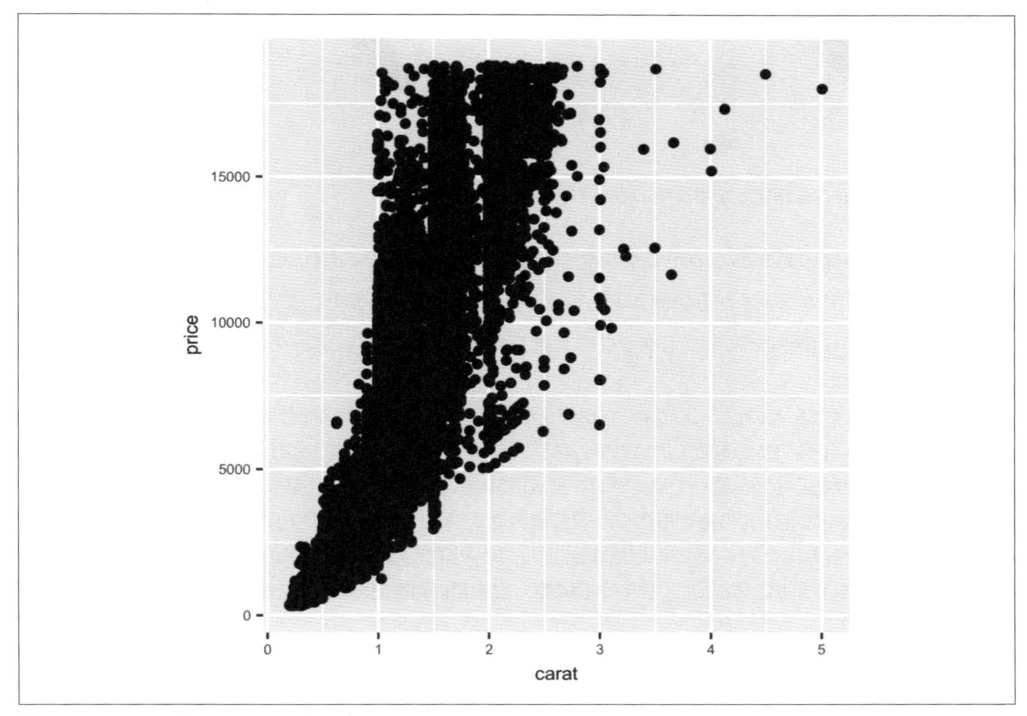

図5-12 54,000点によるオーバープロット

図5-13のように`alpha`を使うと点を半透明にすることができます。ここでは、`alpha=.1`と`alpha=.01`を指定して、まず90％の透明度にして、次に99％の透明度にしています。

```
diamonds_sp +
  geom_point(alpha = .1)

diamonds_sp +
  geom_point(alpha = .01)
```

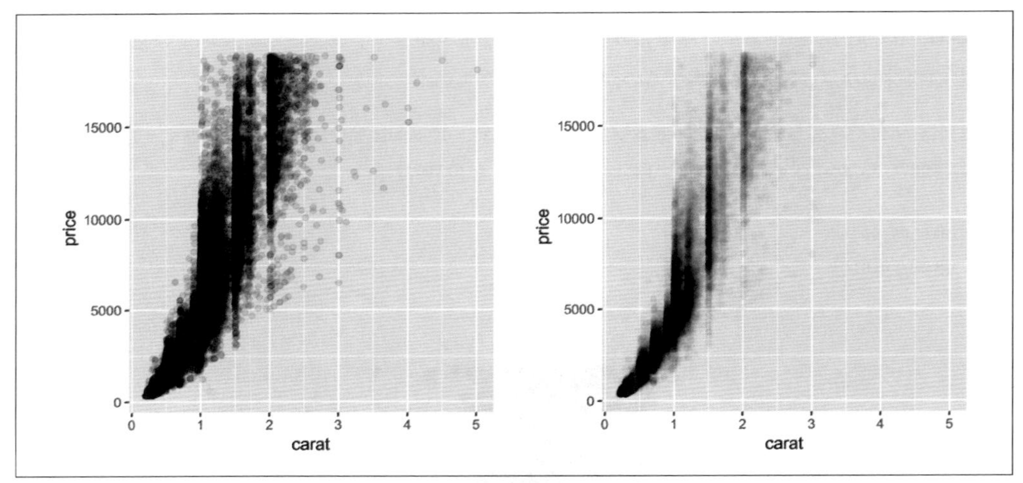

図5-13 左：alpha=.1を指定した半透明の点 右：alpha=.01の場合

これで、垂直方向の束があるのがわかりやすくなりました。これであれば`carat`の値から、ダイヤモンドがどのサイズでカットされる傾向があるのかがわかります。しかし、まだデータがぎっしり詰まっているので、99％の透明度であってもグラフの大部分は黒く見えます。データの分布はまだ見えません。

ほとんどのグラフでは、ベクタ形式（PDF、EPS、SVGなど）にするとビットマップ形式（TIFF、PNGなど）よりも小さなファイルが出力されます。しかし、数万のデータポイントがあるような場合では、ベクタ形式は非常に大きなサイズになり、散布図の描画が遅くなります。99％の透明度のグラフの場合は1.5MBのPDFになります。このような場合、高解像度のビットマップにしたほうがサイズが小さくなり、コンピュータの画面での描画も速くなります。詳細については、**「14章 文書用に図を出力する」**を確認してください。

他の解決策としては、長方形の**ビン**の中にデータポイントを詰め込んで、点の密度を長方形の色にマッピングする方法があります（**図5-14**）。データをビンに詰め込んで可視化をすることで、垂直方向の束はほとんど見えなくなります。左下の隅の点の密度がかなり高いことがわかり、これにより、圧倒的多数のダイヤモンドが小さくて安価なものであることがわかります。

デフォルトでは、stat_bin2d()は、xとy座標の空間を30個のグループに分割し、合計900個のビンができます。2つ目のほうでは、bins=50としてビンの数を増やしています。

デフォルトの色では区別するのが困難です。デフォルトの色は明度があまり変わらないからです。2つ目のほうでは、scale_fill_gradient()を使って色を設定し、グラデーションのlowとhighを指定しています。デフォルトでは、凡例に最低値の要素は表示されません。これは、カラースケールの範囲がゼロから始まらず、ゼロではない最低値の量を含むビンの値（ほとんどの場合は1）から始まるからです。**図5-14**の右のように凡例にゼロを表示するためには、limitsを使って、手動で範囲を0から最大値である6000まで指定します。

```
diamonds_sp +
  stat_bin2d()

diamonds_sp +
  stat_bin2d(bins = 50) +
  scale_fill_gradient(low = "lightblue", high = "red", limits = c(0, 6000))
```

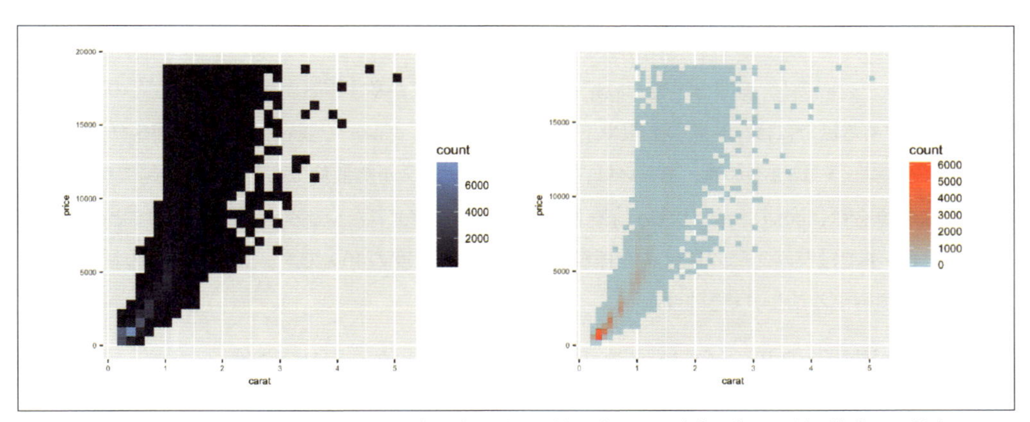

図5-14　左：stat_bin2d()でビン詰めした場合　右：ビンの数を増やし、手動で色と凡例を指定した場合

さらに別の解決策には、stat_binhex()を使って長方形ではなく六角形にデータを詰め込むものがあります（**図5-15**）。これはstat_bin2dと同じような動作をします。stat_binhex()を使うためには、install.packages("hexbin")を実行して、最初にhexbinパッケージをインストールする必要があります。

```
library(hexbin) # stat_binhex()を使うために、hexbinライブラリを読み込む

diamonds_sp +
```

```
  stat_binhex() +
  scale_fill_gradient(low = "lightblue", high = "red", limits = c(0, 8000))

diamonds_sp +
  stat_binhex() +
  scale_fill_gradient(low = "lightblue", high = "red", limits = c(0, 5000))
```

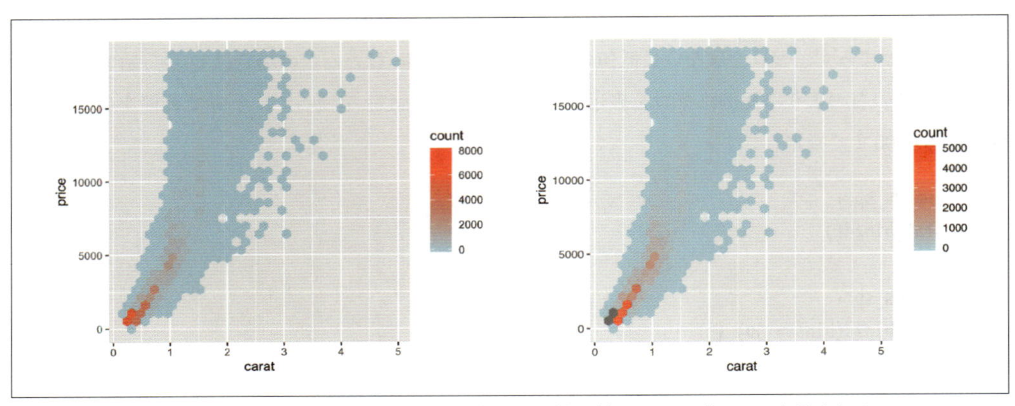

図5-15 左：stat_binhex()を使ってビン詰めした場合　右：範囲外のセルはグレーで表示される

これらのメソッドでは、範囲を手動で設定して、しかも、点が多すぎるか少なすぎるなどの理由で範囲外のビンがある場合には、範囲の上限や下限の色ではなく、グレーで表示されます（**図5-15**の右）。

オーバープロットは、1つの軸、あるいは、両方の軸でデータが離散値であるときにも起こります（**図5-16**）。この場合は、position_jitter()を使って、点にランダムな**ジッター**[*1]を与えることができます。デフォルトではジッターの量は各座標軸のデータの解像度の40％です。しかし、この量はwidthとheightで制御することができます。

```
# ChickWeightデータセットを使い、基本プロットを作成し、cw_spと名付けておく
cw_sp <- ggplot(ChickWeight, aes(x = Time, y = weight))

cw_sp +
  geom_point()

cw_sp +
  geom_point(position = "jitter")  # geom_jitter()を使うのと同じ

cw_sp +
  geom_point(position = position_jitter(width = .5, height = 0))
```

＊1　訳注：揺らぎのこと。

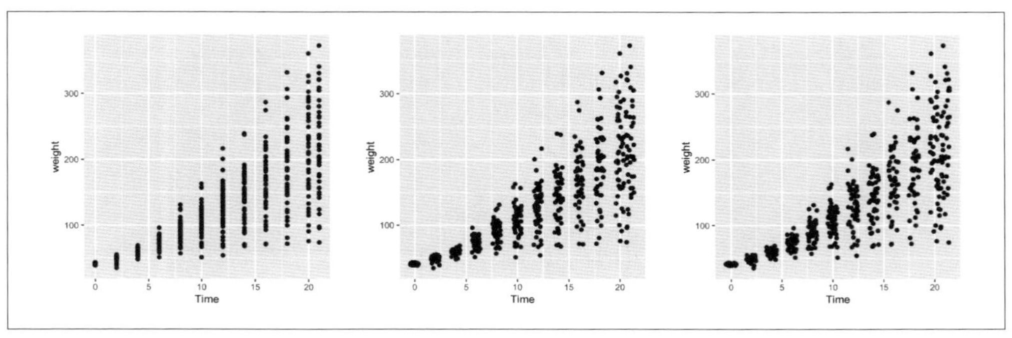

図5-16　左：x変数が離散値であるデータ　中：ジッターをかけたもの
右：水平方向のみのジッターをかけたもの

1つの軸が離散値で、もう1つの軸が連続値である場合は、箱ひげ図が適しています（**図5-17**）。箱ひげ図は、標準の散布図と違い別の情報を伝えます。箱ひげ図では離散軸の各値におけるデータポイントの**数**が不明瞭になるからです。これは特定の場合に問題になりますが、別の場合では望ましいこともあります。

ChickWeightのデータを見てみると、このデータではTimeを離散値として扱いたくなるでしょう。しかし、Timeはデフォルトでは数値型の変数として扱われるので、ggplot()は各箱のためのデータをグループ分けする方法がわかりません。もし、データをグループ分けする方法を伝えない場合、**図5-17**の右のようなグラフの結果を得ることになります。グループ分けする方法を伝えるためには、aes(group=...)を使います。この例の場合、Timeの値を使って区別します。

```
cw_sp +
  geom_boxplot(aes(group = Time))

cw_sp +
  geom_boxplot()  # グループなしの場合
```

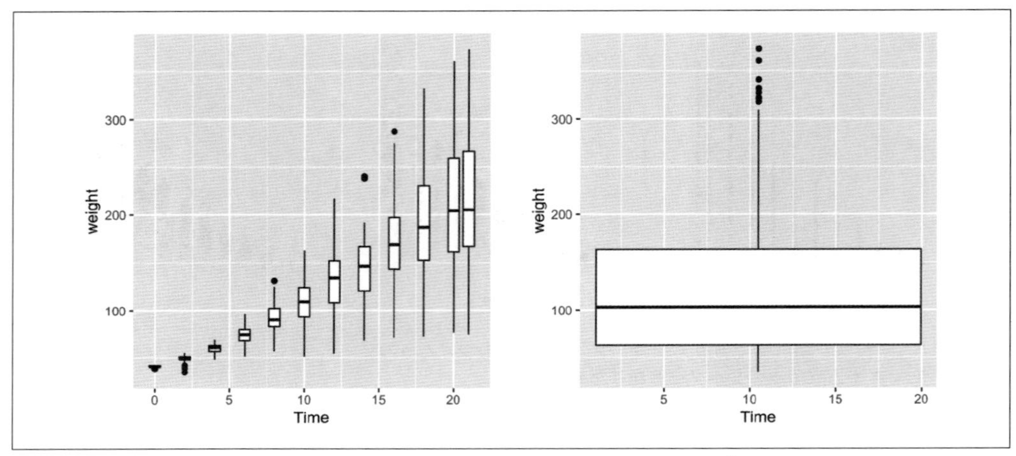

図5-17　左：グループ分けした箱ひげ図　右：グループを指定していない箱ひげ図

関連項目

ビン詰めをする代わりに、2次元密度の推定値を表示するのも便利かもしれません。これを行うためには、**「レシピ6.12　2次元データから密度プロットを作成する」**を参照してください。

レシピ5.6　回帰モデルの直線をフィットさせる

問題

散布図に回帰モデルの直線をフィットさせて表示したい。

解決策

線形回帰モデルの直線を散布図に追加するには、`stat_smooth()`を呼び出し、`method=lm`を指定します。これによってggplotは、`lm()`関数（線形モデル）をデータに適用して、直線をフィットさせます。最初に、基本プロットを`hw_sp`に保存して、その後、別の要素を追加します。

```
library(gcookbook) # heightweightデータセットを使うためにgcookbookを読み込む

# heightweightデータセットを使い、基本プロットを作成し、hw_spと名付けておく
hw_sp <- ggplot(heightweight, aes(x = ageYear, y = heightIn))

hw_sp +
  geom_point() +
  stat_smooth(method = lm)
```

デフォルトでは、stat_smooth()は、フィットさせた回帰モデルに対して95％信頼区間も追加します。信頼区間はlevelを設定することで変更できます。無効にする場合は、se = FALSEを指定します（**図5-18**）。

```
# 99％信頼区間
hw_sp +
  geom_point() +
  stat_smooth(method = lm, level = 0.99)

# 信頼区間なし
hw_sp +
  geom_point() +
  stat_smooth(method = lm, se = FALSE)
```

回帰直線のデフォルトの色は青です。これはcolourを設定することで変更可能です。他の直線と同じようにlinetypeやsize属性を設定することもできます。直線を強調する場合は、colourを設定することで、点を少し目立たないようにすることができます（**図5-18**右下）。

```
hw_sp +
  geom_point(colour = "grey60") +
  stat_smooth(method = lm, se = FALSE, colour = "black")
```

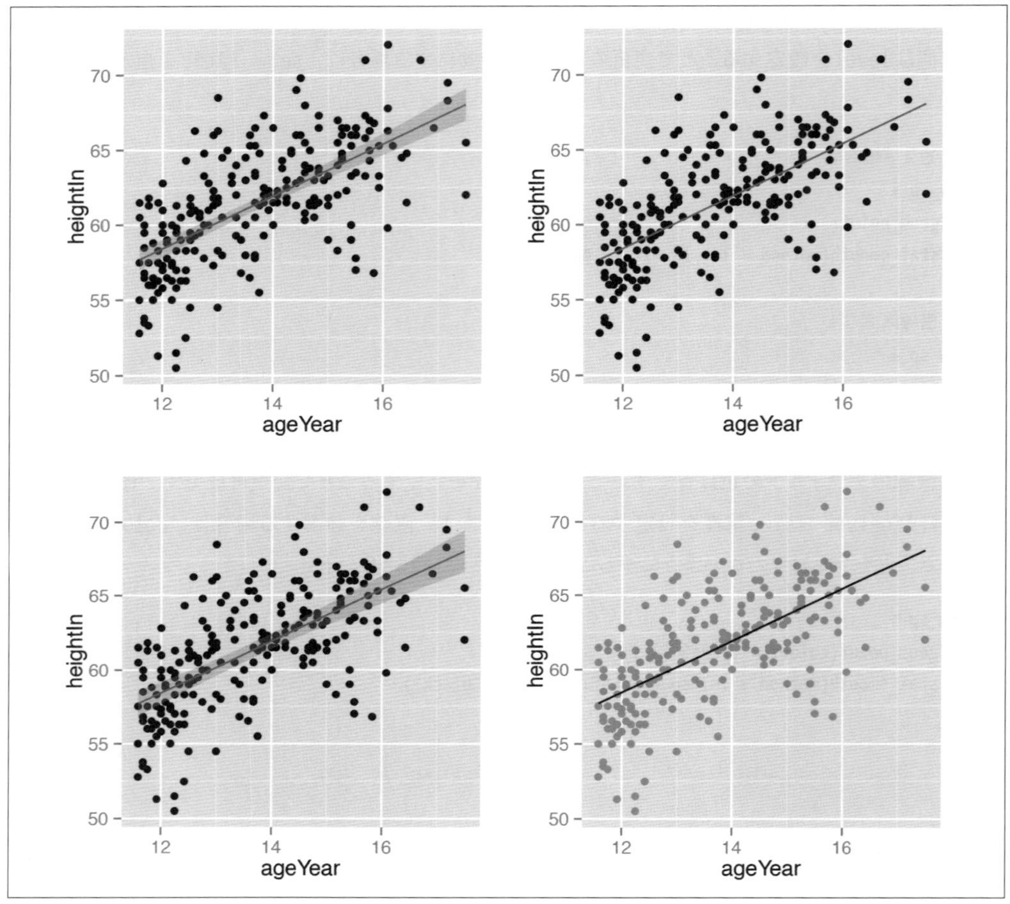

図5-18 左上：95％信頼区間を追加したlmでのフィット 右上：信頼区間なし
左下：99％信頼区間の場合 右下：黒い回帰モデルとグレーの点

解説

線形回帰は、データに対してモデルをフィットさせる唯一の方法ではありません。実際、線形回帰はデフォルトになっていません。stat_smoothで引数methodを指定しなかった場合、LOESS（局所加重多項式）曲線が使用されます（**図5-19**）。次の2つは同じ結果になります。

```
hw_sp +
  geom_point(colour = "grey60") +
  stat_smooth()

# 以下と同じ
```

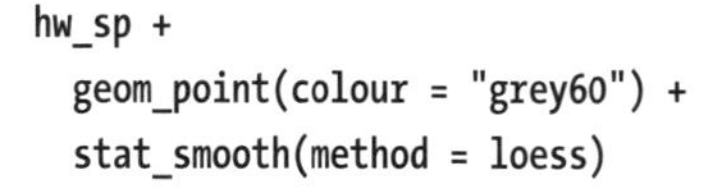

```
hw_sp +
  geom_point(colour = "grey60") +
  stat_smooth(method = loess)
```

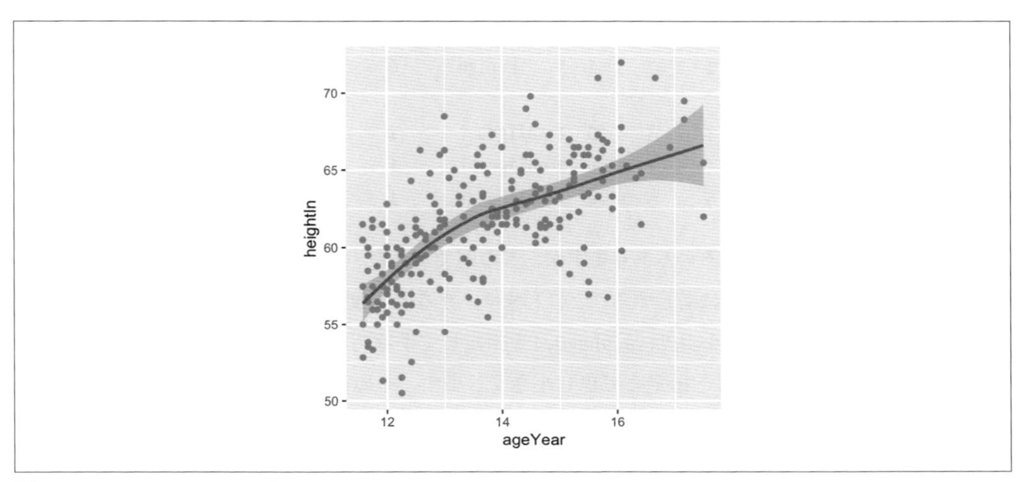

図5-19 LOESSでのフィット

モデリングのための関数（この例ではloess()）に追加のパラメータを指定するとよい場合もあるかもしれません。例えば、loess(degree = 1)*1を使いたい場合、stat_smooth(method = loess, method.args = list(degree = 1))のように指定します。同様に、lm()やglm()のパラメータも指定することができます。

その他の一般的なモデルをフィットさせる方法に、ロジスティック回帰があります。ロジスティック回帰はheightweightデータセットに適したものではありません。しかし、MASSパッケージのbiopsyデータセットには最適のモデルです。biopsyデータセットでは、腫瘍が良性であるか悪性であるかどうかだけではなく、乳がん検査で測定された9つの異なる属性が存在します。ロジスティック回帰のデータを準備するためには、benign（良性）とmalignant（悪性）の2つのレベルを持つファクタ形式のデータを、0と1の数値のベクトルにする必要があります。biopsyのデータフレームからコピーを作成してbiopsy_modという名前を付けておき、その後、数値変換されたclassをclassnという列に保存します。

```
library(MASS) # biopsyデータセットを使うためにMASSを読み込む

biopsy_mod <- biopsy %>%
  mutate(classn = recode(class, benign = 0, malignant = 1))
```

＊1　訳注：degreeとは、ここではモデルに使う多項式の自由度です。多項式の次数を想像するとわかりやすいでしょう。

```
biopsy_mod
#>          ID V1 V2 V3 V4 V5 V6 V7 V8 V9     class classn
#> 1   1000025  5  1  1  1  2  1  3  1  1    benign      0
#> 2   1002945  5  4  4  5  7 10  3  2  1    benign      0
#> 3   1015425  3  1  1  1  2  2  3  1  1    benign      0
#>  ...<693 more rows>...
#> 697  888820  5 10 10  3  7  3  8 10  2 malignant      1
#> 698  897471  4  8  6  4  3  4 10  6  1 malignant      1
#> 699  897471  4  8  8  5  4  5 10  4  1 malignant      1
```

試すことができる属性はいろいろありますが、この例では、V1（塊の厚さ）と腫瘍の種類（classn、良性か悪性か）の関係性だけに着目することにします。かなり重度のオーバープロットが発生しているので、点に対してジッターをかけ、alpha=0.4を指定して半透明にし、shape=21を指定して点を空洞にします。また、size=1.5を指定して少し小さくします。その後、stat_smooth()を使うときに、glm()関数の引数としてfamily=binomialを指定して、ロジスティック回帰モデルをフィットさせます（**図5-20**）。

```
ggplot(biopsy_mod, aes(x = V1, y = classn)) +
  geom_point(
    position = position_jitter(width = 0.3, height = 0.06),
    alpha = 0.4,
    shape = 21,
    size = 1.5
  ) +
  stat_smooth(method = glm, method.args = list(family = binomial))
```

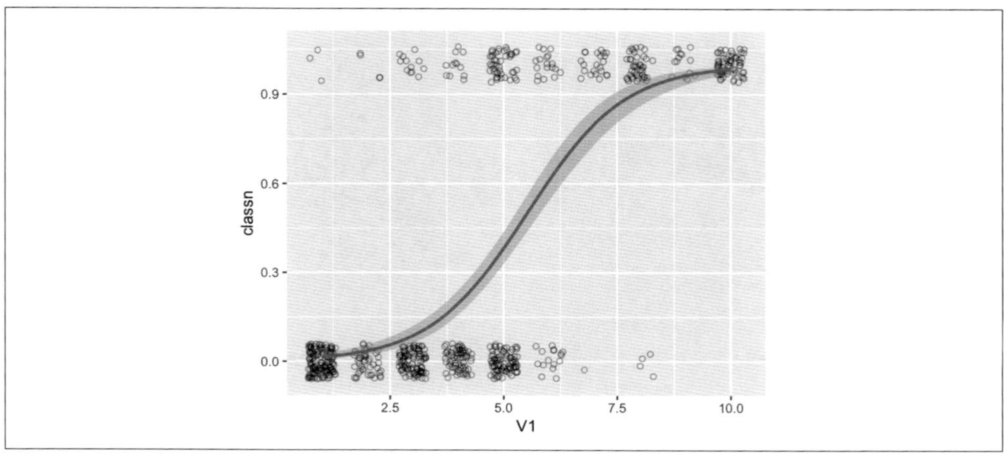

図5-20　ロジスティック回帰モデル

colourやshapeといったエステティック属性にファクタを指定して、散布図の点がグループ化されている場合は、各ファクタのレベルごとにフィットした線が1つ描かれます。次の例では、まず基本プロットをhw_spとして作成し、その後、そのプロットにLOESSの線を足します（**図5-21**）。

```
hw_sp <- ggplot(heightweight, aes(x = ageYear, y = heightIn, colour = sex)) +
    geom_point() +
    scale_colour_brewer(palette = "Set1")

hw_sp +
  geom_smooth()
```

男性を示す青い線が、いつもプロットの右側まで伸びているわけではないことに注意しましょう。これには2つの理由があります。1つ目の理由は、デフォルトでは、stat_smooth()は判断材料としているデータの範囲に限定して予測を行う、というものです。2つ目の理由は、外挿[*1]を行う場合でさえも、loess()関数はデータのx範囲のみにしたがって予測を提供する、というものです。

図5-21の右側のグラフのように、データを外挿して線を描きたいときは、lm()のように外挿可能なモデルを使い、stat_smooth()のオプションとしてfullrange = TRUEを指定する必要があります。

```
hw_sp +
  geom_smooth(method = lm, se = FALSE, fullrange = TRUE)
```

＊1　訳注：この例では、観測されたx軸の範囲外のy軸の値をモデルで予測すること。

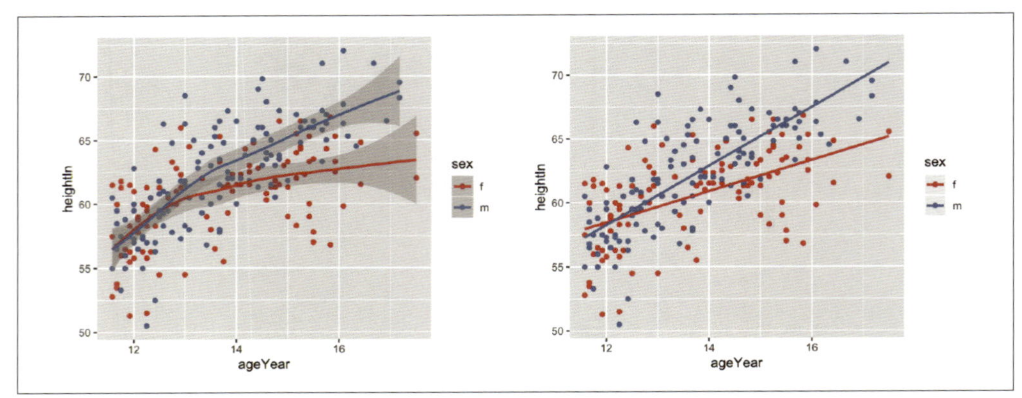

図5-21 左：各グループに対してLOESSをフィットさせたもの 右：外挿直線をフィットさせたもの

heightweightデータセットを使ったこの例では、stat_smooth()のデフォルト設定（LOESSを使用し、外挿はなし）のほうが線形モデルで外挿を行うよりも適しています。なぜなら、人間は線形には成長しませんし、いつまでも成長するわけではないからです。

レシピ5.7 既存のモデルをフィットさせる

問題

データセットに対する既存のモデルを作成していて、そのモデルをフィットさせた線を表示したい。

解決策

通常、フィットさせたモデルの線を重ねて表示する一番簡単な方法は、**「レシピ5.6 回帰モデルの直線をフィットさせる」**で紹介したstat_smooth()関数を使うことです。しかし、独自にモデルを作成し、それをグラフに表示したい場合があります。これによって、他の計算に使っているモデルが、目の前に表示しているものと同じであることを確認できるようになります。

この例では、heightInを予測するためにageYearを用い、さらにlm()を使った2次式のモデルを構築します。その後、predict()関数を使い、ageYearの値の範囲からheightInの予測値を見つけます。

```
library(gcookbook) # heightweightデータセットを使うためにgcookbookを読み込む

model <- lm(heightIn ~ ageYear + I(ageYear^2), heightweight)
model
#>
#> Call:
#> lm(formula = heightIn ~ ageYear + I(ageYear^2), data = heightweight)
#>
```

```
#> Coefficients:
#>  (Intercept)      ageYear  I(ageYear^2)
#>     -10.3136       8.6673       -0.2478

# ageYear列を持つデータフレームを作成し、範囲内で内挿する
xmin <- min(heightweight$ageYear)
xmax <- max(heightweight$ageYear)
predicted <- data.frame(ageYear = seq(xmin, xmax, length.out = 100))

# heightInの予測値を計算する
predicted$heightIn <- predict(model, predicted)
predicted
#>     ageYear heightIn
#> 1   11.5800 56.82624
#> 2   11.6398 57.00047
#> 3   11.6996 57.17294
#>  ...<94 more rows>...
#> 98  17.3804 65.47641
#> 99  17.4402 65.47875
#> 100 17.5000 65.47933
```

そして、モデルから予測された値をデータポイントと並べてプロットすることができます（他のモデルの図と合わせて、**図5-22**に示します）。

```
# 基本プロットを作成し、hw_sp（heightweight scatter plot）と名付けておく
hw_sp <- ggplot(heightweight, aes(x = ageYear, y = heightIn)) +
    geom_point(colour = "grey40")

hw_sp +
  geom_line(data = predicted, size = 1)
```

解説

対応するpredict()メソッドがある限り、どのようなモデルオブジェクト（例えばlm）でも使うことができます。例えば、lmはpredict.lm()を持っていますし、loessはpredict.loess()を持っています。モデルから線を追加する作業は、次の例で定義するpredictvals()関数を使うことで簡略化することができます。この関数に単純にモデルを渡せば、予測に使用している変数名を見つけて、予測に使用したデータと予測された値を含むデータフレームを戻してくれます。そのデータフレームはgeom_line()に渡して、先ほどの例と同じようにフィットさせた線を描くことができます。

```
# 与えられたモデルで、xからyを予測する
```

```
# 1つの予測値と1つ予測に使う変数をサポートする
# xrange: NULLの場合、モデルオブジェクトからxの範囲を決定する。
# ベクトルで2つの数値が与えられた場合、それらの値を予測値の最小値、
# 最大値として使用する
# samples: x範囲のサンプルの数
# ...: predict()に指定するそれ以外の追加の引数
predictvals <- function(model, xvar, yvar, xrange = NULL, samples = 100, ...) {

  # x範囲が指定されていない場合、x範囲をモデルから決定する
  # モデルの種類にしたがって、異なるx範囲の抽出を行う
  if (is.null(xrange)) {
    if (any(class(model) %in% c("lm", "glm")))
      xrange <- range(model$model[[xvar]])
    else if (any(class(model) %in% "loess"))
      xrange <- range(model$x)
  }

  newdata <- data.frame(x = seq(xrange[1], xrange[2], length.out = samples))
  names(newdata) <- xvar
  newdata[[yvar]] <- predict(model, newdata = newdata, ...)
  newdata
}
```

heightweightデータセットを使用して、lm()を使った線形モデルとloess()を使ったLOESSモデルを作成します（**図5-22**）。

```
modlinear <- lm(heightIn ~ ageYear, heightweight)
modloess  <- loess(heightIn ~ ageYear, heightweight)
```

次に、predictvals()関数を各モデルで呼び出し、結果のデータフレームをgeom_line()に渡します。

```
lm_predicted    <- predictvals(modlinear, "ageYear", "heightIn")
loess_predicted <- predictvals(modloess, "ageYear", "heightIn")

hw_sp +
  geom_line(data = lm_predicted, colour = "red", size = .8) +
  geom_line(data = loess_predicted, colour = "blue", size = .8)
```

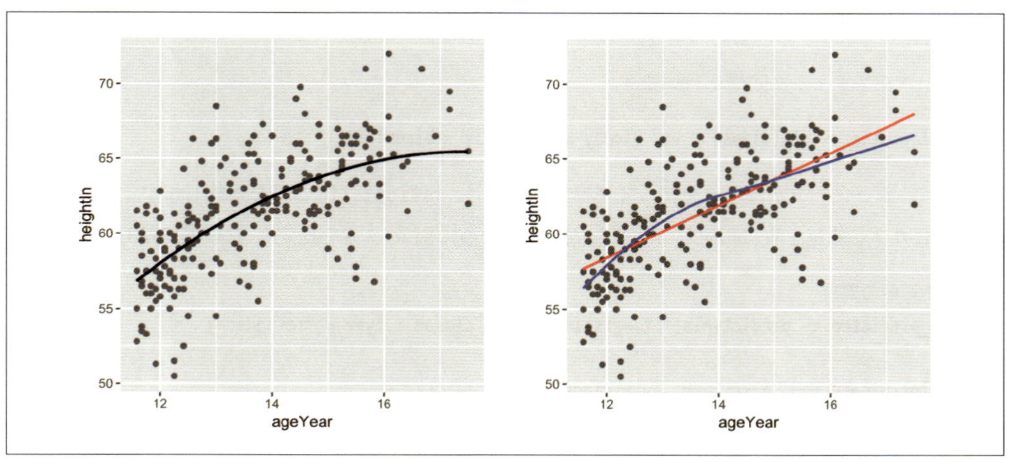

図5-22 左：lmで予測した2次式のモデル 右：線形モデル（赤）とLOESS（青）での予測値の線

非線形のリンク関数を使っているglmモデルでは、type="response"をpredictvals()関数に指定する必要があります。これは、glmのデフォルトでは、予測値がy軸の変数に対応した軸ではなく、線形のx軸のデータに基づいて戻されるからです。

この内容を描くために、MASSパッケージのbiopsyデータセットを使います。**「レシピ5.6 回帰モデルの直線をフィットさせる」**で行ったように、classを予測するためにV1を使います。ロジスティック回帰では0から1の値が必要なので、ファクタclassを0と1に変換しなければなりません。

```
library(MASS) # biopsyデータセットを使うためにMASSを読み込む

# biopsyデータセットを使って、ファクタclassを数値化したclassnを作成する。
# class == "benign"の場合は、classnを0に設定する。
# class == "malignant"の場合は、classnを1に設定する。
# 新しいデータセットは、biopsy_modと名付けておく。

biopsy_mod <- biopsy %>%
  mutate(classn = recode(class, benign = 0, malignant = 1))

biopsy_mod
#>          ID V1 V2 V3 V4 V5 V6 V7 V8 V9     class classn
#> 1   1000025  5  1  1  1  2  1  3  1  1    benign      0
#> 2   1002945  5  4  4  5  7 10  3  2  1    benign      0
#> 3   1015425  3  1  1  1  2  2  3  1  1    benign      0
#>  ...<693 more rows>...
#> 697  888820  5 10 10  3  7  3  8 10  2 malignant      1
#> 698  897471  4  8  6  4  3  4 10  6  1 malignant      1
```

```
#> 699  897471  4  8  8  5  4  5 10  4  1 malignant      1
```

次に、ロジスティック回帰を行います。

```
fitlogistic <- glm(classn ~ V1, biopsy_mod, family = binomial)
```

最後に、ジッターをかけた点を使ってグラフを作成し、fitlogisticの線を追加します。追加する線は、RGBカラーで色を青に指定して、少し太くするためにsize = 1を指定します（**図5-23**）。

```
# 予測値の取得
glm_predicted <- predictvals(fitlogistic, "V1", "classn", type = "response")

ggplot(biopsy_mod, aes(x = V1, y = classn)) +
  geom_point(
    position = position_jitter(width = .3, height = .08),
    alpha = 0.4,
    shape = 21,
    size = 1.5
  ) +
  geom_line(data = glm_predicted, colour = "#1177FF", size = 1)
```

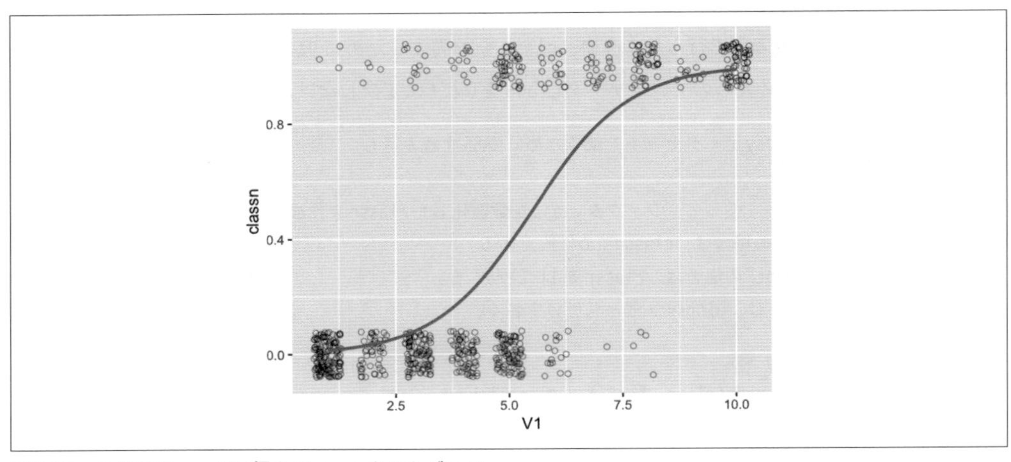

図5-23 ロジスティック回帰をフィットさせたグラフ

レシピ5.8 複数の既存のモデルをフィットさせる

問題

データセットにフィットさせた回帰モデルを既に作成していて、そのモデルの線を表示したい。

解決策

1つ前のレシピ（**「レシピ5.7　既存のモデルをフィットさせる」**）のpredictvals()関数を、dplyrパッケージのgroup_by()やdo()などの関数と併せて使います。

heightweightデータセットを使用して、sexの各レベルごとに線形モデルを作成します。このモデルの作成はデータフレームの各グループごとに行い、作成のための処理はdo()関数で指定します。

次のコードでは、heightweightデータフレームを変数sexでグループ分けして、2つのデータフレームに分割しています。これによって男性データと女性データのデータフレームがそれぞれ作られます。その後、この分けられたデータフレームに対して、lm(heightIn ~ ageYear, .)を適用します。lm(heightIn ~ ageYear)で指定した.は、パイプ演算子で直前に作ったデータフレームを表していて、この例では、直前に作った2つのデータフレームのグループになります。最後に、このコードでは、各sexのグループに対応したモデルの結果をリストにして、それを戻り値にしています。

```
library(gcookbook) # heightweightデータセットを使うためにgcookbookを読み込む
library(dplyr)

# sexの各値ごとにlmモデルを作成する。結果はデータフレームになる。
models <- heightweight %>%
  group_by(sex) %>%
  do(model = lm(heightIn ~ ageYear, .)) %>%
  ungroup()

# 結果のデータフレームを出力する
models
#> # A tibble: 2 x 2
#>   sex   model
#> * <fct> <list>
#> 1 f     <S3: lm>
#> 2 m     <S3: lm>

# データフレームのmodel列を出力する
models$model
#> [[1]]
#>
#> Call:
#> lm(formula = heightIn ~ ageYear, data = .)
#>
#> Coefficients:
#> (Intercept)      ageYear
#>      43.963        1.209
```

```
#>
#>
#> [[2]]
#>
#> Call:
#> lm(formula = heightIn ~ ageYear, data = .)
#>
#> Coefficients:
#> (Intercept)      ageYear
#>      30.658        2.301
```

ここまででモデルオブジェクトのリストができているので、**「レシピ5.7 既存のモデルをフィットさせる」**で定義したpredictvals()を実行して各モデルの予測値を得ることができます。

```
predvals <- models %>%
  group_by(sex) %>%
  do(predictvals(.$model[[1]], xvar = "ageYear", yvar = "heightIn"))
```

ようやく、予測値とデータをプロットすることができます（**図5-24**）。

```
ggplot(heightweight, aes(x = ageYear, y = heightIn, colour = sex)) +
  geom_point() +
  geom_line(data = predvals)

# 次は、グループ分けにcolourではなくfacetを使う
ggplot(heightweight, aes(x = ageYear, y = heightIn)) +
  geom_point() +
  geom_line(data = predvals) +
  facet_grid(. ~ sex)
```

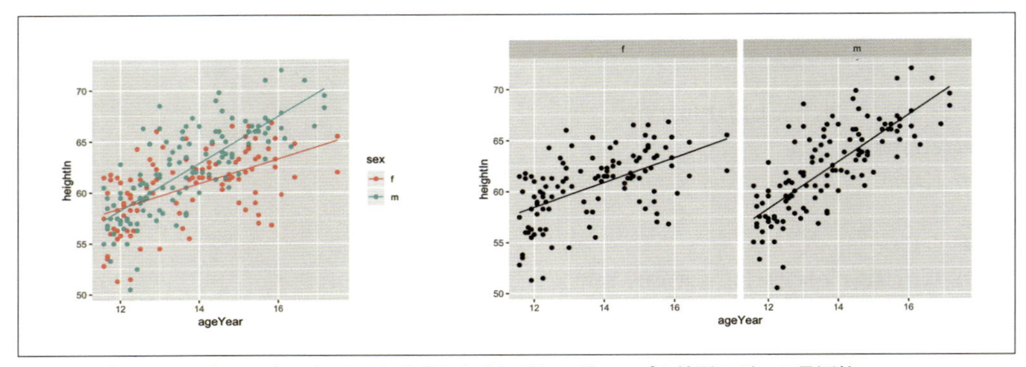

図5-24 左：2つのグループのデータから作成したそれぞれのグループの線形モデルの予測値
右：ファセットを使用した場合

解説

データを分割し、分割したグループごとに関数を実行し、そして、最後に結果を組み立てるために、group_by()とdo()を使うことができます。

先ほどのソースコードを使うと、各グループの予測値のx軸の範囲はそのグループのデータのx軸の範囲になり、それ以上の範囲には広がりません。男性のデータ（males）の場合は、最年長のデータのx軸のところで予測値の線が止まっています。一方、女性のデータ（females）は予測値の線がもう少し右の女性の最年長のデータのところまで伸びています。予測値の線のx軸の範囲をすべてのグループで同じにしたい場合は、単純にxrangeを指定するだけです。次のようにします。

```
predvals <- models %>%
  group_by(sex) %>%
  do(predictvals(
    .$model[[1]],
    xvar = "ageYear",
    yvar = "heightIn",
    xrange = range(heightweight$ageYear))
  )
```

これで、このデータを前と同じようにプロットすることができます（**図5-25**）。

```
ggplot(heightweight, aes(x = ageYear, y = heightIn, colour = sex)) +
  geom_point() +
  geom_line(data = predvals)
```

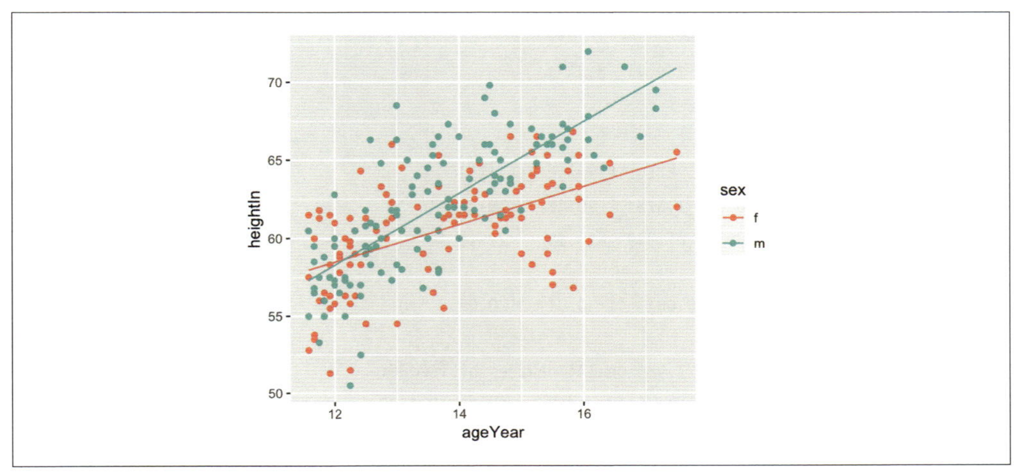

図5-25　すべてのグループで最大のx軸範囲まで拡張した予測値の線

図5-25で確認できるように、男性のデータの線は女性のデータの線と同じように右側まで伸びています。ただし、過去のデータを外挿するのは必ずしも正しいことではないという点は注意しておくべきです。それが正当化されるかどうかは、扱うデータの特性やあなたが仮定している前提によります。

レシピ5.9 注釈とモデルの係数を追加する

問題

プロットにモデルについての数値的な情報を追加したい。

解決策

プロットにシンプルなテキストを追加する場合、単純に注釈を追加します。この例では、線形モデルを作成し、**「レシピ5.7 既存のモデルをフィットさせる」**で定義したpredictvals()関数を使ってモデルから予測値の線を作ります。その後、注釈を追加します。

```
library(gcookbook) # heightweight データセットを使うため gcookbook を読み込む

model <- lm(heightIn ~ ageYear, heightweight)
summary(model)
#>
#> Call:
#> lm(formula = heightIn ~ ageYear, data = heightweight)
#>
#> Residuals:
#>     Min      1Q  Median      3Q     Max
#> -8.3517 -1.9006  0.1378  1.9071  8.3371
#>
#> Coefficients:
#>             Estimate Std. Error t value Pr(>|t|)
#> (Intercept)  37.4356     1.8281   20.48   <2e-16 ***
#> ageYear       1.7483     0.1329   13.15   <2e-16 ***
#> ---
#> Signif. codes:  0 '***' 0.001 '**' 0.01 '*' 0.05 '.' 0.1 ' ' 1
#>
#> Residual standard error: 2.989 on 234 degrees of freedom
#> Multiple R-squared:  0.4249, Adjusted R-squared:  0.4225
#> F-statistic: 172.9 on 1 and 234 DF,  p-value: < 2.2e-16
```

結果を確認すると、r^2が0.4249になっているのがわかります。グラフを作成して、annotate()を使って手動でテキストを追加します（**図5-26**）。

```
# 最初に、予測データを生成する
pred <- predictvals(model, "ageYear", "heightIn")

# 基本プロットを保存する
hw_sp <- ggplot(heightweight, aes(x = ageYear, y = heightIn)) +
    geom_point() +
    geom_line(data = pred)

hw_sp +
  annotate("text", x = 16.5, y = 52, label = "r^2=0.42")
```

プレーンテキストを使う代わりに、Rの数式表現の文法で数式を入力することもできます。この場合parse=TRUEを指定します。

```
hw_sp +
  annotate("text", x = 16.5, y = 52, label = "r^2 == 0.42", parse = TRUE)
```

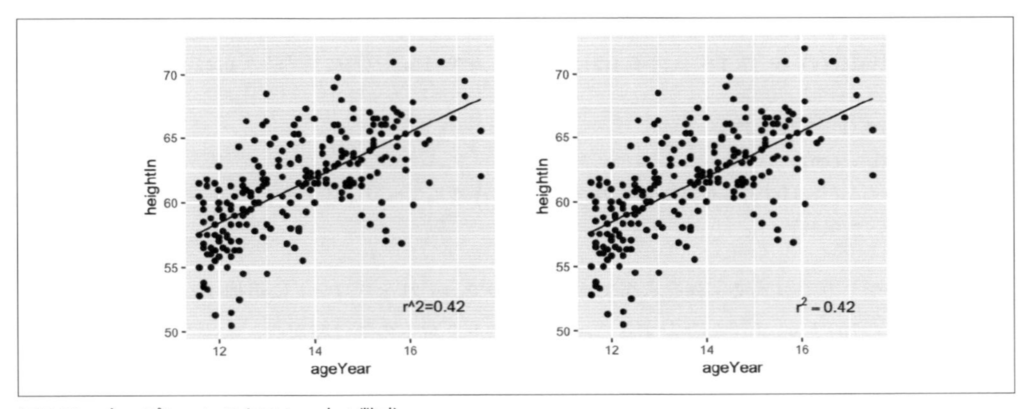

図5-26 左：プレーンテキスト 右：数式

解説

ggplotのテキストgeomは、数式オブジェクトを直接受け取りません。その代わりに、Rのparse関数で数式に変換可能な文字列を受け取ります。

数式を使う場合、その文法は、Rの数式オブジェクトとして正しい状態である必要があります。正しい状態であるかどうかのテストは、expression()で文字列を囲み、エラーが出るかどうかを確かめることで可能です（数式周辺で引用符を**使わない**ように気を付けてください）。この例では==は等式として正しく、=は正しくありません。

```
expression(r^2 == 0.42) # 正しい
```

```
expression(r^2 = 0.42)  # 正しくない
#> エラー: 予想外の '=' です in "expression(r^2 ="
```

自動的にモデルオブジェクトから値を抽出して、それらの値を使って数式を組み立てることも可能です。この例では、文字列を作成して、その文字列を解析し、正しい数式を生成しています。

```
# sprintf()を使って文字列を構築する。
# %.3gと%.2gは、それぞれ有効数字3桁と有効数字2桁の数値で置き換えられる。
# 置き換えるための数値は、文字列の後で指定する。

eqn <- sprintf(
    "italic(y) == %.3g + %.3g * italic(x) * ',' ~~ italic(r)^2 ~ '=' ~ %.2g",
    coef(model)[1],
    coef(model)[2],
    summary(model)$r.squared
  )

eqn
#> [1] "italic(y) == 37.4 + 1.75 * italic(x) * ',' ~~ italic(r)^2 ~ '=' ~ 0.42"

# parse()を使って検証する
parse(text = eqn)
#> expression(italic(y) == 37.4 + 1.75 * italic(x) * "," ~ ~italic(r)^2 ~
#>     "=" ~ 0.42)
```

ここまでのやり方で数式文字列を取得できているので、それをプロットに追加することができます。この例では、x=Infとy=-Infを設定することでテキストを右下の隅に配置し、水平と垂直の位置調整を行って、テキストがプロット領域にすべて収まるようにしています(**図5-27**)。

```
hw_sp +
  annotate(
    "text",
    x = Inf, y = -Inf,
    label = eqn, parse = TRUE,
    hjust = 1.1, vjust = -.5
  )
```

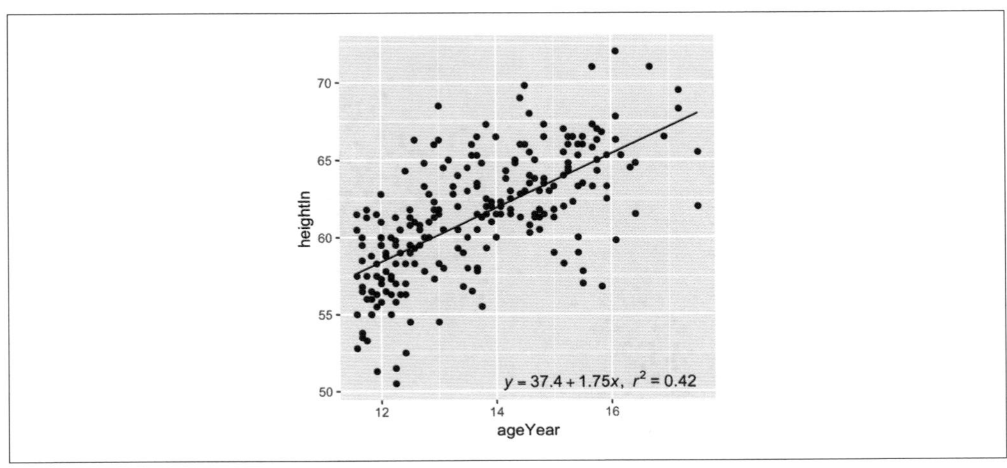

図5-27　自動的に数式を生成した散布図

関連項目

Rの数式の文法は少しトリッキーなところがあります。詳細については、**「レシピ7.2　注釈に数式を使う」**の情報を参照してください。

レシピ5.10　散布図の縁にラグを表示する

問題

散布図の縁にラグを表示したい。

解決策

`geom_rug()`を使います。この例（**図5-28**）では、オールド・フェイスフル・ガイザー（イエローストーン国立公園内にある間欠泉）に関する`faithful`データセットを使います。このデータは、間欠泉の噴出時間`eruptions`と次の噴出までの時間間隔`waiting`の2列からなるデータフレームです。

```
ggplot(faithful, aes(x = eruptions, y = waiting)) +
  geom_point() +
  geom_rug()
```

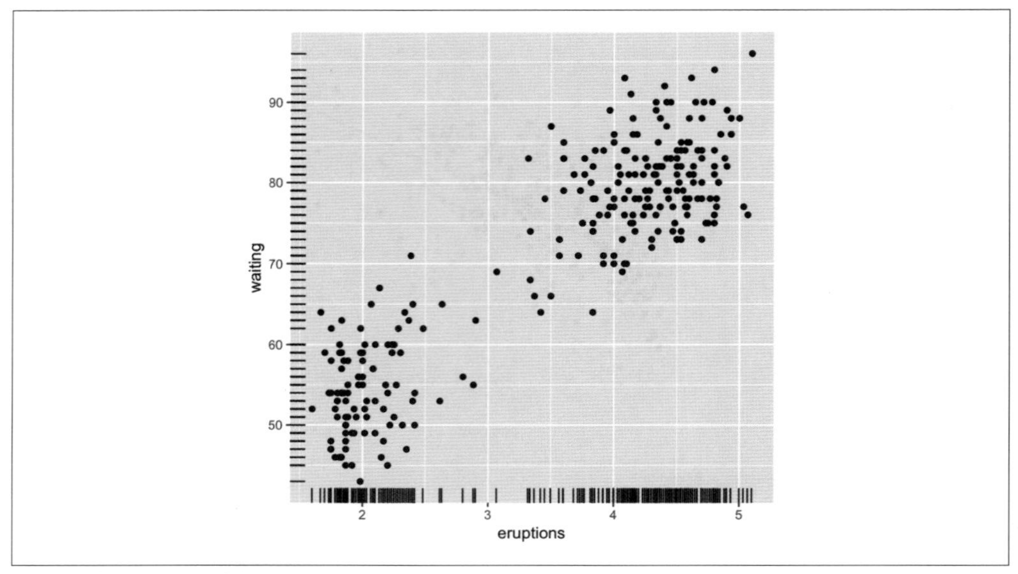

図5-28　散布図の縁に追加されたラグ

解説

縁に表示したラグのプロットは、本質的には1次元の散布図です。この1次元の散布図によって各軸のデータの分布を可視化することができます。

このデータセットの例では、縁のラグは本来ラグで表現できるほどの情報量がありません。waiting変数は分単位の整数値であり、小数の情報がありません。これによって同じ観測値が多くなり、ラグの線はかなりオーバープロットになります。このオーバープロットを軽減するために、線の位置にジッターをかけることができます。また、sizeを指定することで少し線を細くすることができます（**図5-29**）。これらの設定により、データの分布がより明確にわかるようになります。

```
ggplot(faithful, aes(x = eruptions, y = waiting)) +
  geom_point() +
  geom_rug(position = "jitter", size = 0.2)
```

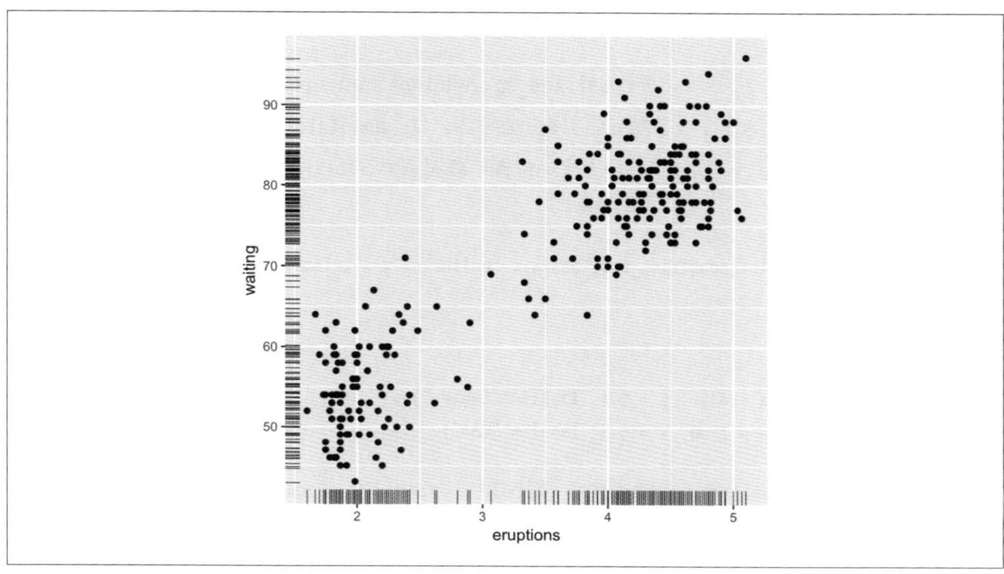

図5-29　線を細くして、ジッターをかけた緑のラグ

関連項目

オーバープロットについての詳細は、**「レシピ5.5　オーバープロットを扱う」**を参照してください。

レシピ5.11　散布図の点にラベルを付ける

問題

散布図の点にラベルを付けたい。

解決策

1つか2つ程度の点に注釈を付けるときには、annotate()かgeom_text()を使うことができます。この例では、countriesデータセットを使い、健康のための出費と幼児死亡率を1,000の幼児出生ごとに関係を可視化します。問題を簡単にするために、データを2009年のものに絞り、また、1人あたり$2,000以上使用している国に絞っています。

```
library(gcookbook) # countriesデータセットを使うためにgcookbookを読み込む
library(dplyr)

# データを2009年のものだけに限定し、さらに、$2,000以上使っている国に絞る
countries_sub <- countries %>%
```

```
    filter(Year == 2009 & healthexp > 2000)
```

ベースとなる散布図オブジェクトをcountries_sp（countries scatter plotの略）に保存して、その後、そこに注釈を追加していきます。手動で注釈を追加するには、annotate()を使用して座標とラベルを指定します（**図5-30**左）。ラベルをちょうどよい位置に微調整するためには試行錯誤が必要になるかもしれません。

```
countries_sp <- ggplot(countries_sub, aes(x = healthexp, y = infmortality)) +
  geom_point()

countries_sp +
  annotate("text", x = 4350, y = 5.4, label = "Canada") +
  annotate("text", x = 7400, y = 6.8, label = "USA")
```

データに対して自動的にラベルを追加する（**図5-30**右）ためには、geom_text()を使用して、ファクタか文字列ベクトルの値を持つデータフレームの列をlabelエステティック属性にマッピングします。この例の場合、Nameを使用して、混雑を避けるためにフォントを少し小さくしています。sizeのデフォルト値は5になっていますが、点のサイズに直接関係しているわけではありません。

```
countries_sp +
  geom_text(aes(label = Name), size = 4)
```

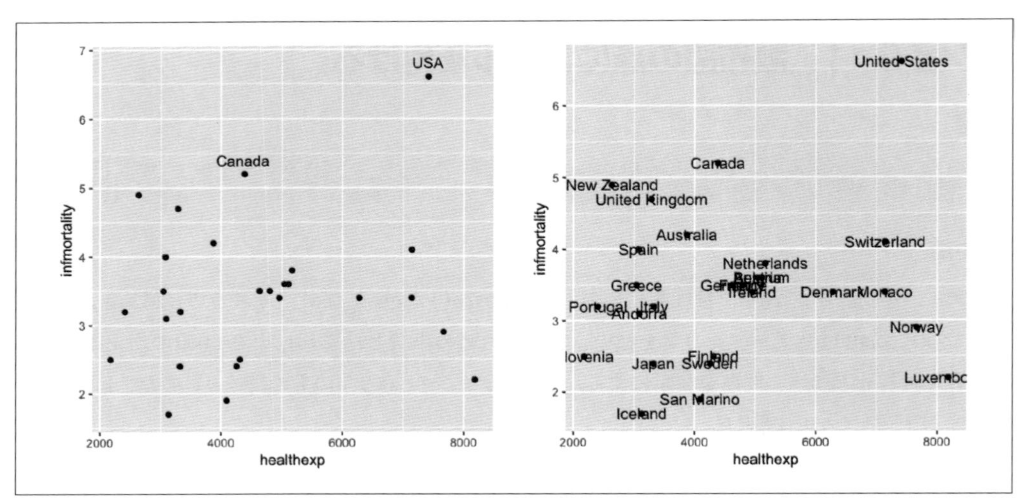

図5-30　左：手動で点にラベルを付けた散布図
右：自動的に点にラベルを付けて小さなフォントを使用した散布図

図5-30の右の図を見ると、いくつかの点でラベルが重なっているのがわかります。点のラベルが重

ならないように自動的に調節するためには、`geom_text_repel`（**図5-31**左）または、`geom_label_repel`（ラベルの周囲に囲みを追加する。**図5-31**右）を使うことができます。`geom_label_repel`はggrepelパッケージの関数で`geom_text`と似ています。

```
# install.packages("ggrepel")で、事前にggrepelをインストールしておくこと
library(ggrepel)
countries_sp +
  geom_text_repel(aes(label = Name), size = 3)

countries_sp +
  geom_label_repel(aes(label = Name), size = 3)
```

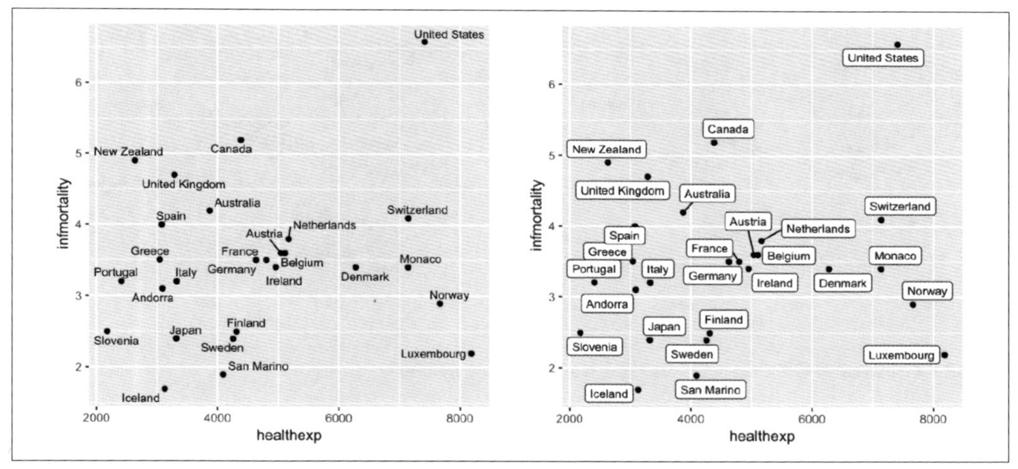

図5-31　左：geom_text_repelでラベルを追加した散布図　右：geom_label_repelでラベルを追加した散布図

解説

プロットの適切な位置にラベルを追加したい場合、`geom_text_repel`や`geom_label_repel`を使用するのが最も簡単な方法です。しかし、これらを使う場合、自動的（かつランダム）にラベルの位置が決定されるため、もし、各ラベルの位置をどこにするか完全に制御したい場合には、`annotate()`や`geom_text()`を使うべきです。

`geom_text()`を使って注釈を自動的に配置する方法では、注釈はxとy座標の中心に置かれます。おそらくこのテキストを、垂直方向や水平方向、あるいはその両方向にずらしたくなるでしょう。

`vjust = 0`を設定すると、テキストのベースラインが点と同じ位置になり（**図5-32**左）、`vjust = 1`を設定するとテキストのトップラインが点と同じ位置になります。しかし、通常これだけでは不十分なので、ラベルの位置の高低を変えるために`vjust`を増減させることができます。また、yの値を足したり

引いたりすることでも同じ効果を得ることができます（**図5-32**右）。

```
countries_sp +
  geom_text(aes(label = Name), size = 3, vjust = 0)

# わずかにyの値を追加する
countries_sp +
  geom_text(aes(y = infmortality + .1, label = Name), size = 3)
```

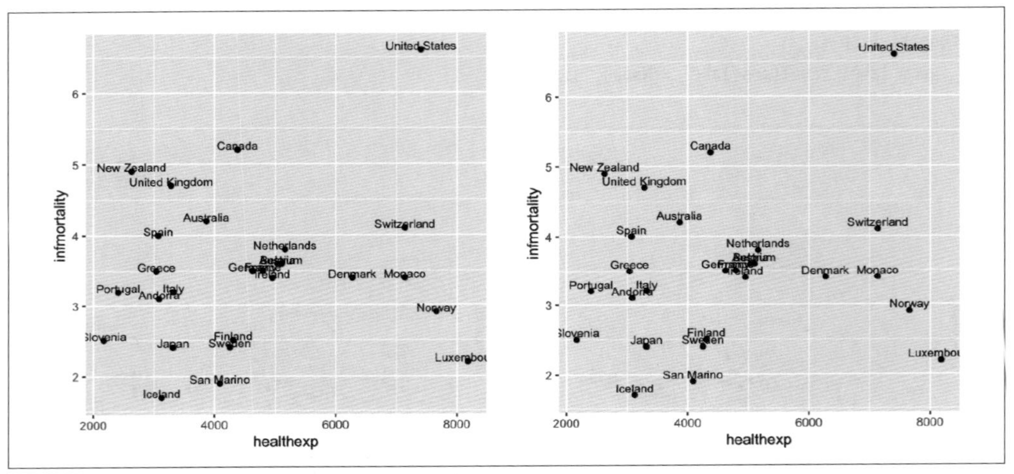

図5-32 左：vjust=0の散布図 右：yの値をわずかに足した散布図

ラベルの位置を左右に調整するのが効果的なときもあります。左に調整する場合はhjust = 0を設定します（**図5-33**左）。右に調整する場合はhjust = 1を設定します。vjustのときと同じように、ラベルはそれでも点に重なります。しかし、今回の場合、hjustを増減して調整しようとするのは良いアイデアではありません。この調整は、ラベルの長さにしたがった距離の移動になるため、長いラベルは短いラベルよりも移動が大きくなります。この場合はhjustを0か1に設定して、xの値を増減させるほうが良いです（**図5-33**右）。

```
countries_sp +
  geom_text(
    aes(label = Name),
    size = 3,
    hjust = 0
  )

countries_sp +
  geom_text(
```

```
    aes(x = healthexp + 100, label = Name),
    size = 3,
    hjust = 0
  )
```

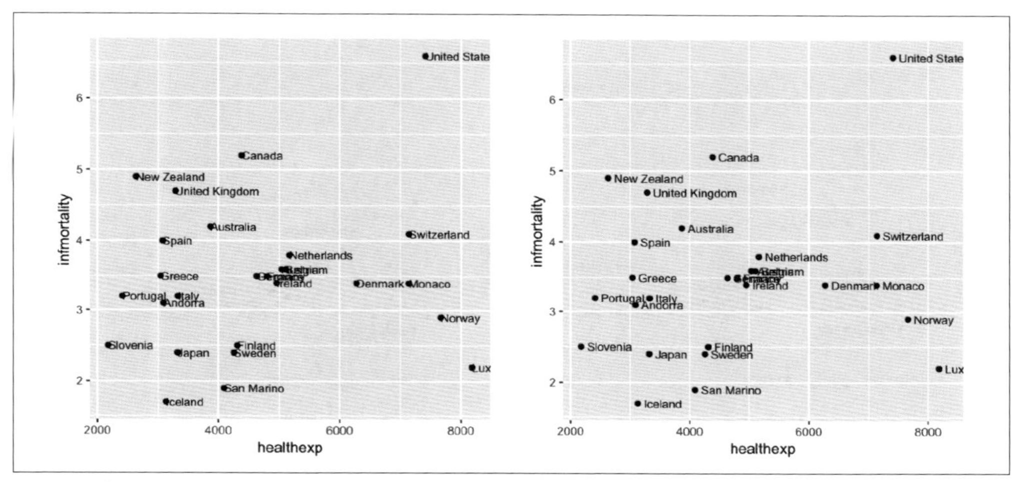

図5-33　左：hjust=0の散布図　右：xの値をわずかに足したもの

対数軸を使用している場合、ラベルを一定量ずらすためには、xやyの値を足すのではなく、xやyの値に特定の値をかける必要があります。

すべてのラベルの左右の調整する方法に加えて、position = position_nudge()を使う方法でも一括でラベルの位置を調整することができます。この場合、垂直方向や水平方向にラベルを動かす距離を指定することができます。次の図（**図5-34**）で確認できるように、この方法はラベルが少ないときや、ラベルに重なる点が少ないときに、うまく機能します。x = ...やy = ...で指定する単位は、xやy軸の単位と対応していることに気を付けましょう。

```
countries_sp +
  geom_text(
    aes(x = healthexp + 100, label = Name),
    size = 3,
    hjust = 0
  )

countries_sp +
  geom_text(
```

```
    aes(x = healthexp + 100, label = Name),
    size = 3,
    hjust = 0,
    position = position_nudge(x = 100, y = -0.2)
  )
```

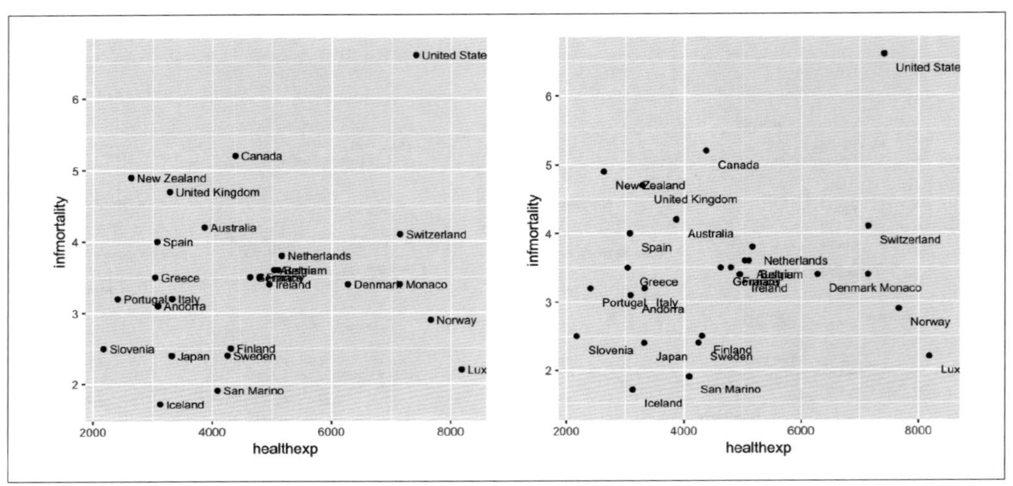

図5-34 左：元の散布図 右：ラベルを右下に少し動かした散布図

いくつかの点だけにラベルを表示したく、しかも、位置は自動的に決めたい場合はデータフレームに列を追加し、表示したいラベルを保持しておきます。そうするための1つの例としては、まず、使おうとしているデータのコピーを作成し、Name列の値をplotname列にコピーします。その際、ファクタを文字列ベクトルに変換します。この変換の理由は後述します。

```
cdat <- countries %>%
  filter(Year == 2009, healthexp > 2000) %>%
  mutate(plotname = as.character(Name))
```

これでplotnameは文字列ベクトルになっているので、ifelse()関数と%in演算子を使って、各行のplotnameがプロットに表示したい名前のリスト（次のコードのように手動で指定したリスト）に含まれているかを特定することができます。%in%演算子は、真偽値のベクトルを返すので、ifelse()関数を使ってplotnameが指定した名前リストに含まれていなかったものすべてを空白に置換することができます。

```
countrylist <- c("Canada", "Ireland", "United Kingdom", "United States",
  "New Zealand", "Iceland", "Japan", "Luxembourg", "Netherlands", "Switzerland")
```

```
cdat <- cdat %>%
  mutate(plotname = ifelse(plotname %in% countrylist, plotname, ""))

# 結果のplotnameを元のNameと比較する
cdat %>%
  select(Name, plotname)
#>              Name       plotname
#> 1         Andorra
#> 2       Australia
#> 3         Austria
#>  ...<21 more rows>...
#> 25    Switzerland    Switzerland
#> 26 United Kingdom United Kingdom
#> 27  United States  United States
```

これでプロットを作成することができます（**図5-35**）。今回は、xの範囲を拡大して、テキストが点に近づくようにします。

```
ggplot(cdat, aes(x = healthexp, y = infmortality)) +
  geom_point() +
  geom_text(aes(x = healthexp + 100, label = plotname), size = 4, hjust = 0) +
  xlim(2000, 10000)
```

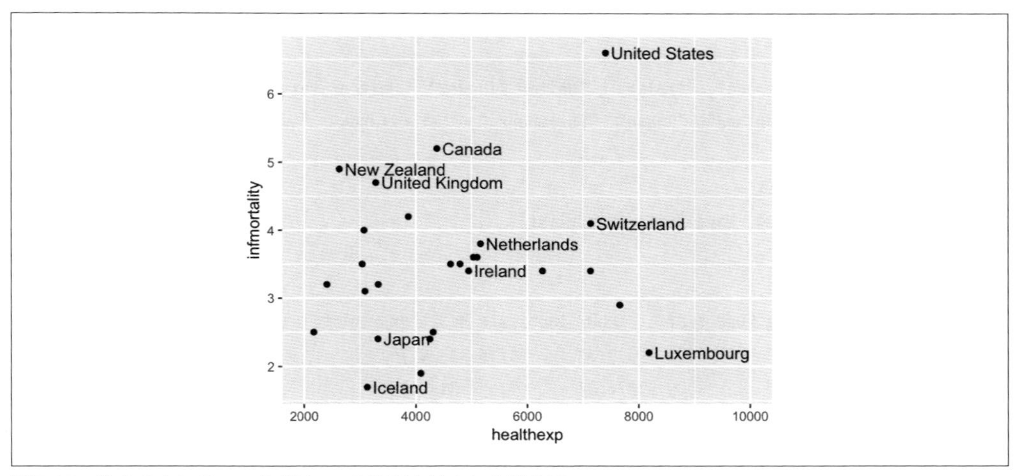

図5-35　特定の点にラベルを付け、xの範囲を拡大した散布図

個別の位置調整が必要な場合は、いくつかの選択肢があります。その1つは、xとyに使う予定の列をコピーして、テキストが回り込むように個別の数値を修正する方法です。当然ながら、元の数値のほ

うを点の座標に使うように気を付けましょう。

そして、もう1つの方法は、PDFやSVGなどのベクトル形式で出力し（**「レシピ14.1　PDFベクタファイルへの出力」**や**「レシピ14.2　SVGベクタファイルへの出力」**を参照）、IllustratorやInkscapeなどのソフトを使って編集する方法です。

関連項目

テキストの体裁の調整についての詳細は、**「レシピ9.2　テキストの体裁を変更する」**を参照してください。

手動でPDFやSVGを編集したい場合は、**「レシピ14.4　ベクタファイルの編集」**を参照してください。

レシピ5.12　バルーンプロットを作成する

問題

点の面積の大きさがその値に比例するバルーンプロットを作成したい。

解決策

`geom_point()`を`scale_size_area()`と合わせて使います。この例では、`countries`データセットのデータを絞り込み、2009年以降で`countrylist`で指定した国のデータだけが含まれるようにします。

```
library(gcookbook) # countriesデータセットを使うためにgcookbookを読み込む

countrylist <- c("Canada", "Ireland", "United Kingdom", "United States",
  "New Zealand", "Iceland", "Japan", "Luxembourg", "Netherlands", "Switzerland")

cdat <- countries %>%
  filter(Year == 2009, Name %in% countrylist)

cdat
#>              Name Code Year      GDP laborrate healthexp infmortality
#> 1          Canada  CAN 2009 39599.04      67.8  4379.761          5.2
#> 2         Iceland  ISL 2009 37972.24      77.5  3130.391          1.7
#> 3         Ireland  IRL 2009 49737.93      63.6  4951.845          3.4
#>  ...<4 more rows>...
#> 8     Switzerland  CHE 2009 63524.65      66.9  7140.729          4.1
#> 9  United Kingdom  GBR 2009 35163.41      62.2  3285.050          4.7
#> 10  United States  USA 2009 45744.56      65.0  7410.163          6.6
```

GDPを`size`にマッピングする場合、GDPの値は点の**半径**にマッピングされます（**図5-36**左）。しかし、これは望む結果ではありません。値が2倍になると面積は4倍になってしまいます。これではデータの情報を間違って伝えてしまいます。代わりにここでは、GDPの値を**面積**にマッピングします。これは、scale_size_area()を使うことで可能になります（**図5-36**右）。

```
# cdatデータフレームを使って、基本プロットを作成する
cdat_sp <- ggplot(cdat, aes(x = healthexp, y = infmortality, size = GDP)) +
    geom_point(shape = 21, colour = "black", fill = "cornsilk")

# GDPを半径にマッピングしたもの（デフォルトでは、scale_size_continuousが使われる）
cdat_sp

# 円を大きくして、GDPを面積にマッピングする
cdat_sp +
  scale_size_area(max_size = 15)
```

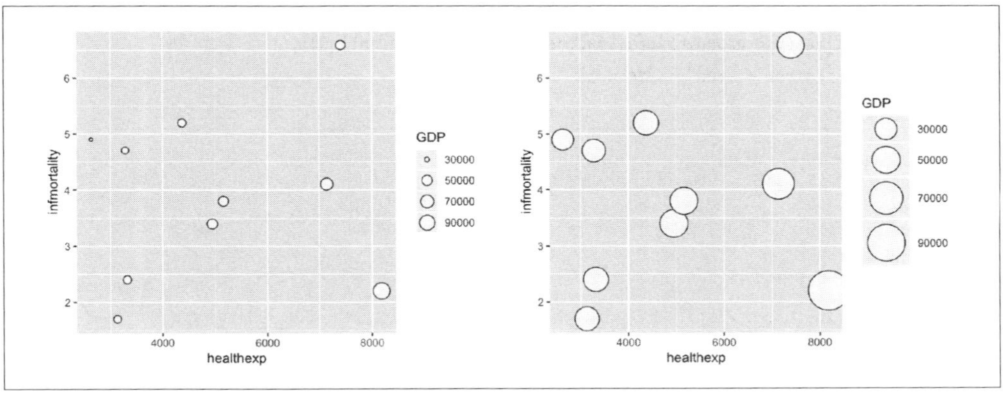

図5-36 左：値を半径にマッピングしたバルーンプロット 右：値を面積にマッピングしたバルーンプロット

解説

ここでの例は散布図を使用したやり方ですが、これはバルーンプロットを作成する唯一の方法ではありません。バルーンを格子状のカテゴリカルな座標に表現するのもわかりやすいかもしれません（**図5-37**）。

```
# 男性と女性の数を足し合わせたデータフレームを作成する
hec <- HairEyeColor %>%
  # 縦持ち（long format）データに変換する
  as_tibble() %>%
  group_by(Hair, Eye) %>%
  summarize(count = sum(n))
```

```
# バルーンプロットを作成する
hec_sp <- ggplot(hec, aes(x = Eye, y = Hair)) +
  geom_point(aes(size = count), shape = 21, colour = "black",
             fill = "cornsilk") +
  scale_size_area(max_size = 20, guide = FALSE) +
  geom_text(aes(
    y = as.numeric(as.factor(Hair)) - sqrt(count)/34, label = count),
    vjust = 1.3,
    colour = "grey60",
    size = 4
  )

hec_sp

# 赤いガイド点を作成する
hec_sp +
  geom_point(aes(y = as.numeric(as.factor(Hair)) - sqrt(count)/34),
             colour = "red", size = 1)
```

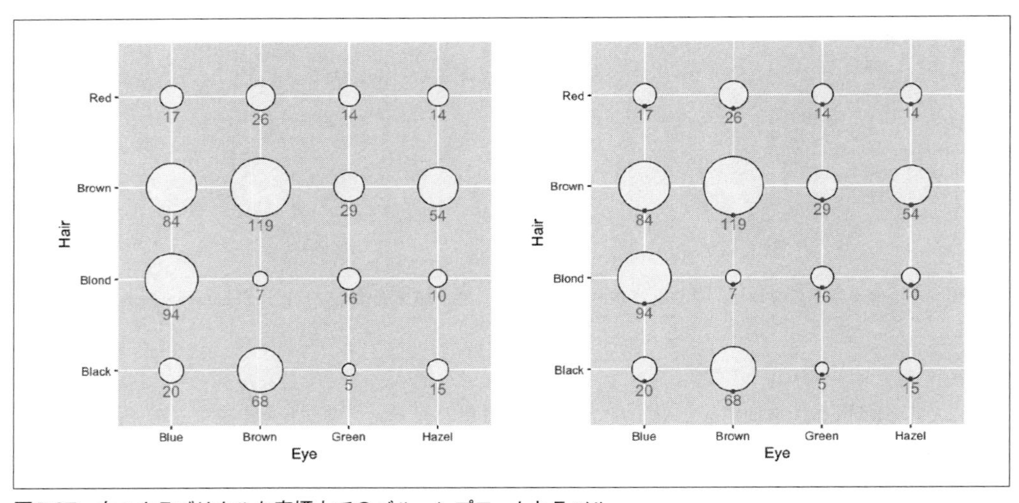

図5-37 左：カテゴリカルな座標上でのバルーンプロットとラベル
右：テキストラベルの位置を見やすくするガイド点を付けたもの

この例では、テキストラベルを円の下に追加するためにいくつかのトリックを使用しました。まず、vjust = 1.3を使用してテキストの上部をy軸上で少し下に調整しています。次に、テキストのy座標を各円の底部になるように設定しています。これには、多少の算術演算が必要です。まず、HairとEyeのレベルを数値に変換しています。この際、これらの変数は文字列ベクトルからファクタに変換されています。次に、Hairの数値に対して、一定の小さい値を引いています。この値はある程度countに従って変わるようにしています。具体的にはcountの平方根を計算しています。なぜなら半径はcountの平方根と線形な関係になるからです。分母に使っている数（ここでは34）は、試行錯誤によって決めたものです。これはデータの値や半径、テキストサイズ、出力画像サイズなどによって変わるものです。

正しいyオフセット値を見つけるために、赤いガイド点を追加して、円の底部にきれいに並ぶまで値を調整することもできます。正しいオフセット値が見つかれば、テキストを配置した上で、このガイド点は消せます。

円の下のテキストはグレーにしています。これは、見る人にとって目立たないようにし、円に対しての感覚的な理解を与えるためです。しかしながら、見る人が正確な値を知りたい場合に使えるように配置しています。

関連項目

円にラベルを追加する方法については、**「レシピ5.11　散布図の点にラベルを付ける」**と**「レシピ7.1　テキスト注釈を追加する」**を参照してください。

変数を散布図の他のエステティック属性にマッピングする方法については、**「レシピ5.4　連続値変数を色やサイズにマッピングする」**を参照してください。

レシピ5.13　散布図の行列を作成する

問題

散布図の行列を作成したい。

解決策

散布図の行列はいくつかの変数の組合せを可視化するための優れた方法です。これを作成するためには、Rの基本グラフィックスに含まれるpairs()関数を使います。

この例では、countriesデータセットの一部を使います。2009年のデータを取得して、関連する列だけを保持します。

```
library(gcookbook) # countriesデータセットを使うためにgcookbookを読み込む

c2009 <- countries %>%
  filter(Year == 2009) %>%
  select(Name, GDP, laborrate, healthexp, infmortality)

c2009
#>             Name       GDP laborrate healthexp infmortality
```

```
#> 1    Afghanistan        NA      59.8  50.88597        103.2
#> 2        Albania 3772.6047     59.5 264.60406         17.2
#> 3        Algeria 4022.1989     58.5 267.94653         32.0
#>   ...<210 more rows>...
#> 214 Yemen, Rep. 1130.1833     46.8  64.00204         58.7
#> 215      Zambia 1006.3882     69.2  47.05637         71.5
#> 216    Zimbabwe  467.8534     66.8        NA         52.2
```

散布図の行列（**図5-38**）を作成するために、Name以外のすべての変数を使います。なぜなら、国のName列を使用して散布図の行列を作っても意味がなく、変わった結果に見えてしまうからです。

```
c2009_num <- select(c2009, -Name)
pairs(c2009_num)
```

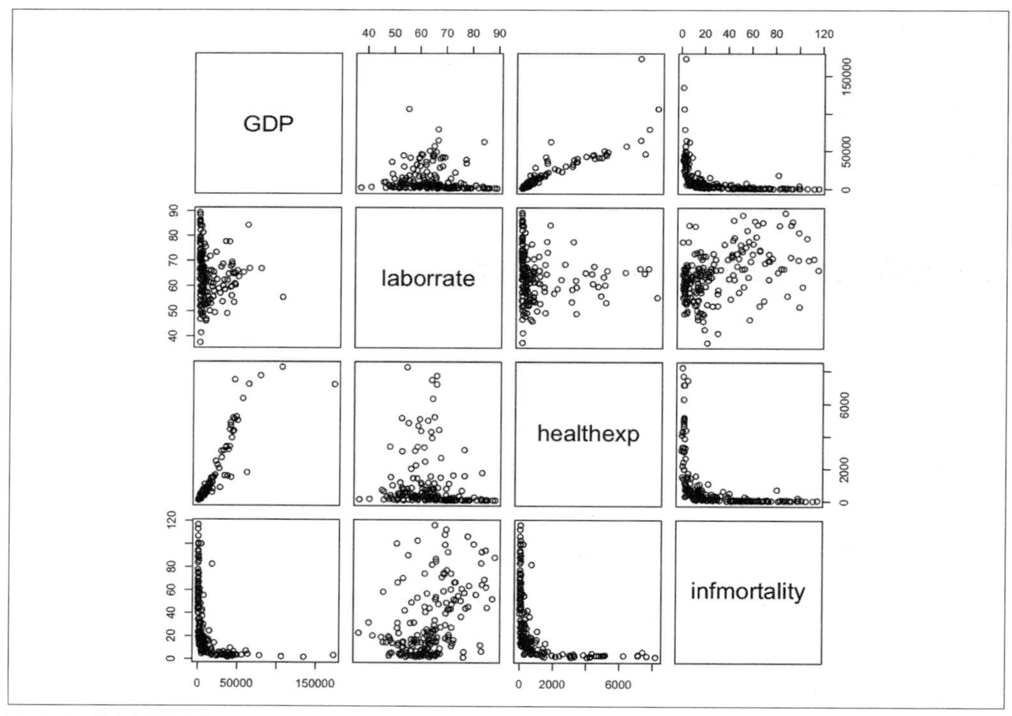

図5-38 散布図の行列

解説

行列のパネルに対してカスタマイズした関数を使うこともできます。散布図の代わりに各変数の相関係数を表示するために、panel.cor関数を定義します。この関数は高い相関を大きなフォントで表示します。あまり深く考えずに次のコードをRのコンソールに貼り付けてみましょう。

```
panel.cor <- function(x, y, digits = 2, prefix = "", cex.cor, ...) {
  usr <- par("usr")
  on.exit(par(usr))
  par(usr = c(0, 1, 0, 1))
  r <- abs(cor(x, y, use = "complete.obs"))
  txt <- format(c(r, 0.123456789), digits = digits)[1]
  txt <- paste(prefix, txt, sep = "")
  if (missing(cex.cor)) cex.cor <- 0.8/strwidth(txt)
  text(0.5, 0.5, txt, cex =  cex.cor * (1 + r) / 2)
}
```

対角線上のパネルに各変数のヒストグラムを表示するために、panel.hist関数も定義します。

```
panel.hist <- function(x, ...) {
  usr <- par("usr")
  on.exit(par(usr))
  par(usr = c(usr[1:2], 0, 1.5) )
  h <- hist(x, plot = FALSE)
  breaks <- h$breaks
  nB <- length(breaks)
  y <- h$counts
  y <- y/max(y)
  rect(breaks[-nB], 0, breaks[-1], y, col = "white", ...)
}
```

これらのパネル用の関数はどちらも、pairs()のヘルプページから持ち出したものです。したがって、もっと簡単にするために、ヘルプページを開いて、コピー&ペーストを行うこともできます。しかし、この本のバージョンのpanel.corの最後の行の関数は、元々のサイズよりもフォントサイズが異常に大きくならないように少し修正を加えたものです。

ここまでで関数の定義ができましたので、散布図の行列に使用することができます。行列の上部のパネルに対してpanel.corを使い、対角線上のパネルにpanel.histを使うようにpairs()関数に伝えます。

ここでもう1つ機能を追加します。下部のパネル用にpanel.smoothというものを用意し、散布図とLOWESSで平滑化した線を追加します（**図5-39**）。LOWESSは**「レシピ5.6　回帰モデルの直線をフィットさせる」**で説明したLOESSとは少し異なります。しかし、この種のラフな調査にとってはこの違いは重要ではありません。

```
pairs(
```

```
    c2009_num,
    upper.panel = panel.cor,
    diag.panel  = panel.hist,
    lower.panel = panel.smooth
  )
```

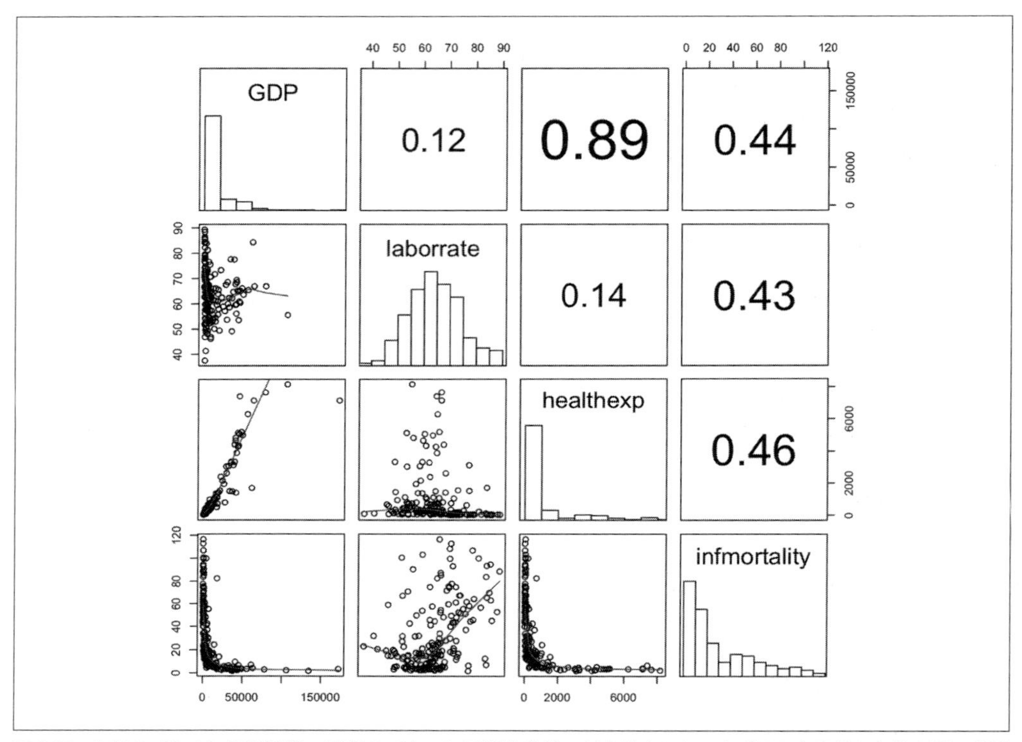

図5-39　上部のパネルに相関係数、下部のパネルに平滑化曲線、対角線上にヒストグラムを表示した散布図の行列

LOWESSの曲線の代わりに線形回帰の直線が望ましい場合もあるでしょう。`panel.lm()`関数はこのトリックを実行します（先ほどのパネル関数と違い、この関数は`pairs()`のヘルプページには掲載されていません）。

```
panel.lm <- function (x, y, col = par("col"), bg = NA, pch = par("pch"),
                      cex = 1, col.smooth = "black", ...) {
  points(x, y, pch = pch, col = col, bg = bg, cex = cex)
  abline(stats::lm(y ~ x),  col = col.smooth, ...)
}
```

今回の場合、デフォルトの線の色は、赤ではなく黒です。しかし、この色は`pairs()`関数を呼ぶときに、col.smoothを設定することで変更することができます(panel.smoothも同様です)。

可視化するときに小さな点を使うこともできます。そうすることで、より区別しやすくなります(**図5-40**)。これは、pch = "."を設定して実現します。

```
pairs(
  c2009_num,
  upper.panel = panel.cor,
  diag.panel  = panel.hist,
  lower.panel = panel.smooth,
  pch = "."
)
```

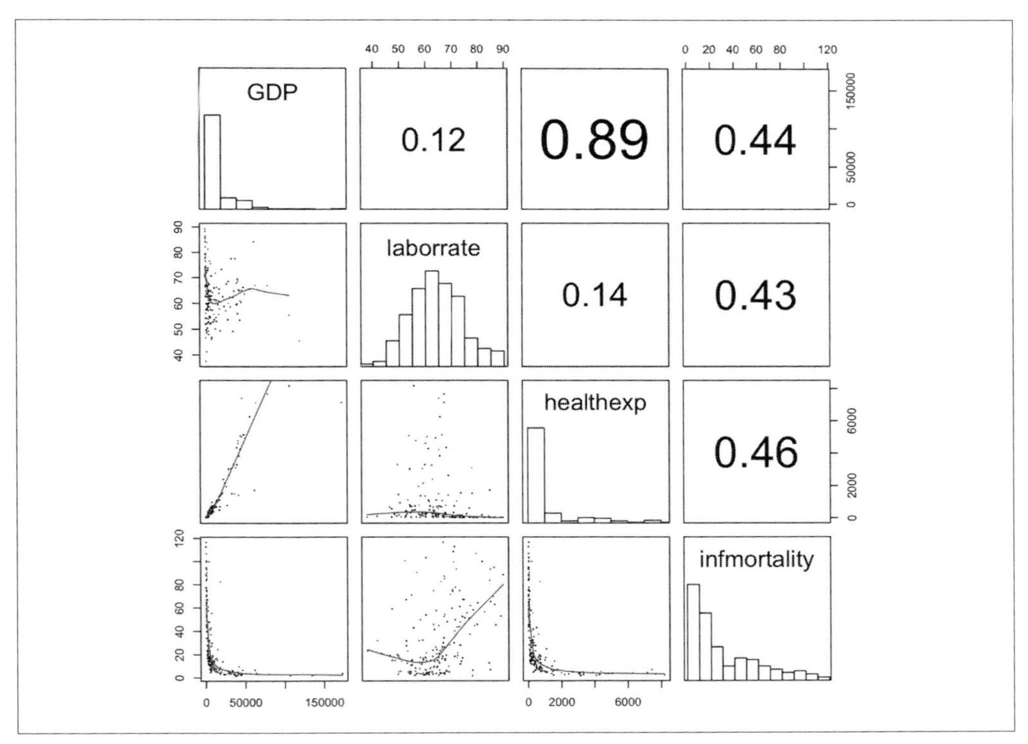

図5-40　小さな点と線形モデルをフィットさせた散布図の行列

点のサイズはcexパラメータを使って調整することもできます。cexのデフォルト値は1になっています。小さい点にする場合はこの値を1より小さくし、大きい点にする場合は1より大きくします。0.5以下の値はPDF出力の場合に適切に表示されないかもしれません。

関連項目

相関の行列を作成するには、**「レシピ13.1　相関行列の図を作成する」**を参照してください。

ここでggplotを使わなかったのは、ggplotは散布図の行列を作成しないからです（少なくとも得意ではありません）。

GGallyのような他のパッケージは、このギャップを埋めるためにggplotの拡張として開発されています。GGallyパッケージの`ggpairs()`関数は、散布図の行列を作成することができます。

6章
データ分布の要約

この章では、データ分布の情報を要約して可視化する方法を取り上げます。

レシピ6.1　基本的なヒストグラムを作成する

問題

ヒストグラムを描きたい。

解決策

geom_histogram()を使い、xに連続値変数をマッピングします（**図6-1**）。

```
ggplot(faithful, aes(x = waiting)) +
  geom_histogram()
```

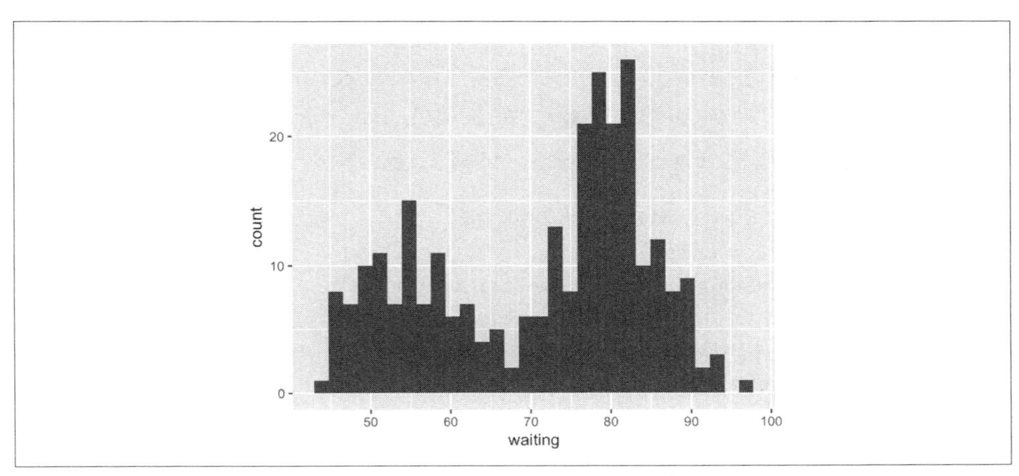

図6-1　基本的なヒストグラム

解説

geom_histogram()は、データフレームの1列、もしくは1つのベクトルを引数とします。この例では、オールド・フェイスフル・ガイザーに関するfaithfulデータセットを使います。このデータは、間欠泉の噴出時間eruptionsと次の噴出までの時間間隔waitingの2列からなるデータフレームです。ここでは、waiting列の値だけを使います。

```
faithful
#>     eruptions waiting
#> 1       3.600      79
#> 2       1.800      54
#> 3       3.333      74
#>  ...<266 more rows>...
#> 270     4.417      90
#> 271     1.817      46
#> 272     4.467      74
```

データフレーム形式になっていないデータから簡単にヒストグラムを作成するためには、データフレームにNULLを指定し、ggplot()にデータ値のベクトルを渡します。次のコードで、前述のコードと同じヒストグラムが描画されます。

```
# 値をベクトルに格納する
w <- faithful$waiting

ggplot(NULL, aes(x = w)) +
  geom_histogram()
```

デフォルトでは、データは30のビン[*1]にグループ分けされます。このビンの数は、無作為に決めたデフォルト値であるので、データによっては細かすぎたり粗すぎたりするでしょう。ビンの幅は、binwidthを使って変更することもできますし、データを任意のビン数で分割することもできます。

また、ヒストグラムは、デフォルトでは枠線なしの暗い塗りつぶしで描かれますが、これではどの棒がどの値に対応するのか見にくいかもしれません。この場合、**図6-2**に示すように色を変更します。

```
# ビン幅を5に設定（各ビンは、x軸の単位で5の幅になる）
ggplot(faithful, aes(x = waiting)) +
  geom_histogram(binwidth = 5, fill = "white", colour = "black")

# xの分布する範囲を15のビンに分割
binsize <- diff(range(faithful$waiting))/15
```

＊1　訳注：データ範囲をいくつかの任意の区間に区切ったときの各区間をビンと呼びます。

```
ggplot(faithful, aes(x = waiting)) +
  geom_histogram(binwidth = binsize, fill = "white", colour = "black")
```

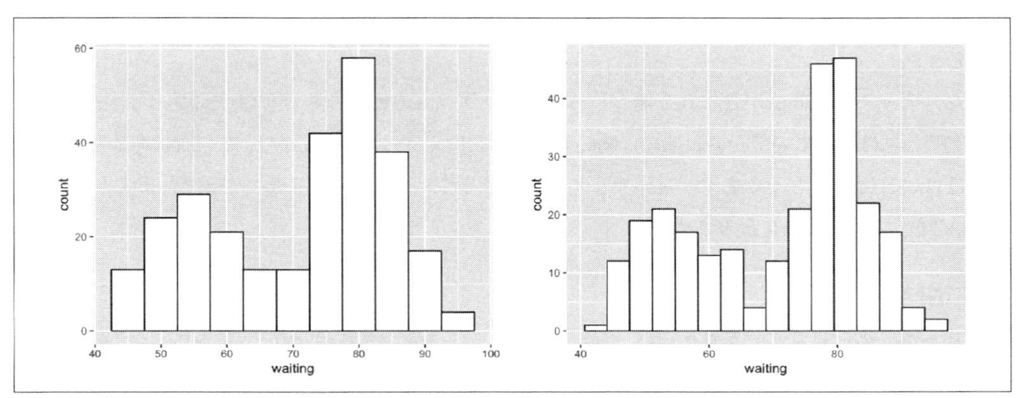

図6-2　左：binwidth = 5に設定、色を変更したヒストグラム　右：ビンの数を15に設定したヒストグラム

ヒストグラムの見え方は、ビン幅やビンの境界の位置に依存して大きく異なることがあります。**図6-3**には、ビン幅が8のヒストグラムを示しています。左の図では`origin`の値を31に設定し、境界は31、39、47...ですが、右の図では境界を4つずらして35、43、51...としました。

```
# 基本プロットを保存
faithful_p <- ggplot(faithful, aes(x = waiting))

faithful_p +
  geom_histogram(binwidth = 8, fill = "white", colour = "black", boundary = 31)

faithful_p +
  geom_histogram(binwidth = 8, fill = "white", colour = "black", boundary = 35)
```

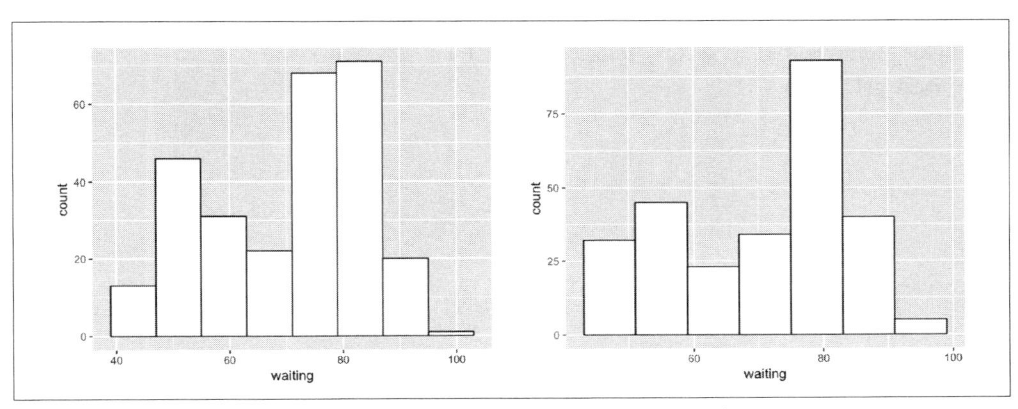

図6-3　origin（x軸の最小値）を31と35に設定したために違って見えるヒストグラム

同じビン幅であるにも関わらず、2つのヒストグラムはかなり違って見えます。faithfulは272の観測値からなるデータセットで標本数は特に少なくありませんが、標本数が少ない場合にはこの問題はさらに大きくなります。データを可視化する際には、ビン数や境界をいろいろと変えて試してみるのが良いでしょう。

また、データに離散値が含まれる場合には、ヒストグラムのビンの非対称性が問題になります。ビンは下限値には**閉じて**いて、上限値には**開いて**います。例えばビンの境界が1、2、3...にあるとすると、ビンは[1,2)、[2, 3)...となります。言い換えると、はじめのビンは1を含みますが2を含まず、2つ目のビンは2を含みますが3を含みません。

関連項目

複数の分布をプロットする場合には、ヒストグラムでは棒が互いに邪魔になるため、頻度の折れ線グラフを使うのが良い方法です。**「レシピ6.5 頻度の折れ線グラフを作成する」**を参照してください。

レシピ6.2 グループ化されたデータから複数のヒストグラムを作成する

問題

グループ化されたデータがあり、各データグループに対して同時にヒストグラムを作りたい。

解決策

geom_histogram()を使い、グループをファセット変数としてプロットします(**図6-4**)。

```
library(MASS) # birthwt(出生時体重)データセットを使うためにMASSを読み込む

# smoke(喫煙)をファセット変数として使う
ggplot(birthwt, aes(x = bwt)) +
  geom_histogram(fill = "white", colour = "black") +
  facet_grid(smoke ~ .)
```

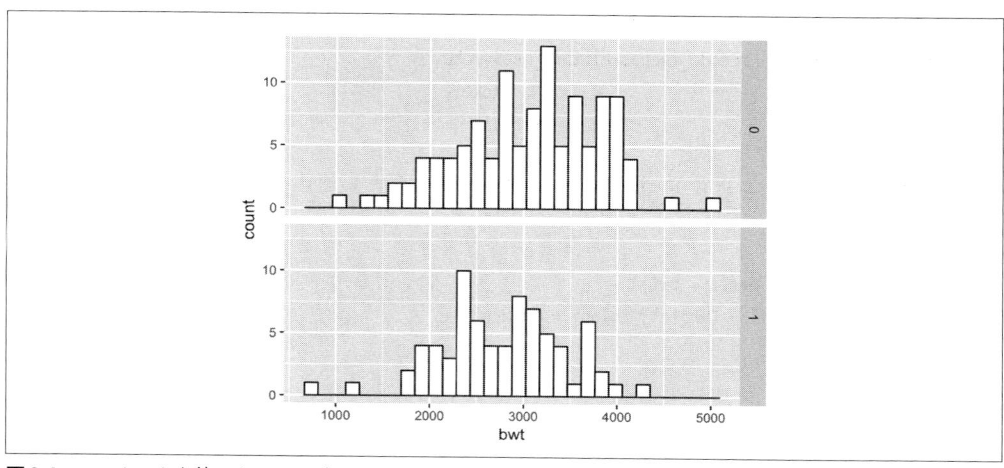

図6-4　ファセットを使ったヒストグラム

解説

グループ化されたデータから複数のヒストグラムを作るためには、データが1つのデータフレームに格納されていて、そのうちグループ化のために使う1列がカテゴリカル変数になっていなければなりません。

この例では、birthwtデータセットを使います。このデータセットは、出生時体重といくつかの出生時低体重のリスク要因を含むデータです。

```
birthwt
#>    low age lwt race smoke ptl ht ui ftv  bwt
#> 85   0  19 182    2     0   0  0  1   0 2523
#> 86   0  33 155    3     0   0  0  0   3 2551
#> 87   0  20 105    1     1   0  0  0   1 2557
#>  ...<183 more rows>...
#> 82   1  23  94    3     1   0  0  0   0 2495
#> 83   1  17 142    2     0   0  1  0   0 2495
#> 84   1  21 130    1     1   0  1  0   3 2495
```

このファセットを使ったグラフでは、ファセットラベルが0と1になっていて、喫煙（smoking）にリスク要因が存在するかどうかを示す値がどちらであるかを表すラベルがありません。ラベルを変更するためには、ファクタレベルの名前を変更します。まず既存のファクタレベルを見て、次に新しいファクタレベルを同じ順番で割り当てましょう。そして、新しいデータセットをbirthwt_modとして保存します。

```
birthwt_mod <- birthwt
```

```
# smokeを新しいファクタに変換して、別名で保存する
birthwt_mod$smoke <- recode_factor(birthwt_mod$smoke,
                                   '0' = 'No Smoke',
                                   '1' = 'Smoke')
```

修正したデータフレームをもう一度プロットしてみると、新しい適切なラベルが表示されます（**図6-5**）。

```
ggplot(birthwt_mod, aes(x = bwt)) +
  geom_histogram(fill = "white", colour = "black") +
  facet_grid(smoke ~ .)
```

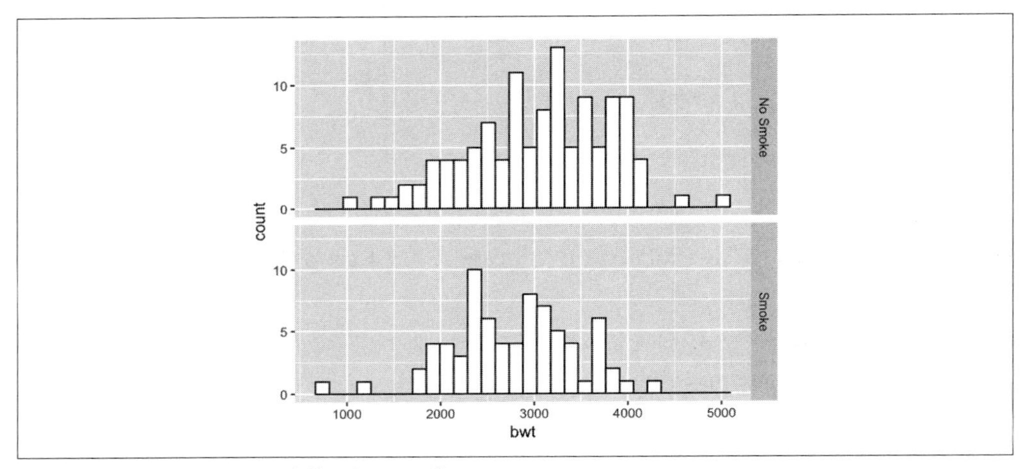

図6-5 新しいファクタラベルを使ったヒストグラム

ファセットを使ったグラフでは、各ファセットでy軸の表示範囲は同じになります。そのため、各グループの標本数が異なるときには、グループ間で分布の形を比較するのが難しくなります。例えば、birthwtをraceでファセットするとどうなるか見てみましょう（**図6-6**左）。

```
ggplot(birthwt, aes(x = bwt)) +
  geom_histogram(fill = "white", colour = "black") +
  facet_grid(race ~ .)
```

図6-6の右のように、y軸の表示範囲がファセット間で独立に変更されるようにするためには、scales="free"を使用します。この設定は、y軸の表示範囲だけを変更することに注意しましょう。ヒストグラムはx軸で揃えられているため、x軸の表示範囲は固定されています。

```
ggplot(birthwt, aes(x = bwt)) +
  geom_histogram(fill = "white", colour = "black") +
```

```
facet_grid(race ~ ., scales = "free")
```

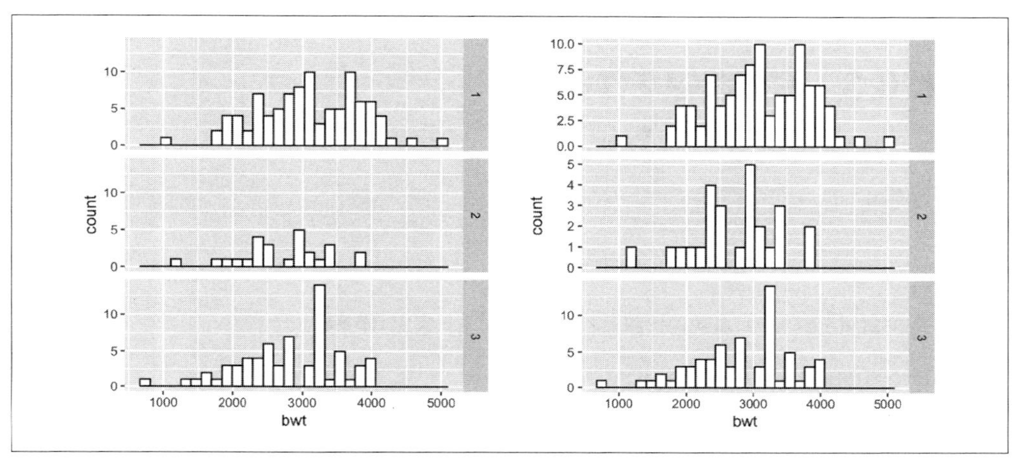

図6-6 左：デフォルトのy軸範囲が固定されたヒストグラム 右：scales = "free"と設定したヒストグラム

複数のヒストグラムを表示するもう1つのアプローチは、**図6-7**のようにグループ化の変数をfillにマッピングすることです。グループ化変数は、ファクタもしくは文字列ベクトルでなければなりません。birthwtデータセットでは、グループ化変数であるsmokeは数値として格納されていますので、先ほど作ったsmokeがファクタであるbirthwt_modデータセットを使いましょう。

```
# smokeをfillにマッピングし、積み上げでない棒グラフを設定し、色を半透明にする
ggplot(birthwt_mod, aes(x = bwt, fill = smoke)) +
  geom_histogram(position = "identity", alpha = 0.4)
```

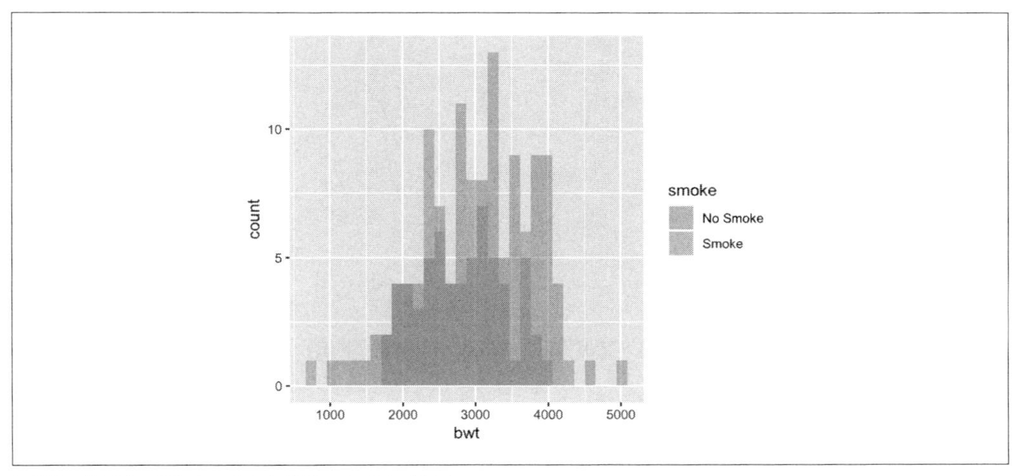

図6-7 違う色で塗りつぶした複数のヒストグラム

このとき、position = "identity"の設定は大事です。この設定がないと、2つのグループの頻度を垂直に積み上げた棒グラフが描かれ、各グループの分布が見づらくなります。

レシピ6.3　密度曲線を作成する

問題

カーネル密度曲線を作成したい。

解決策

geom_density()を使い、連続値変数をxにマッピングします（**図6-8**）。

```
ggplot(faithful, aes(x = waiting)) +
  geom_density()
```

密度曲線の横や下部にある線を表示したくない場合は、geom_line(stat = "density")を使います（**図6-8**右）。

```
# expand_limits()を使って、0値が表示されるようにy軸の範囲を広げる
ggplot(faithful, aes(x = waiting)) +
  geom_line(stat = "density") +
  expand_limits(y = 0)
```

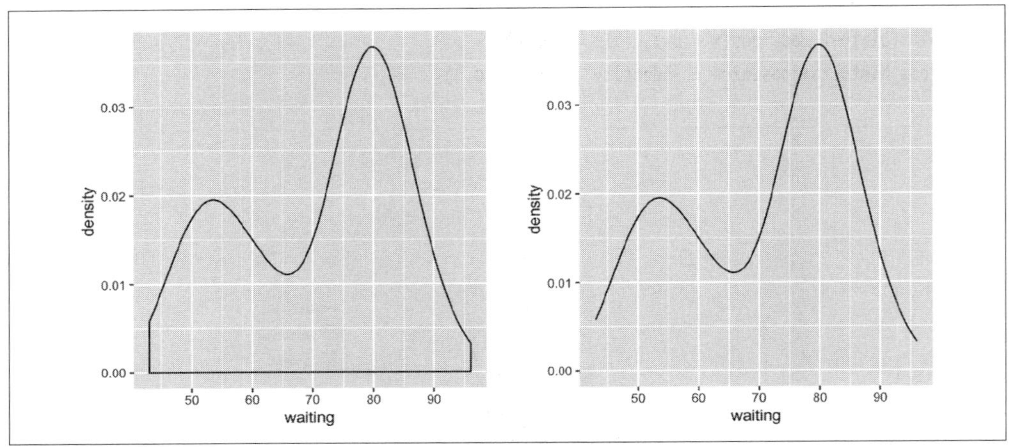

図6-8　左：geom_density()によるカーネル密度推定　右：geom_line()の場合

解説

geom_histogram()と同じように、geom_density()はデータフレームの1列を引数とします。この例

では、オールド・フェイスフル・ガイザーに関するfaithfulデータセットを使います。このデータは、間欠泉の噴出時間eruptions次の噴出までの時間間隔waitingの2列からなるデータフレームです。ここでは、waiting列の値だけを使います。

```
faithful
#>     eruptions waiting
#> 1       3.600      79
#> 2       1.800      54
#> 3       3.333      74
#>   ...<266 more rows>...
#> 270     4.417      90
#> 271     1.817      46
#> 272     4.467      74
```

先ほど2つ目に説明したgeom_line(stat = "density")を使う方法では、geom_line()に対して"density"を指定して、統計的な変換を行っています。この方法は、geom_density()が閉じたポリゴンで密度関数を描くこと以外は、geom_density()を使った1つ目の方法と基本的に同じです。

geom_histogram()と同様に、データフレーム形式になっていないデータから簡単に密度関数を作成するためには、データにNULLを指定し、ggplotにデータ値のベクトルを渡します。次のコードで、先ほどと同じ密度関数が描画されます。

```
# 値をベクトルに格納する
w <- faithful$waiting

ggplot(NULL, aes(x = w)) +
  geom_density()
```

カーネル密度曲線は、標本データに基づいた母集団の分布の推定です。平滑化の度合いは**平滑化帯域幅**に依存し、帯域幅が広いほど曲線は滑らかになります。帯域幅はadjustのパラメータによって設定することができ、デフォルトの値は1です。**図6-9**に、adjustの値を変えたときの密度曲線の変化を示します。

```
ggplot(faithful, aes(x = waiting)) +
  geom_line(stat = "density") +
  geom_line(stat = "density", adjust = .25, colour = "red") +
  geom_line(stat = "density", adjust = 2, colour = "blue")
```

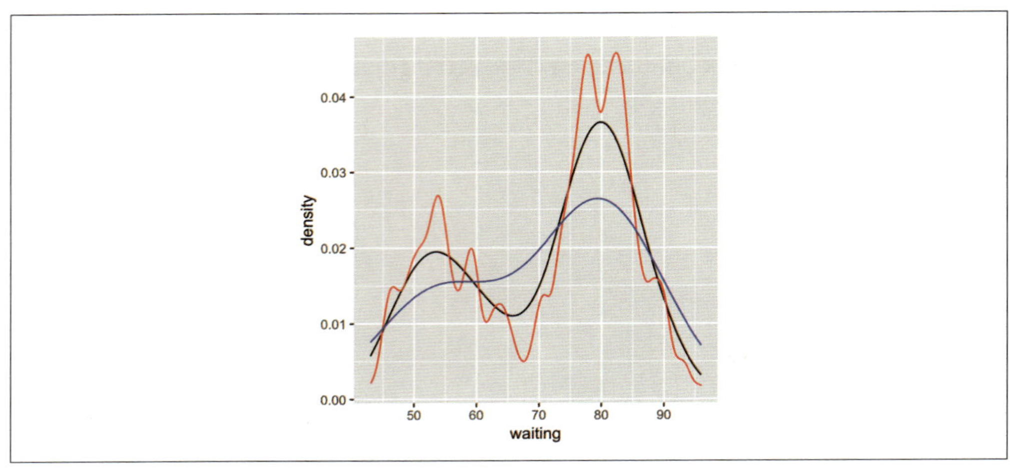

図6-9　adjustを0.25（赤）、デフォルトの1（黒）、2（青）に設定した密度曲線

x軸の範囲はデータ値を包含するように自動で設定されますが、この例では曲線の端の部分が切れてしまっています。曲線を端まで表示するために、xの範囲を指定します（**図6-10**）。また、`alpha = .2`を設定し、80％透過で塗りつぶします。

```
ggplot(faithful, aes(x = waiting)) +
  geom_density(fill = "blue", alpha = .2) +
  xlim(35, 105)

# geom_density()で青いポリゴンを書き、上から線を追加する
ggplot(faithful, aes(x = waiting)) +
  geom_density(fill = "blue", alpha = .2, colour = NA) +
  xlim(35, 105) +
  geom_line(stat = "density")
```

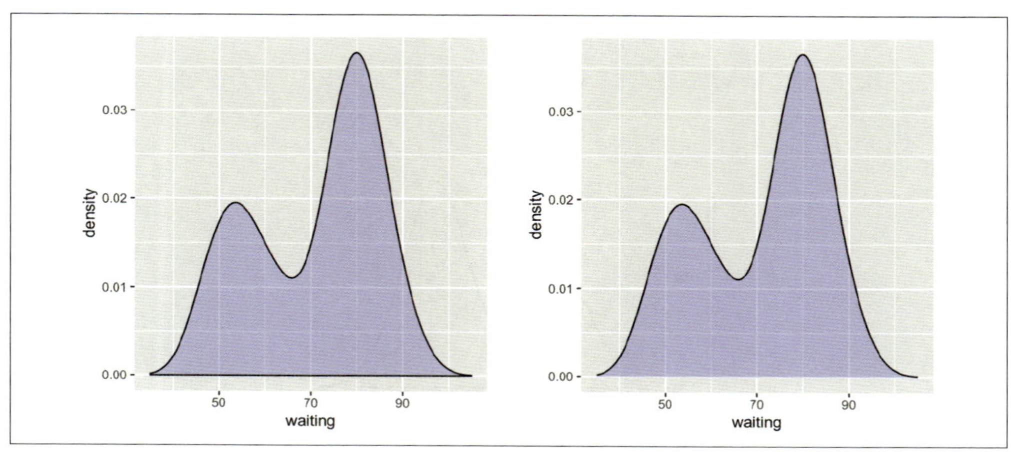

図6-10 左：xの範囲を広げて半透明の塗りつぶしを指定した密度曲線
右：geom_density()とgeom_line()の2つで描かれた密度曲線

密度曲線の端が切れてしまう場合は、密度曲線が平滑化されすぎている可能性があります。密度曲線がデータの分布よりも広いのは、密度曲線がデータの最適なモデルになっていないためかもしれません。もしくは、データの標本数が小さいためかもしれません。

推定した分布と観測値の分布を比較するために、ヒストグラムに密度曲線を重ねてプロットすることができます。密度曲線のyの値は小さいため（曲線下部分の面積の合計は常に1になります）、値を変換せずにそのままヒストグラムに密度曲線を重ね書きしても密度曲線はほとんど見えません。この問題に対処するために、`y = ..density..`とマッピングすることで、密度関数に一致するようにヒストグラムの値をスケールダウンできます。まず`geom_histogram()`でヒストグラムを描画し、次に`geom_density()`で密度曲線のレイヤーを重ね書きします（**図6-11**）。

```
ggplot(faithful, aes(x = waiting, y = ..density..)) +
  geom_histogram(fill = "cornsilk", colour = "grey60", size = .2) +
  geom_density() +
  xlim(35, 105)
```

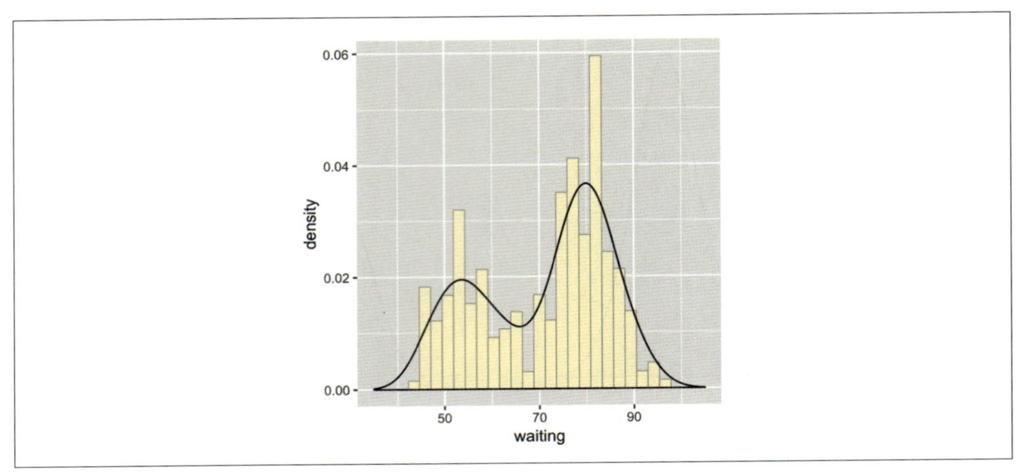

図6-11 ヒストグラムの上に重ね書きした密度関数

関連項目

バイオリンプロットに関する詳細は**「レシピ6.9 バイオリンプロットを描く」**を参照してください。バイオリンプロットは密度曲線を表すもう1つの方法で、複数の分布を比較するのに向いています。

レシピ6.4 グループ化されたデータから複数の密度曲線を作成する

問題

複数のグループ化されたデータから密度曲線を作成したい。

解決策

`geom_density()`を使って、グループ化の変数を`colour`か`fill`のエステティック属性にマッピングします（**図6-12**）。グループ化変数は、ファクタもしくは文字列ベクトルである必要があります。`birthwt`データセットでは、グループ化変数である`smoke`は数値として格納されていますので、まずこれをファクタに変換しなくてはいけません。

```
library(MASS) # birthwtデータセットを使うためにMASSを読み込む

birthwt_mod <- birthwt %>%
  mutate(smoke = as.factor(smoke)) # smokeをファクタに変換する

# smokeをcolourにマッピングする
```

```
ggplot(birthwt_mod, aes(x = bwt, colour = smoke)) +
  geom_density()

# smokeをfillにマッピングし、alphaを設定して塗りつぶしの色を半透明にする
ggplot(birthwt_mod, aes(x = bwt, fill = smoke)) +
  geom_density(alpha = .3)
```

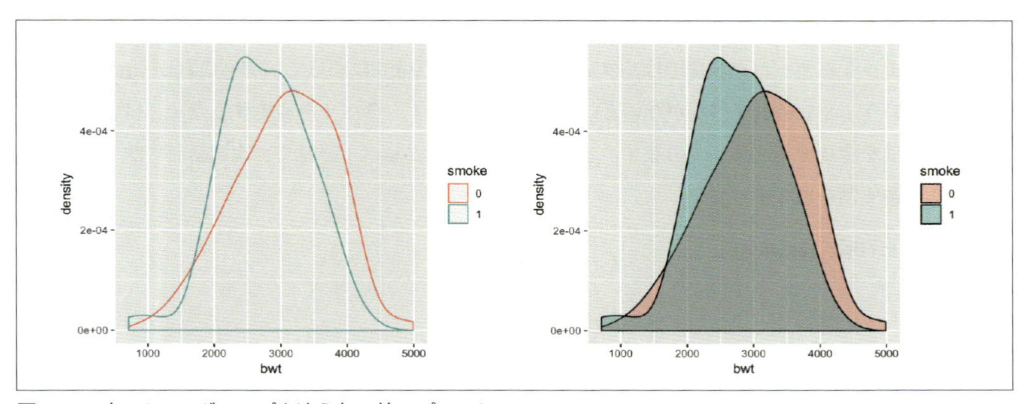

図6-12　左：2つのグループを違う色の線でプロット
右：2つのグループを半透明の違う色で塗りつぶしたプロット

解説

このようなプロットを作成するためには、データが1つのデータフレームに格納されていて、そのうちグループ化のために使う1列がカテゴリカル変数になっていなければなりません。

この例では、birthwtデータセットを使います。このデータセットは、出生時体重といくつかの出生時低体重のリスク要因を含むデータです。

```
birthwt
#>    low age lwt race smoke ptl ht ui ftv  bwt
#> 85   0  19 182    2     0   0  0  1   0 2523
#> 86   0  33 155    3     0   0  0  0   3 2551
#> 87   0  20 105    1     1   0  0  0   1 2557
#>  ...<183 more rows>...
#> 82   1  23  94    3     1   0  0  0   0 2495
#> 83   1  17 142    2     0   0  1  0   0 2495
#> 84   1  21 130    1     1   0  1  0   3 2495
```

図6-12では、smoke（喫煙）とbwt（出生時体重、g）の関係を見ました。smokeの値は0か1の数値ベクトルとして格納されていますので、ggplotに渡してもカテゴリカル変数として扱われません。データフレームのsmoke列をファクタに変換するか、aes()文の中でfactor(smoke)を使ってsmokeをカテゴ

リカル変数に変換します。この例では、データフレームのsmokeをファクタに変換しました。

複数の分布を可視化するもう1つの方法は、**図6-13**のようにファセットを使うことです。ファセットは縦にも横にも並べることができますが、ここでは2つの分布を比較しやすいように縦に並べましょう。

```
ggplot(birthwt_mod, aes(x = bwt)) +
  geom_density() +
  facet_grid(smoke ~ .)
```

このファセットを使ったグラフでは、ファセットラベルが0と1になっていて、これがsmokeに関するものだということを示すラベルがないという問題があります。ラベルを変更するためには、ファクタレベルの名前を変更する必要があります。まず既存のファクタレベルを見て、次に新しいファクタレベルを同じ順番で割り当てましょう。

```
levels(birthwt_mod$smoke)
#> [1] "0" "1"

birthwt_mod$smoke <- recode(birthwt_mod$smoke, '0' = 'No Smoke', '1' = 'Smoke')
```

この修正したデータフレームをプロットしてみると、適切なラベルが表示されます（**図6-13**右）。

```
ggplot(birthwt_mod, aes(x = bwt)) +
  geom_density() +
  facet_grid(smoke ~ .)
```

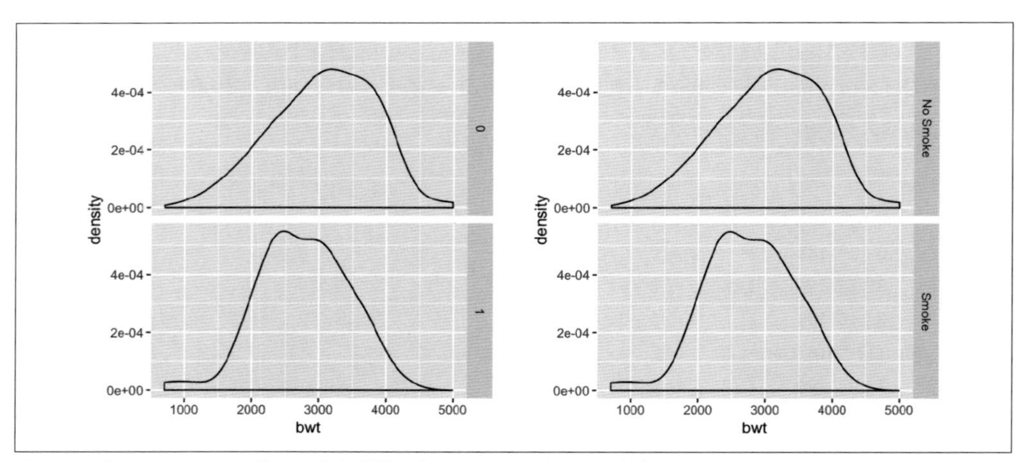

図6-13　左：ファセットを使った密度関数　右：ラベルを変更した密度関数

複数のヒストグラムに密度曲線を重ね書きしたい場合、一番良い方法はファセットを使うことです。複数のヒストグラムを1つのグラフに書く方法では図が見づらくなります。ヒストグラムに密度曲線を重ね書きするときには、y = ..density..とマッピングして、ヒストグラムの値が密度曲線と一致するようにスケールダウンします。また、この例ではヒストグラムを目立たない色に変更します（**図6-14**）。

```
ggplot(birthwt_mod, aes(x = bwt, y = ..density..)) +
  geom_histogram(binwidth = 200, fill = "cornsilk", colour = "grey60",
                 size = .2) +
  geom_density() +
  facet_grid(smoke ~ .)
```

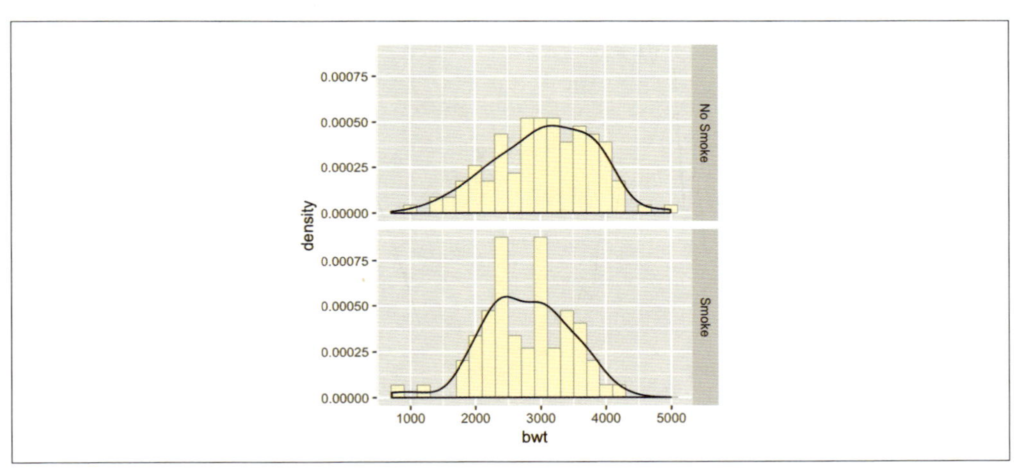

図6-14　ヒストグラムの上に重ね書きした密度関数

レシピ6.5　頻度の折れ線グラフを作成する

問題

頻度の折れ線グラフを作りたい。

解決策

geom_freqpoly()を使います（**図6-15**）。

```
ggplot(faithful, aes(x=waiting)) +
  geom_freqpoly()
```

解説

頻度の折れ線グラフは、カーネル密度推定の曲線と似ているように見えますが、ヒストグラムと同じ情報を表しています。つまり、このグラフはヒストグラムと同様にデータの実際の分布を表示しますが、一方カーネル密度推定は帯域幅を選択して推定する推定値です。

ヒストグラムと同じように、頻度の折れ線グラフでもビン幅をコントロールすることができます（**図6-15**右）。

```
ggplot(faithful, aes(x = waiting)) +
  geom_freqpoly(binwidth = 4)
```

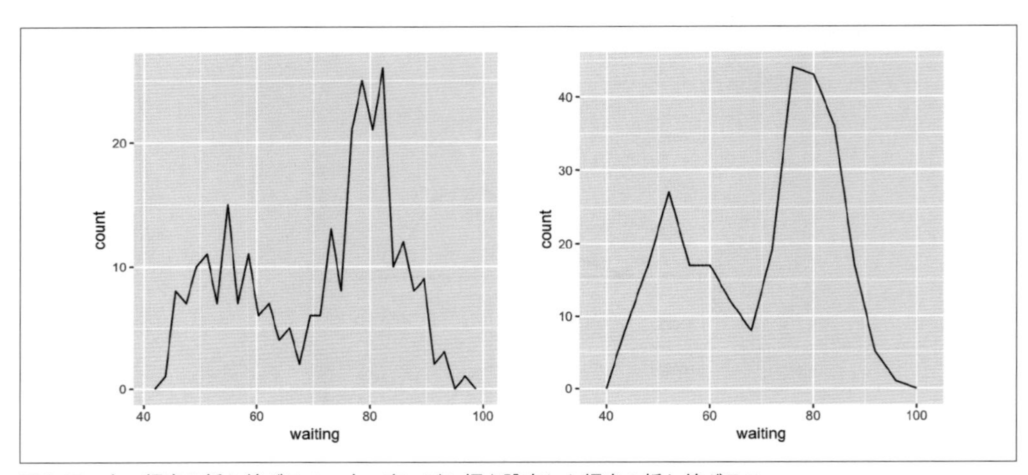

図6-15 左：頻度の折れ線グラフ 右：広いビン幅を設定した頻度の折れ線グラフ

もしくは、ビン幅を直接設定する代わりに、xの分布範囲を指定したビンの数で分割することもできます。

```
# 15のビンに分割する
binsize <- diff(range(faithful$waiting))/15

ggplot(faithful, aes(x = waiting)) +
  geom_freqpoly(binwidth = binsize)
```

関連項目

ヒストグラムは、同じ情報を折れ線ではなく棒グラフで表示します。**「レシピ6.1 基本的なヒストグラムを作成する」**を参照してください。

レシピ6.6 基本的な箱ひげ図を作成する

問題

箱ひげ図を作成したい。

解決策

geom_boxplot()を使い、連続値変数をyに、離散値変数をxにマッピングします(**図6-16**)。

```
library(MASS) # birthwtを使うためにMASSを読み込む

# factor()を使って数値をファクタに変換する
ggplot(birthwt, aes(x = factor(race), y = bwt)) +
  geom_boxplot()
```

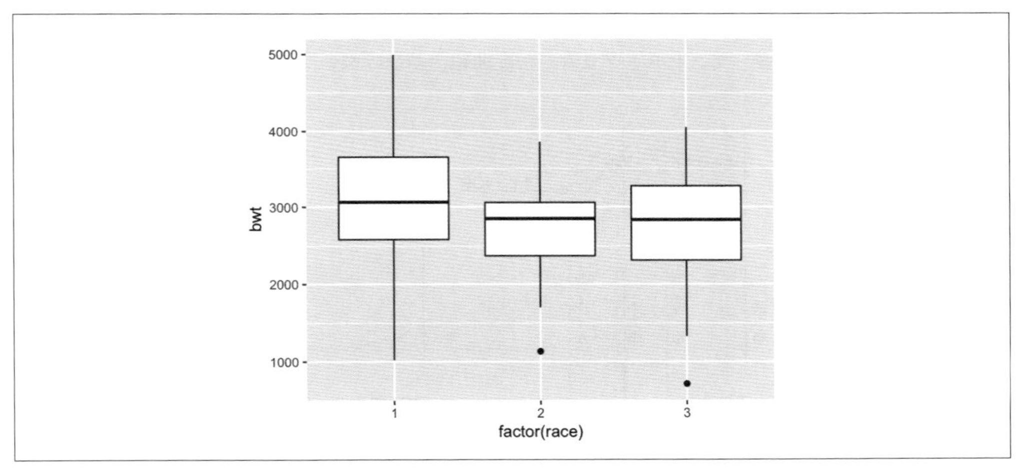

図6-16 箱ひげ図

解説

この例では、MASSパッケージのbirthwtデータセットを使用します。このデータセットは、出生時体重(bwt)といくつかの出生時低体重のリスク要因を含むデータです。

```
birthwt
#>     low age lwt race smoke ptl ht ui ftv  bwt
#> 85    0  19 182    2     0   0  0  1   0 2523
#> 86    0  33 155    3     0   0  0  0   3 2551
#> 87    0  20 105    1     1   0  0  0   1 2557
#>   ...<183 more rows>...
#> 82    1  23  94    3     1   0  0  0   0 2495
#> 83    1  17 142    2     0   0  1  0   0 2495
#> 84    1  21 130    1     1   0  1  0   3 2495
```

図6-16では、bwtの分布をraceごとのグループで可視化しました。raceは1、2、3といった数値ベクトルで値が格納されているので、ggplotはどうやってこのraceの数値をグループ化のための変

数として扱えばよいかがわかりません。この問題を解決するためには、データフレームのraceをファクタに変換するか、もしくはggplotのaes()の引数でfactor(race)と指定します。先ほどの例では、factor(race)を使用しました。

箱ひげ図は、箱と「ひげ」からなっています。箱は**四分位範囲**（inter-quartile range、IQR）と呼ばれるデータの25パーセンタイル（第1四分位数、下側ヒンジ）から75パーセンタイル（第3四分位数、上側ヒンジ）までの値を表しています。中央値、つまり50パーセンタイルの値には線が引かれます。ひげは箱の端から始まり、IQRの1.5倍の範囲に収まる最も離れたデータポイントまで引かれます。ひげの範囲に収まらないデータがある場合には、外れ値とみなされ点がプロットされます。**図6-17**は、分布の偏ったデータセットを使って、ヒストグラム、密度曲線、箱ひげ図の関係を表しています。

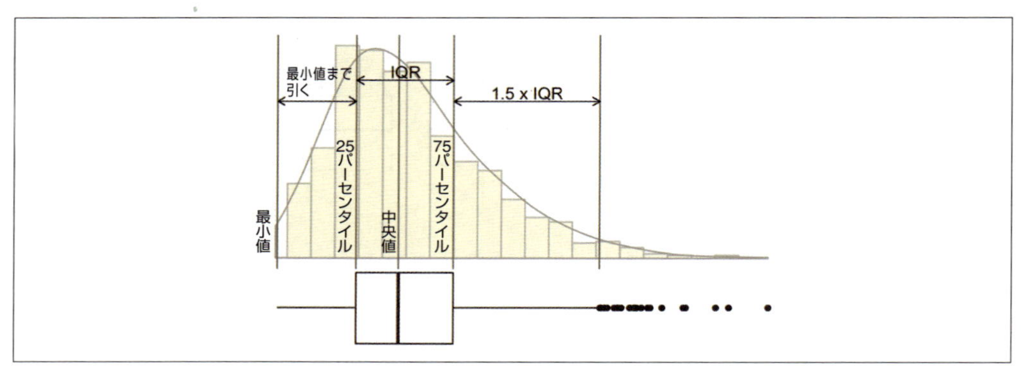

図6-17　ヒストグラム、密度曲線と比較した箱ひげ図

箱の幅を変更するためには、widthを設定します（**図6-18**左）。

```
ggplot(birthwt, aes(x = factor(race), y = bwt)) +
  geom_boxplot(width = .5)
```

外れ値が多くオーバープロットになる場合、外れ値の点のサイズと種類をoutlier.sizeとoutlier.shapeで変更できます。デフォルトのサイズは2、種類は16です。次のコードは、小さくかつ白抜きの点でプロットします（**図6-18**右）。

```
ggplot(birthwt, aes(x = factor(race), y = bwt)) +
  geom_boxplot(outlier.size = 1.5, outlier.shape = 21)
```

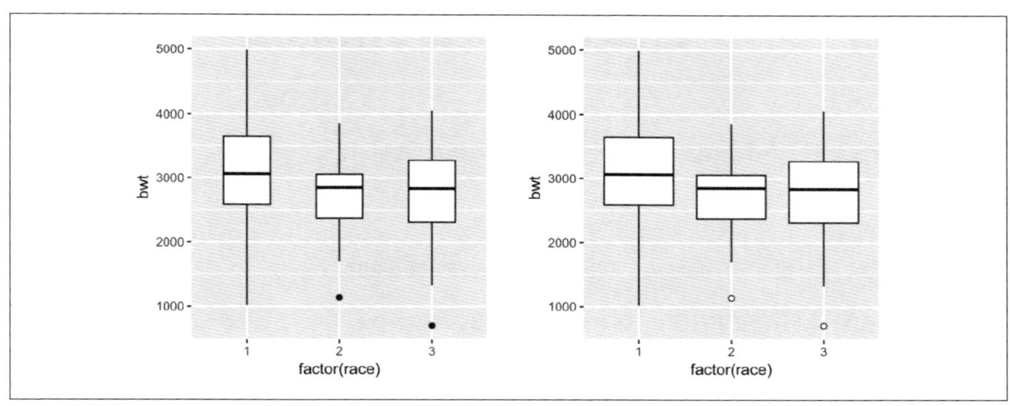

図6-18 左：幅の狭い箱ひげ図 右：外れ値の点を小さな白抜きの点に変更

グループが1つだけの箱ひげ図を作成するためには、xに何か任意の値を与える必要があります。そうしないと、ggplotは箱ひげ図のx座標にどの値を使えばいいのかわかりません。この例では、xの値を1に設定して、x軸の目盛とラベルを除きます（**図6-19**）。

```
ggplot(birthwt, aes(x = 1, y = bwt)) +
  geom_boxplot() +
  scale_x_continuous(breaks = NULL) +
  theme(axis.title.x = element_blank())
```

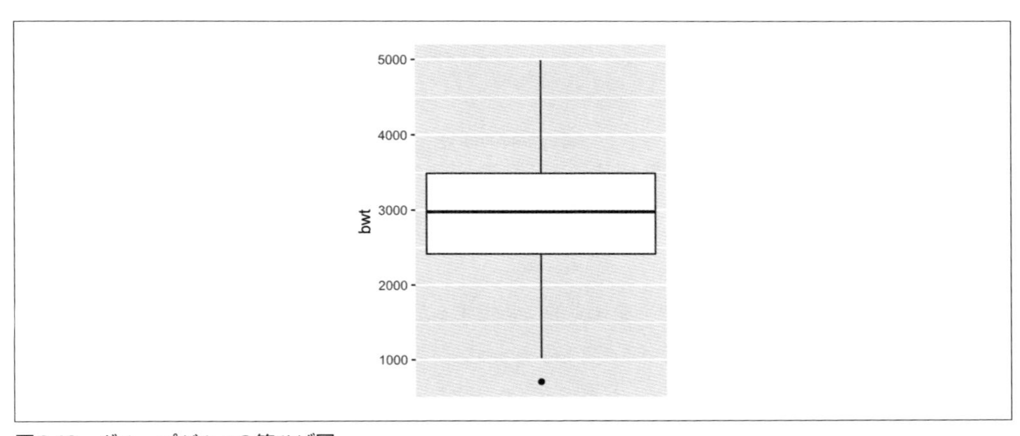

図6-19 グループが1つの箱ひげ図

geom_boxplot()の分位数の計算は、Rのbaseパッケージに含まれるboxplot()関数とは少し違っています。これは標本数が少ないときに顕著になることがあります。計算方法の違いについての詳細は、?geom_boxplotを参照してください。

レシピ6.7　ノッチを付けた箱ひげ図を作成する

問題

中央値の差を表すために、箱ひげ図にノッチ（箱のくびれ）を付けたい。

解決策

geom_boxplot()を使って、notch = TRUEと設定します（**図6-20**）。

```
library(MASS) # birthwtデータセットを使うためにMASSを読み込む

ggplot(birthwt, aes(x = factor(race), y = bwt)) +
  geom_boxplot(notch = TRUE)
```

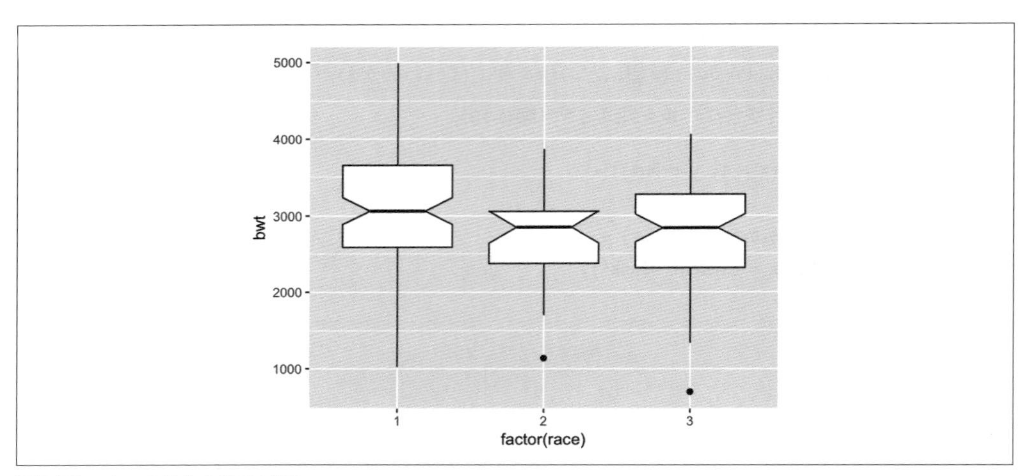

図6-20　ノッチ付きの箱ひげ図

解説

箱ひげ図のノッチは、中央値の違いを視覚的に判定するために使われます。ノッチが重ならなければ、グループ間で中央値が異なっていることを示します。

このデータセットでは、次のメッセージが表示されます*1。

```
Notch went outside hinges. Try setting notch=FALSE.
```

これは中央値の信頼区間（ノッチ）が、箱の端の値（ヒンジ）を通り越した箱があることを意味します。

*1　訳注：Rの実行結果で、このメッセージが出力されるということです。「ノッチがヒンジの外側になりました。notch=FALSEと設定してみてください。」という意味です。

このケースでは、中央の箱のノッチの上部が箱をわずかにはみ出していますが、はみ出した値は小さいので出力された図を見てもわかりません。ノッチがヒンジの外側になることは本質的に問題ありませんが、より極端な例では見た目がおかしくなるかもしれません。

レシピ6.8　箱ひげ図に平均値を追加する

問題

箱ひげ図に平均値を追加したい。

解決策

stat_summary()を使います。平均値はダイヤモンドで表されることが多いので、白で塗りつぶしたshape = 23の点を使ってプロットします。また、size = 3と設定してダイヤモンドを少し大きくします（**図6-21**）。

```
library(MASS) # birthwtデータセットを使うためにMASSを読み込む

ggplot(birthwt, aes(x = factor(race), y = bwt)) +
  geom_boxplot() +
  stat_summary(fun.y = "mean", geom = "point", shape = 23, size = 3,
               fill = "white")
```

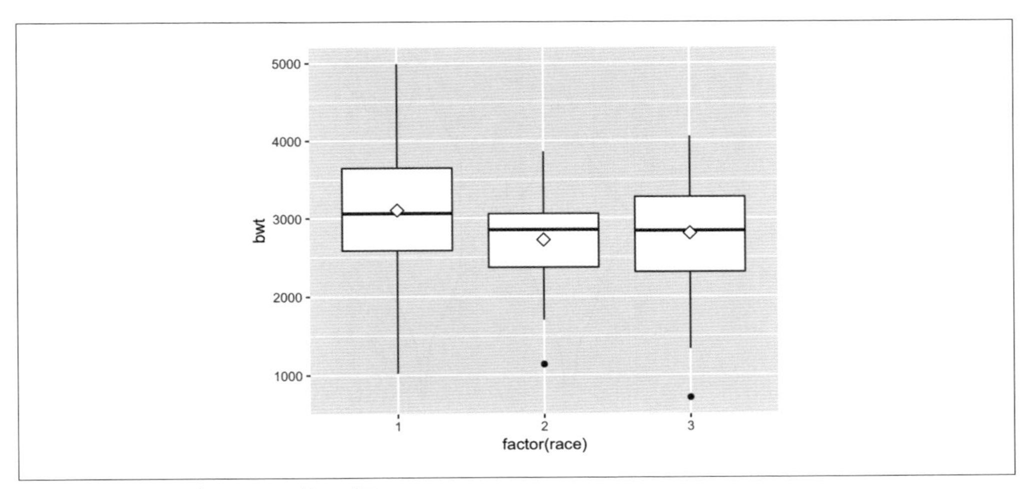

図6-21　平均値をプロットした箱ひげ図

解説

箱ひげ図の中央にある水平線は、平均値ではなく中央値を表示しています。データの分布が正規分布であれば中央値と平均値はほぼ同じ値になりますが、データの分布が偏っている場合には両者の値は異なります。

レシピ6.9 バイオリンプロットを描く

問題

異なるグループの密度推定曲線を比較するために、バイオリンプロットを作成したい。

解決策

geom_violin()を使います（**図6-22**）。

```
library(gcookbook) # heightweightデータセットを使うためにgcookbookを読み込む

# heightweightデータセットを使って基本プロットを作成する
hw_p <- ggplot(heightweight, aes(x = sex, y = heightIn))

hw_p +
  geom_violin()
```

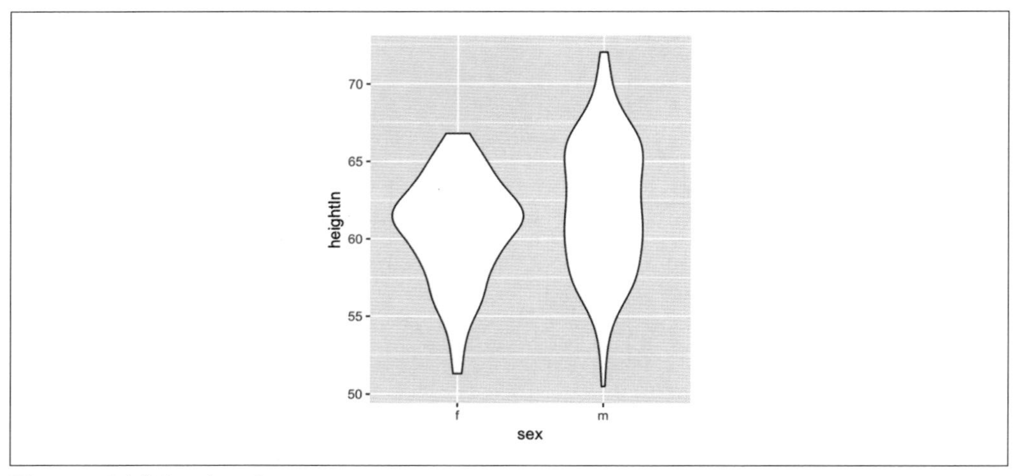

図6-22 バイオリンプロット

解説

バイオリンプロットは複数のデータ分布を比較する1つの方法です。普通の密度曲線では、あまり多くの分布を重ね書きすると線が重なって見づらくなります。バイオリンプロットは複数の分布を並べて配置するため、分布の比較がしやすいプロットです。

バイオリンプロットは、カーネル密度推定を左右対称に描いたものです。バイオリンプロットには、慣例として中央値に白い点を打った幅の狭い箱ひげ図が重ね書されます（**図6-23**）。また、このとき`outlier.colour = NA`として、箱ひげ図の外れ値を表示しないようにします。

```
hw_p +
  geom_violin() +
  geom_boxplot(width = .1, fill = "black", outlier.colour = NA) +
  stat_summary(fun.y = median, geom = "point", fill = "white", shape = 21,
               size = 2.5)
```

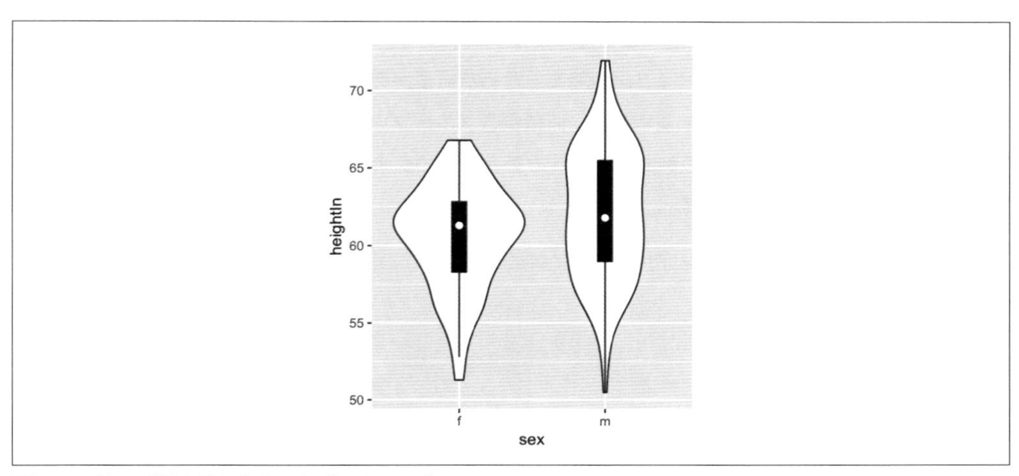

図6-23　箱ひげ図を重ね書きしたバイオリンプロット

この例では、バイオリンプロットから始めて、箱ひげ図、`stat_summary()`を使って計算した中央値の白い点、というようにオブジェクトを下から順番に重ねました。

デフォルトでは、バイオリンプロットはデータの最小値から最大値の範囲でプロットされ、バイオリンの端はこれらの値で平らにカットされます。`trim = FALSE`とすることで、端をカットせずにプロットすることもできます（**図6-24**）。

```
hw_p +
  geom_violin(trim = FALSE)
```

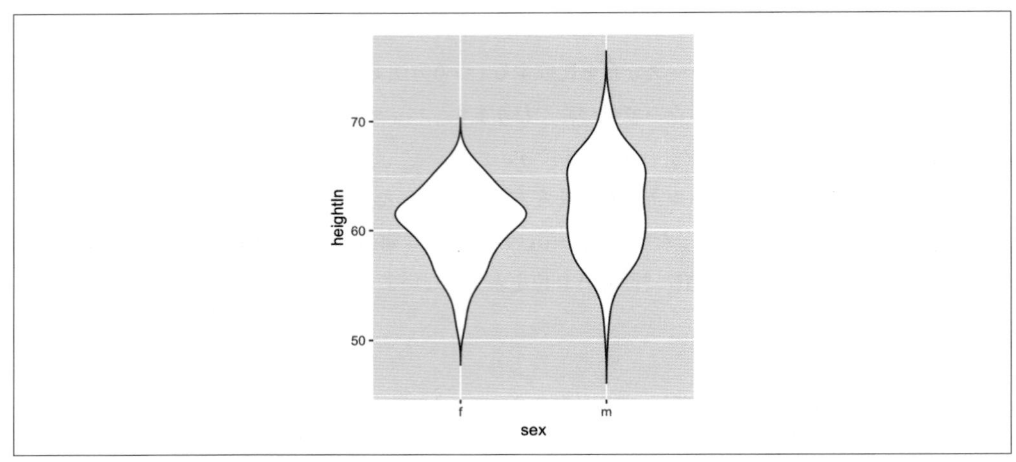

図6-24 端まで表示したバイオリンプロット

デフォルトでは、各バイオリンの面積が等しくなるようにバイオリンの大きさが調整されます（trim = TRUEを指定した場合には、バイオリンの端まで含めた面積が**等しくなるはず**です）。面積を等しくする代わりに、scale = "count"を使用して、面積が各グループの観測値の数に比例するように指定することもできます（**図6-25**）。この例では、女性の数が男性の数よりやや少ないので、**f**のバイオリンが先ほどのプロットよりもわずかに狭くなります。

```
# バイオリンの面積が観測数に比例するように調整
hw_p +
  geom_violin(scale = "count")
```

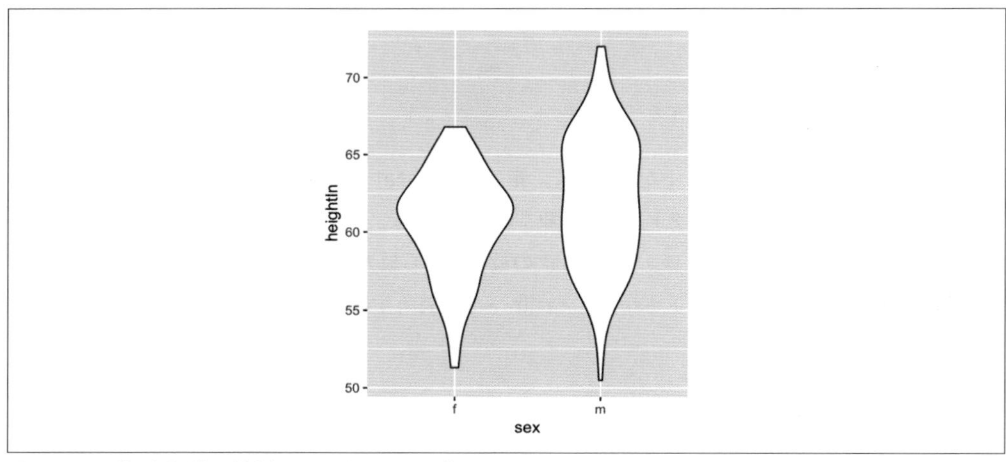

図6-25 面積を観測数に比例させたバイオリンプロット

平滑化の度合いを変更するためには、**「レシピ6.3　密度曲線を作成する」**で説明したようにadjustパラメータを使います。デフォルトの値は1で、大きくすればより滑らかに、小さくすれば滑らかでなくなります。

```
# 平滑化の度合いを大きく
hw_p +
  geom_violin(adjust = 2)

# 平滑化の度合いを小さく
hw_p +
  geom_violin(adjust = .5)
```

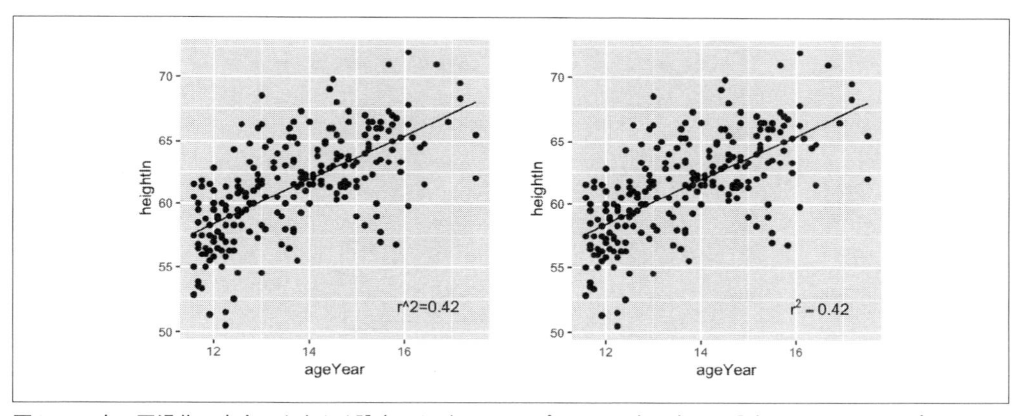

図6-26　左：平滑化の度合いを大きく設定したバイオリンプロット　右：小さく設定したバイオリンプロット

関連項目

従来の密度関数を作成するためには、**「レシピ6.3　密度曲線を作成する」**を参照してください。

点の種類を変更するためには、**「レシピ4.5　点の体裁を変更する」**を参照してください。

レシピ6.10　ドットプロットを作成する

問題

各データポイントを表示するウィルキンソンのドットプロットを作成したい。

解決策

geom_dotplot()を使います。次の例では、countriesデータセットの一部を使います（**図6-27**）。

```
library(gcookbook)  # countriesデータセットを使うためにgcookbookを読み込む
```

```
library(dplyr)

# 2009年のデータで、1人あたり2000 USDより多く使っている国だけを含むようにデータを修正
c2009 <- countries %>%
  filter(Year == 2009 & healthexp > 2000)

# c2009を使ってggplotの基本オブジェクトを作成し、c2009_p (c2009 plot) と名前を付けておく
c2009_p <- ggplot(c2009, aes(x = infmortality))

c2009_p +
  geom_dotplot()
```

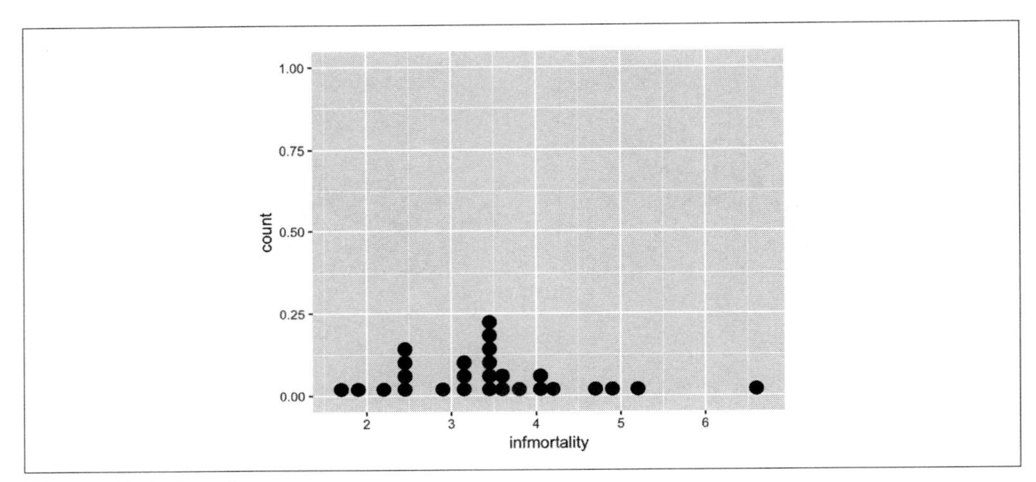

図6-27 ドットプロット

解説

この種のドットプロットは**ウィルキンソン**のドットプロットと呼ばれ、**「レシピ3.10 クリーブランドのドットプロットを作成する」**のクリーブランドのドットプロットとは異なります。ウィルキンソンのドットプロットでは、ビンの位置はデータに依存して決まり、ドットの幅はビンの最大値になります。ビンの最大値は、デフォルトでデータ範囲の1/30に設定されますが、`binwidth`で変更することができます。

デフォルトでは、`geom_dotplot()`はx軸上にビンを区切ってデータを分割し、y軸方向に積み上げます。積み上げられたドットは各ビンの観測値数を表していますが、ggplot2の技術的な問題でy軸の目盛は意味のないものになっています。y軸のラベルは`scale_y_continuous()`を設定して取り除くこ

とができます。また、この例ではgeom_rug()を使用してラグ[*1]を追加し、各データポイントの正確な位置を表示します（**図6-28**）。

```
c2009_p +
  geom_dotplot(binwidth = .25) +
  geom_rug() +
  scale_y_continuous(breaks = NULL) +   # 目盛を削除する
  theme(axis.title.y = element_blank()) # 軸を削除する
```

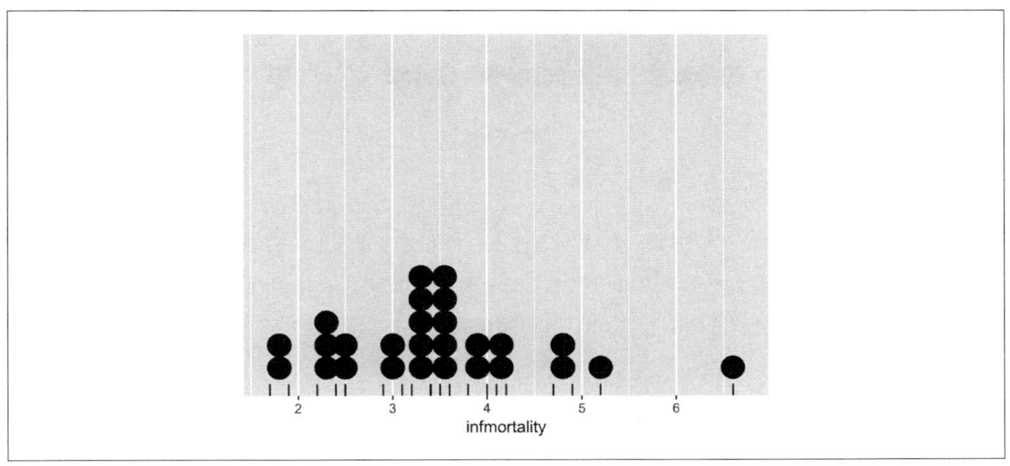

図6-28　y軸のラベルを除き、ビン幅の最大値を0.25に設定し、データポイントの位置をラグで表示したドットプロット

積み上げられたドットはx軸上に等間隔に配置されていないということに気付いたかもしれません。デフォルトではビンを決めるアルゴリズムはdot-density[*2]です。このアルゴリズムでは、積み上げドットの位置はデータポイントの集合の上にセンタリングされます。method="histodot"を使用すれば、ヒストグラムのようにビンが等間隔に固定されます。**図6-29**では、積み上げドットがデータの上にセンタリングされていません。

```
c2009_p +
  geom_dotplot(method = "histodot", binwidth = .25) +
  geom_rug() +
  scale_y_continuous(breaks = NULL) +
  theme(axis.title.y = element_blank())
```

＊1　訳注：データ値を線で表した1次元散布図。geom_rug()を使ったラグプロットの詳細については、**「レシピ5.10　散布図の縁にラグを表示する」**を参照してください。

＊2　訳注：アルゴリズムの詳細は、関連項目に挙げたウィルキンソンの論文を参照してください。

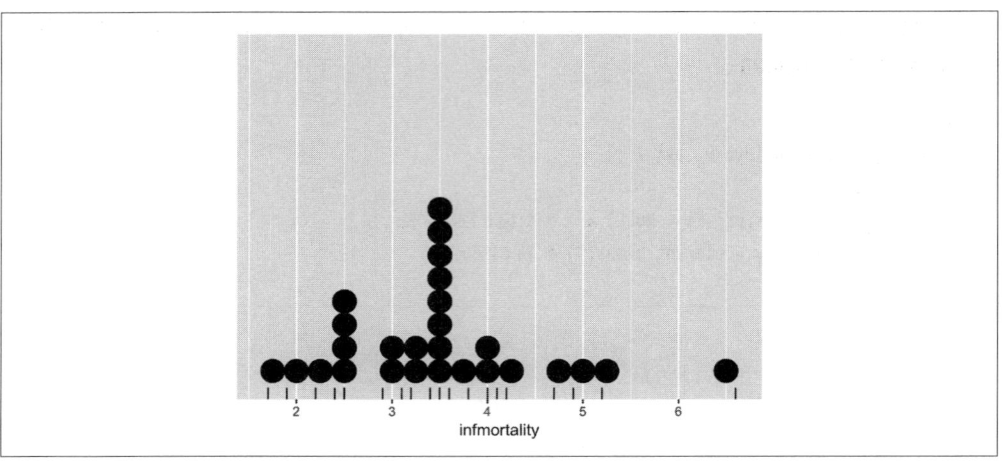

図6-29 histodod(ビン幅固定)によるドットプロット

ドットをy軸方向にセンタリングして積み上げることもできますし、奇数と偶数の積み上げドットの各点が並ぶように揃えてセンタリングすることもできます。それぞれstackdir = "center"、stackdir = "centerwhole"を設定してください(**図6-30**)。

```
c2009_p +
  geom_dotplot(binwidth = .25, stackdir = "center") +
  scale_y_continuous(breaks = NULL) +
  theme(axis.title.y = element_blank())

c2009_p +
  geom_dotplot(binwidth = .25, stackdir = "centerwhole") +
  scale_y_continuous(breaks = NULL) +
  theme(axis.title.y = element_blank())
```

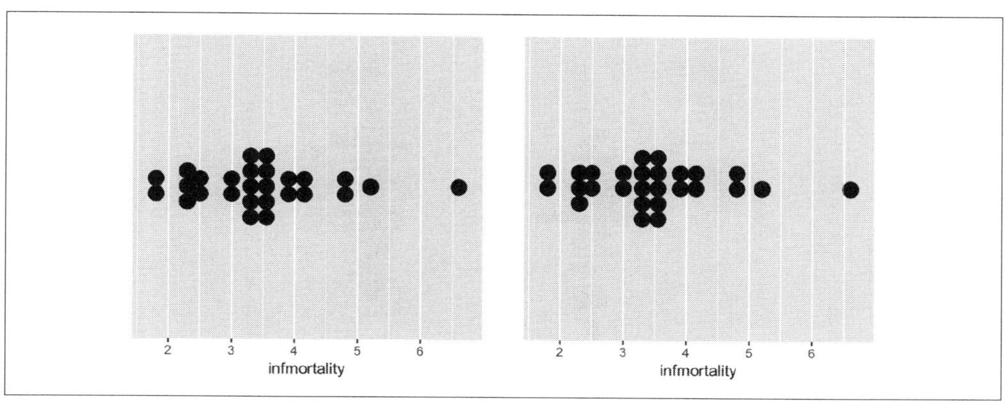

図6-30 左：stackdir = "center"によるドットプロット 右：stackdir = "centerwhole"によるドットプロット

関連項目

Leland Wilkinson, "Dot Plots," *The American Statistician* 53 (1999): 276--281, https://www.cs.uic.edu/~wilkinson/Publications/dotplots.pdf.

レシピ6.11 グループ化されたデータから複数のドットプロットを作成する

問題

グループ化されたデータから複数のドットプロットを作成したい。

解決策

複数グループの分布を比較するためには、binaxis = "y"を設定すれば、ビンをy軸上に区切ってドットをx軸方向に積み上げ、さらにx軸上に複数のグループを作ることもできます。次の例では、heightweightデータセットを使用します（**図6-31**）。

```
library(gcookbook) # heightweightデータセットを使うためにgcookbookを読み込む

ggplot(heightweight, aes(x = sex, y = heightIn)) +
  geom_dotplot(binaxis = "y", binwidth = .5, stackdir = "center")
```

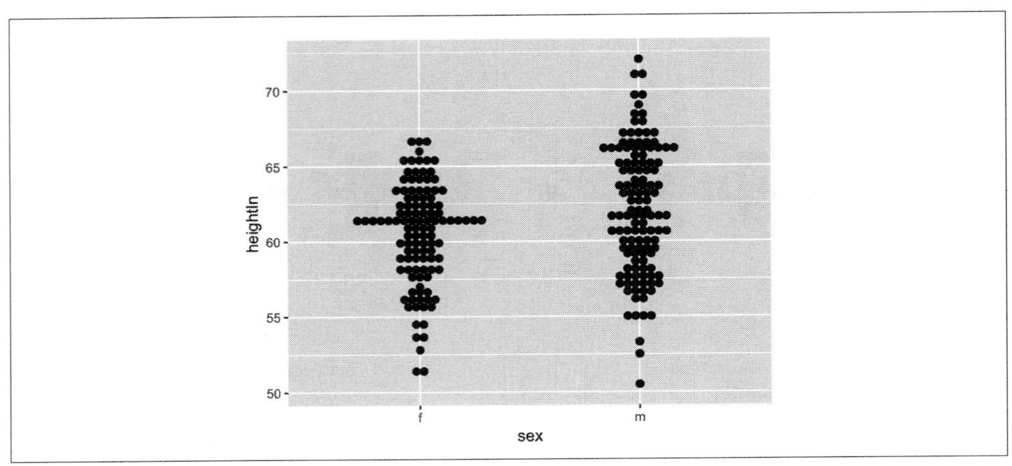

図6-31 y軸上にビンを区切った複数グループのドットプロット

解説

ドットプロットは、箱ひげ図に重ね書きされることがあります。この場合は、ドットプロットの点は中抜きにして、箱ひげ図の外れ値はプロット**しない**ように設定すると良いでしょう。なぜなら外れ値はドットプロットの一部分としてプロットされるからです（**図6-32**）。

```
ggplot(heightweight, aes(x = sex, y = heightIn)) +
  geom_boxplot(outlier.colour = NA, width = .4) +
  geom_dotplot(binaxis = "y", binwidth = .5, stackdir = "center", fill = NA)
```

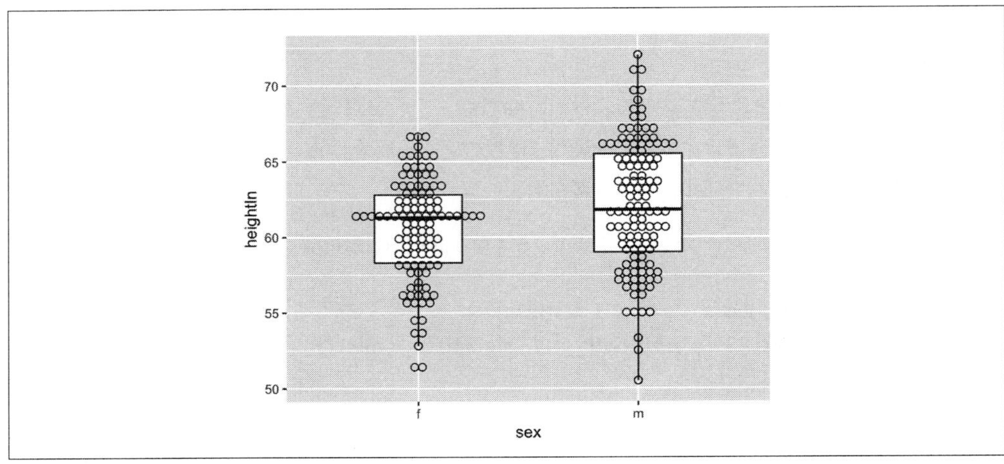

図6-32 箱ひげ図を重ね書きしたドットプロット

図6-33のように、ドットプロットを箱ひげ図の横に並べることもできます。この図を作成するためには、ちょっとした工夫が必要です。x変数を数値として扱い、xの値から小さな数を足したり引いたりして、箱ひげ図を右に、ドットプロットを左にずらします。x変数を数値として扱う場合、groupを指定しないとデータは1つのグループとして扱われ、1つの箱ひげ図とドットプロットがプロットされてしまいます。最後に、x軸は数値として扱われているので、デフォルトではx軸の目盛ラベルに数値が表示されます。scale_x_continuous()を使ってx軸の目盛ラベルにファクタの各レベルに対応するテキストを表示させましょう。

```
ggplot(heightweight, aes(x = sex, y = heightIn)) +
  geom_boxplot(aes(x = as.numeric(sex) + .2, group = sex), width = .25) +
  geom_dotplot(
    aes(x = as.numeric(sex) - .2, group = sex),
    binaxis = "y",
    binwidth = .5,
    stackdir = "center"
  ) +
  scale_x_continuous(
    breaks = 1:nlevels(heightweight$sex),
    labels = levels(heightweight$sex)
  )
```

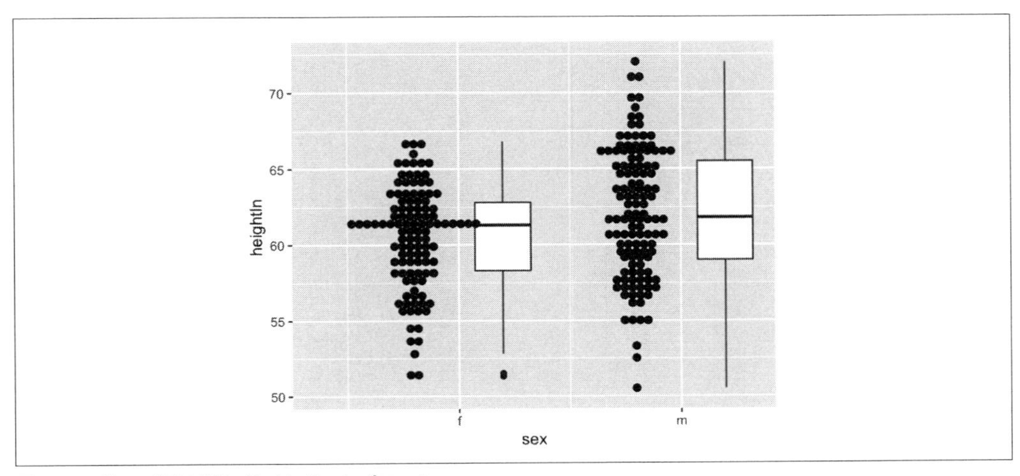

図6-33 箱ひげ図の横に並べたドットプロット

レシピ6.12 2次元データから密度プロットを作成する

問題

2次元の密度データをプロットしたい。

解決策

stat_density2d()を使用します。この関数はデータから2次元のカーネル密度推定を計算します。まず、データポイントに重ねて密度曲線をプロットします(**図6-34**左)。

```
# 基本プロットを保存する
faithful_p <- ggplot(faithful, aes(x = eruptions, y = waiting))

faithful_p +
  geom_point() +
  stat_density2d()
```

..level..を使って、密度曲線の高さを等高線の色にマッピングすることもできます(**図6-34**右)。

```
# 密度曲線の高さを色にマッピングした等高線
faithful_p +
  stat_density2d(aes(colour = ..level..))
```

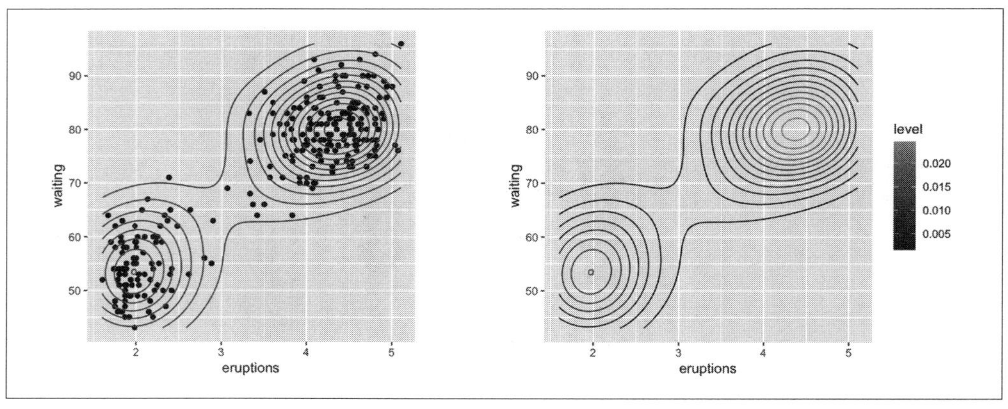

図6-34 左：散布図と密度の等高線 右：..level..を色にマッピングしたもの

解説

2次元のカーネル密度推定は、stat_density()によって計算される1次元の密度推定に類似したものですが、可視化には違った方法が必要になります。デフォルトでは等高線を使いますが、**図6-35**に示すように、タイルを使ったり、タイルの塗りつぶしの色や透過率に推定密度をマッピングすることもできます。

```
# 密度を塗りつぶしの色にマッピング
faithful_p +
  stat_density2d(aes(fill = ..density..), geom = "raster", contour = FALSE)

# 散布図に重ね書き。密度推定値を透過率にマッピング
faithful_p +
  geom_point() +
  stat_density2d(aes(alpha = ..density..), geom = "tile", contour = FALSE)
```

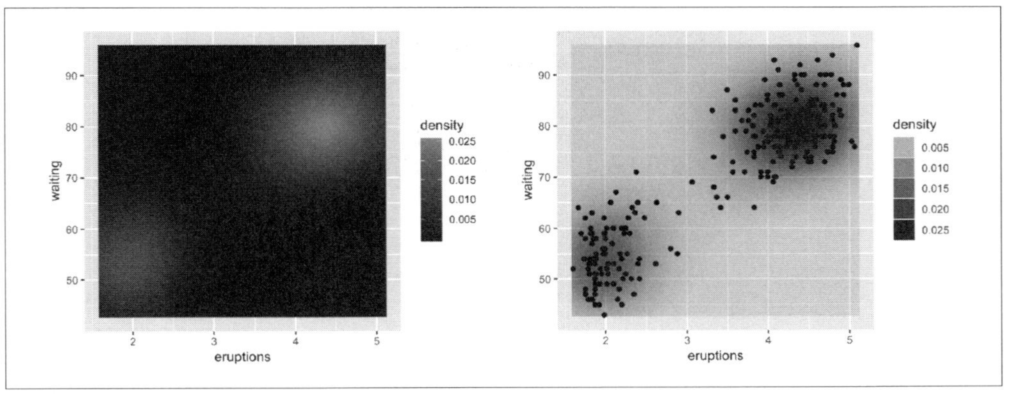

図6-35　左：..density..を塗りつぶしの色にマッピング　右：散布図を描き、..density..を透過率にマッピング

先ほどの例では、1つ目の図ではgeom = "raster"を、2つ目の図ではgeom = "tile"を使いました。両者の主な違いは、rasterのほうがtileよりも描画効率が良いということです。理論上2つの図は同じ**はず**ですが、実際には違っていることがあります。PDFファイルに書き出すときには、図の体裁はPDFビューアに依存します。いくつかのビューアでは、tileの図はタイルの間に薄い線が表示され、rasterの図ではタイルの縁がぼんやりするかもしれません（ただし、今回の例ではこの問題は起きません）。

1次元の密度推定と同じように、推定の平滑化帯域幅を調整することができます。このためには、xとyの帯域幅ベクトルをhに渡してください。この引数は、実際に密度推定値を計算する関数である、kde2d()に渡されます。この例では（**図6-36**）、xとyの帯域幅を小さく設定して、密度推定値がデータによりフィットするようにしました（おそらくオーバーフィッティングになっています）。

```
faithful_p +
  stat_density2d(
```

```
    aes(fill = ..density..),
    geom = "raster",
    contour = FALSE,
    h = c(.5, 5)
  )
```

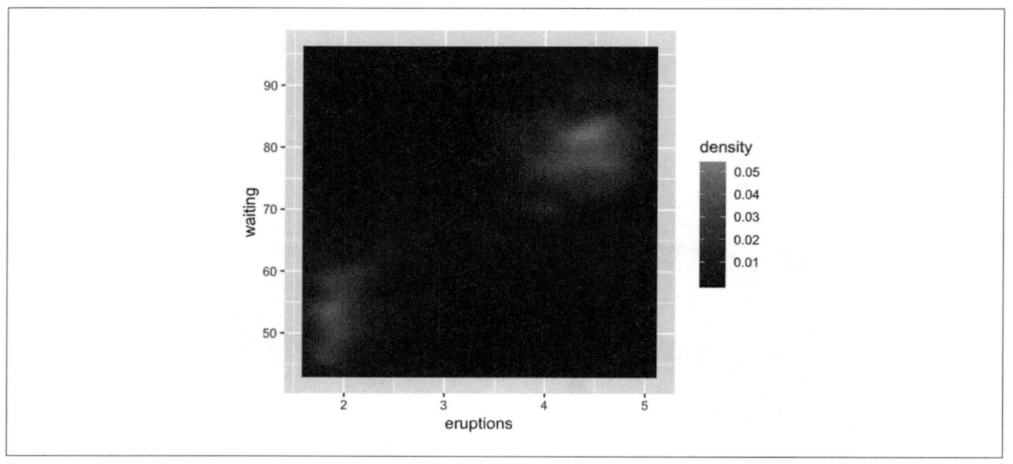

図6-36　x軸とy軸方向に、より小さな平滑化帯域幅を指定した密度プロット

関連項目

stat_density2d()とstat_bin2d()の関係は、その1次元版である密度曲線とヒストグラムの関係と同じです。密度曲線はある仮定を置いたときの分布の**推定値**であり、ビンで区切って値を可視化したグラフは観測値を直接表しています。データをビンで区切る方法の詳細は**「レシピ5.5　オーバープロットを扱う」**を参照してください。

違うカラーパレットを使いたい場合は、**「レシピ12.6　連続値変数に手動で定義したパレットを使う」**を参照してください。

stat_density2d()はkde2d()にオプションの値を渡します。使用可能なオプションは、?kde2dを参照してください。

7章 注釈

図を作成する際に、大抵の場合データをただ表示するだけでは不十分です。いろいろな情報を追加することで、見る人のデータの解釈を助けることができます。軸ラベル、目盛、凡例などの標準的なレパートリーに加えて、個別に図形やテキストの要素を図に追加できます。これらの注釈を用いることにより、情報を追加したり、図の一部分を強調したり、データについての説明文を加えたりすることができます。

レシピ7.1 テキスト注釈を追加する

問題

図にテキスト注釈を追加したい。

解決策

annotate()関数とテキストgeomを使用します（**図7-1**）。

```
p <- ggplot(faithful, aes(x = eruptions, y = waiting)) +
  geom_point()

p +
  annotate("text", x = 3, y = 48, label = "Group 1") +
  annotate("text", x = 4.5, y = 66, label = "Group 2")
```

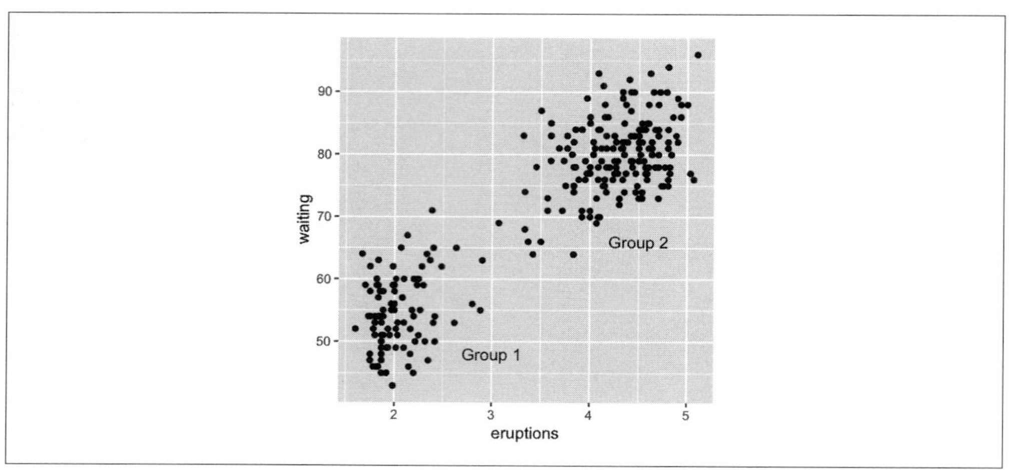

図7-1　テキスト注釈

解説

annotate()関数を使って、あらゆるタイプの幾何オブジェクトを追加することができます。この例の場合、geom = "text"を使用しています。

その他のテキスト属性を指定することもできます（**図7-2**）。

```
p +
  annotate("text", x = 3, y = 48, label = "Group 1",
           family = "serif", fontface = "italic", colour = "darkred", size = 3) +
  annotate("text", x = 4.5, y = 66, label = "Group 2",
           family = "serif", fontface = "italic", colour = "darkred", size = 3)
```

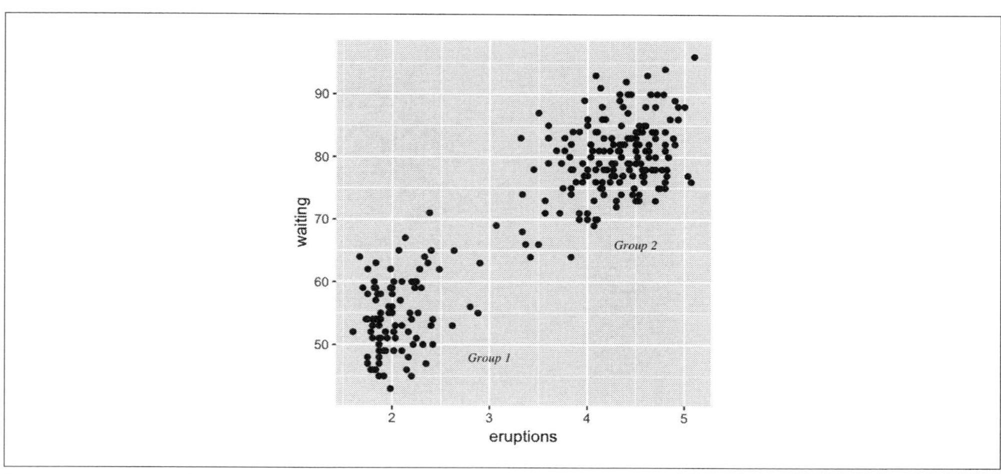

図7-2　テキスト属性の変更

テキストオブジェクトを追加するときに、geom_text()を使用しないように注意してください。annotate(geom = "text")は図にテキストオブジェクトを1つだけ追加しますが、geom_text()は、**「レシピ5.11　散布図の点にラベルを付ける」**で述べたように、データに基づいた多くのテキストオブジェクトを生成します。

geom_text()を使用すると、テキストはデータ数に等しい回数だけ、同じ場所にオーバープロットされます（**図7-3**）。

```
p +
  # 1回だけプロット
  annotate("text", x = 3, y = 48, label = "Group 1", alpha = .1) +
  # オーバープロット
  geom_text(x = 4.5, y = 66, label = "Group 2", alpha = .1)
```

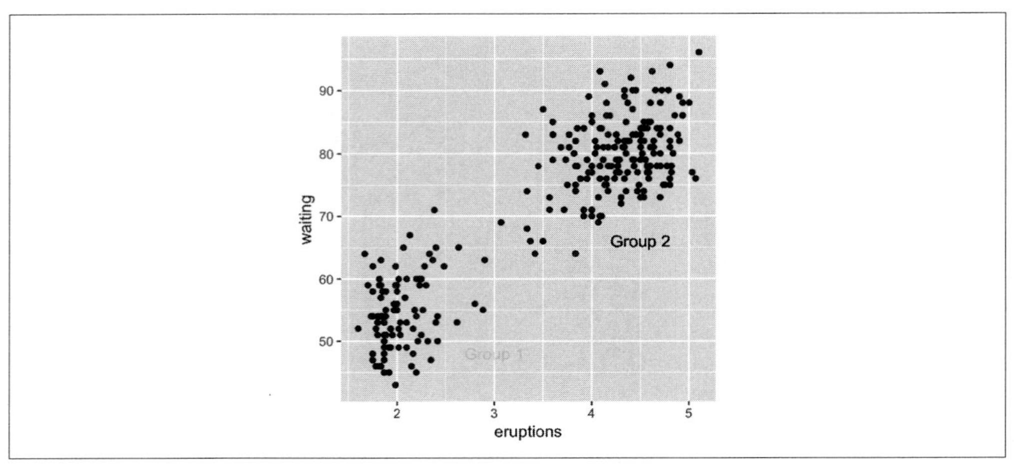

図7-3 ラベルの1つをオーバープロットしたもの―どちらのテキストラベルも90％透過に指定

図7-3を見ると、90％透過を設定したGroup2のテキストがデータ数の分だけ何度もオーバープロットされて、結果的に不透明に見えています。オーバープロットは、ビットマップに書き出す際に、境界が滑らかでなくギザギザになってしまう原因となります。

軸が連続値の場合には、Infと-Infの値を設定すれば、テキスト注釈をプロット領域のコーナーに配置することができます（**図7-4**）。また、プロット領域の端からの相対的なテキスト位置を、hjustとvjustを使って調整する必要があります。この設定をしないデフォルトの状態では、テキストはコーナーにセンタリングされます。いくつかの値を試して、テキストを好みの位置に配置します。

```
p +
  annotate("text", x = -Inf, y = Inf, label = "Upper left", hjust = -.2,
           vjust = 2) +
  annotate("text", x = mean(range(faithful$eruptions)), y = -Inf, vjust = -0.4,
           label = "Bottom middle")
```

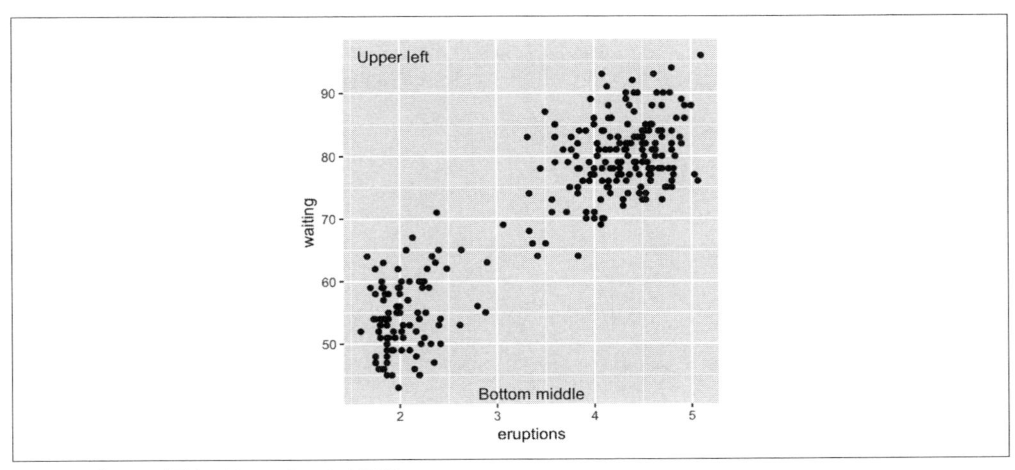

図7-4　プロット領域の端にテキストを配置

関連項目

テキストを用いた散布図を作成するためには、**「レシピ5.11　散布図の点にラベルを付ける」**を参照してください。

テキストの体裁を制御するための詳細は、**「レシピ9.2　テキストの体裁を変更する」**を参照してください。

レシピ7.2　注釈に数式を使う

問題

数式表記を含むテキスト注釈を追加したい。

解決策

annotate(geom = "text")を使用し、parse = TRUEを設定します（**図7-5**）。

```
# 正規曲線
p <- ggplot(data.frame(x = c(-3,3)), aes(x = x)) +
  stat_function(fun = dnorm)

p +
  annotate("text", x = 2, y = 0.3, parse = TRUE,
           label = "frac(1, sqrt(2 * pi)) * e ^ {-x^2 / 2}")
```

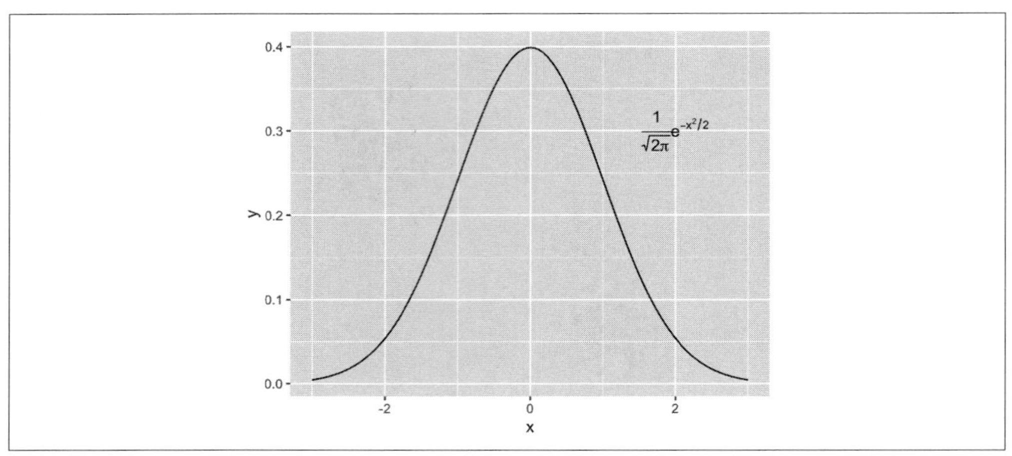

図7-5　数式表現を含む注釈

解説

ggplot2の`parse = TRUE`を用いて作成された数式表現は、Rのbaseパッケージに含まれる`plotmath`や`expression`に近いフォーマットを持っていますが、ggplot2では数式（expression）オブジェクトではなく文字列として保存されます。

数式表現とプレーンテキストを混合して使用するためには、ダブルクォートの中のプレーンテキスト部分をシングルクォートで囲ってください（逆でもよい）。内側のクォートに囲われたテキストの各ブロックは、数式表現の中で1つの値として扱われます。Rの数式表現の構文では、値の隣に何も挟まずに別の値を置くことはできないことに注意してください。**図7-6**のように2つの値を隣り合って並べたい場合には、`*`の演算子を値の間に入れます。グラフィックス上では、これは表示されない乗算記号として扱われます（乗算記号を表示したい場合には`%*%`を使用します）。

```
p +
  annotate("text", x = 0, y = 0.05, parse = TRUE, size = 4,
           label = "'Function:  ' * y==frac(1, sqrt(2*pi)) * e^{-x^2/2}")
```

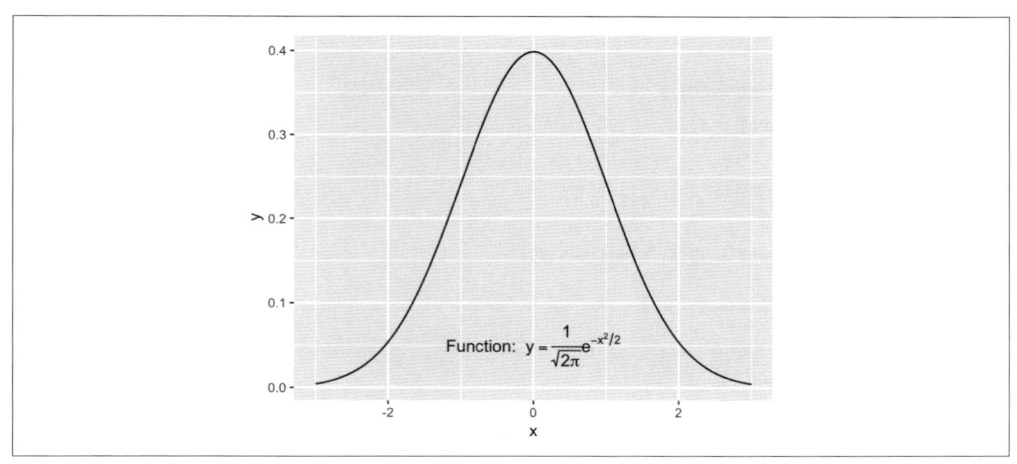

図7-6　プレーンテキストを含む数式表現

関連項目

数式表現の例は、?plotmathを参照してください。数式表現のグラフィックス例は、?demo(plotmath)を参照してください。

回帰係数をグラフに追加するためには、**「レシピ5.9　注釈とモデルの係数を追加する」**を参照してください。

数式表現に他のフォントを使用するためには、**「レシピ14.6　PDFファイルでのフォント指定」**を参照してください。

レシピ7.3　線を追加する

問題

図に線を追加したい。

解決策

水平線と垂直線を追加するためにはgeom_hline()とgeom_vline()を、傾きのある直線を追加するためにはgeom_abline()を使用します（**図7-7**）。この例では、heightweightデータセットを使います。

```
library(gcookbook)  # heightweightデータセットを使うためにgcookbookを読み込む

hw_plot <- ggplot(heightweight, aes(x = ageYear, y = heightIn, colour = sex)) +
  geom_point()
```

```
# 水平線と垂直線を追加する
hw_plot +
  geom_hline(yintercept = 60) +
  geom_vline(xintercept = 14)

# 傾きのある直線を追加する
hw_plot +
  geom_abline(intercept = 37.4, slope = 1.75)
```

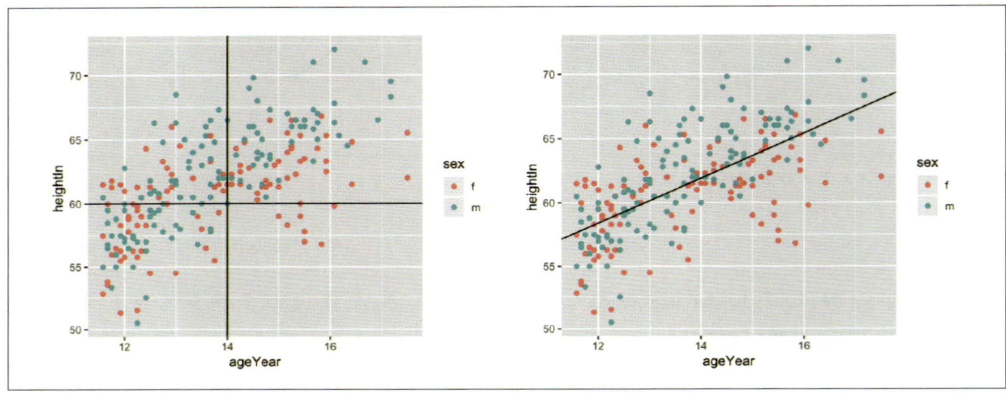

図7-7 左：水平線と垂直線 右：傾きのある直線

解説

先ほどの例では、線の位置の値を手動で入力し、1つの幾何オブジェクトを追加するごとに1本の線を追加しました。それとは異なり、データのベクトルからxintercept、yinterceptなどに値を**マッピングする**こともできますし、他のデータフレームの値を使って線を追加することもできます。

ここでは、男性と女性の平均身長をデータフレームhw_meansに保存します。この値を用いてそれぞれの平均身長を水平線で描画し、linetypeとsizeを指定してみましょう（**図7-8**）。

```
library(dplyr)

hw_means <- heightweight %>%
  group_by(sex) %>%
  summarise(heightIn = mean(heightIn))

hw_means
#> # A tibble: 2 x 2
#>   sex   heightIn
#>   <fct>    <dbl>
```

```
#> 1 f          60.5
#> 2 m          62.1

hw_plot +
  geom_hline(
    data = hw_means,
    aes(yintercept = heightIn, colour = sex),
    linetype = "dashed",
    size = 1
  )
```

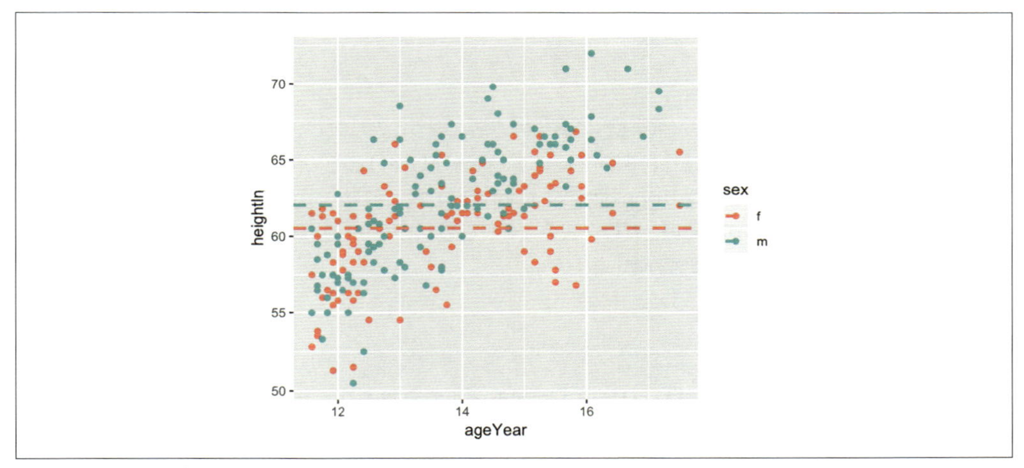

図7-8 各グループの平均値に複数の線を描画

片方の軸の値が連続値ではなく離散値である場合、切片を文字列で指定することはできませんので、数値で指定しなくてはなりません。軸がファクタの場合、各ファクタは1つ目のレベルは1、2つ目のレベルは2、というような数値を持っています。切片の数値は手動で入力することもできますし、`which(levels(...))`を使って切片の数値を計算することもできます（**図7-9**）。

```
pg_plot <- ggplot(PlantGrowth, aes(x = group, y = weight)) +
  geom_point()

pg_plot +
  geom_vline(xintercept = 2)

pg_plot +
  geom_vline(xintercept = which(levels(PlantGrowth$group) == "ctrl"))
```

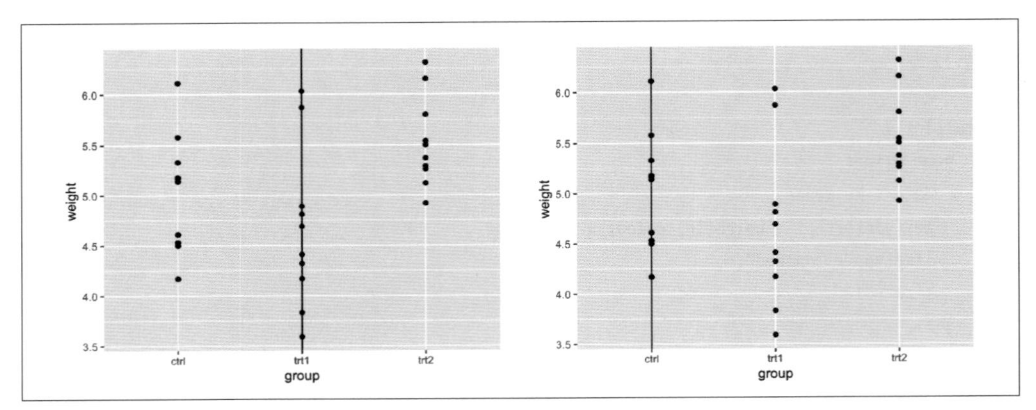

図7-9　離散値に線を描画

線の追加の方法が他の注釈の追加の方法と違うことに気が付いたかもしれません。線の追加の場合、`annotate()`関数を使わず、`geom_hline()`とその関連関数を使いました。これは以前のバージョンのggplot2には`annotate()`関数がなかったためです。元々、線geomは1本の線を追加する場合だけを扱うコードであったため、これを変更するとggplot2の後方互換性がくずれる問題がありました。

関連項目

回帰直線を追加するためには、**「レシピ5.6　回帰モデルの直線をフィットさせる」**と**「レシピ5.7　既存のモデルをフィットさせる」**を参照してください。

線は、データ情報の要約を表示するためによく使われます。データをグループごとに要約する方法については、**「レシピ15.17　グループごとにデータを要約する」**を参照してください。

レシピ7.4　線分と矢印を追加する

問題

図に線分と矢印を追加したい。

解決策

`annotate("segment")`関数を使います。次の例では、`climate`データセットから、データソースBerkeleyから一部のデータを取り出して使います（**図7-10**）。

```
library(gcookbook) # climateデータセットを使うためにgcookbookを読み込む

p <- ggplot(filter(climate, Source == "Berkeley"),
```

```
          aes(x = Year, y = Anomaly10y)) +
  geom_line()

p +
  annotate("segment", x = 1950, xend = 1980, y = -.25, yend = -.25)
```

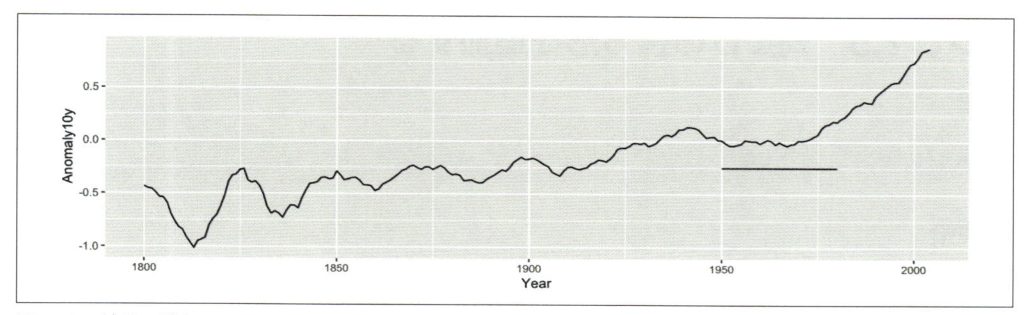

図7-10　線分の追加

解説

gridパッケージのarrow()関数を用いることで、線分に矢印の頭やT字型のフラットエンドを追加することができます。**図7-11**に両方の例を示します。

```
library(grid)
p +
  annotate("segment", x = 1850, xend = 1820, y = -.8, yend = -.95,
           colour = "blue", size = 2, arrow = arrow()) +
  annotate("segment", x = 1950, xend = 1980, y = -.25, yend = -.25,
           arrow = arrow(ends = "both", angle = 90, length = unit(.2,"cm")))
```

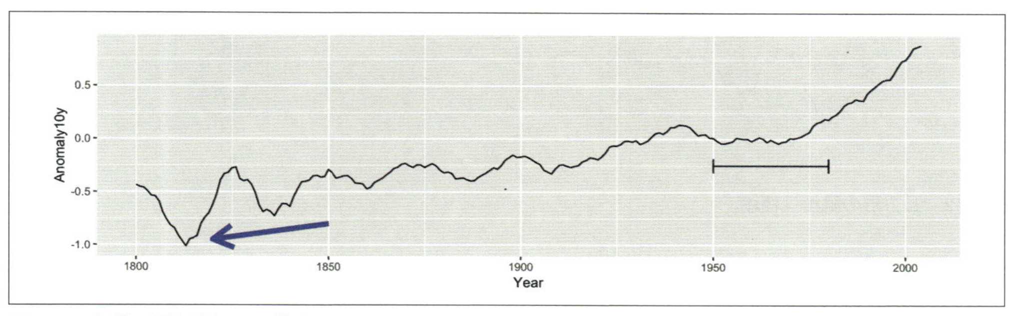

図7-11　矢印の頭を追加した線分

デフォルトでは矢印のangleは30です。また、矢印の頭のlengthは0.2インチです。片方の軸、もしくは両軸とも離散値の場合には、xとyの位置は、各カテゴリカルな要素が持つ1, 2, 3というような座標値になります。

関連項目

矢印を書くためのパラメータの詳細は、gridパッケージを読み込んで?arrowを参照してください。

レシピ7.5 網掛けの長方形を追加する

問題

網掛け領域を追加したい。

解決策

annotate("rect")を使用します（**図7-12**）。

```
library(gcookbook) # climateデータセットを使うためにgcookbookを読み込む

p <- ggplot(filter(climate, Source == "Berkeley"),
            aes(x = Year, y = Anomaly10y)) +
  geom_line()

p +
  annotate("rect", xmin = 1950, xmax = 1980, ymin = -1, ymax = 1,
           alpha = .1,fill = "blue")
```

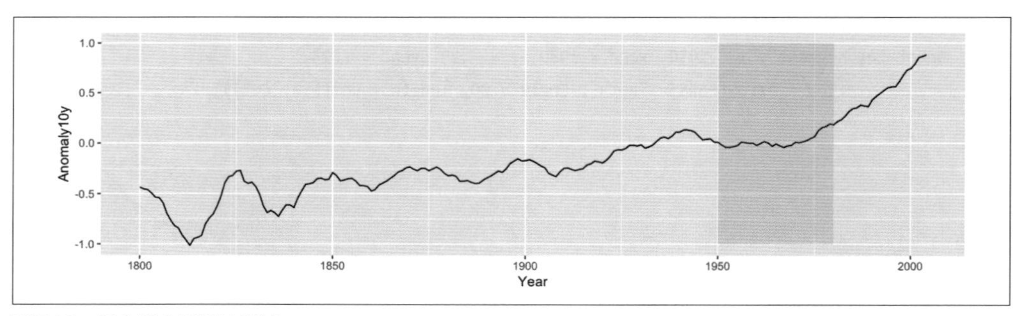

図7-12 長方形の網掛け領域

解説

各レイヤーはggplotオブジェクトに追加された順番で描画されるため、**図7-12**では長方形の網掛け部分は線の上に描画されています。この例の場合には問題ありませんが、長方形の上に線を描きたい場合には、はじめに長方形、次に線の順で追加してください。

パラメータが適正であれば、あらゆる幾何オブジェクトをannotate()関数の引数として渡すことができます。この例では、geom_rect()にxとyの最小値と最大値を設定する必要があります。

レシピ7.6　要素を強調する

問題

要素の色を変えて目立たせたい。

解決策

1つ以上の要素の色を変えて強調するためには、データに新しい列を作成し、この列の値を色にマッピングします。次の例では、PlantGrowthデータセットのコピーを作成し、pg_modと名前を付けて保存した後、新しくhlという列を作成しています。hl列では、グループ（group）の値が対照用（"ctrl"）または処置1（"trt1"）であればnoが設定され、グループの値が処置2（"trt2"）であればyesが設定されます。

```
library(dplyr)

pg_mod <- PlantGrowth %>%
  mutate(hl = recode(group, "ctrl" = "no", "trt1" = "no", "trt2" = "yes"))
```

次に、手動で設定した色を使って、凡例なしで箱ひげ図をプロットします（**図7-13**）。

```
ggplot(pg_mod, aes(x = group, y = weight, fill = hl)) +
  geom_boxplot() +
  scale_fill_manual(values = c("grey85", "#FFDDCC"), guide = FALSE)
```

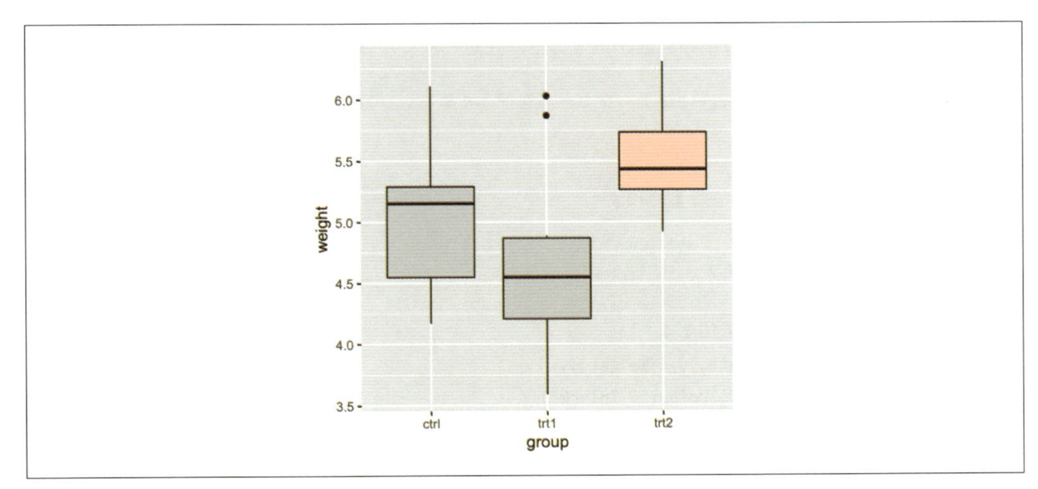

図7-13　1つの要素を強調する

解説

この例のように要素の数が少ない場合には、新しい列を追加する代わりに、元のデータをそのまま使用して、変数のすべてのレベルに対して色を指定することもできます。例えば、次のコードではPlantGrowthの列groupを使用し、3つのレベルに対して手動でそれぞれ色を指定しています。出力される図は先ほどのコードと同じです。

```
ggplot(PlantGrowth, aes(x = group, y = weight, fill = group)) +
  geom_boxplot() +
  scale_fill_manual(values = c("grey85", "grey85", "#FFDDCC"), guide = FALSE)
```

関連項目

色の指定についての詳細は、**「12章　色を使う」**を参照してください。

凡例を非表示にする方法についての詳細は、**「レシピ10.1　凡例を非表示にする」**を参照してください。

レシピ7.7　エラーバーを追加する

問題

グラフにエラーバーを追加したい。

解決策

geom_errorbarを使い、yminとymaxに値をマッピングします。**図7-14**に示すように、棒グラフでも折れ線グラフでも同じ方法でエラーバーを追加することができます（ただし、棒グラフと折れ線グラフではデフォルトで表示されるy軸の範囲が違うことに注意してください）。

```
library(gcookbook) # cabbage_expデータセットを使うためにgcookbookを読み込む
library(dplyr)

# cabbage_expのデータの一部を取り出す
ce_mod <- cabbage_exp %>%
  filter(Cultivar == "c39")

# 棒グラフにエラーバーを追加する
ggplot(ce_mod, aes(x = Date, y = Weight)) +
  geom_col(fill = "white", colour = "black") +
  geom_errorbar(aes(ymin = Weight - se, ymax = Weight + se), width = .2)

# 折れ線グラフにエラーバーを追加する
```

```
ggplot(ce_mod, aes(x = Date, y = Weight)) +
  geom_line(aes(group = 1)) +
  geom_point(size = 4) +
  geom_errorbar(aes(ymin = Weight - se, ymax = Weight + se), width = .2)
```

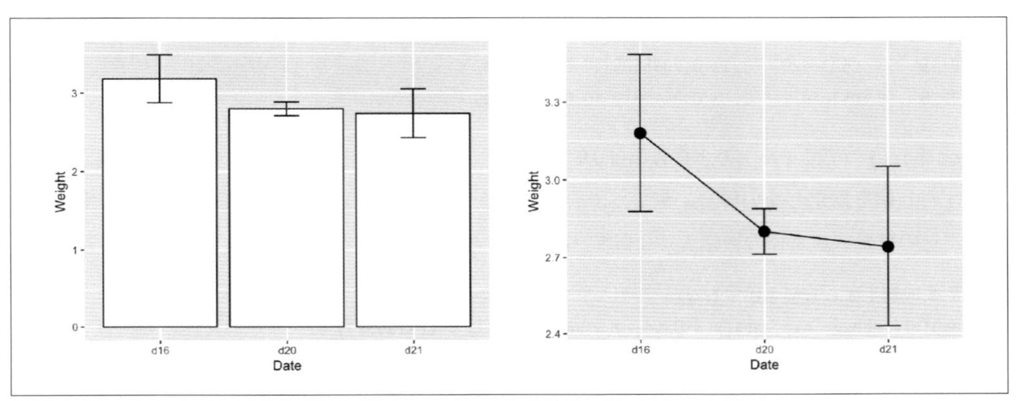

図7-14　左：棒グラフにエラーバーを追加　右：折れ線グラフにエラーバーを追加

解説

この例では、データには既に平均の標準誤差の値(se)が含まれているので、これを使ってエラーバーを描画しました(データには標準偏差の値sdも含まれていますが今回は使用しません)。

```
ce_mod
#>   Cultivar Date Weight        sd  n         se
#> 1      c39  d16   3.18 0.9566144 10 0.30250803
#> 2      c39  d20   2.80 0.2788867 10 0.08819171
#> 3      c39  d21   2.74 0.9834181 10 0.31098410
```

ymaxとyminの値は、yの値であるWeightからseを足したり引いたりして計算しました。

また、エラーバーの横幅をwidth = .2と指定しました。ちょうど良い横幅の値を見つけるために、この値を変えてみましょう。横幅を設定しないと、エラーバーの横幅は非常に広くなり、要素のx軸幅に等しい幅で描画されます。

グループ化された棒グラフでは、エラーバーを**横にずらす**(ドッジの設定をする)必要があります。グループ化されたエラーバーはすべてまったく同じx座標を持っているため、ドッジの設定をしないとエラーバーと棒の位置がずれてしまいます(グループ化された棒グラフとドッジについては、**「レシピ3.2　棒をグループ化する」**を参照してください)。

今回はcabbage_expデータセットの全データを使います。

```
cabbage_exp
#>   Cultivar Date Weight        sd  n         se
#> 1      c39  d16   3.18 0.9566144 10 0.30250803
#> 2      c39  d20   2.80 0.2788867 10 0.08819171
#> 3      c39  d21   2.74 0.9834181 10 0.31098410
#> 4      c52  d16   2.26 0.4452215 10 0.14079141
#> 5      c52  d20   3.11 0.7908505 10 0.25008887
#> 6      c52  d21   1.47 0.2110819 10 0.06674995
```

geom_bar()のデフォルトのずらし幅は0.9ですので、エラーバーも同じだけ横にずらす必要があります。ずらし幅を指定しない場合、デフォルトではエラーバーはその横幅の分だけ横にずれますが、エラーバーの横幅は通常棒の横幅よりも小さいため、棒とエラーバーの位置が一致しません（**図7-15**）。

```
# 失敗例：ずらし幅を指定しない
ggplot(cabbage_exp, aes(x = Date, y = Weight, fill = Cultivar)) +
  geom_col(position = "dodge") +
  geom_errorbar(aes(ymin = Weight - se, ymax = Weight + se),
                position = "dodge", width = .2)

# 成功例：ずらし幅を棒の幅と同じ値（0.9）に指定
ggplot(cabbage_exp, aes(x = Date, y = Weight, fill = Cultivar)) +
  geom_col(position = "dodge") +
  geom_errorbar(aes(ymin = Weight - se, ymax = Weight + se),
                position = position_dodge(0.9), width = .2)
```

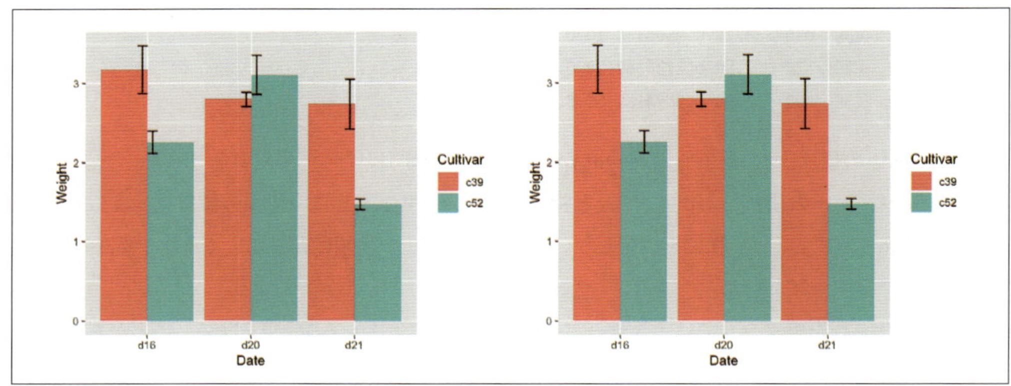

図7-15　左：グループ化した棒グラフに、ずらし幅を指定しないエラーバーを追加
右：ずらし幅を指定したもの

ここではposition = "dodge"を使ったことに注意してください。これはposition = position_dodge()の省略版です。ただし、ずらし幅などの値を渡したい場合にはposition_dodge(0.9)のように表記する必要があります。

折れ線グラフにエラーバーを追加するとき、エラーバーの色が線や点の色と違う場合には、はじめにエラーバーを描いて、エラーバーが点や線の下に表示されるようにしたほうが良いでしょう。この順番で描画しないと、点や線の上にエラーバーが上書きされ、見栄えが悪くなります。

さらに、点や線などすべての幾何要素を、エラーバーの位置に揃うように横にずらしてください（**図7-16**）。

```
pd <- position_dodge(.3)  # 何度も使用するため、ドッジの設定を保存する

ggplot(cabbage_exp,
       aes(x = Date, y = Weight, colour = Cultivar, group = Cultivar)) +
  geom_errorbar(
    aes(ymin = Weight - se, ymax = Weight + se),
    width = .2,
    size = 0.25,
    colour = "black",
    position = pd
  ) +
  geom_line(position = pd) +
  geom_point(position = pd, size = 2.5)

# エラーバーの線を細く（size = 0.25）、点を大きく（size=2.5）設定する
```

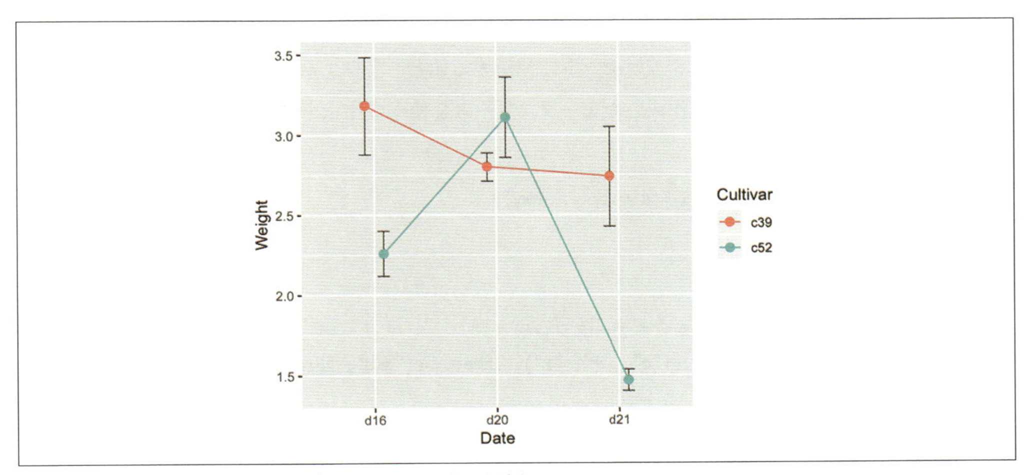

図7-16　折れ線グラフに、横にずらしたエラーバーを追加

エラーバーの色を黒にするためにcolour = "black"と設定したことに注意してください。デフォルトでは、エラーバーの色はcolourの値を継承し、線や点と同じ色でプロットされます。また、Cultivarをグループ化の値として使用するために、これをgroupにマッピングしました。

colourやfill（棒グラフの場合）のようなエステティック属性に離散値を**マッピング**した場合、データはこれらの値でグループ化されます。しかし、エラーバーのcolourを**設定した**場合には、colourに設定した値でグループ化されることはありません。そのため、グループ化の変数をマッピングして、各xのデータが2つの違うグループに属することをggplot()に知らせる必要があります。

関連項目

グループ化した棒グラフを作成するための詳細は**「レシピ3.2　棒をグループ化する」**を、複数の線を含む折れ線グラフを作成するための詳細は**「レシピ4.3　複数の線を持つ折れ線グラフを作成する」**を参照してください。

平均、標準偏差、標準誤差、信頼区間などのデータの要約を計算する方法については、**「レシピ15.18　標準誤差と信頼区間でデータを要約する」**を参照してください。

x軸のデータ密度が高く、信頼区間を追加したい場合には、**「レシピ4.9　信頼区間の領域を追加する」**を参照してください。

レシピ7.8　各ファセットに注釈を追加する

問題

各ファセットに注釈を追加したい。

解決策

新しいデータフレームを作成し、ファセットに使用する値と、各ファセット内のラベルに使用する値を保存します。geom_text()と、作成したデータフレームを使って注釈を追加します（**図7-17**）。

```
# 基本プロットを作成
mpg_plot <- ggplot(mpg, aes(x = displ, y = hwy)) +
  geom_point() +
  facet_grid(. ~ drv)

# 各ファセットに対するラベルを含むデータフレーム
f_labels <- data.frame(drv = c("4", "f", "r"), label = c("4wd", "Front", "Rear"))

mpg_plot +
  geom_text(x = 6, y = 40, aes(label = label), data = f_labels)
```

```
# annotate()関数を用いると、ラベルはすべてのファセットに表示される
mpg_plot +
  annotate("text", x = 6, y = 42, label = "label text")
```

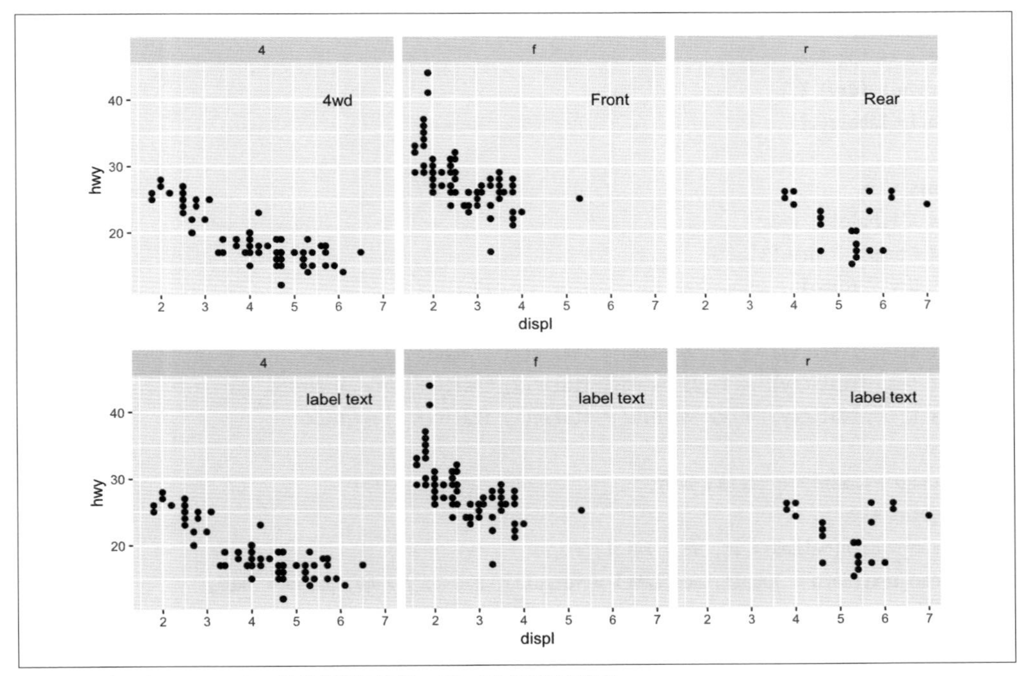

図7-17 上：各ファセットに違う注釈を追加 下：同じ注釈を追加

解説

この方法で、各ファセットにデータに関する情報を表示することができます（**図7-18**）。例えば、各ファセットに回帰直線、回帰式、r^2値を表示することもできます。このためには、まず次のような関数を定義します。データフレームを引数として受け取り、回帰式とr^2値を文字列として保存したデータフレームを戻す関数です。次に、dplyrのdo()関数を使用してこの関数をデータの各グループに適用します。

```
# この関数は回帰式とr^2値の文字列からなるデータフレームを戻す
# これらの文字列は、Rの数式表現として扱われる
lm_labels <- function(dat) {
  mod <- lm(hwy ~ displ, data = dat)
  formula <- sprintf("italic(y) == %.2f %+.2f * italic(x)",
                     round(coef(mod)[1], 2), round(coef(mod)[2], 2))
```

```
  r <- cor(dat$displ, dat$hwy)
  r2 <- sprintf("italic(R^2) == %.2f", r^2)
  data.frame(formula = formula, r2 = r2, stringsAsFactors = FALSE)
}

library(dplyr)
labels <- mpg %>%
  group_by(drv) %>%
  do(lm_labels(.))

labels
#> # A tibble: 3 x 3
#> # Groups:   drv [3]
#>   drv   formula                               r2
#>   <chr> <chr>                                 <chr>
#> 1 4     italic(y) == 30.68 -2.88 * italic(x) italic(R^2) == 0.65
#> 2 f     italic(y) == 37.38 -3.60 * italic(x) italic(R^2) == 0.36
#> 3 r     italic(y) == 25.78 -0.92 * italic(x) italic(R^2) == 0.04

# プロットに回帰式とR^2値を表示
mpg_plot +
  geom_smooth(method = lm, se = FALSE) +
  geom_text(data = labels, aes(label = formula), x = 3, y = 40, parse = TRUE,
            hjust = 0) +
  geom_text(x = 3, y = 35, aes(label = r2), data = labels, parse = TRUE,
            hjust = 0)
```

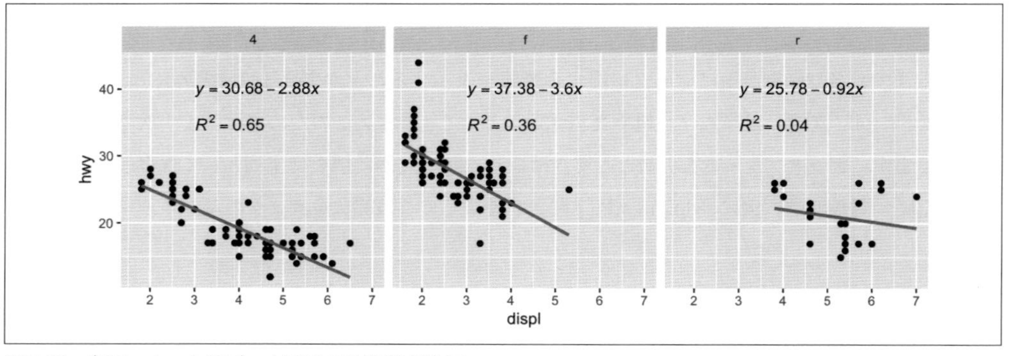

図7-18 各ファセットにデータに関する注釈を追加

ここで自前の関数を定義したのは、データを線形モデルに当てはめて回帰式の係数を取り出すために、それぞれのデータフレームを直接操作する必要があるためです。もしr^2値だけを表示したいのであれば、もっと簡単に書くことができます。group_by()とsummarise()を使用し、summarise()関数にr^2値を計算するための引数を渡します。

```
# 各グループのr^2値を計算する
labels <- mpg %>%
  group_by(drv) %>%
  summarise(r2 = cor(displ, hwy)^2)

labels$r2 <- sprintf("italic(R^2) == %.2f", labels$r2)
labels
#> # A tibble: 3 x 2
#>   drv   r2
#>   <chr> <chr>
#> 1 4     italic(R^2) == 0.65
#> 2 f     italic(R^2) == 0.36
#> 3 r     italic(R^2) == 0.04
```

各ファセットに追加することができるのは、テキストgeomだけではありません。入力データが正しく構造化されていれば、どのような幾何オブジェクトでも使用することができます。

関連項目

プロット内での数式表現についての詳細は、**「レシピ7.2　注釈に数式を使う」**を参照してください。

ggplot2のstat_smooth()を使わずに、モデルオブジェクトからの予測線を追加したい場合には、**「レシピ5.8　複数の既存のモデルをフィットさせる」**を参照してください。

8章 軸

x軸とy軸は、表示されたデータを解釈するための情報を提供します。ggplotは、ほとんどの場合デフォルトで適切な軸を表示します。しかし、例えば、軸ラベル、目盛の数や位置、目盛ラベルなどを自分で制御したいこともあるでしょう。この章では、軸の体裁をきれいに調整する方法をまとめます。

レシピ8.1　x軸とy軸を反転する

問題

グラフのx軸とy軸を反転したい。

解決策

coord_flip()を使って、軸を反転させます（**図8-1**）。

```
ggplot(PlantGrowth, aes(x = group, y = weight)) +
  geom_boxplot()

ggplot(PlantGrowth, aes(x = group, y = weight)) +
  geom_boxplot() +
  coord_flip()
```

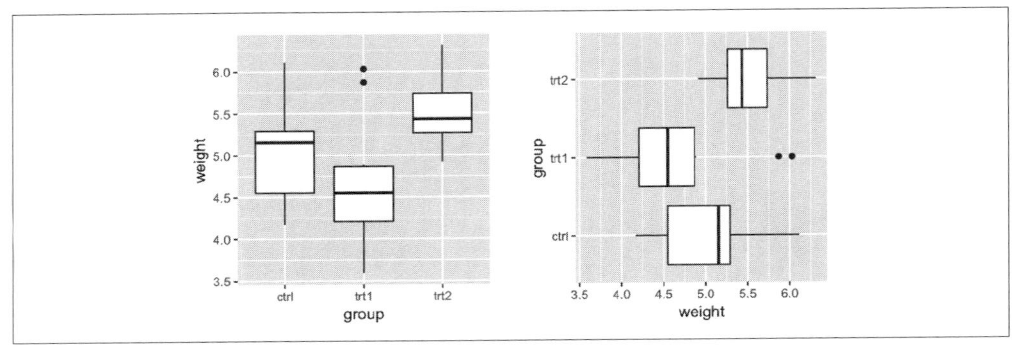

図8-1 左：標準の軸で表示した箱ひげ図　右：軸を反転させて表示した箱ひげ図

解説

散布図では、垂直軸と水平軸の情報を反転するのは簡単なことです。単純にxとyにマッピングされた変数を交換すれば良いのです。しかし、ggplotのすべての幾何オブジェクトがx軸とy軸を同等に扱うわけではありません。例えば、箱ひげ図はデータをy軸に関して要約します。折れ線グラフの線はx軸方向だけに移動します。エラーバーは1つのx値を持ち、y値は範囲で持っています。これらの幾何オブジェクトを使用していて軸を交換したい場合は、coord_flip()が必要になります。

軸を反転するときに、データ要素の順序が意図した順序と逆になってしまうことがあります。標準のx軸とy軸のグラフでは、x軸の要素は左から始まって右に進みます。これは、左から右へとデータを読む通常の方法に一致したものです。軸を反転する場合、要素は原点から外側に向かったままです。つまりこの例の場合は、下から上へ向かいます。しかし、これは、上から下に読むという通常の方法に一致しません。これが問題になる場合もありますし、ならない場合もあります。x変数がファクタであれば、scale_x_discrete()関数をlimits = rev(levels(...))を指定して使用することで順序を逆転させることができます（**図8-2**）。

```
ggplot(PlantGrowth, aes(x = group, y = weight)) +
  geom_boxplot() +
  coord_flip() +
  scale_x_discrete(limits = rev(levels(PlantGrowth$group)))
```

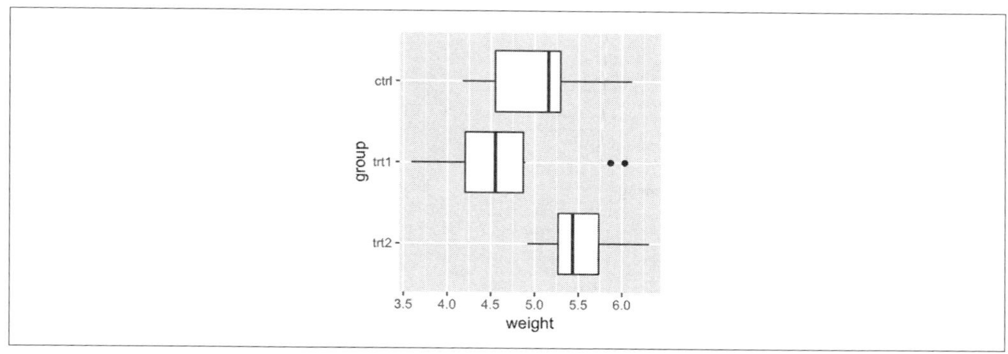

図8-2　反転させた軸でx軸の順序を逆転させた箱ひげ図

関連項目

変数が連続値の場合に順序を逆転させる方法は、**「レシピ8.3　連続値軸を逆転させる」**を参照してください。

レシピ8.2　連続値の軸の範囲を設定する

問題

軸の範囲（下限値や上限値）を設定したい。

解決策

xlim()やylim()を使って連続値軸の下限値や上限値を設定することができます。**図8-3**はデフォルトのy軸の範囲のままグラフを表示したものと、手動でyの下限値と上限値を設定したものです。

```
pg_plot <- ggplot(PlantGrowth, aes(x = group, y = weight)) +
  geom_boxplot()

# 基本プロットを表示
pg_plot

pg_plot +
  ylim(0, max(PlantGrowth$weight))
```

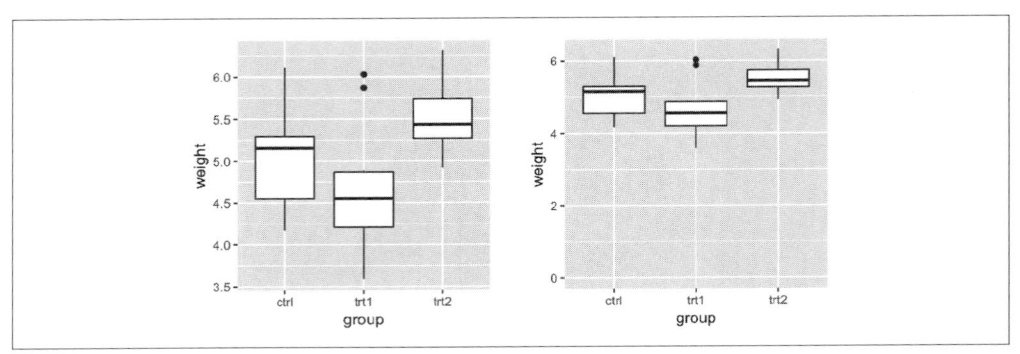

図8-3 左：デフォルトの範囲で表示した箱ひげ図　右：手動で範囲を設定した箱ひげ図

後者の例では、yの範囲を0からweight列の最大値に設定しました。列の最大値の代わりに、定数(10などの値)を最大値として設定することもできます。

解説

ylim()はscale_y_continuous()を使って下限値や上限値を設定するのを簡略化したものです(xlim()とscale_x_continuous()でも同じです)。次の2行は同じことをしています。

```
ylim(0, 10)
scale_y_continuous(limits = c(0, 10))
```

範囲以外の属性を指定するためにscale_y_continuous()を使うときもあります。そのような場合には、ylim()とscale_y_continuous()を一緒に使うと期待した結果を得られないかもしれません。なぜなら、最初の設定だけが有効になるからです。次の2つの例では、ylim(0, 10)を指定してyの範囲を0から10に設定し、scale_y_continuous(breaks = NULL)を指定して目盛を非表示にしています。しかし、どちらの例も2つ目の命令*1だけが有効になります。

```
pg_plot +
  ylim(0, 10) +
  scale_y_continuous(breaks = NULL)

pg_plot +
  scale_y_continuous(breaks = NULL) +
  ylim(0, 10)
```

両方の設定を有効にするためには、ylim()を取り除いて、limitsとbreaksの両方をscale_y_

*1　訳注：1つ目の文では、2つ目に書いているylim(0, 10)。2つ目の文では、2つ目に書いているscale_y_continuous(breaks = NULL) countinous()で指定します。

```
pg_plot +
  scale_y_continuous(limits = c(0, 10), breaks = NULL)
```

ggplotでは、軸の範囲を設定するための方法が2つあります。1つ目は**スケール**を変更する方法です。2つ目は**座標変換**を行う方法です。x軸とy軸スケールの範囲を指定して変更する場合、この値の外側のデータは取り除かれます。つまり、範囲外のデータは表示されないだけではなく、図を作成するときにまったく考慮されない値になります（これが発生した場合、警告が表示されます）。

次の箱ひげ図の例では、元々のデータの一部を切り抜くようにyの範囲を設定すると、箱ひげ図の統計量は切り抜いたデータに基づいて計算され、箱ひげ図の形も変わります。

座標変換を行うと、データは切り抜かれません。要するに、特定の範囲にズームイン・ズームアウトした状態になります。**図8-4**はこの2つの方法の違いを示しています。

```
pg_plot +
  scale_y_continuous(limits = c(5, 6.5))  # ylim()を使うのと同じ
#> Warning: Removed 13 rows containing non-finite values (stat_boxplot).

pg_plot +
  coord_cartesian(ylim = c(5, 6.5))
```

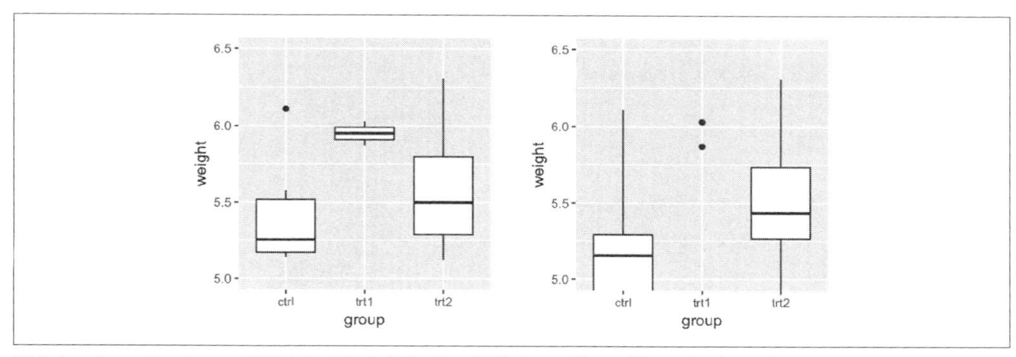

図8-4 左：yのスケール範囲を狭く設定（データは除外され、箱ひげ図の形が変わる）
右：座標変換によるズームイン

expand_limits()を使って、範囲を1方向に拡張することもできます（**図8-5**）。しかし、これは範囲を狭めるためには使えません。

```
pg_plot +
  expand_limits(y = 0)
```

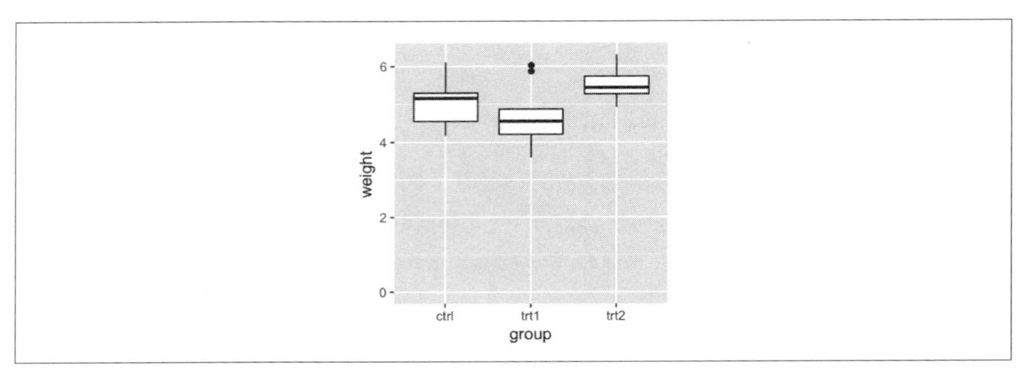

図8-5 yの範囲に0を含むように拡張した箱ひげ図

レシピ8.3 連続値軸を逆転させる

問題

連続値軸の方向を逆転させたい。

解決策

scale_y_reverse()かscale_x_reverse()を使います（**図8-6**）。範囲を指定する順番を逆転させて（上限値を1つ目、下限値を2つ目に指定して）、軸の方向を逆転させることもできます。

```
ggplot(PlantGrowth, aes(x = group, y = weight)) +
  geom_boxplot() +
  scale_y_reverse()

# 範囲を逆順に指定して、同じ効果を得る
ggplot(PlantGrowth, aes(x = group, y = weight)) +
  geom_boxplot() +
  ylim(6.5, 3.5)
```

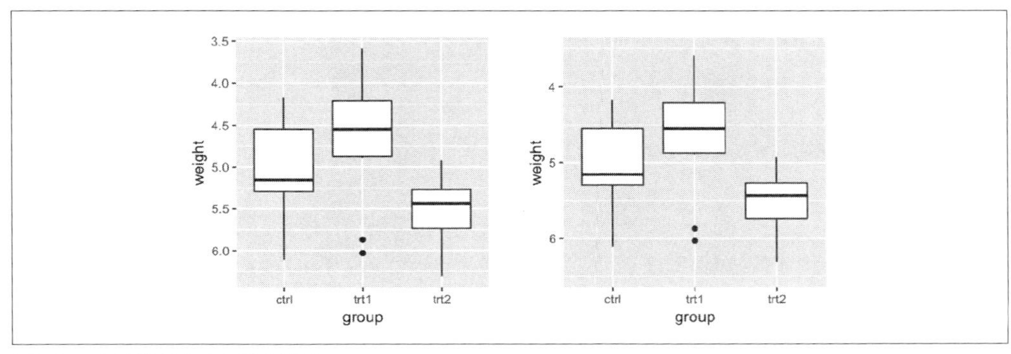

図8-6　y軸を逆転させた箱ひげ図

解説

scale_y_continuous()と同様に、scale_y_reverse()はylim()と一緒には使えません（x軸についても同じです）。軸を逆転させて、**同時に**軸の範囲も設定したい場合は、scale_y_reverse()を使って上限値と下限値を逆順で設定します。

```
ggplot(PlantGrowth, aes(x = group, y = weight)) +
  geom_boxplot() +
  scale_y_reverse(limits = c(8, 0))
```

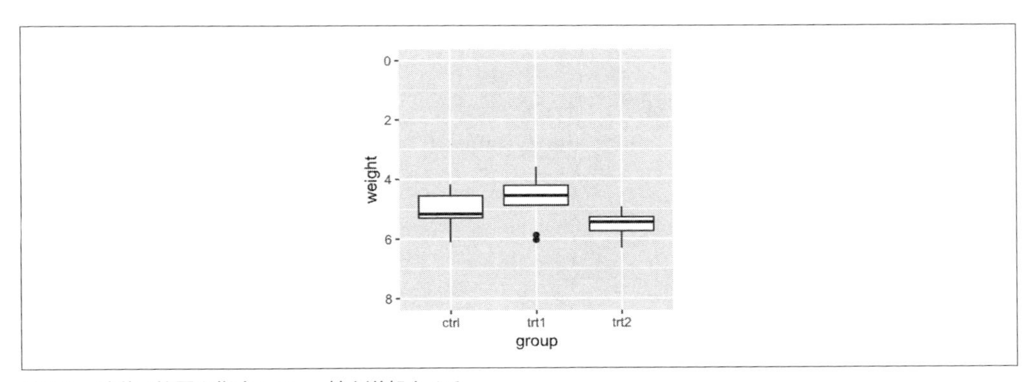

図8-7　手動で範囲を指定して、y軸を逆転させる

関連項目

離散値軸の要素の順番を逆転させたい場合は、**「レシピ8.4　カテゴリカルな軸の要素の順番を変更する」**を参照してください。

レシピ8.4 カテゴリカルな軸の要素の順番を変更する

問題

カテゴリカルな軸の要素の順番を変更したい。

解決策

カテゴリカルな軸（離散値軸）では、ファクタの1要素が軸にマッピングされています。要素の順番はscale_x_discrete()やscale_y_discrete()のlimitsを設定することで変更することができます。

手動で軸の要素の順番を設定するには、変更したい順番にレベルを並べたベクトルをlimitsに指定します。このベクトルには、いくつかの要素を除外して指定することもできます（**図8-8**）。

```
pg_plot <- ggplot(PlantGrowth, aes(x = group, y = weight)) +
  geom_boxplot()

pg_plot +
  scale_x_discrete(limits = c("trt1", "ctrl", "trt2"))
```

解説

この方法は軸の要素の一部だけを図に表示するためにも使えます。次のようにするとctrlとtrt1だけが表示されます（**図8-8**右）。この際、データが削除されているため、警告が出ます。

```
pg_plot +
  scale_x_discrete(limits = c("ctrl", "trt1"))
#> Warning: Removed 10 rows containing missing values (stat_boxplot).
```

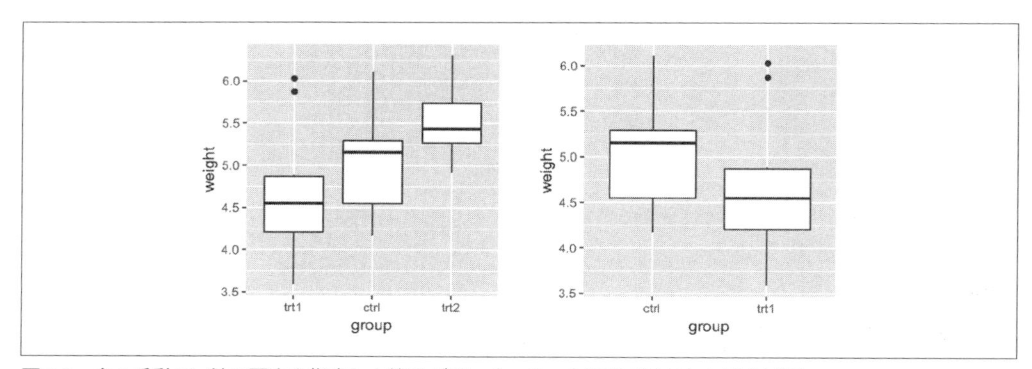

図8-8 左：手動でx軸の要素を指定した箱ひげ図 右：2つの要素だけにした箱ひげ図

順番を逆転させる場合は、limits = rev(levels(...))を使用して、引数にファクタを指定します。次の例は、PlantGrowth$groupというファクタの順番を逆転させます（**図8-9**）。

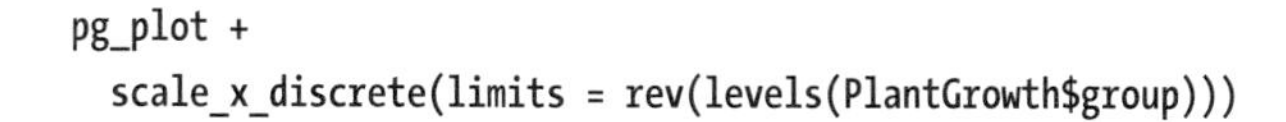

```
pg_plot +
  scale_x_discrete(limits = rev(levels(PlantGrowth$group)))
```

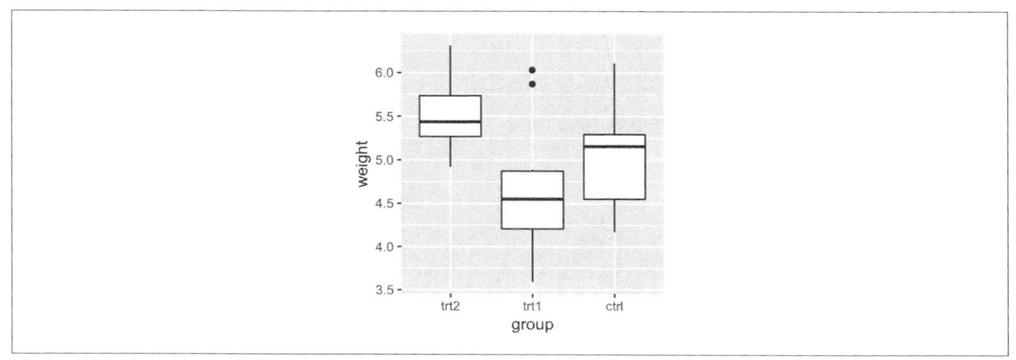

図8-9　x軸の順番を逆転させた箱ひげ図

関連項目

ファクタのレベルを他の列のデータ値に基づいて整列させる場合は、**「レシピ15.9　データの値に基づいてファクタのレベル順を変更する」**を参照してください。

レシピ8.5　x軸とy軸のスケール比を設定する

問題

x軸とy軸のスケールの比を設定したい。

解決策

`coord_fixed()`を使います。次のようにするとx軸とy軸が1:1のスケールになります（**図8-10**）。

```
library(gcookbook)  # marathonデータセットを使うためにgcookbookを読み込む

m_plot <- ggplot(marathon, aes(x = Half,y = Full)) +
  geom_point()

m_plot +
  coord_fixed()
```

解説

`marathon`は、ランナーのマラソンとハーフマラソンのタイムを含むデータセットです。この場合、x軸とy軸が同じスケールを持つようにすると良いでしょう。

また、目盛を同じ間隔に設定するのも役立ちます。このためには、scale_y_continuous()やscale_x_continuous()の中でbreaksを設定します（**図8-10**）。

```
m_plot +
  coord_fixed() +
  scale_y_continuous(breaks = seq(0, 420, 30)) +
  scale_x_continuous(breaks = seq(0, 420, 30))
```

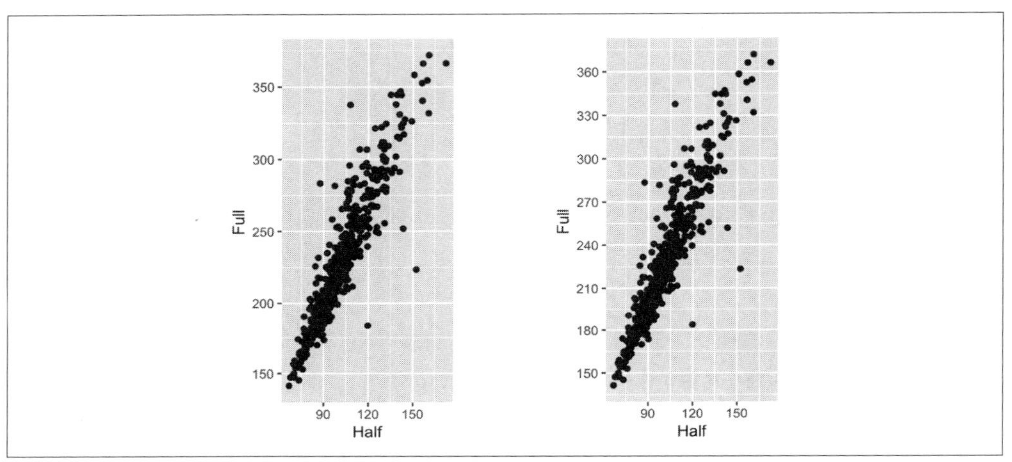

図8-10 左：軸のスケール比を等しくした散布図 右：目盛を指定した位置に表示した散布図

軸の比を1:1ではなく、ある一定の比に設定したい場合、ratioパラメータを指定します。marathonデータの場合、ハーフマラソンのタイムを、マラソンのタイムの軸の2倍になるように表示するのが良いかもしれません（**図8-11**）。この場合、y軸の目盛間隔もx軸の2倍にします。

```
m_plot +
  coord_fixed(ratio = 1/2) +
  scale_y_continuous(breaks = seq(0, 420, 30)) +
  scale_x_continuous(breaks = seq(0, 420, 15))
```

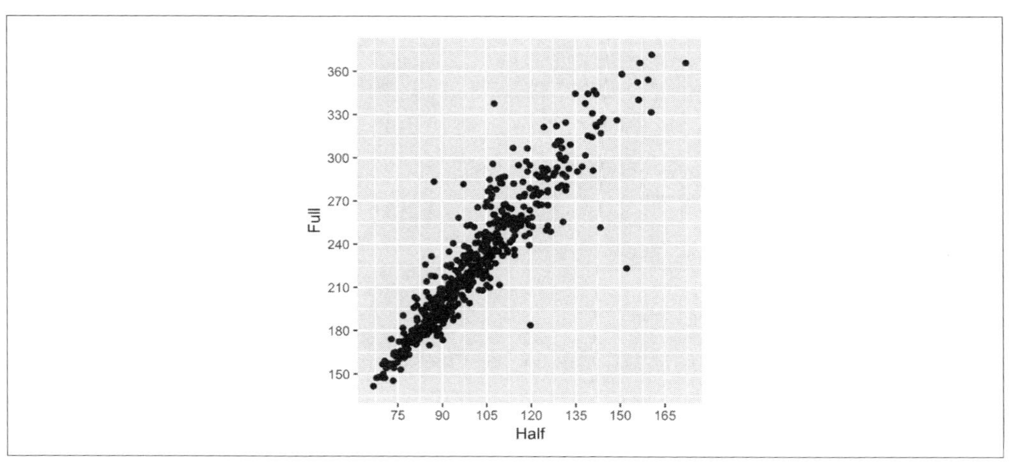

図8-11　軸の比を1/2にした散布図

レシピ8.6　目盛の位置を設定する

問題

軸上の目盛位置を設定したい。

解決策

通常、ggplotは、どこに目盛を表示するかを適切に決めてくれますが、これを変更したい場合にはbreaksをスケールに指定します（**図8-12**）。

```
ggplot(PlantGrowth, aes(x = group, y = weight)) +
  geom_boxplot()

ggplot(PlantGrowth, aes(x = group, y = weight)) +
  geom_boxplot() +
  scale_y_continuous(breaks = c(4, 4.25, 4.5, 5, 6, 8))
```

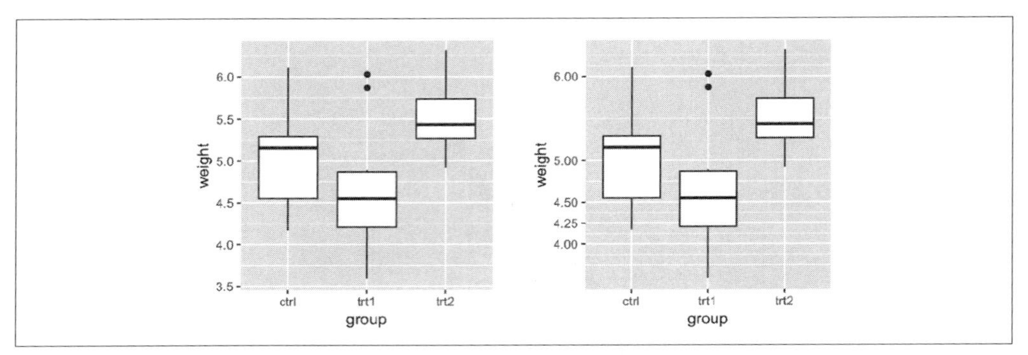

図8-12　左：自動的に目盛が設定された箱ひげ図　右：手動で目盛を設定した箱ひげ図

解説

目盛記号の位置は、**主目盛線**をどこに描くかを定義します。軸が連続値の場合は、**補助目盛線**（目盛ラベルは付かず、薄い線で描かれる目盛線）は、デフォルトでは主目盛線の半分の位置に描かれます。

目盛位置のベクトルを生成するために、seq()関数や:演算子を使うこともできます。

```
seq(4, 7, by = .5)
#> [1] 4.0 4.5 5.0 5.5 6.0 6.5 7.0
5:10
#> [1]  5  6  7  8  9 10
```

軸が連続値ではなく離散値の場合、デフォルトでは各要素の位置に目盛が打たれます。離散値軸では、limitsを指定することによって、要素の順番を変更したり、要素を除外することができます（**「レシピ8.4　カテゴリカルな軸の要素の順番を変更する」**参照）。breaksを設定すると、図に表示された要素のうちどのレベルにラベルを表示するのか変更できますが、表示される要素自体を除外したり、順番を変えたりすることはできません。**図8-13**は、limitsとbreaksを設定するとどうなるかを示しています（警告が出ているのは、groupに含まれる3つのレベルのうち2つしか使用しておらず、抜け落ちている行があるからです）。

```
# 離散値軸の目盛間隔とラベルを両方設定する
ggplot(PlantGrowth, aes(x = group, y = weight)) +
  geom_boxplot() +
  scale_x_discrete(limits = c("trt2", "ctrl"), breaks = "ctrl")
#> Warning: Removed 10 rows containing missing values (stat_boxplot).
```

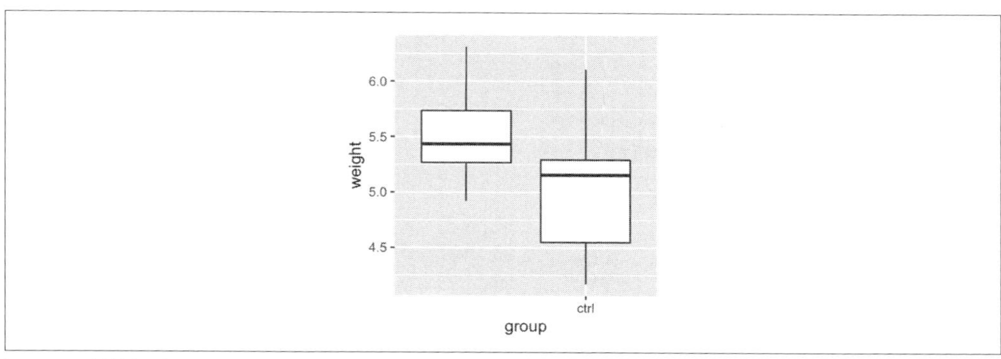

図8-13　離散値軸でlimitsを使用して順序の設定と要素の除外を行い、breaksを使用してラベルを表示する要素を設定した箱ひげ図

関連項目

目盛とラベルをグラフから取り除くためには、**「レシピ8.7　目盛とラベルを非表示にする」**を参照してください。

レシピ8.7　目盛とラベルを非表示にする

問題

目盛と目盛ラベルを非表示にしたい。

解決策

図8-14（左）のように目盛のラベルだけを非表示にしたい場合は、`theme(axis.text.y = element_blank())`を使います（x軸も同様です）。これは、連続値軸でもカテゴリカルな軸でも有効です。

```
pg_plot <- ggplot(PlantGrowth, aes(x = group, y = weight)) +
  geom_boxplot()

pg_plot +
  theme(axis.text.y = element_blank())
```

目盛記号を非表示にする場合、`theme(axis.ticks = element_blank())`を使います。これは、x軸とy軸両方の軸の目盛記号を非表示にします（片方の軸の目盛記号だけを非表示にすることはできません）。次の例では、y軸の目盛ラベルと両軸の目盛記号を非表示にしています（**図8-14**中央）。

```
pg_plot +
  theme(axis.ticks = element_blank(), axis.text.y = element_blank())
```

目盛記号、目盛ラベル、さらに、目盛線を非表示にする場合、breaksをNULLに設定します（**図8-14**右）。

```
pg_plot +
  scale_y_continuous(breaks = NULL)
```

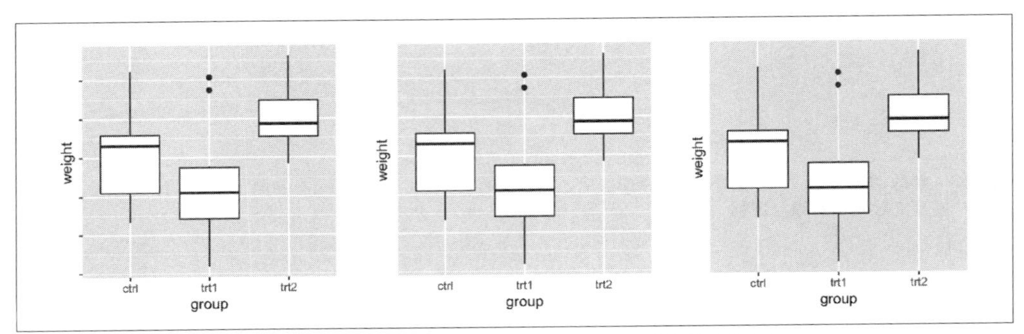

図8-14　左：y軸の目盛ラベルを非表示　中央：y軸の目盛ラベルと目盛記号を非表示
右：breaks=NULLの場合

カテゴリカルな軸でも、同様にscale_x_discrete(breaks = NULL)を設定すれば、x軸の目盛線を非表示にできます。

解説

目盛に関して制御可能な要素は3つあります。目盛ラベル、目盛記号、目盛線です。連続値軸の場合、ggplot()は通常、目盛ラベル、目盛記号、主目盛線をbreaksで指定した位置に表示します。カテゴリカルな軸では、これらの要素はlimitsの位置に表示されます。

目盛ラベルと目盛線はx軸とy軸で独立に制御可能ですが、目盛記号は両軸同時に制御しなければなりません。

レシピ8.8　目盛ラベルのテキストを変更する

問題

目盛ラベルのテキストを変更したい。

解決策

図8-15のような身長（インチ）の散布図を考えます。

```
library(gcookbook)  # heightweightデータセットを使うためにgcookbookを読み込む
```

```
hw_plot <- ggplot(heightweight, aes(x = ageYear, y = heightIn)) +
  geom_point()

hw_plot
```

図8-15の右のように、任意のラベルを設定するには、スケールを指定するときにbreaksとlabelsに値を渡します。改行文字（\n）を持つラベルでは、ggplotがその位置で改行を行います。

```
hw_plot +
  scale_y_continuous(
    breaks = c(50, 56, 60, 66, 72),
    labels = c("Tiny", "Really\nshort", "Short", "Medium", "Tallish")
  )
```

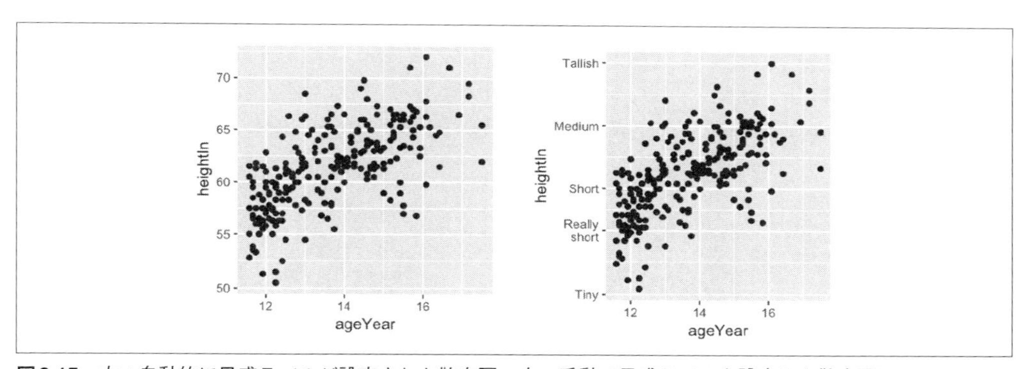

図8-15 左：自動的に目盛ラベルが設定された散布図 右：手動で目盛ラベルを設定した散布図

解説

完全に任意のラベルを設定する代わりに、ある書式でデータを保存しておき、ラベルには別の書式で表示するのが一般的です。例えば、身長をインチではなく、フィートとインチの形式（5'6"のような形式）で表示したいとします。これを行うために、**フォーマッタ**関数を定義することができます。この関数は値を受け取り、ラベルを表示するための文字列を戻します。例えば、次の関数は、インチをフィートとインチの形式に変換します。

```
footinch_formatter <- function(x) {
  foot <- floor(x/12)
  inch <- x %% 12
  return(paste(foot, "'", inch, "\"", sep = ""))
}
```

次のコードは、このフォーマッタ関数に56から64までの値を渡したときの戻り値を表示します。バックスラッシュはエスケープ文字で、文字列の**中**のダブルクォート（インチを示す"の文字）を、文字列を**区切る**ダブルクォートと区別するためのものです。

```
footinch_formatter(56:64)
#> [1] "4'8\"" "4'9\"" "4'10\"" "4'11\"" "5'0\"" "5'1\"" "5'2\"" "5'3\""
#> [9] "5'4\""
```

これで、labelsパラメータを使って、この関数をスケールの設定に渡すことができます（**図8-16**左）。

```
hw_plot +
  scale_y_continuous(labels = footinch_formatter)
```

ここでは、目盛記号が5インチおきに自動的に配置されています。しかし、このデータに対しては少し目盛が少なく見えます。breaksを指定して目盛記号を4インチおきに表示するように設定します（**図8-16**右）。

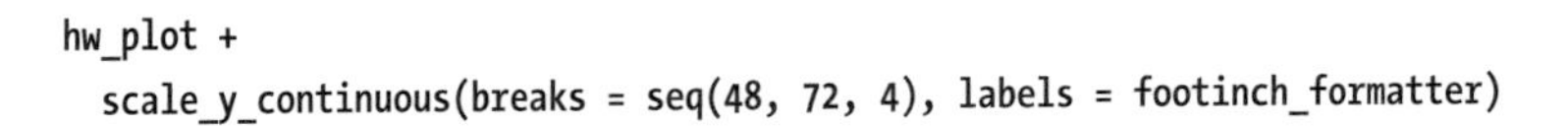

```
hw_plot +
  scale_y_continuous(breaks = seq(48, 72, 4), labels = footinch_formatter)
```

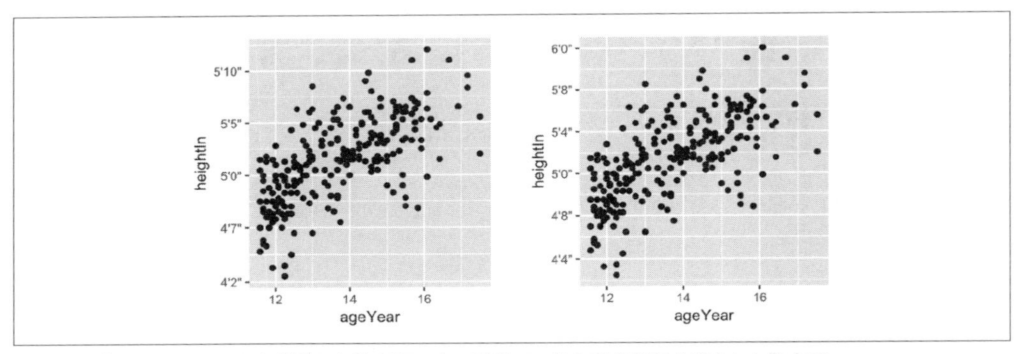

図8-16　左：フォーマッタを使用した散布図　右：手動でy軸の目盛間隔を指定した散布図

その他によくある作業として、時間の測定値をHH:MM:SS形式に変換する、というものがあります。次のフォーマッタ関数は、分単位の数値を受け取ってこの形式に変換します。このとき、秒は一番近い値に丸められます（この処理は必要に応じてカスタマイズ可能です）。

```
timeHMS_formatter <- function(x) {
  h <- floor(x/60)
  m <- floor(x %% 60)
  s <- round(60*(x %% 1))                   # 一番近い秒の値に丸める
  lab <- sprintf("%02d:%02d:%02d", h, m, s) # 文字列をHH:MM:SS形式にフォーマットする
  lab <- gsub("^00:", "", lab)              # 先頭に00:がある場合は取り除く
  lab <- gsub("^0", "", lab)                # 先頭に0がある場合は取り除く
```

```
    return(lab)
  }
```

これを適当なサンプル値で実行すると次のようになります。

```
timeHMS_formatter(c(.33, 50, 51.25, 59.32, 60, 60.1, 130.23))
#> [1] "0:20"    "50:00"   "51:15"   "59:19"   "1:00:00" "1:00:06" "2:10:14"
```

ggplot2と一緒にインストールされるscalesパッケージには、次のフォーマッタが含まれています。

フォーマッタ	機能
comma()	数値の千、100万、10億の位置にカンマを追加する。
dollar()	ドルマークを追加し、最も近いセントの値に丸める。
percent()	100をかけて、最も近い整数に丸め、パーセント記号を追加する。
scientific()	数値が大きいときや小さいときに、3.30e+05のような科学的な表記法にする。

これらの関数を使う場合、library(scales)を実行してscalesパッケージを読み込む必要があります。

レシピ8.9　目盛ラベルの体裁を変更する

問題

目盛ラベルの体裁を変更したい。

解決策

図8-17（左）では、目盛ラベルに長い文字列を手動で設定したため、文字列が重なっています。

```
pg_plot <- ggplot(PlantGrowth, aes(x = group, y = weight)) +
  geom_boxplot() +
  scale_x_discrete(
    breaks = c("ctrl", "trt1", "trt2"),
    labels = c("Control", "Treatment 1", "Treatment 2")
  )

pg_plot
```

テキストを90度反時計周りに回転する場合（**図8-17**中央）、次のようにします。

```
pg_plot +
  theme(axis.text.x = element_text(angle = 90, hjust = 1, vjust = .5))
```

テキストを30度回転させると（**図8-17**右）、垂直方向の使用領域が少なくなり、頭を傾けなくても読みやすくなります。

```
pg_plot +
  theme(axis.text.x = element_text(angle = 30, hjust = 1, vjust = 1))
```

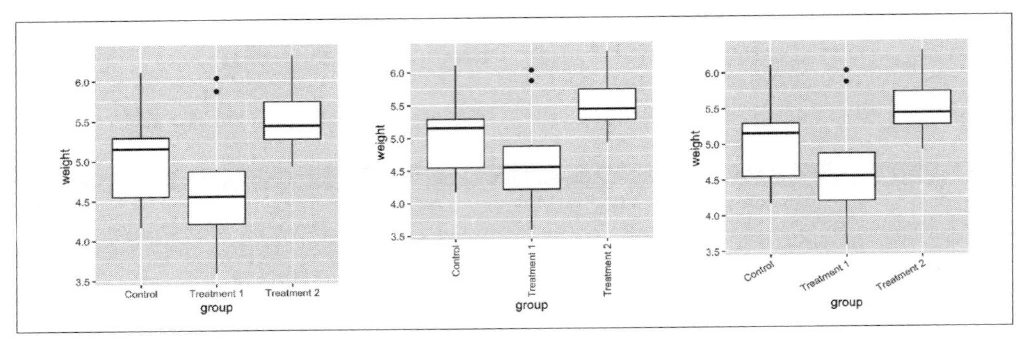

図8-17　x軸の目盛ラベルを0度（左）、90度（中央）、30度（右）分回転させたもの

`hjust`と`vjust`は、ラベル文字列の水平方向の配置（1：目盛右揃え、0.5：目盛中央揃え、0：目盛左揃え）と垂直方向の配置（1：上揃え、0.5：上下中央揃え、0：下揃え）を設定します。

解説

文字列の回転以外に、サイズ、スタイル（太字／イタリック／通常）、フォントファミリー（Times、Helveticaなど）のテキストの属性を`element_text()`で設定することができます（**図8-18**）。

```
pg_plot +
  theme(
    axis.text.x = element_text(family = "Times", face = "italic",
                               colour = "darkred", size = rel(0.9))
  )
```

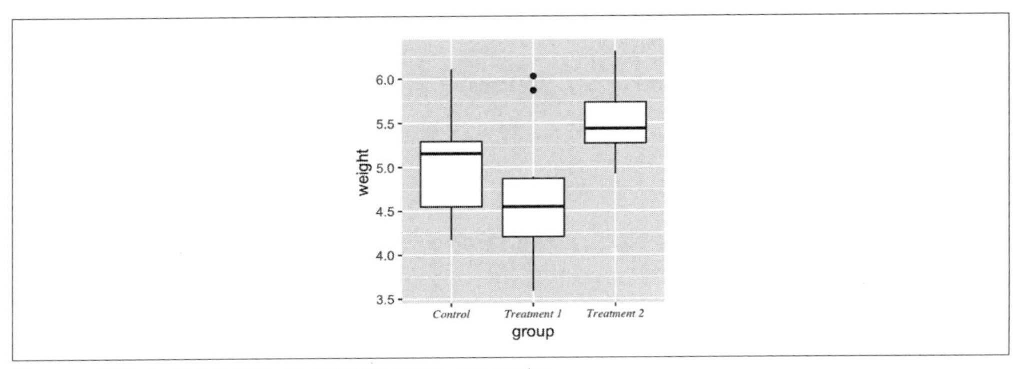

図8-18　手動でx軸の目盛ラベルの体裁を設定した箱ひげ図

この例では、sizeはrel(0.9)に設定されています。これは、このテーマ書式のベースフォントに対して相対的に0.9倍にするという意味です。

これらのコマンドは目盛ラベルの体裁を1つの軸だけに対して制御します。他の軸やその軸ラベル、全体のタイトルや凡例には影響しません。これらすべての体裁を一度に制御する場合には、**「レシピ9.3 テーマを使う」**で紹介するテーマシステムを使います。

関連項目

テキストの体裁を制御する方法の詳細については、**「レシピ9.2　テキストの体裁を変更する」**を参照してください。

レシピ8.10　軸ラベルのテキストを変更する

問題

軸ラベルのテキストを変更したい。

解決策

xlab()やylab()を使って、軸ラベルのテキストを変更します（**図8-19**）。

```
library(gcookbook) # heightweightデータセットを使うためにgcookbookを読み込む

hw_plot <- ggplot(heightweight, aes(x = ageYear, y = heightIn, colour = sex)) +
  geom_point()

# デフォルトの軸ラベルで表示
hw_plot

# 軸ラベルを設定する
hw_plot +
  xlab("Age in years") +
  ylab("Height in inches")
```

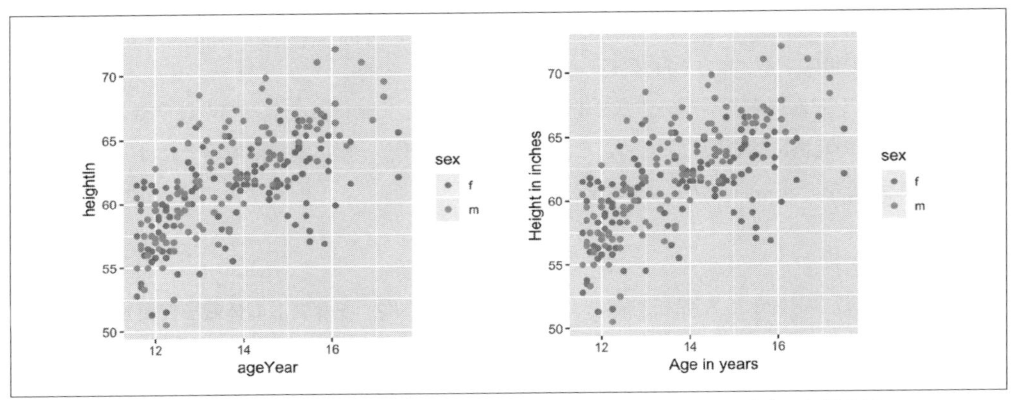

図8-19　左：デフォルトの軸ラベルでの散布図　右：手動でx軸とy軸のラベルを設定した散布図

解説

デフォルトでは、グラフの軸ラベルにはデータフレームの列名が使われます。データ探索の段階ではこれで良いかもしれませんが、発表用の図を準備する場合は、わかりやすい軸ラベルを付けたほうが良いでしょう。

`xlab()`と`ylab()`の代わりに、`labs()`を使うこともできます。

```
hw_plot +
  labs(x = "Age in years", y = "Height in inches")
```

軸ラベルは、スケールを設定するときに次のように指定することもできます。

```
hw_plot +
  scale_x_continuous(name = "Age in years")
```

これは少し変な設定の仕方に見えるかもしれません。しかし、目盛の位置や範囲など、スケールの他の属性も設定する場合には、この方法で一度に設定できるのは便利です。

このやり方は`scale_y_continuous()`や`scale_x_discrete()`などの他のスケールの設定でも使えます。

図8-20のように、`\n`改行を使うこともできます。

```
hw_plot +
  scale_x_continuous(name = "Age\n(years)")
```

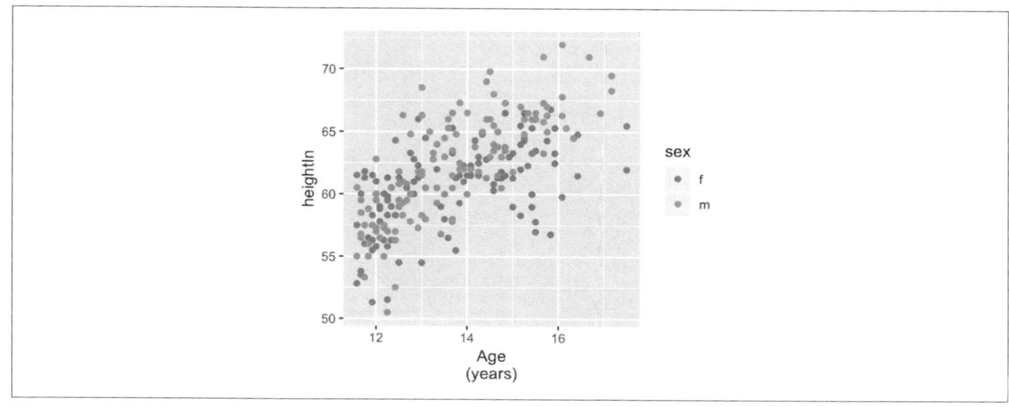

図8-20　改行を入れたx軸ラベル

レシピ8.11　軸ラベルを非表示にする

問題

軸ラベルを非表示にしたい。

解決策

x軸ラベルの場合は、xlab(NULL)を使います。y軸ラベルの場合は、同様にしてylab(NULL)を使います。

次の例ではx軸のラベルを非表示にしています（**図8-21**）。

```
pg_plot <- ggplot(PlantGrowth, aes(x = group, y = weight)) +
  geom_boxplot()

pg_plot +
  xlab(NULL)
```

解説

軸ラベルが冗長であったり、文脈から明らかであったりする場合など、軸ラベルを表示する必要がないときがあります。この例では、x軸はgroupを示していますが、これは文脈から明らかです。同様にy軸の目盛ラベルが**kg**などの単位になっていれば、軸ラベルの「weight（体重）」は不要かもしれません。

軸ラベルに空文字を設定することで、軸ラベルを非表示にすることもできます。しかし、この方法では、**図8-21**の右のように、表示されるグラフには軸ラベルテキストを表示するための領域が確保された状態になってしまいます。

```
pg_plot +
  xlab("")
```

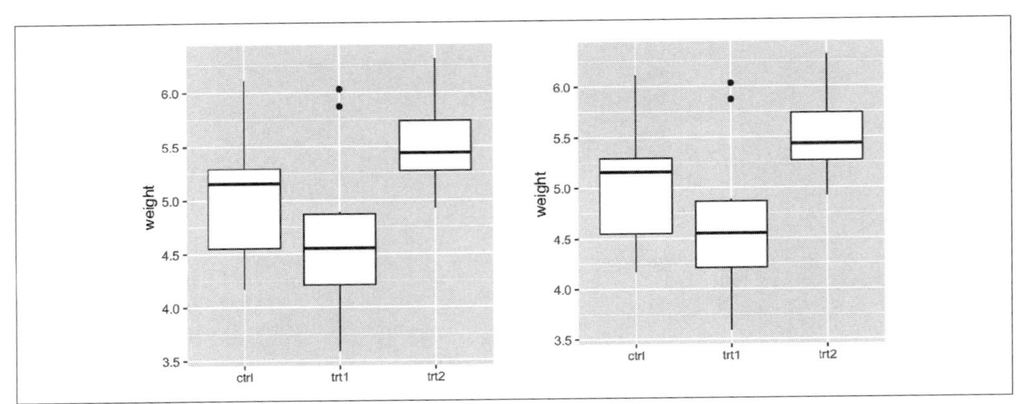

図8-21 左：element_blank()を使用したx軸ラベル 右：""を設定した軸ラベル

`theme()`を使って`axis.title.x = element_blank()`を設定する場合、xやyの軸の名前は変更されず、テキストを非表示にし、テキスト表示領域も確保されません。一方、軸ラベルに`""`を設定する場合、軸の名前が変更され、空文字が表示されます。

レシピ8.12 軸ラベルの体裁を変更する

問題

軸ラベルの体裁を変更したい。

解決策

x軸ラベルの体裁を変更するには、`axis.title.x`を使います（**図8-22**）。

```
library(gcookbook)  # heightweightデータセットを使うためにgcookbookを読み込む

hw_plot <- ggplot(heightweight, aes(x = ageYear, y = heightIn)) +
  geom_point()

hw_plot +
  theme(axis.title.x = element_text(face = "italic", colour = "darkred", size = 14))
```

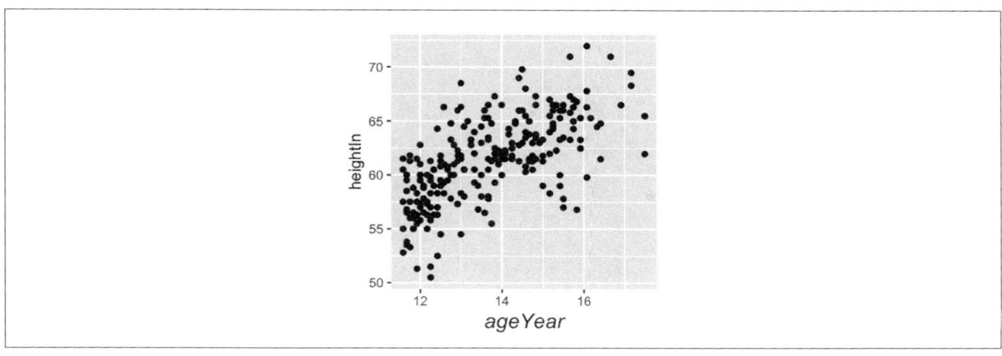

図8-22 体裁を調整したx軸ラベル

解説

y軸ラベルについては、**図8-23**（左）のように、回転させないテキストを表示するのも良いでしょう。ラベル内の`\n`は改行文字を表します。

```
hw_plot +
  ylab("Height\n(inches)") +
  theme(axis.title.y = element_text(angle = 0, face = "italic", size = 14))
```

`element_text()`を呼び出すとき、デフォルトのテキスト角度（`angle`）は90になっています。そのため、下記のように`angle = 90`を指定した場合でも、特に指定しない場合でも、軸ラベルには90度回転したテキストが表示されます（**図8-23**右）。

```
hw_plot +
  ylab("Height\n(inches)") +
  theme(axis.title.y = element_text(
    angle = 90,
    face = "italic",
    colour = "darkred",
    size = 14)
  )
```

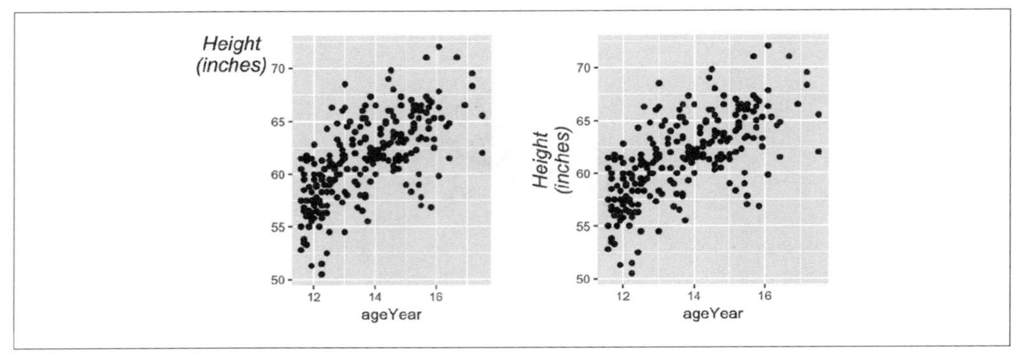

図8-23 左：angle = 0を指定したy軸ラベル　右：angle = 90を指定したy軸ラベル

関連項目

テキストの体裁を制御する方法についての詳細は、**「レシピ9.2　テキストの体裁を変更する」**を参照してください。

レシピ8.13　軸に沿った線を表示する

問題

x軸とy軸の線だけを表示し、グラフの反対側の線は非表示にしたい。

解決策

テーマを使用して、axis.lineを設定します（**図8-24**）。

```
library(gcookbook)  # heightweightデータセットを使うためにgcookbookを読み込む

hw_plot <- ggplot(heightweight, aes(x = ageYear, y = heightIn)) +
  geom_point()

hw_plot +
  theme(axis.line = element_line(colour = "black"))
```

解説

theme_bw()のように、プロット領域の境界線を持つテーマを使用する場合、panel.borderの設定を解除する必要があります（**図8-24**右）。

```
hw_plot +
  theme_bw() +
```

```
theme(panel.border = element_blank(),
      axis.line = element_line(colour = "black"))
```

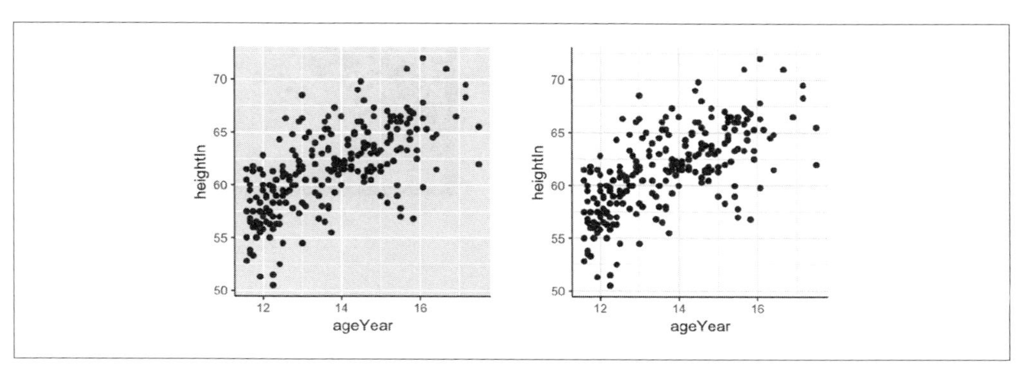

図8-24　左：x軸とy軸だけを表示した散布図
右：theme_bw()を使用し、panel_borderを非表示に設定した散布図

軸線が太い場合、線の端は一部分だけ重なります（**図8-25**左）。**図8-25**右のように、線の端を完全に重ねるためには、lineend = "square"を指定します。

```
# 太い線で、半分だけ重ねる
hw_plot +
  theme_bw() +
  theme(
    panel.border = element_blank(),
    axis.line = element_line(colour = "black", size = 4)
  )

# 完全に重ねる
hw_plot +
  theme_bw() +
  theme(
    panel.border = element_blank(),
    axis.line = element_line(colour = "black", size = 4, lineend = "square")
  )
```

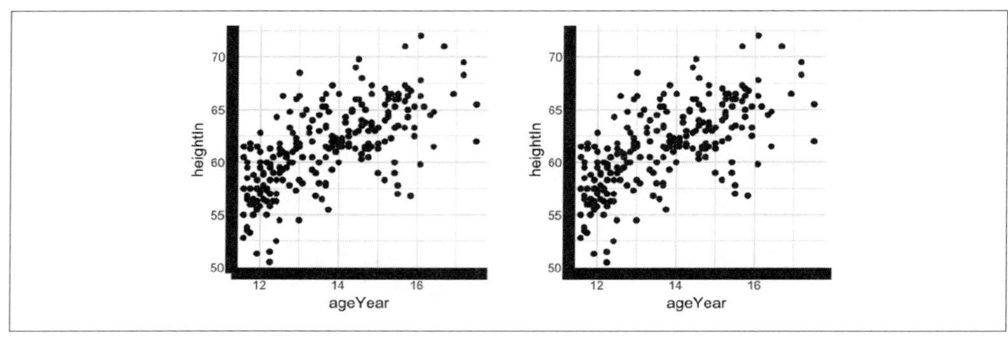

図8-25 左：太い軸線を使用し、端が完全に重ならない場合
右：lineend = "square" を指定して完全に重ねた場合

関連項目

テーマシステムがどのように機能するかについての詳細は、**「レシピ9.3 テーマを使う」**を参照してください。

レシピ8.14 対数軸を使用する

問題

グラフに対数軸を使用したい。

解決策

scale_x_log10()やscale_y_log10()を使います（**図8-26**）。

```
library(MASS) # Animalsデータセットを使うためにMASSを読み込む

# 基本プロットを作成
animals_plot <- ggplot(Animals, aes(x = body, y = brain,
                                    label = rownames(Animals))) +
  geom_text(size = 3)

animals_plot

# x軸とy軸を対数軸にする
animals_plot +
  scale_x_log10() +
  scale_y_log10()
```

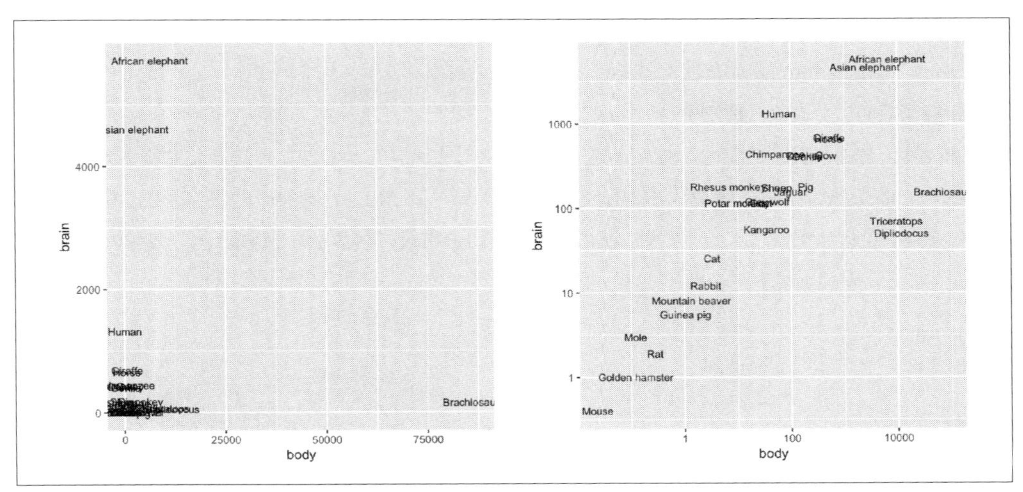

図8-26　左：指数関数的に分布するデータを線形軸で表示したもの　右：対数軸で表示したもの

解説

対数軸のグラフでは、見た目の距離は一定の**割合**の変化を示します。例えば、y軸上で1センチメートル増加すると、元の値に10をかけた値への変化になります。それとは対照的に、線形軸では、見た目の距離は一定量の変化を示します。1センチメートルの増加は元の値に10を足した値への変化になります。

データがx軸に対して指数関数的に分布する場合がありますし、y軸に対してや両方の軸に対して指数関数的な分布の場合もあります。ここでは、例としてMASSパッケージのAnimalsデータセットを使います。このデータセットは、さまざまな哺乳類の脳の平均重量（g）と体重（kg）からなり、比較のためにいくつかの恐竜のデータも含まれています。

```
Animals
#>                         body brain
#> Mountain beaver        1.350   8.1
#> Cow                  465.000 423.0
#> Grey wolf             36.330 119.5
#>  ...<22 more rows>...
#> Brachiosaurus      87000.000 154.5
#> Mole                   0.122   3.0
#> Pig                  192.000 180.0
```

図8-26のように、脳の重さと体重の関係を可視化するために散布図を描くことができます。デフォルトの線形スケールの軸では、このグラフはほとんど役に立ちません。なぜなら、いくつかの非常に大

きな動物によって、残りの動物の情報が左下の隅に追いやられているからです。ネズミ（mouse）とトリケラトプス（triceratops）がほとんど変わらないところにプロットされています。これは、データが両軸で指数関数的に分布する例です。

ggplotは、どこに目盛を配置するか最適化しようとします。しかし、この最適化に不満があれば、breaksやlabelsを指定して変更することができます。この例では、自動的に生成された目盛は、最適からほど遠い位置に配置されています。次のように、10の指数のベクトルを作成して、y軸の目盛位置を指定することができます。

```
10^(0:3)
#> [1]    1   10  100 1000
```

x軸の目盛位置のベクトルも同様に作成しますが、範囲が大きいので、Rでは科学的な表記法で出力されます。

```
10^(-1:5)
#> [1] 1e-01 1e+00 1e+01 1e+02 1e+03 1e+04 1e+05
```

次に、これらの値を目盛位置に指定します（**図8-27**左）。

```
animals_plot +
  scale_x_log10(breaks = 10^(-1:5)) +
  scale_y_log10(breaks = 10^(0:3))
```

目盛のラベルを指数表記にするためには、scalesパッケージのtrans_format()関数を使います（**図8-27**右）。

```
library(scales)
animals_plot +
  scale_x_log10(breaks = 10^(-1:5),
                labels = trans_format("log10", math_format(10^.x))) +
  scale_y_log10(breaks = 10^(0:3),
                labels = trans_format("log10", math_format(10^.x)))
```

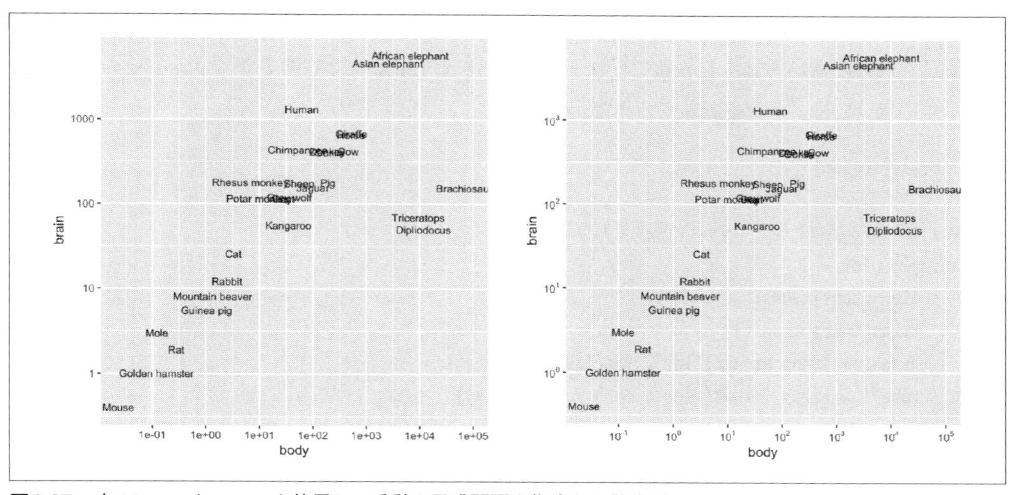

図8-27　左：$\log_{10}x$と$\log_{10}y$を使用し、手動で目盛間隔を指定した散布図
右：目盛ラベルを指数表記にした散布図

対数軸を使う別の方法に、xやy座標にマッピングする前にデータを変換するやり方があります（**図8-28**）。この場合、軸は線形のままですが、値は対数変換されたものになっています。

```
ggplot(Animals, aes(x = log10(body), y = log10(brain),
                    label = rownames(Animals))) +
  geom_text(size = 3)
```

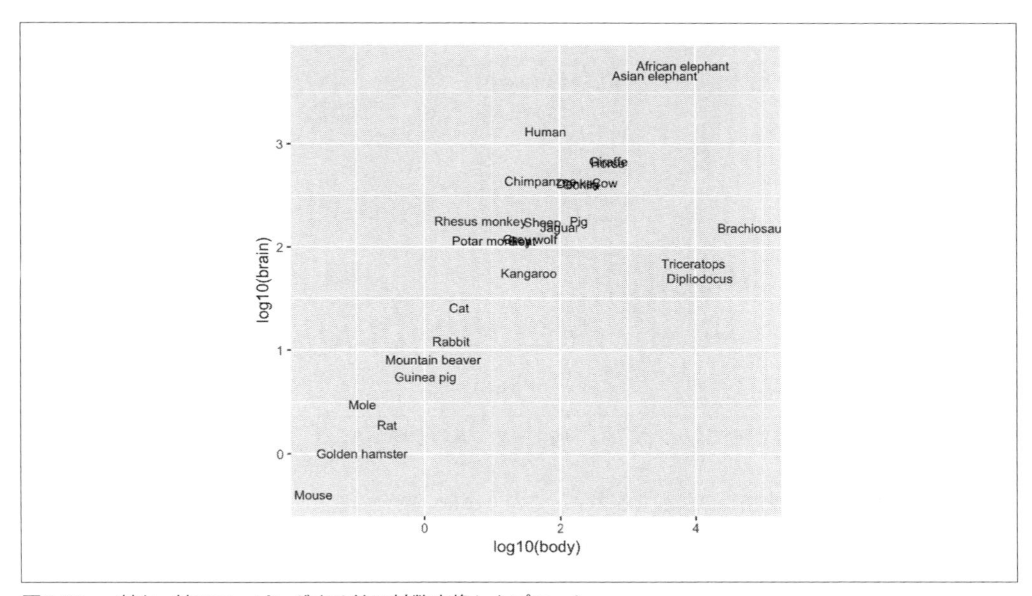

図8-28　x軸とy軸にマッピングする前に対数変換したプロット

前の例では$\log_{10}$の変換を使いましたが、**図8-29**のように$\log_2$や自然対数などの変換を使うこともできます。これらの使い方は少し複雑になります。`scale_x_log10()`は省略表記ですが、その他の対数スケールの場合には、詳細を記述する必要があります。

```
library(scales)

# x軸に自然対数を使い、y軸にlog2を使う
animals_plot +
  scale_x_continuous(
    trans = log_trans(),
    breaks = trans_breaks("log", function(x) exp(x)),
    labels = trans_format("log", math_format(e^.x))
  ) +
  scale_y_continuous(
    trans = log2_trans(),
    breaks = trans_breaks("log2", function(x) 2^x),
    labels = trans_format("log2", math_format(2^.x))
  )
```

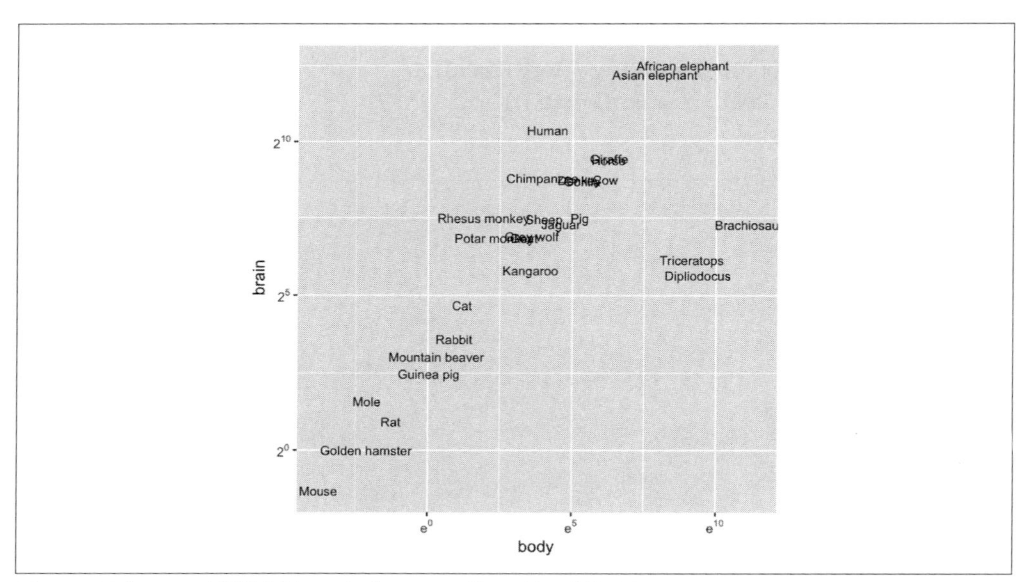

図8-29 目盛ラベルを指数表記にしたプロット。x軸とy軸で基数が異なる。

1つの軸だけに対数軸を使うこともできます。この方法は、割合の変化の表現に適しているため、金融データの表示によく使われます。**図8-30**は、Appleの株価を線形軸と対数軸をy軸に使って表示しています。デフォルトの目盛記号はよい位置に表示されないので、`breaks`を指定してスケールを設定し

ています。

```
library(gcookbook)  # aaplデータセットを使うためにgcookbookを読み込む

ggplot(aapl, aes(x = date,y = adj_price)) +
  geom_line()

ggplot(aapl, aes(x = date,y = adj_price)) +
  geom_line() +
  scale_y_log10(breaks = c(2,10,50,250))
```

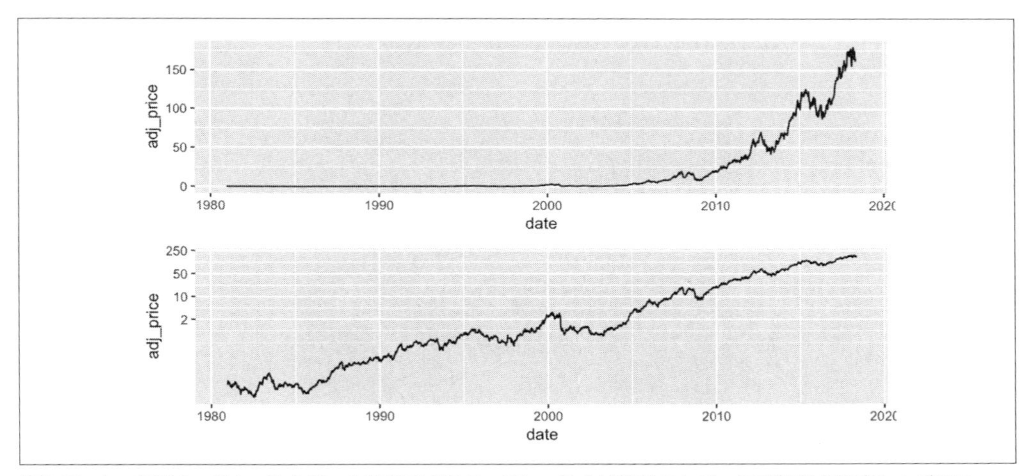

図8-30　上：線形なx軸とy軸を使った株価のグラフ　下：y軸を対数軸にして、目盛位置を指定したグラフ

レシピ8.15　対数軸に目盛を追加する

問題

対数軸に徐々に間隔が狭くなる目盛を追加したい。

解決策

annotation_logticks()を使います（**図8-31**）。

```
library(MASS)    # Animalsデータセットを使うためにMASSを読み込む
library(scales) # trans_format関数を使用するため

# ベクトルxを引数で受け取り、xのすべての値を包含するような10の指数を使ったベクトルを戻す
breaks_log10 <- function(x) {
  low <- floor(log10(min(x)))
```

```
  high <- ceiling(log10(max(x)))

  10^(seq.int(low, high))
}

ggplot(Animals, aes(x = body, y = brain, label = rownames(Animals))) +
  geom_text(size = 3) +
  annotation_logticks() +
  scale_x_log10(breaks = breaks_log10,
                labels = trans_format(log10, math_format(10^.x))) +
  scale_y_log10(breaks = breaks_log10,
                labels = trans_format(log10, math_format(10^.x)))
```

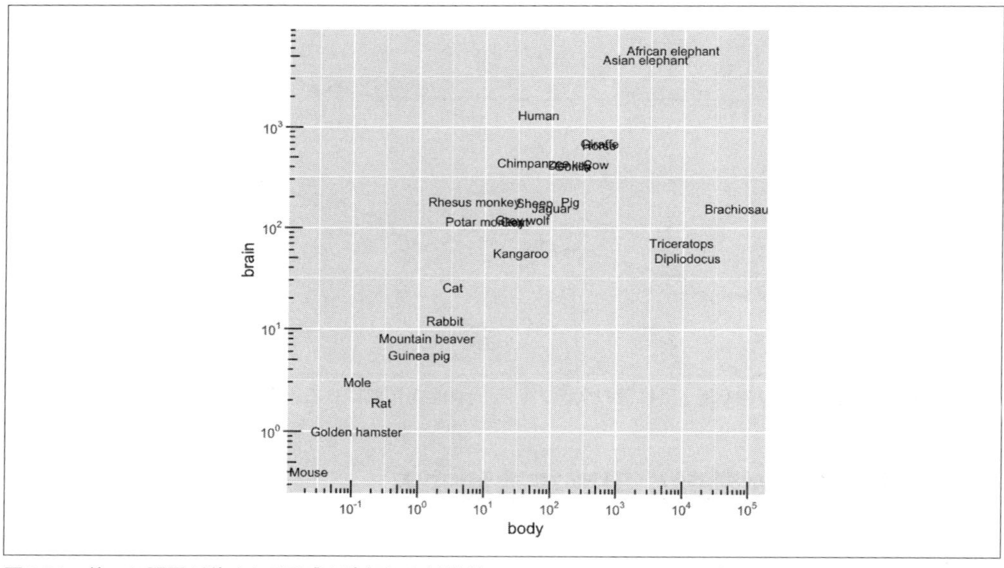

図8-31　徐々に間隔が狭くなる目盛を追加した対数軸

ここではbreaks_log10()関数を定義して、ベクトルxのすべての値が範囲に収まるように、10のべき乗のベクトルを計算しています。この関数を使って、どこに目盛を表示するのかをscale_x_log10で指定します。関数の実行例は、次のようになります。

```
breaks_log10(c(0.12, 6))
#> [1]  0.1  1.0 10.0
```

解説

annotation_logticks()で作成された目盛は、プロット領域の中の幾何オブジェクトになります。

長い目盛記号が10のべき指数の位置に、中間の長さの目盛記号が5の位置に描かれます。

目盛記号と目盛線の色を合わせるために、theme_bw()を使用します。

デフォルトでは、補助目盛線は主目盛線の中間に引かれますが、この補助目盛線は対数軸の"5"の目盛記号とずれてしまいます。補助目盛線の位置を目盛記号に合わせるために、関数を指定することができます。

ここでは、breaks_5log10()という関数を定義して、引数で受け取ったxの範囲をすべて含むように、10の指数を5倍にした値のベクトルを戻すようにします。

```
breaks_5log10 <- function(x) {
  low <- floor(log10(min(x)/5))
  high <- ceiling(log10(max(x)/5))

  5 * 10^(seq.int(low, high))
}

breaks_5log10(c(0.12, 6))
#> [1]  0.05  0.50  5.00 50.00
```

そして、この関数を補助目盛線を指定するために使います（**図8-32**）。

```
ggplot(Animals, aes(x = body, y = brain, label = rownames(Animals))) +
  geom_text(size = 3) +
  annotation_logticks() +
  scale_x_log10(breaks = breaks_log10,
                minor_breaks = breaks_5log10,
                labels = trans_format(log10, math_format(10^.x))) +
  scale_y_log10(breaks = breaks_log10,
                minor_breaks = breaks_5log10,
                labels = trans_format(log10, math_format(10^.x))) +
  coord_fixed() +
  theme_bw()
```

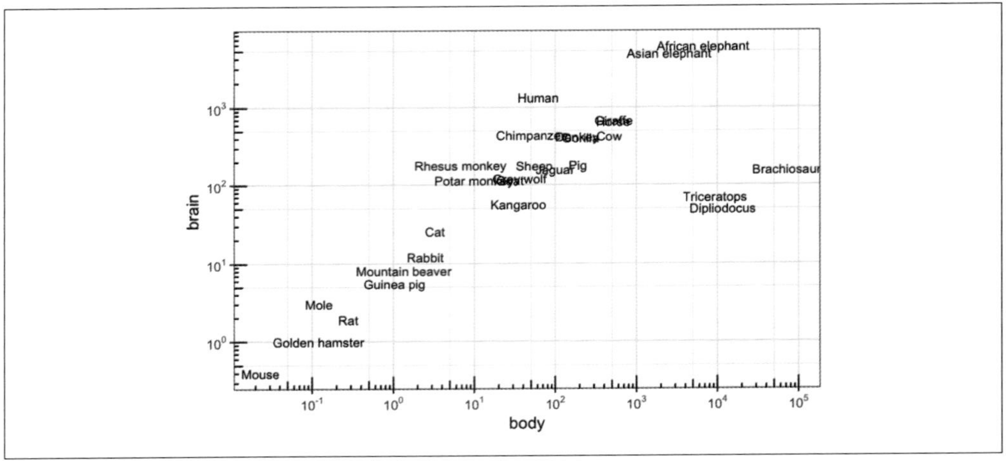

図8-32　対数軸の5の位置に補助目盛線を入れて、x軸とy軸のスケール比を固定

レシピ8.16　円形グラフを作成する

問題

円形のグラフを作りたい。

解決策

coord_polar()を使います。ここでは、gcookbookのwindデータセットを使います。このデータセットは1日を通した風速と風向の5分ごとの観測値です。風向は15度ごとのビンに分けて、風速は5 m/sごとに分けてカテゴリ化されています。

```
library(gcookbook)  # windデータセットを使うためにgcookbookを読み込む
wind
#>     TimeUTC Temp WindAvg WindMax WindDir SpeedCat DirCat
#> 3         0 3.54    9.52   10.39      89    10-15     90
#> 4         5 3.52    9.10    9.90      92     5-10     90
#> 5        10 3.53    8.73    9.51      92     5-10     90
#>  ...<280 more rows>...
#> 286    2335 6.74   18.98   23.81     250      >20    255
#> 287    2340 6.62   17.68   22.05     252      >20    255
#> 288    2345 6.22   18.54   23.91     259      >20    255
```

geom_histogram()を使って、SpeedCatとDirCatの各ビンの観測数をプロットしてみましょう（**図8-33**）。binwidthを15に設定し、ヒストグラムのboundaryを-7.5から始まるように設定することで、各ビンの観測数を示す棒が0、15、30などの値にセンタリングされるようにします。

```
ggplot(wind, aes(x = DirCat, fill = SpeedCat)) +
  geom_histogram(binwidth = 15, boundary = -7.5) +
  coord_polar() +
  scale_x_continuous(limits = c(0,360))
```

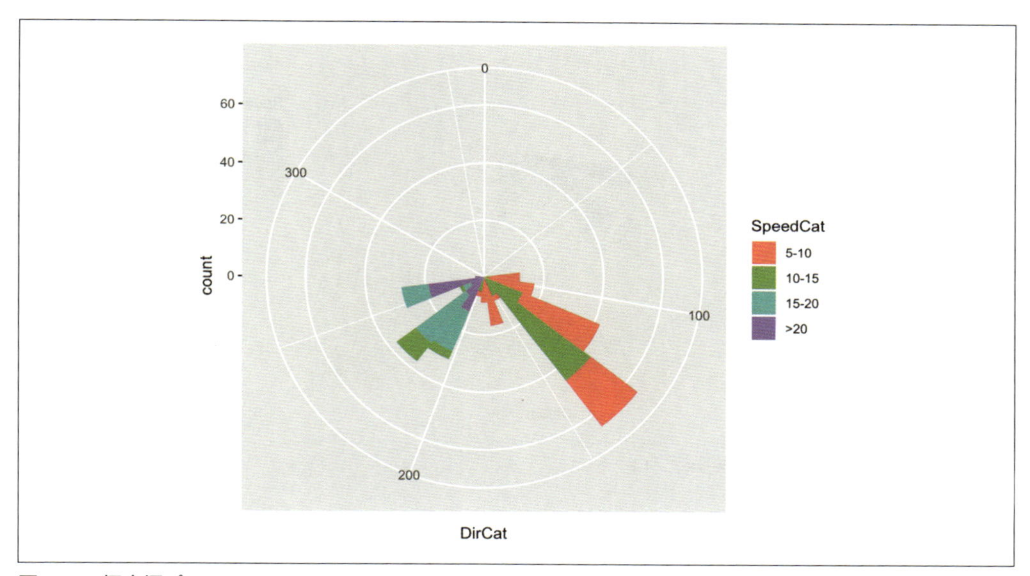

図8-33　極座標プロット

解説

極座標プロットを使うときには、このプロットがデータを歪めて知覚させることに注意してください。この例では、210度のビンには風速15-20の観測値が15、風速が20を超える観測値が13ありますが、図を見ると一見風速>20の観測値のほうが多いように見えます。また、風速10-15の観測値も3つあるのですが、グラフ上ではほとんど見えません。

この図の体裁を整えるために、凡例の順番を反転させ、色のパレットを変更し、枠線を追加し、x軸の目盛をわかりやすい値に設定します（**図8-34**）。

```
ggplot(wind, aes(x = DirCat, fill = SpeedCat)) +
  geom_histogram(binwidth = 15, boundary = -7.5, colour = "black", size = .25) +
  guides(fill = guide_legend(reverse = TRUE)) +
  coord_polar() +
  scale_x_continuous(limits = c(0,360),
                     breaks = seq(0, 360, by = 45),
```

```
                    minor_breaks = seq(0, 360, by = 15)) +
    scale_fill_brewer()
```

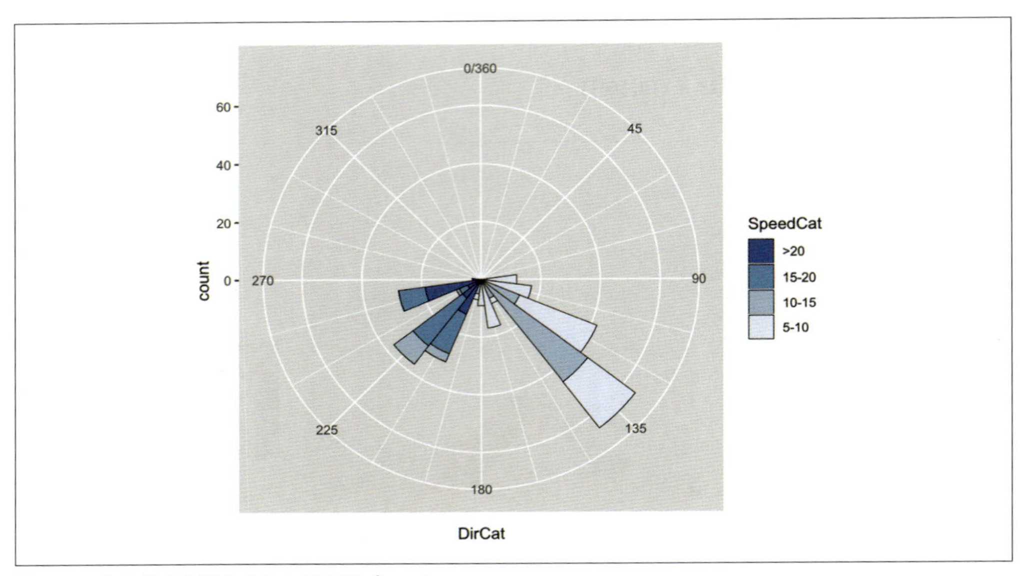

図8-34 色と目盛位置を変えた極座標プロット

角度（theta）が離散値の場合には、start引数にプロットの開始角度を設定すると便利です。開始角度は（12時の位置からの角度を）ラジアンで指定するため、度数法の角度を使いたい場合には、ラジアンに変換してから指定する必要があります。

```
coord_polar(start = -45 * pi / 180)
```

極座標は、線や点など他の幾何オブジェクトとともに使用することもできます。これらの幾何オブジェクトを使用する際に留意する点がいくつかあります。はじめに、デフォルトではy（またはr）にマッピングされる変数のうち、最小値が座標の中心になるようにプロットされます。言い換えれば、最小値は極座標上での見かけ上の半径が0の位置にプロットされます。yの値が0のとき半径が0になるようにプロットしたい場合には、y軸の範囲を設定する必要があります。

次に、x（または角度theta）が連続値の場合、xの最小値と最大値は極座標上で合わさって同じ角度にプロットされます。これが望ましい場合もありますが、そうでない場合もあります。この挙動を変更するためには、x軸の範囲を設定する必要があります。

最後に、角度（theta）の値は極座標を一周しかできません。今のところ、開始角度（デフォルトでは12時の位置）を越えて幾何オブジェクトを描画することはできません。

これらの問題について、例を挙げて説明しましょう。次のコードは、mdeathsの時系列データからデータフレームを作成し、**図8-35**の左に示す図を描画します。

```
# mdeaths時系列データからデータフレームを作成する
mdeaths_mod <- data.frame(
  deaths = as.numeric(mdeaths),
  month = as.numeric(cycle(mdeaths))
)

# 各月の平均死亡数を計算する
library(dplyr)
mdeaths_mod <- mdeaths_mod %>%
  group_by(month) %>%
  summarise(deaths = mean(deaths))

mdeaths_mod
#> # A tibble: 12 x 2
#>   month   deaths
#>   <dbl>  <dbl>
#> 1     1 2129.833
#> 2     2 2081.333
#> 3     3 1970.500
#> 4     4 1657.333
#> 5     5 1314.167
#> 6     6 1186.833
#> 7     7 1136.667
#> 8     8 1037.667
#> ... with 4 more rows

# 基本プロットを作成
mdeaths_plot <- ggplot(mdeaths_mod, aes(x = month, y = deaths)) +
  geom_line() +
  scale_x_continuous(breaks = 1:12)

# coord_polarによる極座標プロット
mdeaths_plot + coord_polar()
```

1つ目の問題は、1000から2100の範囲にある各データ値には半径が対応付けられますが、このときデータの最小値の半径が0になるように半径が決まっていることです。この問題に対処するために、y（またはr）の下限値を0、上限値をデータ値の最大値に設定します（**図8-35**右）。

```
# coord_polarによる極座標プロットで、y (r)の最小値を0に設定
mdeaths_plot +
```

```
  coord_polar() +
  ylim(0, max(mdeaths_mod$deaths))
```

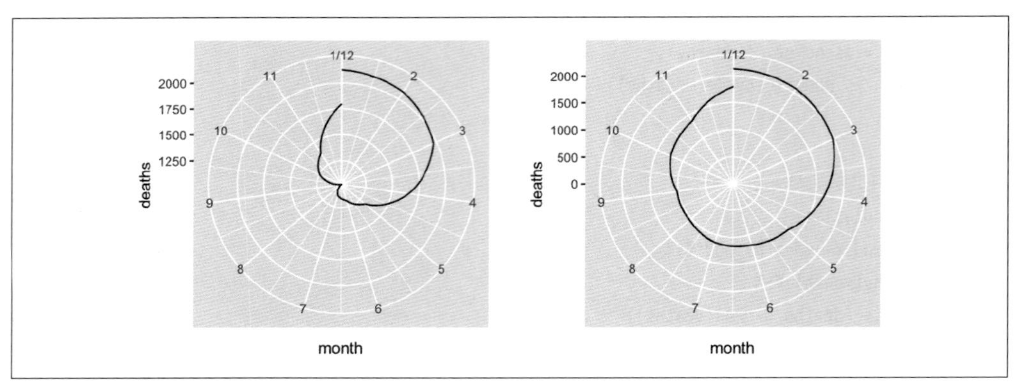

図8-35 左：折れ線の極座標プロット（半径のデータ範囲に注意）
右：半径のデータ範囲が0から始まっている極座標プロット

次の問題は、monthの最初と最後の月である1月と12月が同じ角度に表示されていることです。これを修正するために、xの範囲を0から12に設定すると、**図8-36**の左のようなグラフが作成されます（xlim()を使うと、pのscale_x_continuous()の設定が上書きされることに注意してください。scale_x_continuous()で設定した月ごとの目盛は表示されなくなります。詳細は**「レシピ8.2 連続値の軸の範囲を設定する」**を参照してください）。

```
mdeaths_plot +
  coord_polar() +
  ylim(0, max(mdeaths_mod$deaths)) +
  xlim(0, 12)
```

最後の問題は、折れ線の最初と最後がつながっていないことです。これを修正するために、データフレームを変更して12月と同じ値を持つ0月の行を追加します。これによって、**図8-36**の右のように、最初と最後の月が同じ値になります（0月の代わりに13月の行を追加しても同じことができます）。

```
# 12月と同じ値の0月を追加して線をつなげる
mdeaths_x <- mdeaths_mod[mdeaths_mod$month==12, ]
mdeaths_x$month <- 0
mdeaths_new <- rbind(mdeaths_x, mdeaths_mod)

# %+%を使用して、前と同じプロットを新しいデータで作成
mdeaths_plot %+%
  mdeaths_new +
  coord_polar() +
```

```
ylim(0, max(mdeaths_mod$deaths))
```

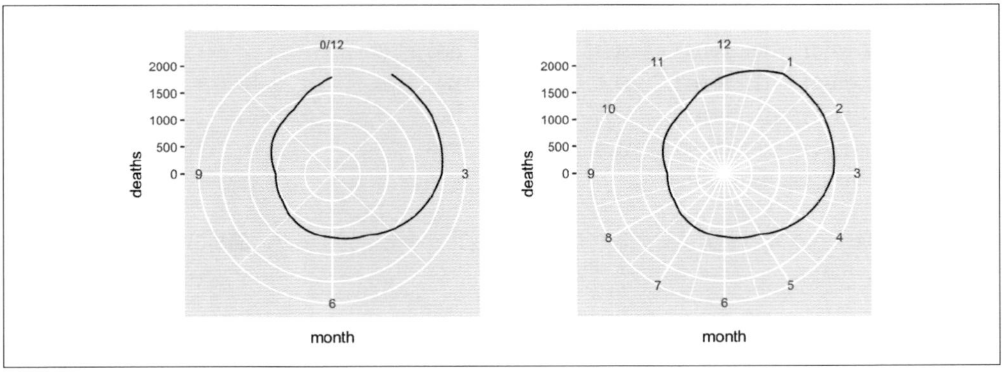

図8-36　左：0から12までのx値を表した極座標プロット
右：0月のダミーデータを追加して折れ線をつなげた極座標プロット

%+%という演算子を使っていることに注意してください。ggplotオブジェクトに%+%でデータフレームを追加すると、デフォルトのデータフレームが新しいデータフレームで置き換えられます。この例の場合には、pのデフォルトデータフレームがmdeaths_modからmdeaths_newに変わります。

関連項目

凡例の順番を反転させる方法については、**「レシピ10.4　凡例の項目順を反転させる」**を参照してください。

目盛の位置とラベルを指定する方法については、**「レシピ8.6　目盛の位置を設定する」**を参照してください。

レシピ8.17　軸目盛に日付を使う

問題

軸に日付を使いたい。

解決策

x軸かy軸にDateクラスの列をマッピングします。次の例では、economicsデータセットを使います。

```
economics
#> # A tibble: 574 x 6
#>   date         pce    pop psavert uempmed unemploy
```

```
#>   <date>     <dbl>  <int>   <dbl>   <dbl>   <int>
#> 1 1967-07-01  507. 198712    12.5     4.5    2944
#> 2 1967-08-01  510. 198911    12.5     4.7    2945
#> 3 1967-09-01  516. 199113    11.7     4.6    2958
#> 4 1967-10-01  513. 199311    12.5     4.9    3143
#> 5 1967-11-01  518. 199498    12.5     4.7    3066
#> 6 1967-12-01  526. 199657    12.1     4.8    3018
#> # ... with 568 more rows
```

date列はDateクラスのオブジェクトです。これをxにマッピングすると、**図8-37**に示す図が作成されます。

```
ggplot(economics, aes(x = date, y = psavert)) +
  geom_line()
```

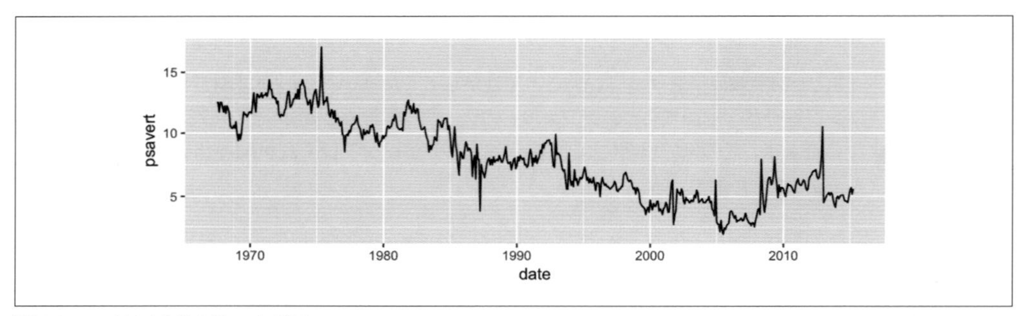

図8-37 x軸に日付を使ったグラフ

解説

ggplotは、2種類の時間に関連したオブジェクトを扱うことができます。日付を表現するもの（Dateクラスのオブジェクト）と、日付と時間を表現するもの（POSIXtクラスのオブジェクト）です。これらのオブジェクトの違いは、Dateオブジェクトが1日までの解像度を持った日付を表現するのに対して、POSIXtオブジェクトは秒までの解像度を持った時間を表現する点です。

目盛位置の指定は、数値軸と同じように行うことができますが、大きな違いはDateクラスの日付ベクトルを渡して目盛を指定することです。economicsデータセットから、1992年中頃から1993年中頃までの一部のデータを使います。目盛位置を指定しないと、**図8-38**（上）のように、自動的に配置された目盛が描かれます*1。

---

*1 訳注：日本語環境（Windows）では、ロケールは"Japanese_Japan.932"に設定されています。この設定では、曜日名などが日本語表記になりますが、文字化けなどの問題を起こす場合もあるかもしれません。Sys.setlocale("LC_TIME", "C")を設定することで英語表記になります。

```
library(dplyr)

# economicsの一部を取り出す
econ_mod <- economics %>%
  filter(date >= as.Date("1992-05-01") & date <  as.Date("1993-06-01"))

# 目盛を指定しない基本プロット
Sys.setlocale("LC_TIME", "C") # ロケールをCに設定（ロケールを設定しない）
econ_plot <- ggplot(econ_mod, aes(x = date, y = psavert)) +
  geom_line()

econ_plot
```

目盛位置のベクトルを作成するために、seq()関数を使って、開始日、終了日、間隔を指定します（**図8-38**下）。

```
# Dateクラスのベクトルを使って目盛位置を指定する
datebreaks <- seq(as.Date("1992-06-01"), as.Date("1993-06-01"), by = "2 month")

# 目盛位置を指定し、テキストラベルを回転させる
econ_plot +
  scale_x_date(breaks = datebreaks) +
  theme(axis.text.x = element_text(angle = 30, hjust = 1))
```

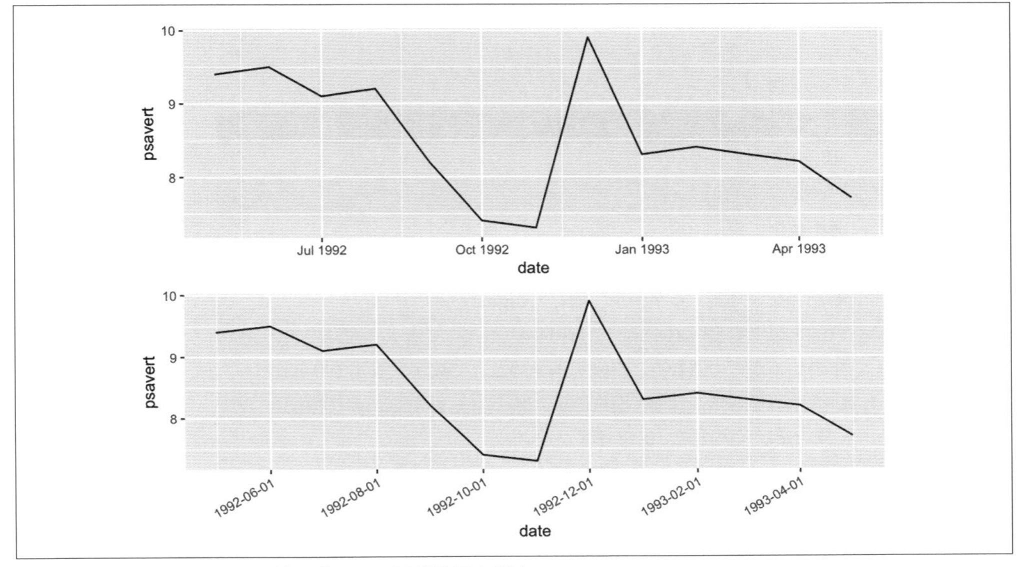

図8-38　上：デフォルトのx軸目盛　下：目盛位置を指定

目盛ラベルの日付フォーマットが変更されているのに注意してください。フォーマットは、scalesパッケージのdate_format()関数を使って指定することができます。ここでは、"%Y %b"と指定し、**図8-39**に示すように、"1992 Jun"のようなフォーマットで日付が表示されています。

```
library(scales)

econ_plot +
  scale_x_date(breaks = datebreaks, labels = date_format("%Y %b")) +
  theme(axis.text.x = element_text(angle = 30, hjust = 1))
```

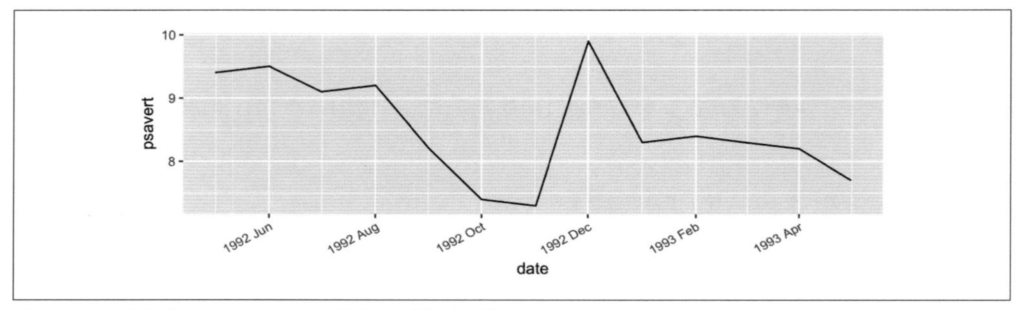

図8-39　日付表示のフォーマットを指定した折れ線グラフ

よく使われる日付フォーマットオプションを**表8-1**に示します。これらのオプションをdate_format()に文字列として渡すと、フォーマット設定が適切な値で置き換えられます。例えば、"%B %d,%Y"と指定すると、ラベルには「June 01, 1992」と表示されます。

表8-1　日付フォーマットオプション

オプション	説明
%Y	年（2012）
%y	年の下二桁（12）
%m	月を数字で表示（08）
%b	略記月名、ロケールに依存（Aug）
%B	略記しない月名、ロケールに依存（August）
%d	日付を数字で表示（04）
%U	年の始めからの週数を、日曜を週始めとして数字で表示（00–53）
%W	年の始めからの週数を、月曜を週始めとして数字で表示（00–53）
%w	週の始めからの日数（0–6, 日曜が0）
%a	略記曜日名、ロケールに依存（Thu）
%A	略記しない曜日名、ロケールに依存（Thursday）

これらの日付フォーマットオプションのうちいくつかは、コンピュータのロケール（地域設定）に依存

しています。月名や曜日名は言語によって異なった表示になります（ここに挙げた例は、USロケールの場合です）。Sys.setlocale()を使ってロケールを変更することができます。例えば、次のように日付フォーマットのロケールをイタリアに変更します。

```
# MacとLinuxでの設定
Sys.setlocale("LC_TIME", "it_IT.UTF-8")

# Windowsでの設定
Sys.setlocale("LC_TIME", "italian")
```

ロケール名はプラットフォームによって異なります。OSレベルでインストールされているロケールを指定する必要があります。

関連項目

ロケール設定についての詳細は、?Sys.setlocaleを参照してください。

文字列を日付関連オブジェクトに変換する方法や、日付のフォーマットについての詳細は、?strptimeを参照してください。

レシピ8.18　軸目盛に時間を使う

問題

軸に時間を使いたい。

解決策

時間は多くの場合、数値として保存されています。例えば、1日のうちの時刻を、1時間単位の数値として保存することがあります。または、ある時間からの経過分数や秒数を数値として保存することもあります。このような場合、x軸かy軸に値をマッピングし、フォーマッタ関数を使って、目盛ラベルに時間を適切なフォーマットで表示します（**図8-40**）。

```
# WWWusage時系列データを、データフレームに変換する
www <- data.frame(
  minute = as.numeric(time(WWWusage)),
  users  = as.numeric(WWWusage)
)

# 時間（分）を文字列に変換するフォーマッタ関数を定義する
timeHM_formatter <- function(x) {
  h <- floor(x/60)
```

```
  m <- floor(x %% 60)
  lab <- sprintf("%d:%02d", h, m) # HH:MM形式にフォーマットする
  return(lab)
}

# デフォルトのx軸でプロット
ggplot(www, aes(x = minute, y = users)) +
  geom_line()

# フォーマットした時間をラベルに表示
ggplot(www, aes(x = minute, y = users)) +
  geom_line() +
  scale_x_continuous(
    name = "time",
    breaks = seq(0, 100, by = 10),
    labels = timeHM_formatter
  )
```

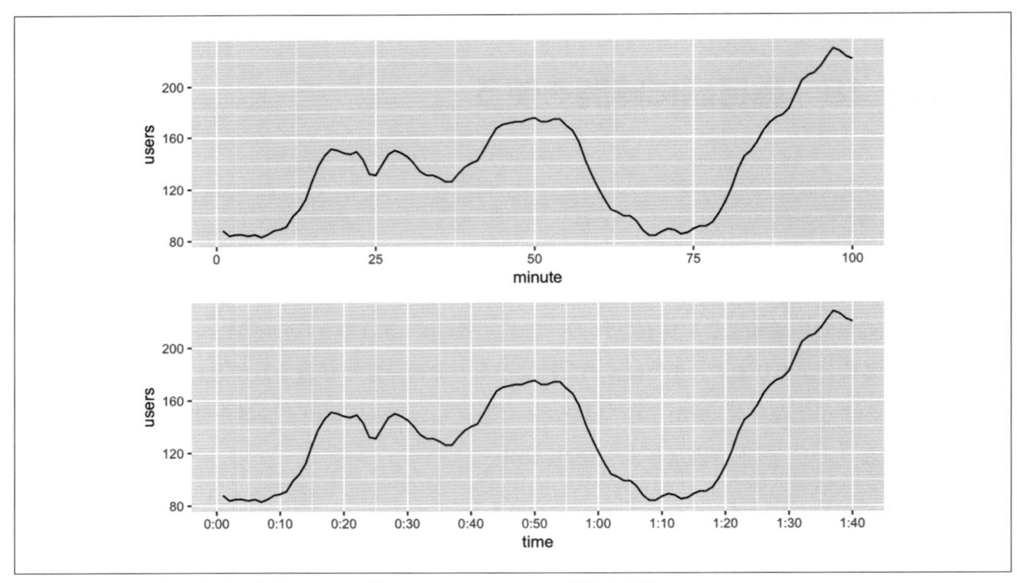

図8-40 上：x軸に時間を表示 下：x軸にフォーマットした時間を表示

解説

場合によっては、次のように目盛位置とラベルを手動で設定するほうが簡単です。

```
scale_x_continuous(
```

```
    breaks = c(0, 20, 40, 60, 80, 100),
    labels = c("0:00", "0:20", "0:40", "1:00", "1:20", "1:40")
  )
```

前の例では、timeHM_formatter()関数を使って、時間（分の単位で保存されている）の数値を1:10のような文字列に変換しました。

```
timeHM_formatter(c(0, 50, 51, 59, 60, 130, 604))
#> [1] "0:00"  "0:50"  "0:51"  "0:59"  "1:00"  "2:10"  "10:04"
```

HH:MM:SS形式のフォーマットに変換するためには、次のフォーマッタ関数を使います。

```
timeHMS_formatter <- function(x) {
  h <- floor(x/3600)
  m <- floor((x/60) %% 60)
  s <- round(x %% 60)                       # 一番近い秒の値に丸める
  lab <- sprintf("%02d:%02d:%02d", h, m, s) # 文字列をHH:MM:SS形式にフォーマットする
  lab <- sub("^00:", "", lab)               # 先頭に00:がある場合は取り除く
  lab <- sub("^0", "", lab)                 # 先頭に0がある場合は取り除く
  return(lab)
}
```

これを適当なサンプル値で実行すると次のようになります。

```
timeHMS_formatter(c(20, 3000, 3075, 3559.2, 3600, 3606, 7813.8))
#> [1] "0:20"    "50:00"   "51:15"   "59:19"   "1:00:00" "1:00:06" "2:10:14"
```

関連項目

時系列オブジェクトをデータフレームに変換する方法については、**「レシピ15.21　時系列オブジェクトを時刻と値に変換する」**を参照してください。

9章 グラフの全体的な体裁

この章ではggplot2で作った図の全体的な体裁を整える方法を解説します。ggplot2の基となっている本『*Grammar of Graphics*』は、データの処理方法や表示方法について書かれたものであり、フォントや背景色などについて書かれたものではありません。しかしデータを人に見せる際にはフォントや背景色などの体裁を調整したいと思うことは多いでしょう。ggplot2では、データ要素以外の体裁をテーマシステムで整えることができます。前章でテーマシステムについて触れましたが、ここではテーマシステムがどのように機能するかについてより詳しく説明します。

レシピ9.1　グラフのタイトルを設定する

問題

グラフのタイトルを設定したい。

解決策

図9-1に示すようにggtitle()でタイトルを設定します。

```
library(gcookbook)  # heightweightデータセットを使うためにgcookbookを読み込む

hw_plot <- ggplot(heightweight, aes(x = ageYear, y = heightIn)) +
  geom_point()

hw_plot +
  ggtitle("Age and Height of Schoolchildren")

# 改行には\nを使う
```

```
hw_plot +
  ggtitle("Age and Height\nof Schoolchildren")
```

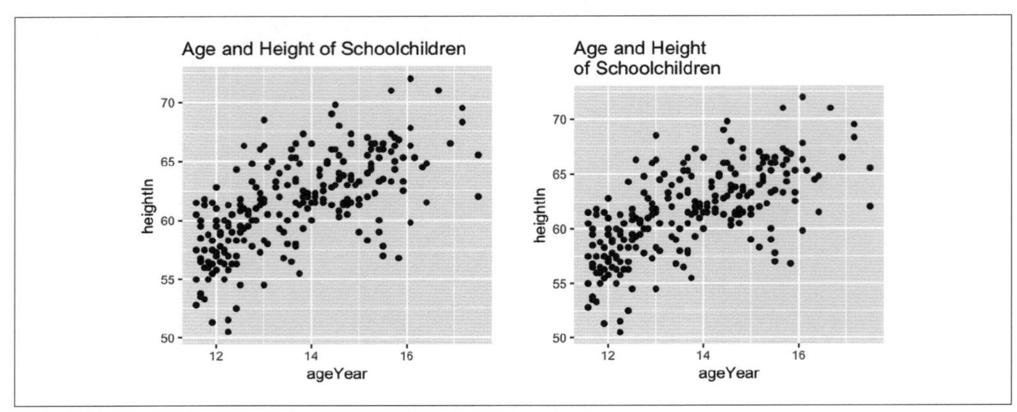

図9-1 左：タイトルを追加した散布図　右：タイトルを\nで改行した散布図

解説

ggtitle()はlabs(title = "Title text")と同じです。

ggtitle()の第2引数に文字列を渡すことでサブタイトルを追加できます。デフォルトではメインのタイトルより少し小さい文字で表示されます（**図9-2**）。

```
hw_plot +
  ggtitle("Age and Height of Schoolchildren", "11.5 to 17.5 years old")
```

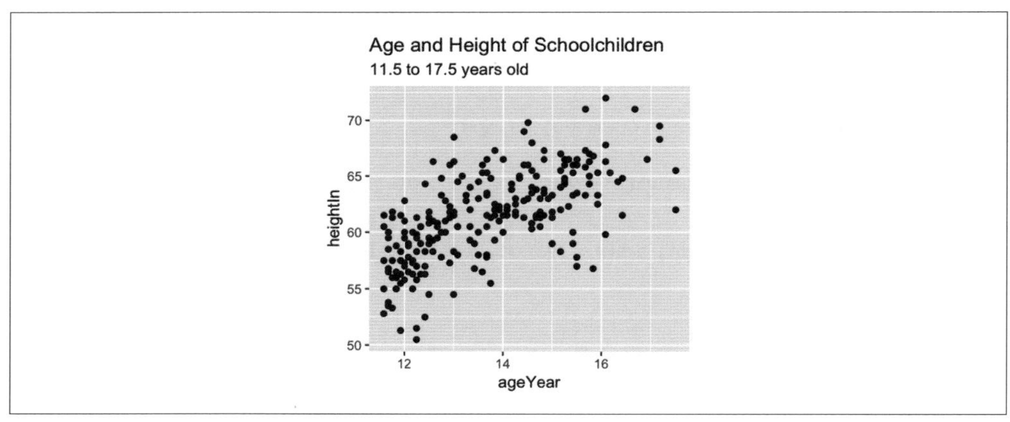

図9-2 サブタイトル付きの散布図

タイトルをプロット領域内に移したいときには、2つあるハックのうちどちらかを使います（**図9-3**）。

1つ目はggtitle()と負のvjust値を使う方法です。この方法の欠点はプロット領域の上部にタイトル用の余白が確保されたままになることです。

2つ目はタイトルの代わりにテキスト注釈を使う方法です。x位置にx範囲の中央を設定し、y位置にInfを指定して注釈位置をプロット領域の上端に設定します。さらに、テキストがすべてプロット領域内に入れるには正のvjust値が必要です。

```
# タイトルを中に移す
hw_plot +
  ggtitle("Age and Height of Schoolchildren") +
  theme(plot.title = element_text(vjust = -8))

# テキスト注釈をタイトルの代わりに使う
hw_plot +
  annotate("text", x = mean(range(heightweight$ageYear)), y = Inf,
           label = "Age and Height of Schoolchildren", vjust = 1.5, size = 4.5)
```

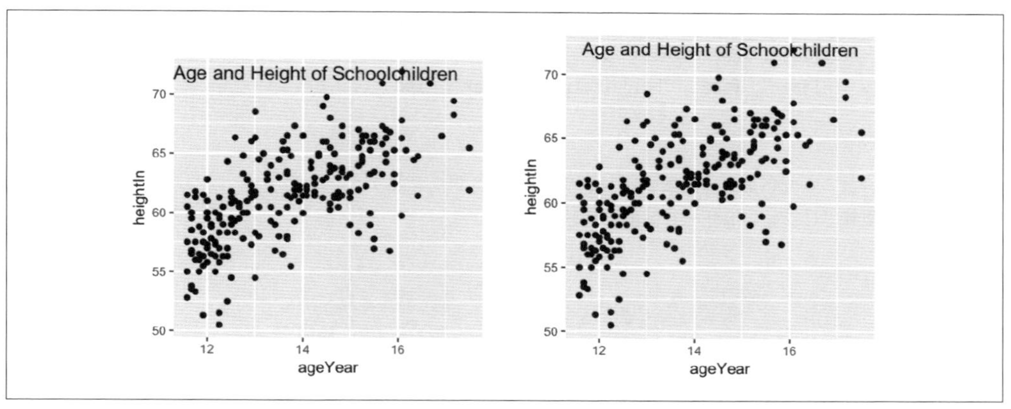

図9-3　左：ggtitle()と負のvjust値を指定したタイトル（プロット領域の上にある余白に注目）
右：図の上端にテキスト注釈を追加した場合

レシピ9.2　テキストの体裁を変更する

問題

グラフ中にあるテキストの体裁を変更したい。

解決策

タイトル、軸ラベル、軸目盛など、テーマ要素の体裁を指定するには、theme()を使いelement_text()で要素を設定します。例えば、axis.title.xはx軸ラベル、plot.titleはタイトルテキストの体裁を指定します（**図9-4**）。

```
library(gcookbook)  # heightweightデータセットを使うためにgcookbookを読み込む

# 基本プロット
hw_plot <- ggplot(heightweight, aes(x = ageYear, y = heightIn)) +
  geom_point()

# テーマ要素の体裁を指定する
hw_plot +
  theme(axis.title.x = element_text(
    size = 16, lineheight = .9,
    family = "Times", face = "bold.italic", colour = "red"
  ))

hw_plot +
  ggtitle("Age and Height\nof Schoolchildren") +
  theme(plot.title = element_text(
    size = rel(1.5), lineheight = .9,
    family = "Times", face = "bold.italic", colour = "red"
  ))

# rel(1.5)はテーマにおける基本フォントサイズの1.5倍を意味する。
# テーマ要素ではフォントサイズはポイント単位。
```

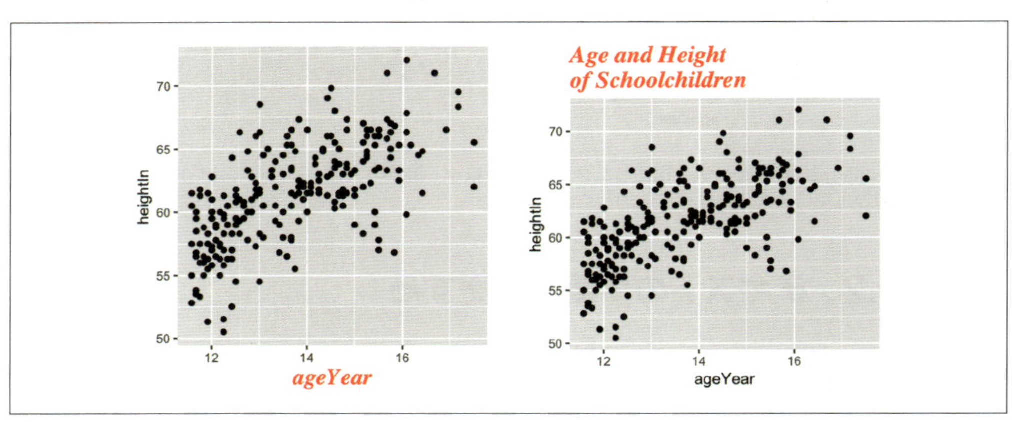

図9-4　左：axis.title.x　右：plot.title

テキストgeom（geom_text()やannotate()によって作られる、グラフ中にあるテキスト）の体裁を指定するには、テキストプロパティを指定します（**図9-5**）。

```
hw_plot +
  annotate("text", x = 15, y = 53, label = "Some text",
    size = 7, family = "Times", fontface = "bold.italic", colour = "red")

hw_plot +
  geom_text(aes(label = weightLb), size = 4, family = "Times", colour = "red")

# テキストgeomではフォントサイズはmm単位
```

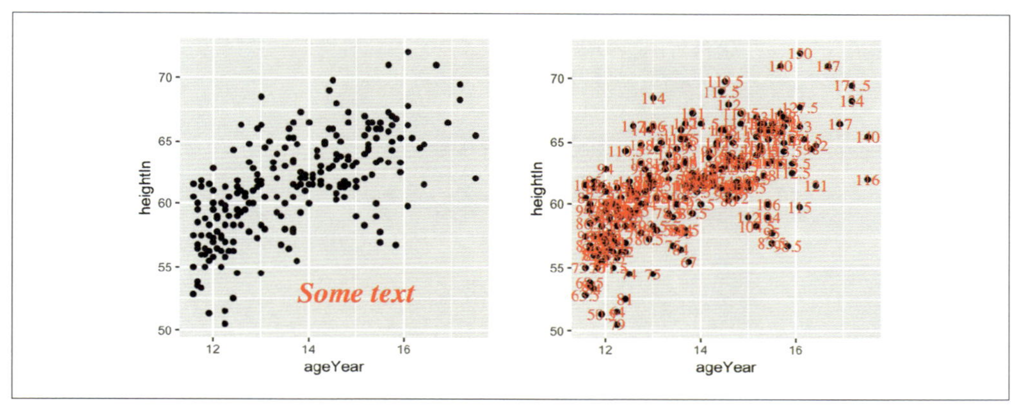

図9-5　左：annotate("text")　右：geom_text()

解説

ggplot2のテキストには、テーマ要素とテキストgeomの2種類があります。テーマ要素はタイトル、凡例、軸など、図内にあるデータ以外のすべてです。テキストgeomはプロット自身の一部でありデータ内容を反映します。

表9-1に示す通り、パラメータが異なります。

表9-1　テーマ要素とテキストgeomのテキストプロパティ

テーマ要素	テキストgeom	説明
`family`	`family`	Helvetica, Times, Courier
`face`	`fontface`	`plain, bold, italic, bold.italic`
`colour`	`colour`	色（名前、または`"#RRGGBB"`）
`size`	`size`	フォントサイズ（テーマ要素ではポイント数、テキストgeomではmm単位）
`hjust`	`hjust`	水平方向の表示位置：0 = 左, 0.5 = 中央, 1 = 右
`vjust`	`vjust`	垂直位置の表示位置：0 = 下, 0.5 = 中央, 1 = 上
`angle`	`angle`	角度（度）
`lineheight`	`lineheight`	行間隔（倍率）

テーマ要素の一覧を**表9-2**にまとめます。多くはそのままの意味です。いくつかを**図9-6**に示します。

表9-2　theme()でテキストの体裁を制御するテーマ要素

要素名	説明
`axis.title`	両軸ラベルの体裁
`axis.title.x`	x軸ラベルの体裁
`axis.title.y`	y軸ラベルの体裁
`axis.ticks`	両軸目盛ラベルの体裁
`axis.ticks.x`	x軸目盛ラベルの体裁
`axis.ticks.y`	y軸目盛ラベルの体裁
`legend.title`	凡例タイトルの体裁
`legend.text`	凡例項目の体裁
`plot.title`	図全体のタイトルの体裁
`strip.text`	両方向ファセットラベルの体裁
`strip.text.x`	水平方向ファセットラベルの体裁
`strip.text.y`	垂直方向ファセットラベルの体裁

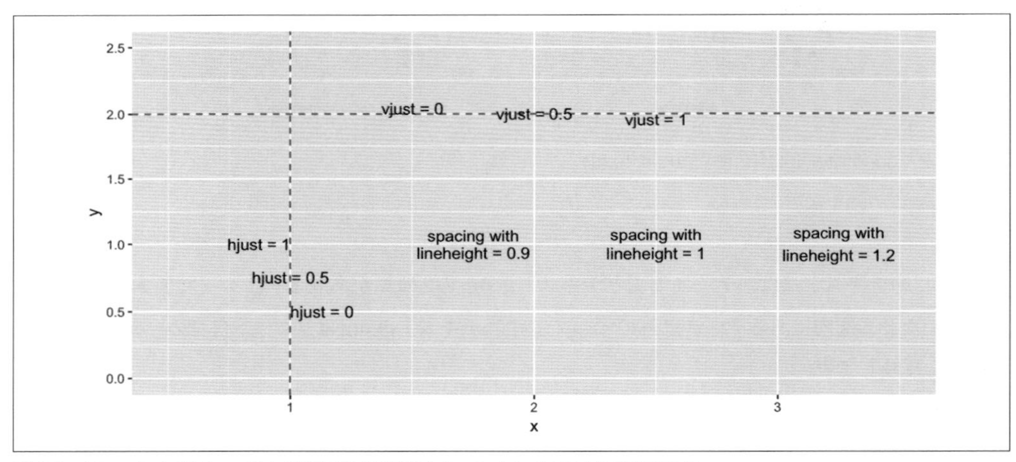

図9-6　hjustおよびvjustによる表示位置指定とlineheightによる行間隔指定

レシピ9.3　テーマを使う

問題

組み込みのテーマを使って、プロット全体の体裁を変更したい。

解決策

ggplot2には多くのテーマが含まれています。ggplot2のデフォルトテーマは`theme_grey()`です。次の例ではそれに加えてtheme_bw()、theme_minimal()、theme_classic()を見ていきましょう。

組み込みのテーマを使うにはtheme_bw()や他のテーマをプロットに追加します（**図9-7**）。

```
library(gcookbook)  # heightweightデータセットを使うためにgcookbookを読み込む

# 基本プロットを作成
hw_plot <- ggplot(heightweight, aes(x = ageYear, y = heightIn)) +
  geom_point()

# グレーのテーマ（デフォルト）
hw_plot +
  theme_grey()

# 白黒（Black and White）のテーマ
hw_plot +
  theme_bw()

# 背景注釈のない最小のテーマ
hw_plot +
  theme_minimal()

# クラシックテーマ。軸線あり、目盛線なし
hw_plot +
  theme_classic()
```

theme_void()もggplot2に含まれているテーマです。このテーマは全プロット要素を空にしてデータのみを表示します（**図9-8**）。デフォルトのテーマ設定を使いたくない場合、代わりに自分でテーマ要素を選ぶための白紙状態が欲しい場合に特に便利です。

```
hw_plot +
  theme_void()
```

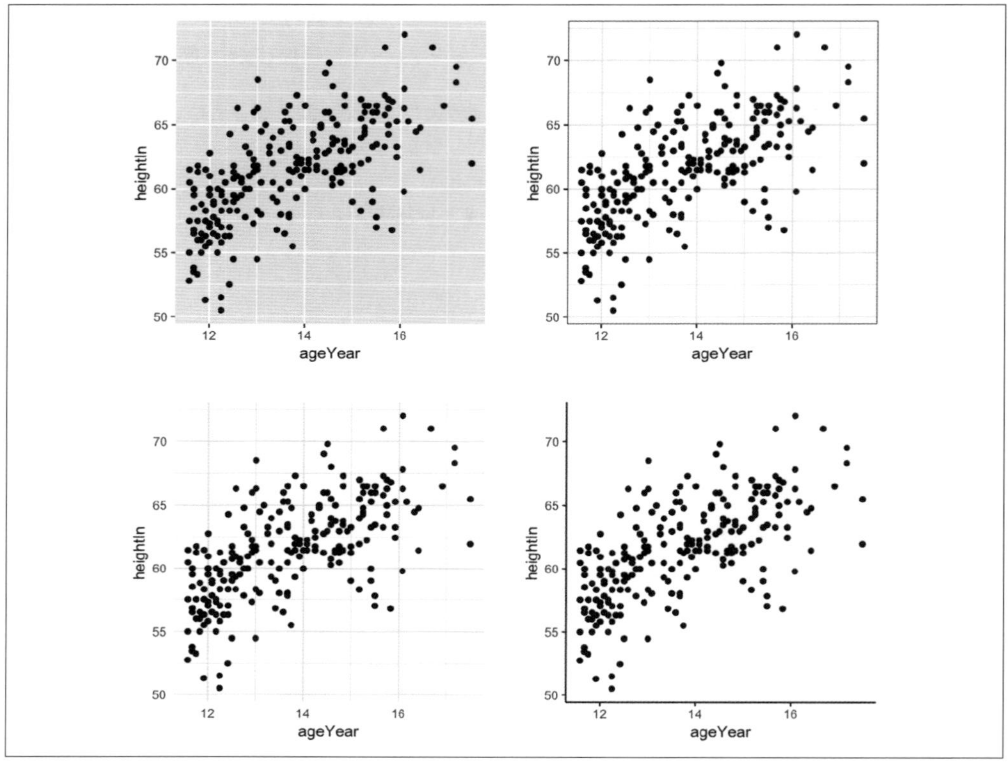

図9-7　左上：theme_grey()での散布図（デフォルト）　右上：theme_bw()
左下：theme_minimal()　右下：theme_classic()

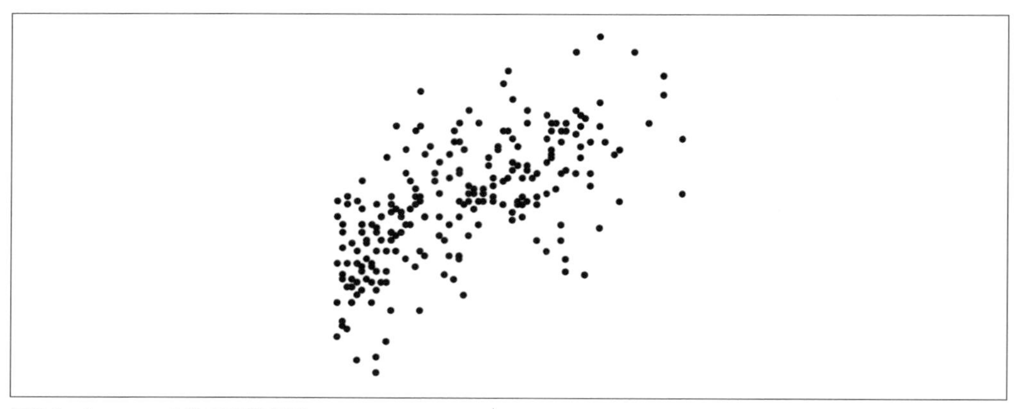

図9-8　theme_void()での散布図

解説

ggplot2のテーマ要素に共通のプロパティのいくつかは、theme()で変更できます。タイトル、凡例、軸などこれらの多くはプロットの外側ですが、目盛線、背景色などいくつかはプロット領域の内部です。

ggplot2組み込みのテーマに加えて、自分でテーマを作ることもできます。

組み込みテーマを使う際に、基本となるフォントファミリーやフォントサイズを指定できます（デフォルトでは、基本となるフォントファミリーはHelvetica、デフォルトのフォントサイズは12です）。

```
hw_plot +
  theme_grey(base_size = 16, base_family = "Times")
```

theme_set()で現在のRセッションに対するデフォルトテーマを設定できます。しかし、現在のプロジェクトと関係のない他の図に影響が出るかもしれないため、グローバルにオプションを設定するのは一般的に良い考えではありません。

```
# 現在のセッションに対するデフォルトテーマを設定
theme_set(theme_bw())

# これはtheme_bw()を使う
hw_plot

# デフォルトテーマをtheme_grey()に戻す
theme_set(theme_grey())
```

関連項目

ggplot2に含まれている他のテーマはhttps://ggplot2.tidyverse.org/reference/ggtheme.htmlを参照してください。

テーマを変更するには「**レシピ9.4　テーマ要素の体裁を変更する**」を参照してください。

自分でテーマを作るには「**レシピ9.5　独自のテーマを作成する**」を参照してください。

テーマのプロパティ一覧を参照するには?themeを実行してください。

レシピ9.4　テーマ要素の体裁を変更する

問題

テーマ要素の体裁を変更したい。

解決策

テーマを変更するには、プロパティに合ったelement_*xxx*を指定してtheme()を追加します。

element_line、element_rect、element_textが存在します。一般的に使われるテーマプロパティを変更する方法は次のコードのようになります（**図9-9**）。

```
library(gcookbook)  # heightweightデータセットを使うためにgcookbookを読み込む

# 基本プロットを作成
hw_plot <- ggplot(heightweight, aes(x = ageYear, y = heightIn, colour = sex)) +
  geom_point()

# プロット領域の設定
hw_plot +
  theme(
    panel.grid.major = element_line(colour = "red"),
    panel.grid.minor = element_line(colour = "red", linetype = "dashed",
                                    size = 0.2),
    panel.background = element_rect(fill = "lightblue"),
    panel.border = element_rect(colour = "blue", fill = NA, size = 2)
  )

# 凡例の設定
hw_plot +
  theme(
    legend.background = element_rect(fill = "grey85", colour = "red", size = 1),
    legend.title = element_text(colour = "blue", face = "bold", size = 14),
    legend.text = element_text(colour = "red"),
    legend.key = element_rect(colour = "blue", size = 0.25)
  )

# テキスト項目の設定
hw_plot +
  ggtitle("Plot title here") +
  theme(
    axis.title.x = element_text(colour = "red", size = 14),
    axis.text.x  = element_text(colour = "blue"),
    axis.title.y = element_text(colour = "red", size = 14, angle = 90),
    axis.text.y  = element_text(colour = "blue"),
    plot.title = element_text(colour = "red", size = 20, face = "bold")
  )

# ファセットの設定
hw_plot +
  facet_grid(sex ~ .) +
```

```
theme(
  strip.background = element_rect(fill = "pink"),
  strip.text.y = element_text(size = 14, angle = -90, face = "bold")
) # strip.text.xにした場合は水平方向ファセット用
```

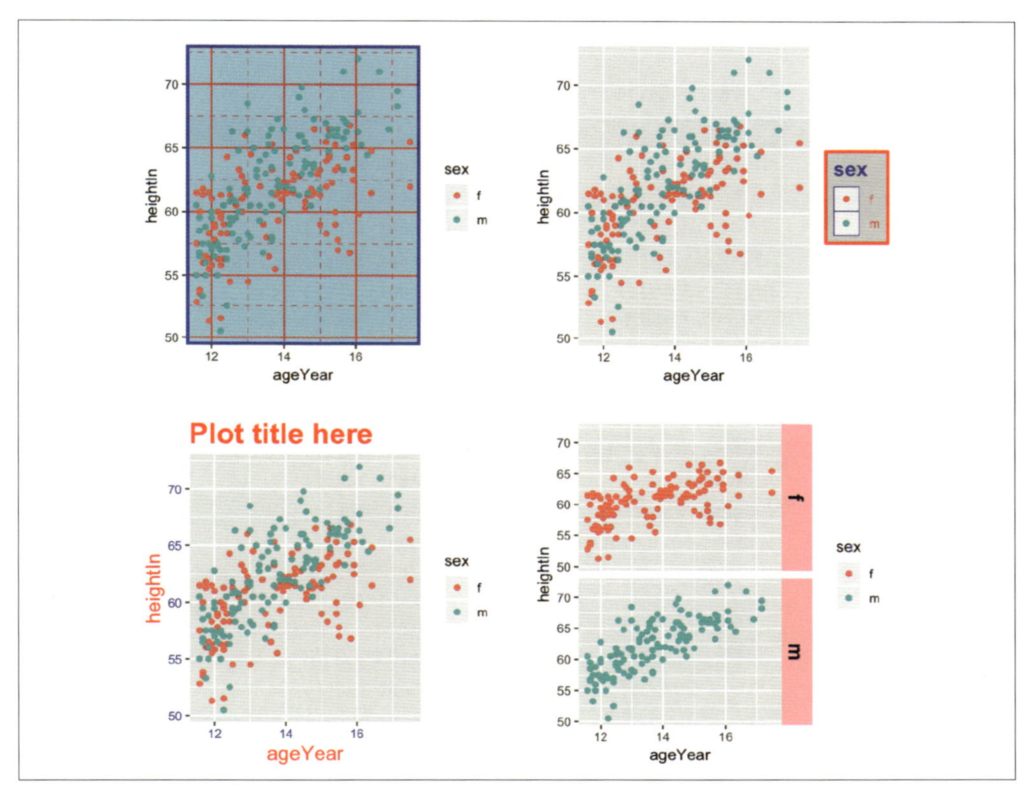

図9-9　左上から時計回りに：プロット領域、凡例、ファセット、テキスト項目の変更

解説

既存のテーマを使いつつ部分的にtheme()で調整したいときには、テーマ指定の後にtheme()を置く必要があります。そうしないとtheme()での設定が既存のテーマによりすべて上書きされてしまいます。

```
# テーマを追加する前のtheme()は効果なし
hw_plot +
  theme(axis.title.x = element_text(colour = "red")) +
  theme_bw()
```

```
# テーマを指定した後のtheme()は動く
hw_plot +
  theme_bw() +
  theme(axis.title.x = element_text(colour = "red", size = 12))
```

一般的に使われるテーマプロパティを**表9-3**に示します。

表9-3　theme()でテキストの体裁を制御するテーマ要素

名前	説明	要素の種類
text	すべてのテキスト要素	element_text()
rect	すべての長方形要素	element_rect()
line	すべての線要素	element_line()
axis.line	軸に沿った線	element_line()
axis.title	両軸ラベルの体裁	element_text()
axis.title.x	x軸ラベルの体裁	element_text()
axis.title.y	y軸ラベルの体裁	element_text()
axis.text	両軸目盛ラベルの体裁	element_text()
axis.text.x	x軸目盛ラベルの体裁	element_text()
axis.text.y	y軸目盛ラベルの体裁	element_text()
legend.background	凡例の背景	element_rect()
legend.text	凡例項目の体裁	element_text()
legend.title	凡例タイトルの体裁	element_text()
legend.position	凡例の位置	"left"、"right"、"bottom"、"top"、またはプロット領域内部に配置したいときは2要素の数字ベクトル（凡例の配置についての詳細は「**レシピ10.2　凡例の位置を変える**」を参照）
panel.background	プロット領域の背景	element_rect()
panel.border	プロット領域の枠線	element_rect(linetype="dashed")
panel.grid.major	主目盛線	element_line()
panel.grid.major.x	主目盛線、垂直方向	element_line()
panel.grid.major.y	主目盛線、水平方向	element_line()
panel.grid.minor	補助目盛線	element_line()
panel.grid.minor.x	補助目盛線、垂直方向	element_line()
panel.grid.minor.y	補助目盛線、水平方向	element_line()
plot.background	プロット全体の背景	element_rect(fill = "white", colour = NA)
plot.title	タイトルテキストの体裁	element_text()
strip.background	ファセットラベルの背景	element_rect()
strip.text	垂直および水平方向ファセットラベルテキストの体裁	element_text()
strip.text.x	水平方向ファセットラベルテキストの体裁	element_text()
strip.text.y	垂直方向ファセットラベルテキストの体裁	element_text()

レシピ9.5　独自のテーマを作成する

問題

独自のテーマを作成したい。

解決策

既存のテーマに要素を追加して独自のテーマを作成できます（**図9-10**）。

```
library(gcookbook)  # heightweightデータセットを使うためにgcookbookを読み込む

# theme_bw()を基にしていくつか変更する
mytheme <- theme_bw() +
  theme(
    text = element_text(colour = "red"),
    axis.title = element_text(size = rel(1.25))
  )

# 基本プロットを作成
hw_plot <- ggplot(heightweight, aes(x = ageYear, y = heightIn)) +
  geom_point()

# 変更したテーマを使ってプロットする
hw_plot +
  mytheme
```

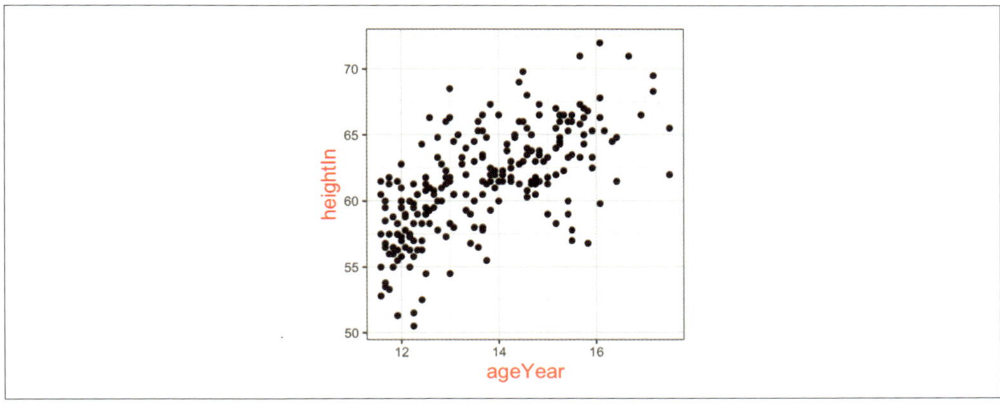

図9-10　変更したデフォルトテーマ

解説

ggplot2では、デフォルトテーマを活用できるだけでなく、必要に応じて変更できます。テーマ要素を追加したり、既存要素の値を変更できます。変更はグローバルに、または1つのプロットだけに適用できます。

関連項目

テーマ変更時のオプションは「**レシピ9.4　テーマ要素の体裁を変更する**」を参照してください。

レシピ9.6　目盛線を非表示にする

問題

プロット内の目盛線を非表示にしたい。

解決策

主目盛線（目盛と同じ位置にある線）はpanel.grid.majorで制御できます。補助目盛線（主目盛線の間に引かれる線）はpanel.grid.minorで制御できます。**図9-11**（左）に示すように、それぞれを非表示にできます。

```
library(gcookbook)  # heightweightデータセットを使うためにgcookbookを読み込む

hw_plot <- ggplot(heightweight, aes(x = ageYear, y = heightIn)) +
  geom_point()

hw_plot +
  theme(
    panel.grid.major = element_blank(),
    panel.grid.minor = element_blank()
  )
```

解説

図9-11の中央と右に示すように、panel.grid.major.x、panel.grid.major.y、panel.grid.minor.x、panel.grid.minor.yを使って、垂直方向もしくは水平方向の目盛線だけを非表示にすることもできます。

```
# 垂直方向の目盛線（x軸と交わるもの）を非表示にする
hw_plot +
  theme(
```

```
    panel.grid.major.x = element_blank(),
    panel.grid.minor.x = element_blank()
  )

# 水平方向の目盛線（y軸と交わるもの）を非表示にする
hw_plot +
  theme(
    panel.grid.major.y = element_blank(),
    panel.grid.minor.y = element_blank()
  )
```

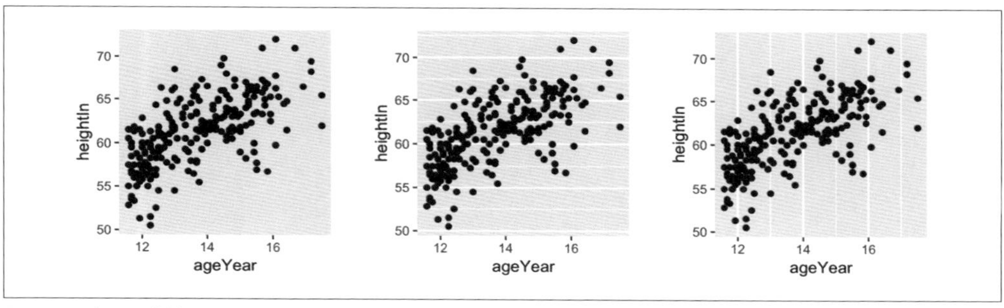

図9-11　左：目盛線なし　中央：垂直方向の線なし　右：水平方向の線なし

10章 凡例

x 軸、y 軸と同じように凡例はガイドです。視覚的（エステティック）属性とデータの関係を凡例は示します。

レシピ10.1　凡例を非表示にする

問題

グラフの凡例を非表示にしたい。

解決策

guides() を使い、凡例を非表示にするスケールを指定します（**図10-1**）。

```
# 基本プロットを作成（凡例付き）
pg_plot <- ggplot(PlantGrowth, aes(x = group, y = weight, fill = group)) +
  geom_boxplot()

pg_plot

# fillの凡例を非表示にする
pg_plot +
  guides(fill = FALSE)
```

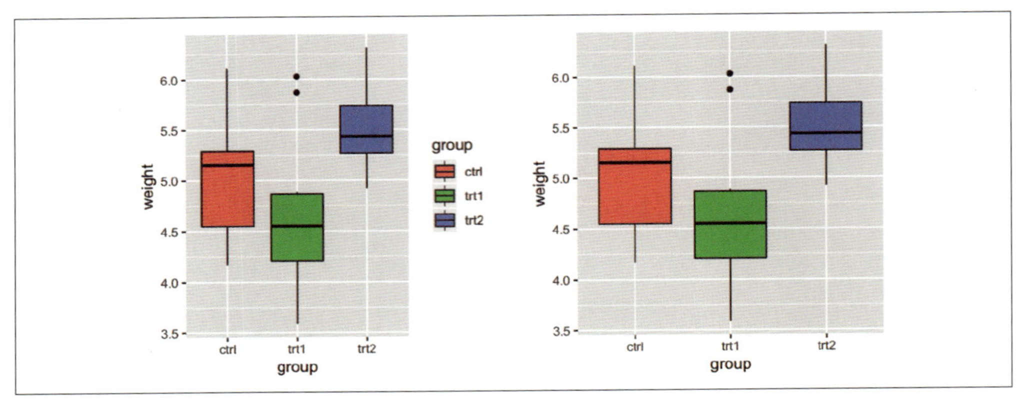

図10-1　左：デフォルトの体裁　右：凡例なし

解説

スケールでguide = FALSEを指定しても凡例を非表示にできます。この場合も前述のコードとまったく同じ出力が得られます。

```
# fillの凡例を非表示にする
pg_plot +
  scale_fill_discrete(guide = FALSE)
```

凡例を非表示にする別の方法としてテーマシステムを使うこともできます。複数のエステティックマッピング（例えばcolorとshape）を使っている場合には、この方法ですべての凡例を非表示にできます。

```
pg_plot +
  theme(legend.position = "none")
```

凡例が冗長な場合や、同時に表示される別のグラフに凡例が存在することがあります。このようなときにはグラフの凡例を非表示にするとよいでしょう。

ここで使った例では、色とx軸の組合せにより凡例相当の情報が表されているため、凡例は不要です。凡例を非表示にするとグラフに使われる領域が広くなります。グラフ領域の縦横比を保持したい場合にはグラフの全体的な寸法を調整する必要があります。

変数がfillにマッピングされているときのデフォルトスケールはscale_fill_discrete()（scale_fill_hue()と同等）です。これは各ファクタレベルを色相環上で等間隔の色にマッピングします。scale_fill_manual()などfill用の別スケールもあります。colour（線および点向け）やshape（点向け）など他のエステティック属性を使うときには、適切なスケールを使う必要があります。よく使われるスケールには次のものがあります。

- scale_fill_discrete()
- scale_fill_hue()
- scale_fill_manual()
- scale_fill_grey()
- scale_fill_brewer()
- scale_colour_discrete()
- scale_colour_hue()
- scale_colour_manual()
- scale_colour_grey()
- scale_colour_brewer()
- scale_shape_manual()
- scale_linetype()

レシピ10.2　凡例の位置を変える

問題

右側（デフォルト）以外の位置に凡例を動かしたい。

解決策

theme(legend.position = ...)を使います。legend.positionにはtop（上）、left（左）、right（右）、bottom（下）を指定できます（**図10-2**左）。

```
pg_plot <- ggplot(PlantGrowth, aes(x = group, y = weight, fill = group)) +
  geom_boxplot() +
  scale_fill_brewer(palette = "Pastel2")

pg_plot +
  theme(legend.position = "top")
```

legend.position = c(.8, .3)のように座標位置を指定することで凡例をグラフ内に入れることもできます（**図10-2**右）。座標空間は左下が(0, 0)、右上が(1, 1)です。

```
pg_plot +
  theme(legend.position = c(.8, .3))
```

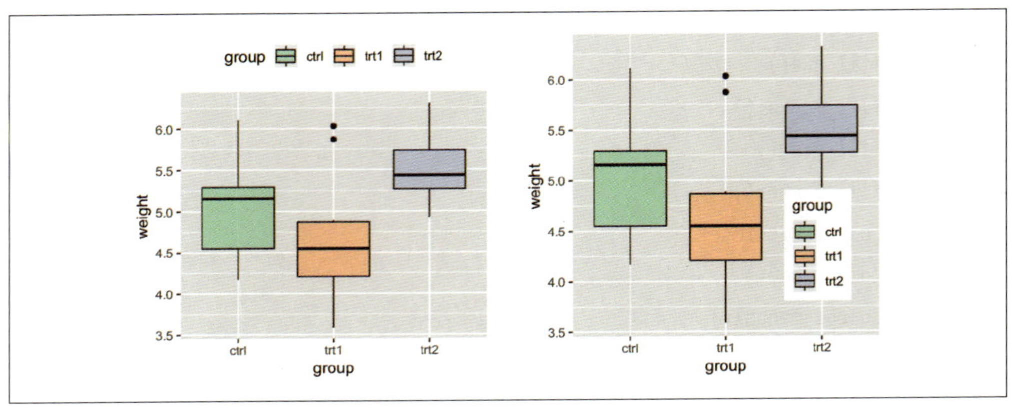

図10-2　左：凡例を上に表示　右：凡例をグラフ領域内に表示

解説

凡例ボックスのどの部分を`legend.position`に配置するかは`legend.justification`で指定できます。`legend.position`で指定した座標に配置されるのはデフォルトでは凡例の中心、つまり(0.5, 0.5)ですが、違う点を指定すると便利なときもあります。

例えば、以下では凡例の右下角(1,0)をグラフ領域の右下角(1,0)に合わせています(**図10-3**左)。

```
pg_plot +
  theme(legend.position = c(1, 0), legend.justification = c(1, 0))
```

また次の例では、凡例の右上角をグラフ領域の右上角に合わせています(**図10-3**右)。

```
pg_plot +
  theme(legend.position = c(1, 1), legend.justification = c(1, 1))
```

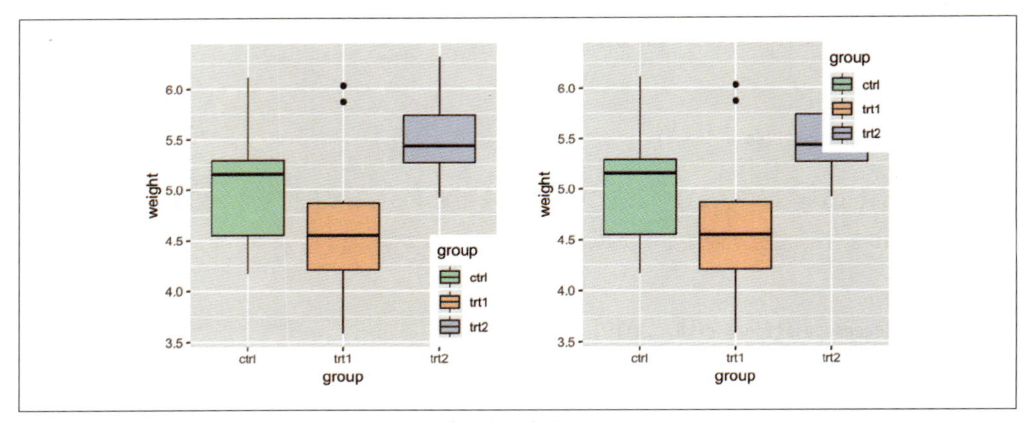

図10-3　左：凡例を右下角に表示　右：凡例を右上角に表示

グラフ領域の内部に凡例を置く場合、凡例をそれ以外と区別するために不透明な境界線を付けたほうが良いこともあります(**図10-4**左)。

```
pg_plot +
  theme(legend.position = c(.85, .2)) +
  theme(legend.background = element_rect(fill = "white", colour = "black"))
```

プロットに溶け込むように、要素の周りの境界線を取り除くこともできます(**図10-4**右)。

```
pg_plot +
  theme(legend.position = c(.85, .2)) +
  theme(legend.background = element_blank()) +  # 全体の境界線を削除
  theme(legend.key = element_blank())           # 各項目の周りにある境界線を削除
```

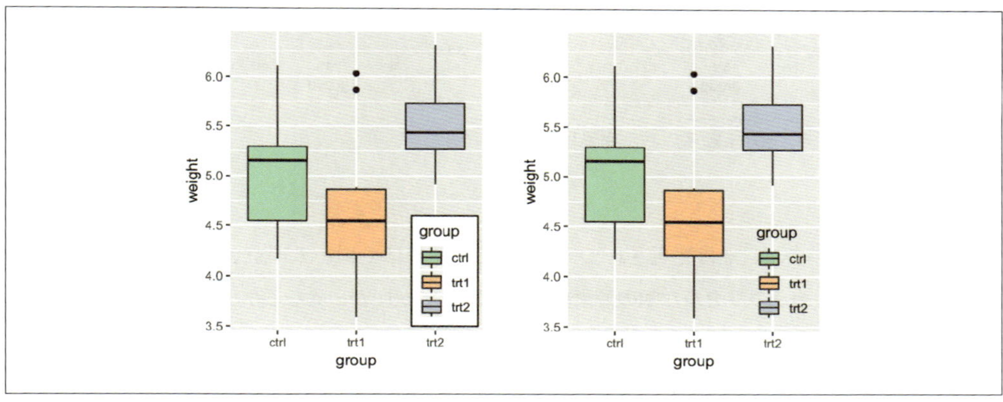

図10-4 左：不透明な背景と外枠を持つ凡例　右：背景と外枠なしの凡例

レシピ10.3 凡例の項目順を変える

問題

凡例の項目順を変えたい。

解決策

スケールの`limits`を望みの順に指定します(**図10-5**)。

```
# 基本プロットを作成
pg_plot <- ggplot(PlantGrowth, aes(x = group, y = weight, fill = group)) +
  geom_boxplot()

pg_plot
```

```
# 項目順の変更
pg_plot +
  scale_fill_discrete(limits = c("trt1", "trt2", "ctrl"))
```

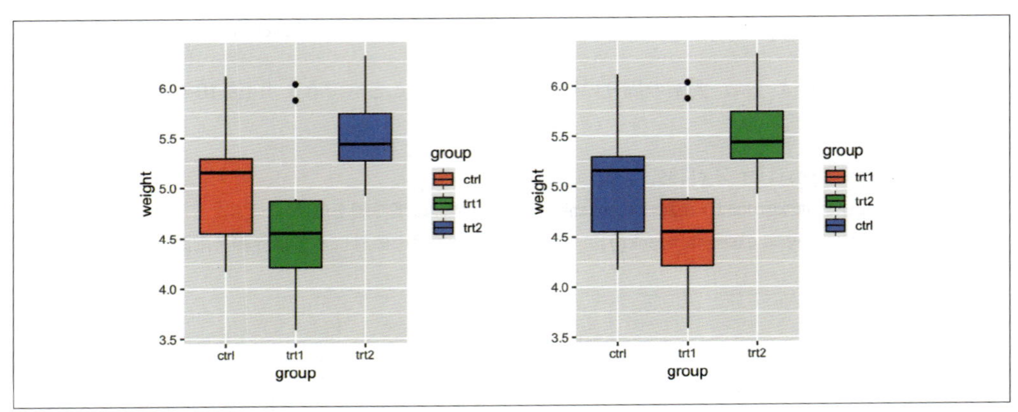

図10-5 左：凡例のデフォルト順序 右：変更した順序

解説

この方法ではx軸の項目順は変更されません。変更するにはscale_x_discrete()のlimitsを設定する（**「レシピ8.4 カテゴリカルな軸の要素の順番を変更する」**）か、異なるファクタレベル順になるようにデータを変更する（**「レシピ15.8 ファクタのレベル順を変更する」**）必要があります。

前の例で、groupはエステティック属性fillにマッピングしました。この場合、デフォルトでは色相環上で等間隔に配置された色にファクタレベルをマッピングするscale_fill_discrete()（scale_fill_hue()と同じ）が使われます。別のscale_fill_*xxx*()を使うこともできます。グレーパレットを使った例を示します（**図10-6**左）。

```
pg_plot +
  scale_fill_grey(start = .5, end = 1, limits = c("trt1", "trt2", "ctrl"))
```

またRColorBrewerのパレットも使えます（**図10-6**右）。

```
pg_plot +
  scale_fill_brewer(palette = "Pastel2", limits = c("trt1", "trt2", "ctrl"))
```

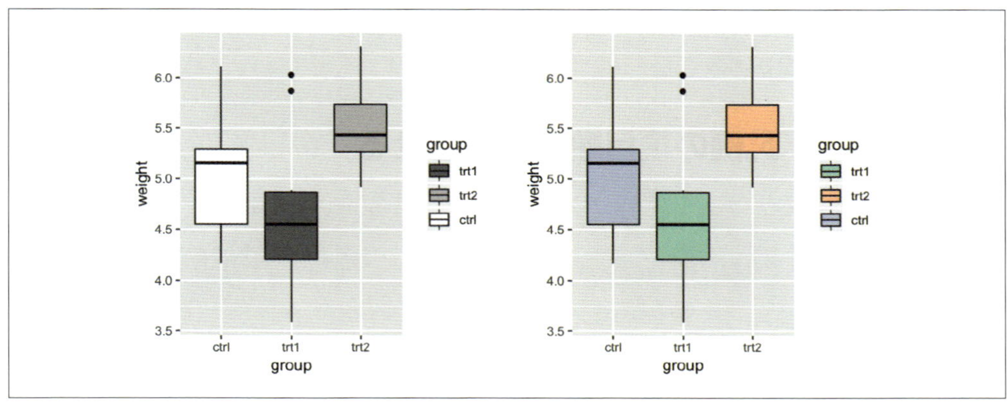

図10-6　左：グレーパレットを使い項目順を変更　右：RColorBrewerのパレット

ここまでの例はすべてfill向けでした。（線および点向けの）colourや（点向けの）shapeのような他のエステティック属性では適切なスケールを使わなければなりません。一般的に使われるスケールには以下のものがあります。

- scale_fill_discrete()
- scale_fill_hue()
- scale_fill_manual()
- scale_fill_grey()
- scale_fill_brewer()
- scale_colour_discrete()
- scale_colour_hue()
- scale_colour_manual()
- scale_colour_grey()
- scale_colour_brewer()
- scale_shape_manual()
- scale_linetype()

デフォルトではscale_fill_discrete()はscale_fill_hue()と同等です。カラースケールについても同じことが言えます。

関連項目

項目順を反転させるには「**レシピ10.4　凡例の項目順を反転させる**」を参照してください。

ファクタレベルの順序を変更するには「**レシピ15.8　ファクタのレベル順を変更する**」を、他の変数に基づいて凡例項目の順序を決めるには**「レシピ15.9　データの値に基づいてファクタのレベル順を変更する」**を参照してください。

レシピ10.4　凡例の項目順を反転させる

問題

凡例の項目順を反転させたい。

解決策

図10-7に示すように、凡例の順序を反転させるには`guides(fill = guide_legend(reverse = TRUE))`を追加します（他のエステティック属性では`fill`を`colour`や`size`などのエステティック属性名で置き換えます）。

```
# 基本プロットを作成
pg_plot <- ggplot(PlantGrowth, aes(x = group, y = weight, fill = group)) +
  geom_boxplot()

pg_plot

# 凡例の順序を反転させる
pg_plot +
  guides(fill = guide_legend(reverse = TRUE))
```

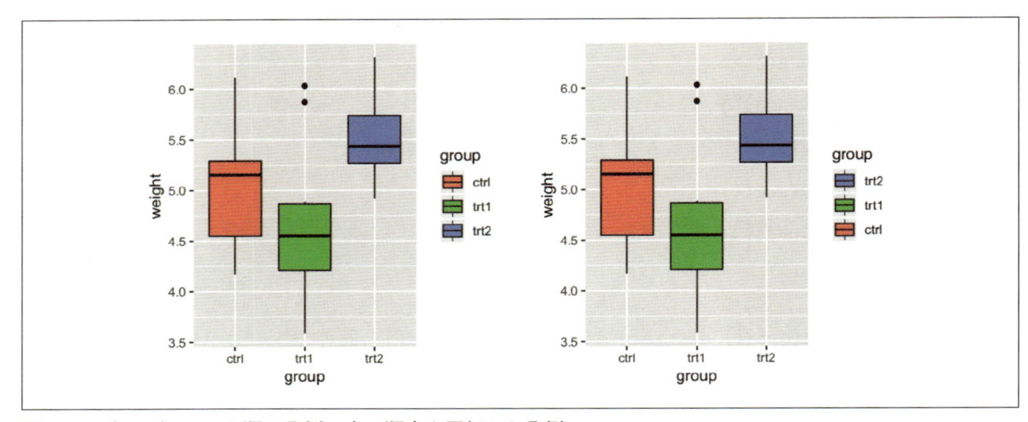

図10-7　左：デフォルト順の凡例　右：順序を反転した凡例

解説

次のように、スケールを指定するときに凡例を制御することもできます。

```
scale_fill_hue(guide = guide_legend(reverse = TRUE))
```

レシピ10.5　凡例のタイトルを変更する

問題

凡例のタイトルテキストを変更したい。

解決策

labs()を使い、fill、colour、shapeなど、凡例に適切なエステティック属性の値を設定します（**図10-8**）。

```
# 基本プロットを作成
pg_plot <- ggplot(PlantGrowth, aes(x = group, y = weight, fill = group)) +
  geom_boxplot()

pg_plot

# 凡例のタイトルを"Condition"に設定
pg_plot + labs(fill = "Condition")
```

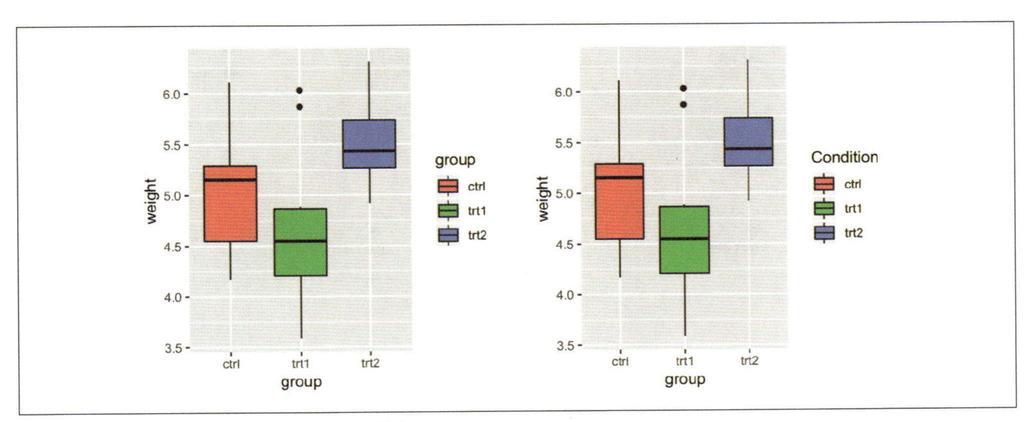

図10-8　凡例タイトルを"Condition"に設定

解説

スケール指定時に凡例のタイトルを設定することもできます。凡例と軸はどちらもガイドなので、x軸やy軸のタイトルと同じように凡例のタイトルも設定できます。

このコードは前のものと同じ効果があります。

```
pg_plot + scale_fill_discrete(name = "Condition")
```

エステティック属性にマッピングする凡例付きの変数（xとy以外）が複数ある場合、個別にタイトルを設定できます。この例ではタイトルの1つで\nを使い改行しています（**図10-9**）。

```
library(gcookbook)  # heightweightデータセットを使うためにgcookbookを読み込む

# 基本プロットを作成
hw_plot <- ggplot(heightweight, aes(x = ageYear, y = heightIn, colour = sex)) +
  geom_point(aes(size = weightLb)) +
  scale_size_continuous(range = c(1, 4))

hw_plot

# 凡例タイトルを設定
hw_plot +
  labs(colour = "Male/Female", size = "Weight\n(pounds)")
```

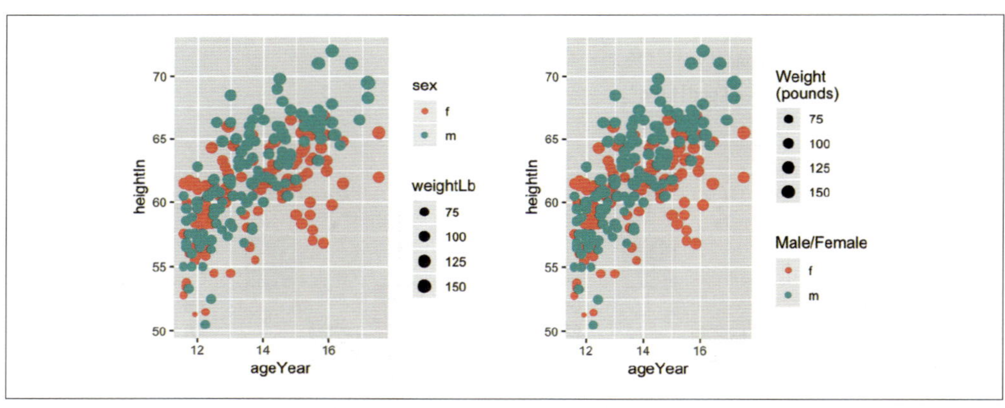

図10-9 左：オリジナルタイトルの凡例2つ 右：凡例タイトルを設定

1つの変数を2つのエステティック属性にマッピングしてる場合、デフォルトでは両方を結合した凡例が1つ表示されます。例えば、sexをshapeとweightにマッピングした場合、凡例は1つだけ表示されます（**図10-10**左）。

```
hw_plot2 <- ggplot(heightweight, aes(x = ageYear, y = heightIn,
                                     shape = sex, colour = sex)) +
  geom_point()

hw_plot2
```

タイトルを変更する（**図10-10**右）には両方の名前を設定する必要があります。片方の名前だけを変更した場合には凡例が2つ表示されます（**図10-10**中央）。

```
# shapeのみを変更
hw_plot2 +
  labs(shape = "Male/Female")

# shapeとcolourをともに変更
hw_plot2 +
  labs(shape = "Male/Female", colour = "Male/Female")
```

guides()関数でも凡例のタイトルを制御できます。少し冗長になりますが、他の属性を制御するために既にguides()関数を使っている場合には便利です。

```
hw_plot +
  guides(fill = guide_legend(title = "Condition"))
```

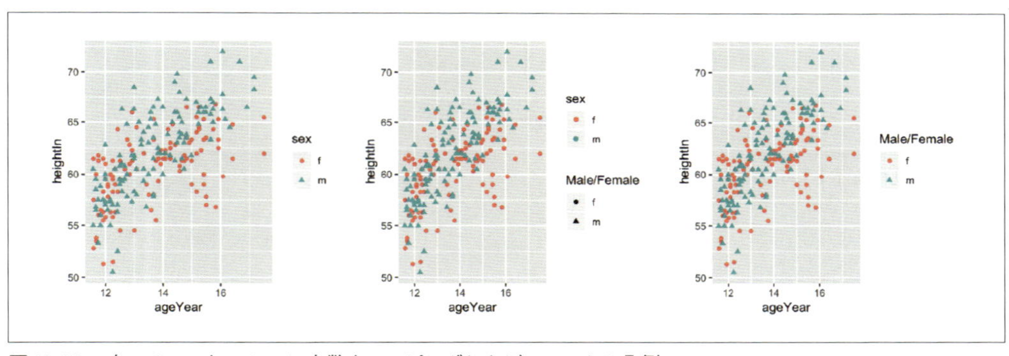

図10-10　左：shapeとcolourに変数をマッピングしたデフォルトの凡例
中央：shapeのみを変更　右：shapeとcolourをともに変更

レシピ10.6　凡例タイトルの体裁を変更する

問題

凡例のタイトルテキストの体裁を変更したい。

解決策

theme(legend.title = element_text())を使います（**図10-11**）。

```
pg_plot <- ggplot(PlantGrowth, aes(x = group, y = weight, fill = group)) +
  geom_boxplot()
```

```
pg_plot +
  theme(legend.title = element_text(
    face = "italic",
    family = "Times",
    colour = "red",
    size = 14)
  )
```

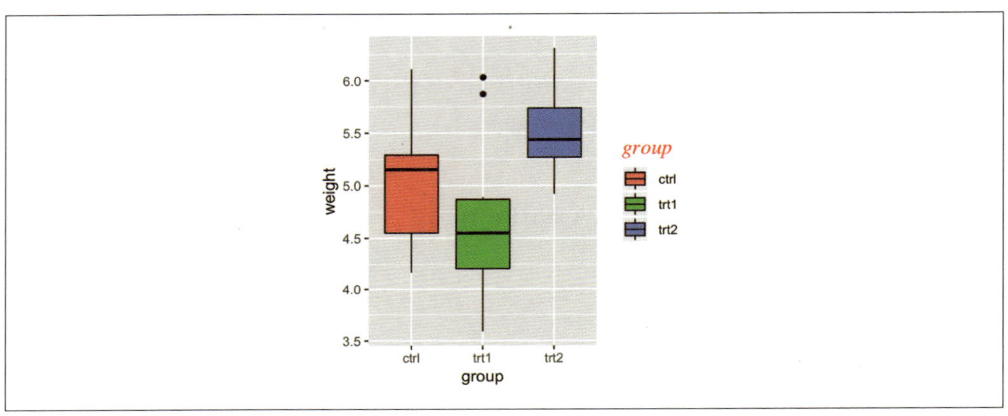

図10-11　凡例タイトルのカスタマイズした体裁

解説

guides()でも凡例タイトルの体裁を指定できますが、少し冗長な記述になることがあります。次のコードは前のものと同じ効果があります。

```
pg_plot +
  guides(fill = guide_legend(title.theme = element_text(
    face = "italic",
    family = "times",
    colour = "red",
    size = 14))
  )
```

関連項目

テキストの体裁を制御するためのより詳しい方法は **「レシピ9.2　テキストの体裁を変更する」** を参照してください。

レシピ10.7　凡例タイトルを非表示にする

問題

凡例タイトルを非表示にしたい。

解決策

図10-12に示すように、guides(fill = guide_legend(title = NULL))を追加することで凡例のタイトルを非表示にできます（他のエステティック属性についてはfillをcolourやsizeなどのエステティック属性名で置き換えます）。

```
ggplot(PlantGrowth, aes(x = group, y = weight, fill = group)) +
  geom_boxplot() +
  guides(fill = guide_legend(title = NULL))
```

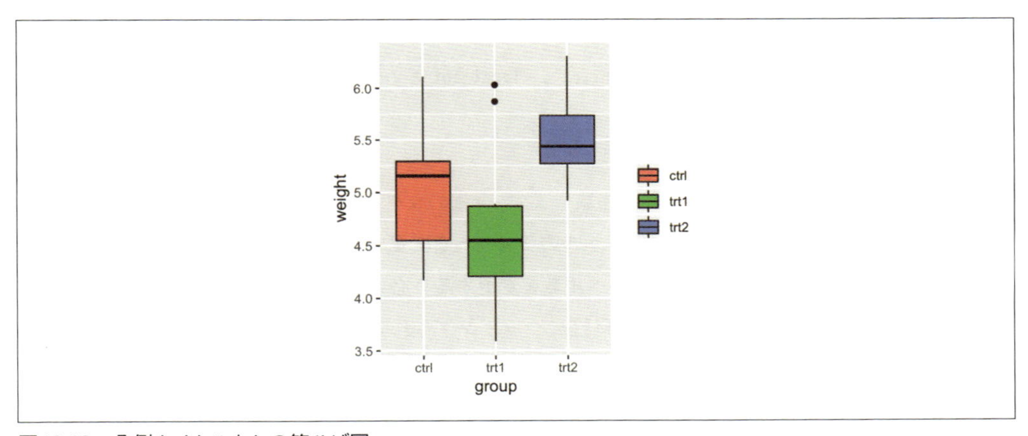

図10-12　凡例タイトルなしの箱ひげ図

解説

スケールを指定するときにも凡例タイトルを制御できます。次のコードは前のものと同じ効果があります。

```
scale_fill_hue(guide = guide_legend(title = NULL))
```

レシピ10.8 凡例内のラベルを変更する

問題

凡例内のテキストラベルを変更したい。

解決策

スケールを指定する際にlabelsで設定します（**図10-13**左）。

```
library(gcookbook)  # PlantGrowthデータセットを使うためにgcookbookを読み込む

# 基本プロット
pg_plot <- ggplot(PlantGrowth, aes(x = group, y = weight, fill = group)) +
  geom_boxplot()

# 凡例ラベルを変更
pg_plot +
  scale_fill_discrete(labels = c("Control", "Treatment 1", "Treatment 2"))
```

解説

x軸のラベルは変わっていないことに注意します。x軸のラベルを変えるにはscale_x_discrete()でlabelsを設定する（**「レシピ8.10 軸ラベルのテキストを変更する」**）か、データのファクタレベル名を変更する（**「レシピ15.10 ファクタのレベル名を変更する」**）必要があります。

前の例でgroupはエステティック属性fillにマッピングされていました。この場合、デフォルトではscale_fill_discrete()が使われ、色相環上で等間隔に配置された色にファクタレベルがマッピングされます（scale_fill_hue()と同じ）。他の塗りつぶし（fill）スケールでも同じようにラベルを変更できます。例えば**図10-13**の右のグラフは次のように生成します。

```
pg_plot +
  scale_fill_grey(start = .5, end = 1,
                  labels = c("Control", "Treatment 1", "Treatment 2"))
```

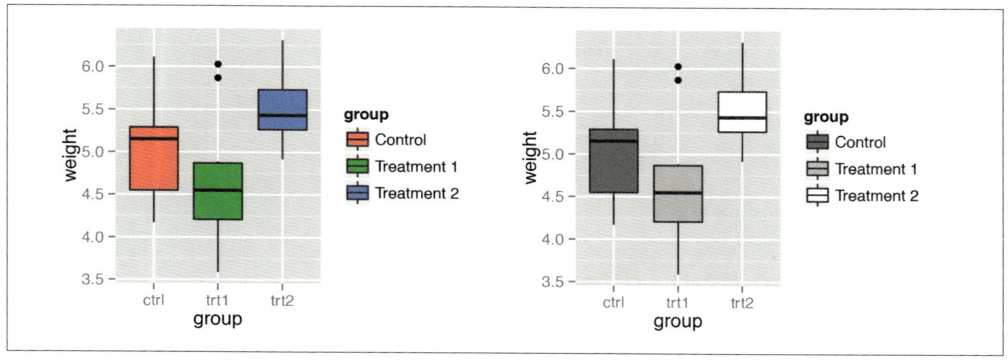

図10-13　左：デフォルトの離散スケールで凡例ラベルを手動設定
右：別のスケール凡例ラベルを手動設定

凡例項目の順序を同時に変更する場合は、項目の順序に従ってラベルが割り振られます。この例では項目の順序を変更し、同じ順序でラベルを設定します（**図10-14**）。

```
pg_plot +
  scale_fill_discrete(
    limits = c("trt1", "trt2", "ctrl"),
    labels = c("Treatment 1", "Treatment 2", "Control")
  )
```

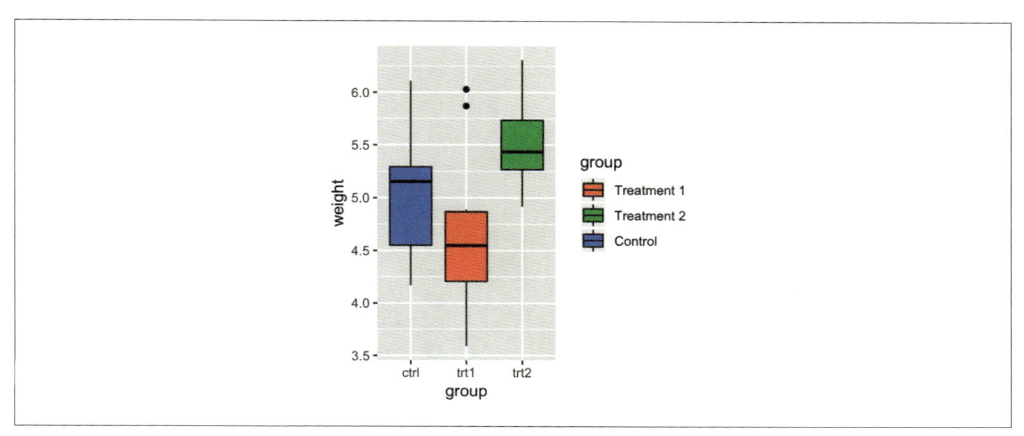

図10-14　凡例ラベルとその順序の変更（x軸ラベルとその順序は変更されていないことに注意）

1つの変数を2つの別エステティック属性にマッピングしているときは、デフォルトで統合された凡例が1つ表示されます。凡例ラベルを変えたいときは両スケールを変更する必要があります。そうしないと**図10-15**に示すように凡例が2つに分かれます。

```
# 基本プロットを作成
```

```
hw_plot <- ggplot(heightweight, aes(x = ageYear, y = heightIn, shape = sex,
                                    colour = sex)) +
  geom_point()

hw_plot

# 1つのスケールでラベルを変更
hw_plot +
  scale_shape_discrete(labels = c("Female", "Male"))

# 両スケールでラベルを変更
hw_plot +
  scale_shape_discrete(labels = c("Female", "Male")) +
  scale_colour_discrete(labels = c("Female", "Male"))
```

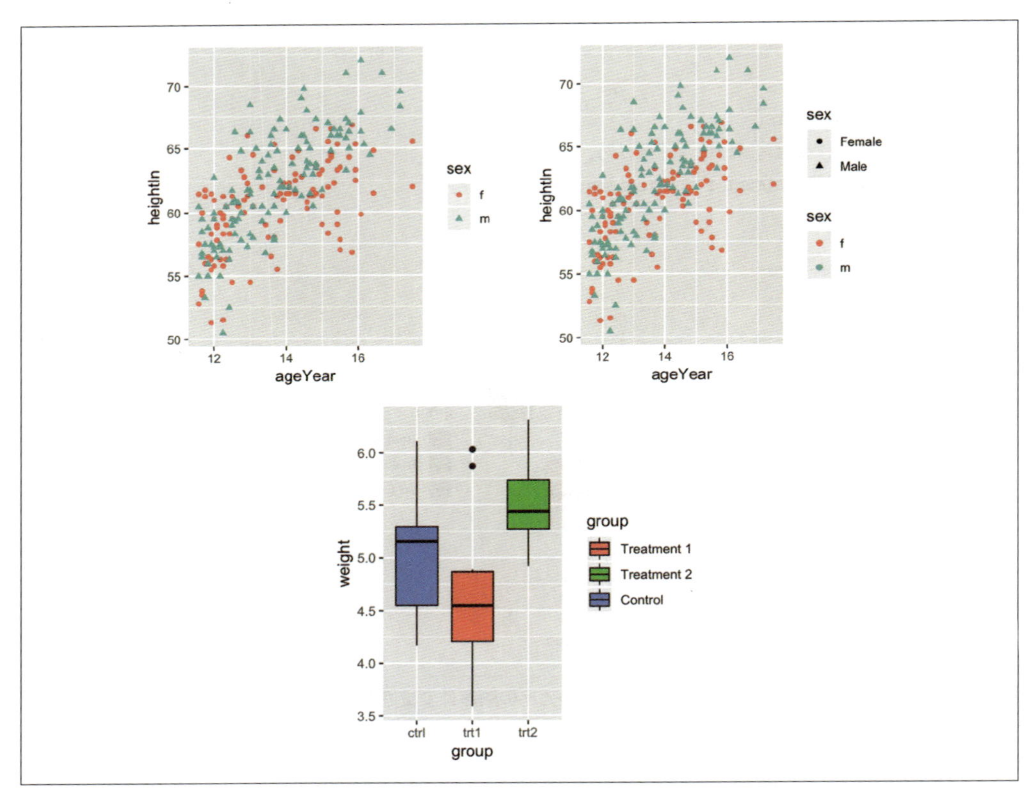

図10-15　左上：shapeとcolourに変数をマッピング　右上：shapeにラベルを設定
下：shapeとcolourの両方にラベルを設定

凡例でよく使われるスケールには他に次のものがあります。

- scale_fill_discrete()
- scale_fill_hue()
- scale_fill_manual()
- scale_fill_grey()
- scale_fill_brewer()
- scale_colour_discrete()
- scale_colour_hue()
- scale_colour_manual()
- scale_colour_grey()
- scale_color_viridis_c()
- scale_color_viridis_d()
- scale_shape_manual()
- scale_linetype()

デフォルトではscale_fill_discrete()はscale_fill_hue()と同等です。カラー（color）スケールに関しても同じです。

レシピ10.9　凡例ラベルの体裁を変更する

問題

凡例ラベルの体裁を変更したい。

解決策

theme(legend.text=element_text())を使います（**図10-16**）。

```
# 基本プロットを作成
pg_plot <- ggplot(PlantGrowth, aes(x = group, y = weight, fill = group)) +
  geom_boxplot()

# 凡例ラベルの体裁を変更
pg_plot +
  theme(legend.text = element_text(
    face = "italic",
    family = "Times",
    colour = "red",
    size = 14)
  )
```

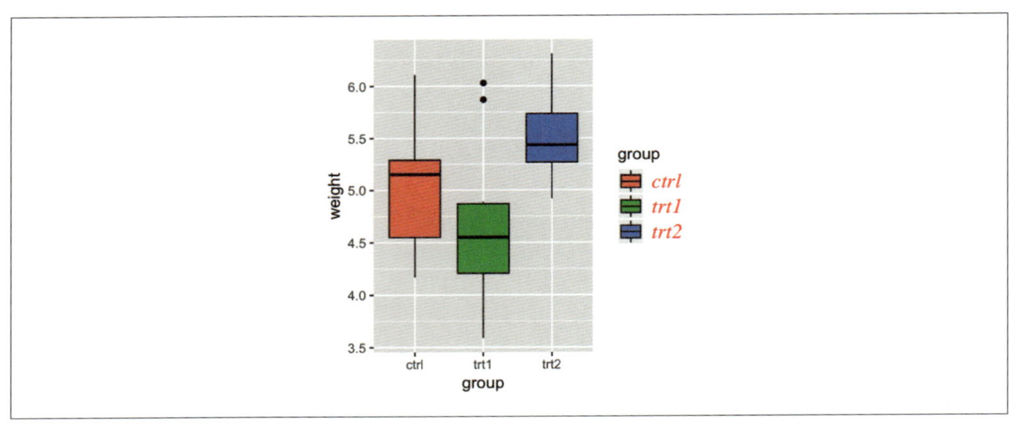

図10-16 体裁をカスタマイズした凡例ラベル

解説

guides()でも凡例ラベルの体裁を指定できますが、少し見苦しくなります。次のコードは前のものと同じ効果があります。

```
# 塗りつぶしの凡例でタイトルテキストを変更
pg_plot +
  guides(fill = guide_legend(title.theme = element_text(
    face = "italic",
    family = "times",
    colour = "red",
    size = 14))
  )
```

関連項目

テキストの体裁を制御するためのより詳しい方法は**「レシピ9.2 テキストの体裁を変更する」**を参照してください。

レシピ10.10 複数行テキストをラベルに使う

問題

複数行のテキストを凡例ラベルに使いたい。

解決策

スケールでlabelsを設定する際に\nで改行を表現します。この例ではfillスケールの凡例を制御するためにscale_fill_discrete()を使います（**図10-17**左）。

```
pg_plot <- ggplot(PlantGrowth, aes(x = group, y = weight, fill = group)) +
  geom_boxplot()

# 複数行のラベル
pg_plot +
  scale_fill_discrete(labels = c("Control", "Type 1\ntreatment",
                                 "Type 2\ntreatment"))
```

解説

図10-17左で見て取れるように複数行ラベルを使った際にデフォルトの設定では行が重なります。theme()を使って凡例キーの高さを増やし行間スペースを減らすことでこの問題に対処できます（**図10-17**右）。これにはgridパッケージのunit()関数を使って高さを指定する必要があります。

```
library(grid)

pg_plot +
  scale_fill_discrete(labels = c("Control", "Type 1\ntreatment",
                                 "Type 2\ntreatment")) +
  theme(legend.text = element_text(lineheight = .8),
        legend.key.height = unit(1, "cm"))
```

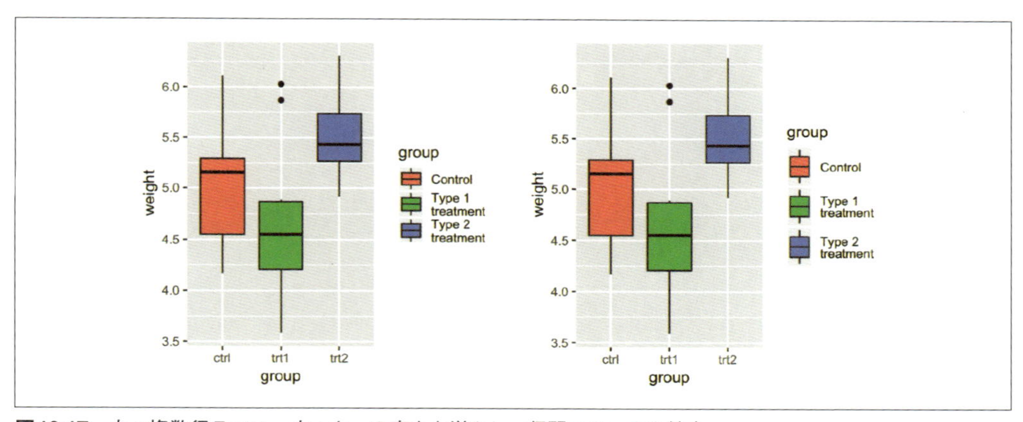

図10-17　左：複数行ラベル　右：キーの高さを増やし、行間スペースを縮小

11章 ファセット

データを視覚化する便利なテクニックとしてグループごとに並べて描画する方法があります。これによりグループ間の比較がしやすくなります。ggplot2で実現するには、離散値変数をx位置、色、形などのエステティック属性にマッピングするのが1つの方法です。もう1つの方法は各グループごとにサブプロットを作り、それらを並べます。

この種のプロットは**格子状**（トレリス、Trellis）表示として知られており、latticeパッケージやggplot2パッケージで実装されています。ggplot2では**ファセット**と呼ばれています。この章ではファセットの使い方を説明します。

レシピ11.1　ファセットを使いデータをサブプロットに分割する

問題

データの部分集合を別のパネルにプロットしたい。

解決策

facet_grid()またはfacet_wrap()を使い、分割に利用する変数を指定します。

facet_grid()では垂直方向と水平方向のサブパネルにデータを分割するための変数をそれぞれ指定できます（**図11-1**）。

```
# 基本プロットを作成
mpg_plot <- ggplot(mpg, aes(x = displ, y = hwy)) +
  geom_point()

# 垂直方向パネルにdrvで分割
mpg_plot +
  facet_grid(drv ~ .)
```

```
# 水平方向パネルにcylで分割
mpg_plot +
  facet_grid(. ~ cyl)

# drv（垂直方向）とcyl（水平方向）に分割
mpg_plot +
  facet_grid(drv ~ cyl)
```

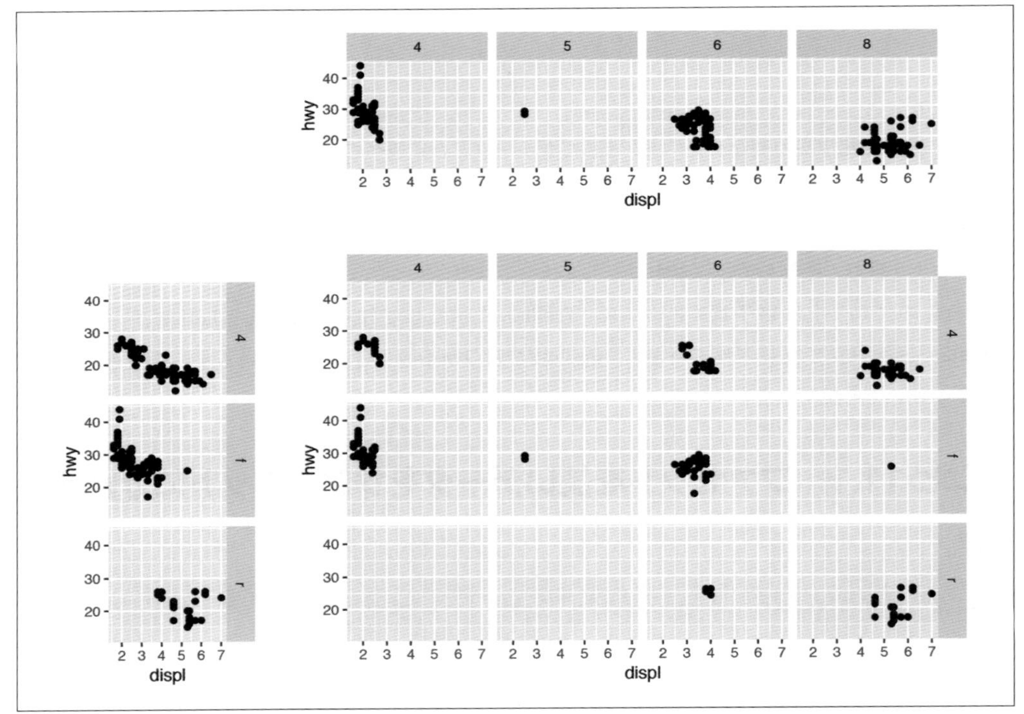

図11-1　上：cylで水平方向に分割　左：drvで垂直方向に分割　右下：両変数で方法校に分割

facet_wrap()を使うと、サブプロットは水平方向に並べられ、ページ内の単語のように折り返されます（**図11-2**）。

```
# classで分割
# チルダの前には何もないことに注意
mpg_plot +
  facet_wrap( ~ class)
```

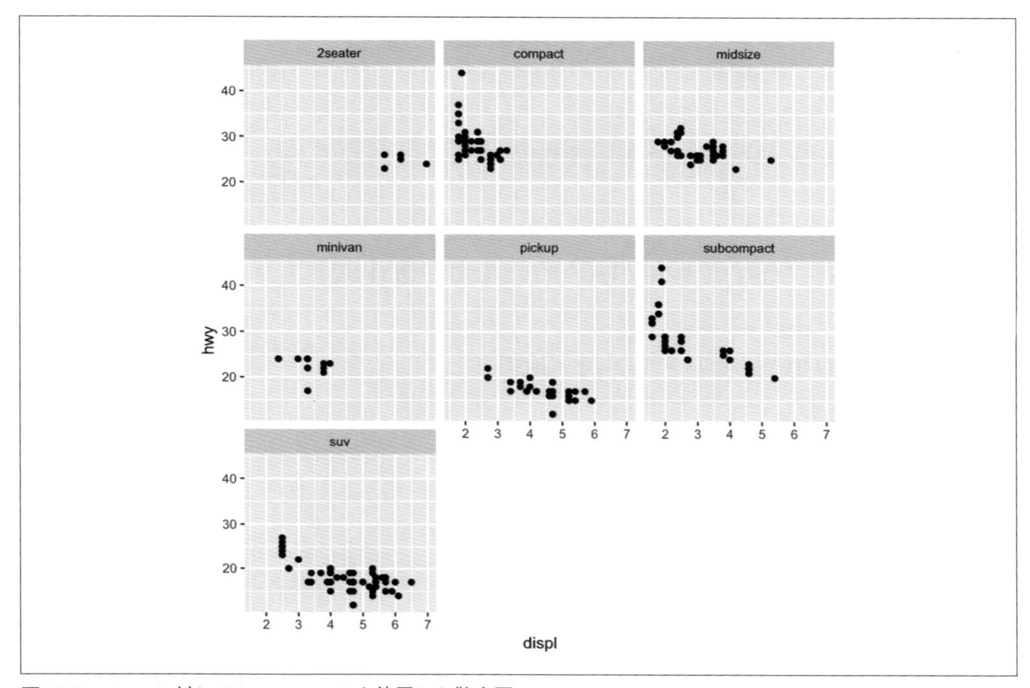

図11-2 classに対してfacet_wrap()を使用した散布図

解説

facet_wrap()ではデフォルトで行と列が同じ数になります。**図11-2**では7つのサブプロットがあるので3×3の正方形に収まります。変更するにはnrowまたはncolに値を渡します。

```
# これは両方とも、2行4列になる
mpg_plot +
  facet_wrap( ~ class, nrow = 2)

mpg_plot +
  facet_wrap( ~ class, ncol = 4)
```

どのように比較したいかによって分割方向を選択します。例えばバーの高さを比較したいときは水平方向に分割するとよいでしょう。一方で、例えばヒストグラムにおいて水平方向の分布を比較したい場合には垂直方向の分割が理にかなっています。

両方向の比較が重要なこともあります。どの方向の分割が最適か、明確な答えがないかもしれません。グループ変数や色などのエステティック属性にマッピングして一枚のプロットにするほうが分割するより良いかもしれません。このような場合は自身の判断に頼ることになります。

レシピ11.2　ファセットで個別の軸を使う

問題

軸の範囲または要素が異なるサブプロットを作りたい。

解決策

scalesを"free_x"、"free_y"または"free"に設定します（**図11-3**）。

```
# 基本プロットを作成
mpg_plot <- ggplot(mpg, aes(x = displ, y = hwy)) +
  geom_point()

# yをフリースケールに
mpg_plot +
  facet_grid(drv ~ cyl, scales = "free_y")

# xとyをフリースケールに
mpg_plot +
  facet_grid(drv ~ cyl, scales = "free")
```

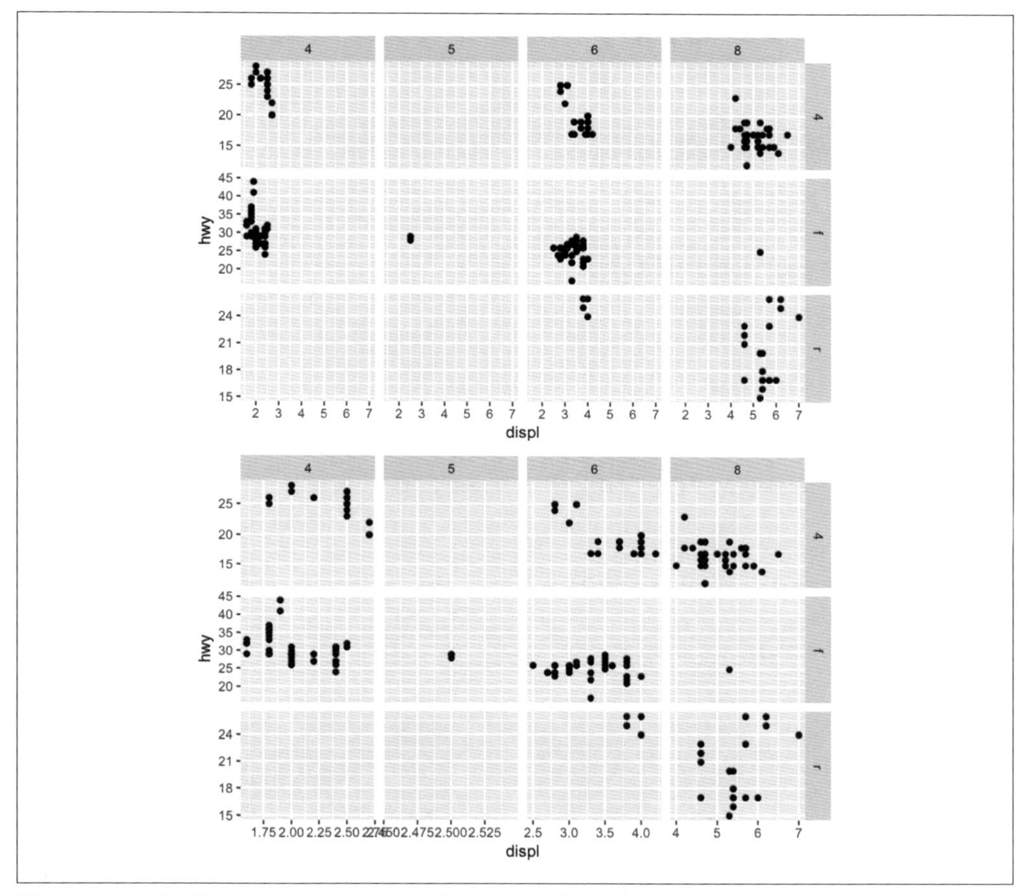

図11-3　上：yをフリースケールにしたもの　下：xとyをフリースケールにしたもの

解説

yをフリースケールにするとサブプロットの各行は個別にyの範囲を持ちます。xをフリースケールにすると列に対して同じ効果があります。

各行や列の範囲を直接指定することはできませんが、望まないデータを取り除いたり（範囲の縮小）、`geom_blank()`を追加する（範囲の拡張）ことで制御できます。

関連項目

フリースケールと離散値軸で分割する例は**「レシピ3.10　クリーブランドのドットプロットを作成する」**を参照してください。

レシピ11.3　ファセットラベルのテキストを変更する

問題

ファセットラベルのテキストを変更したい。

解決策

ファクタレベル名を変更します（**図11-4**）。

```
library(dplyr)

# 元データをコピーして変更
mpg_mod <- mpg %>%
  # 4を4wdに、fをFrontに、rをRearに変更
  mutate(drv = recode(drv, "4" = "4wd", "f" = "Front", "r" = "Rear"))

# 新データをプロット
ggplot(mpg_mod, aes(x = displ, y = hwy)) +
  geom_point() +
  facet_grid(drv ~ .)
```

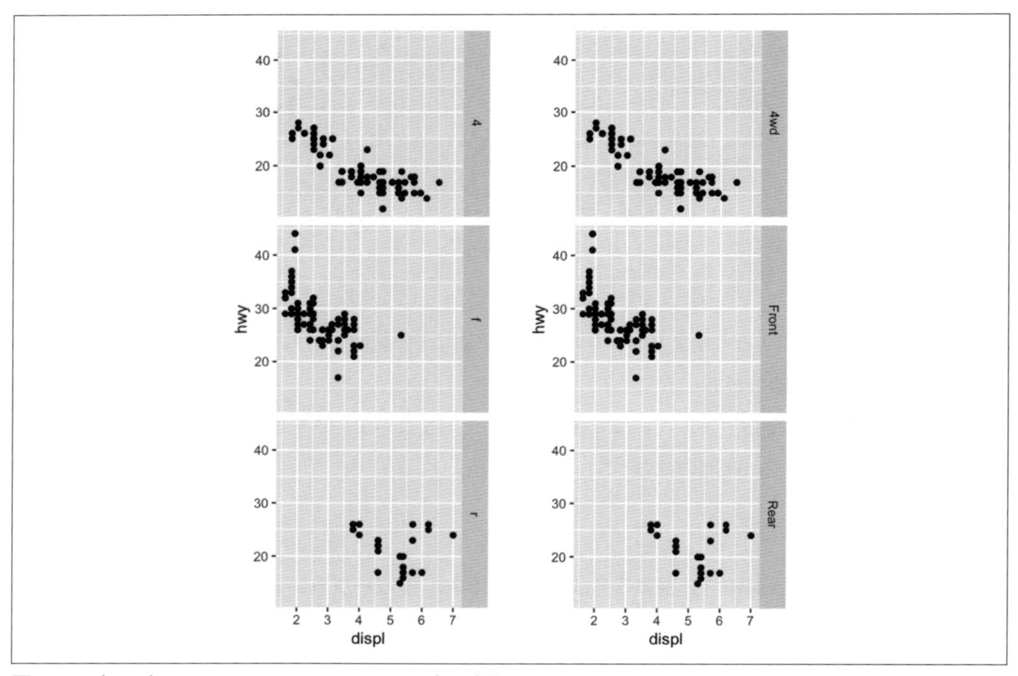

図11-4　左：デフォルトのファセットラベル　右：変更したファセットラベル

解説

labelsを設定できるスケールとは違い、ファセットラベルを設定するにはデータを変更しなければなりません。本原稿執筆時点ではファセット変数名をヘッダに表示する方法がないため、説明的なファセットラベルを使うと良いかもしれません。

facet_grid()とfacet_wrap()ではラベル付け関数を使ってラベルを設定できます。ラベル付け関数label_both()は変数の名前と値をファセットごとに表示します（**図11-5**左）。

```
ggplot(mpg_mod, aes(x = displ, y = hwy)) +
  geom_point() +
  facet_grid(drv ~ ., labeller = label_both)
```

別の便利なラベル付け関数としてlabel_parsed()があります。この関数は文字列を受け取り、Rの数式として解釈します（**図11-5**右）。

```
# 元データをコピーして変更
mpg_mod <- mpg %>%
  mutate(drv = recode(drv,
    "4" = "4^{wd",}
    "f" = "- Front %.% e^{pi * i",}
    "r" = "4^{wd - Front"}
  ))

ggplot(mpg_mod, aes(x = displ, y = hwy)) +
  geom_point() +
  facet_grid(drv ~ ., labeller = label_parsed)
```

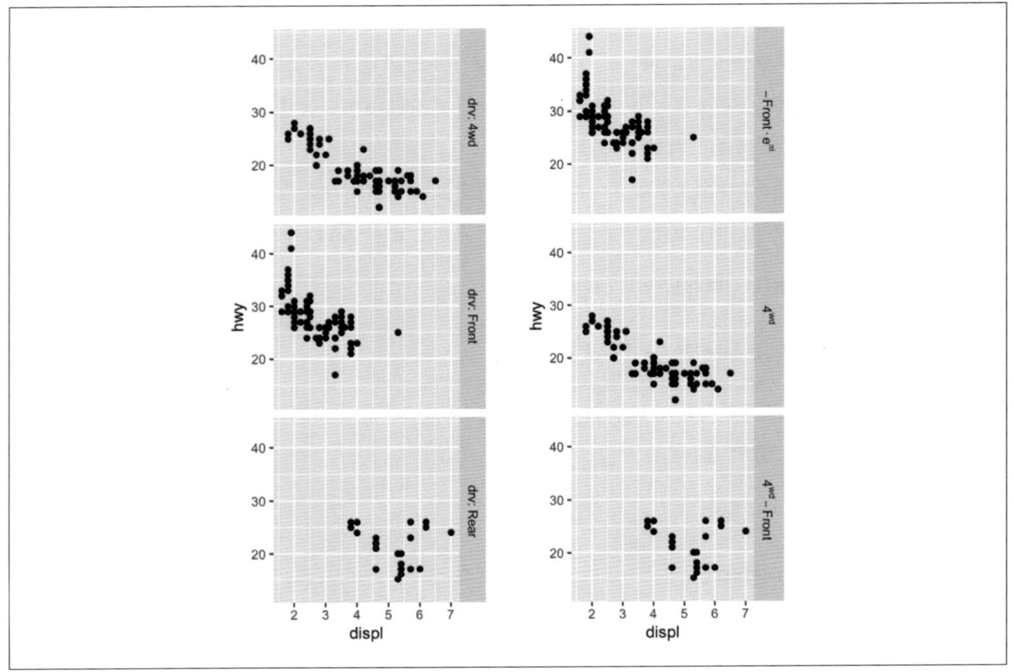

図11-5　左：label_both()を使用　右：数式を使うためlabel_parsed()を使用

関連項目

ファクタレベル名を変更する詳細な方法は**「レシピ15.10　ファクタのレベル名を変更する」**を参照してください。ファセット変数がファクタではなく文字列ベクトルの場合は変更方法が若干異なります。文字列ベクトルの要素名を変更するには**「レシピ15.12　文字列ベクトル内の項目名を変更する」**を参照してください。

レシピ11.4　ファセットラベルとヘッダの体裁を変更する

問題

ファセットラベルとヘッダの体裁を変更したい。

解決策

テーマシステムを使って、テキストの体裁は`strip.text`で、背景の体裁は`strip.background`で制御できます（**図11-6**）。

```
library(gcookbook)  # cabbage_expデータセットを使うためにgcookbookを読み込む
```

```
ggplot(cabbage_exp, aes(x = Cultivar, y = Weight)) +
  geom_col() +
  facet_grid(. ~ Date) +
  theme(
    strip.text = element_text(face = "bold", size = rel(1.5)),
    strip.background = element_rect(fill = "lightblue", colour = "black",
                                    size = 1)
  )
```

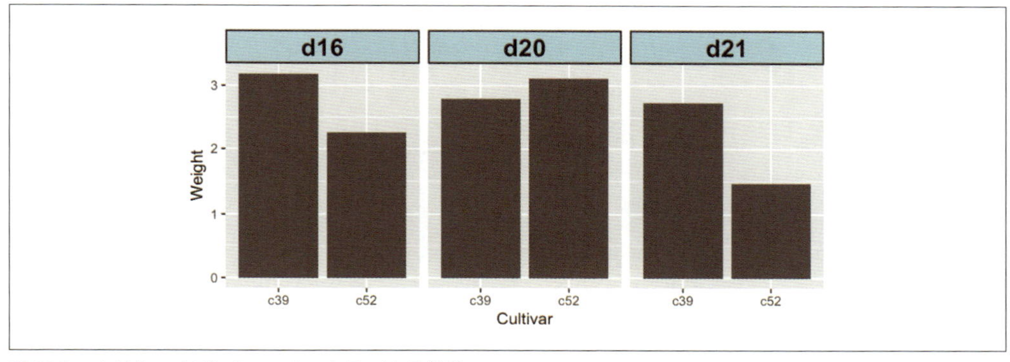

図11-6　カスタマイズしたファセットラベルの体裁

解説

`rel(1.5)`はラベルテキストのサイズをテーマの基本テキストサイズの1.5倍にします。背景の`size = 1`はファセットの輪郭線を1 mmの太さにします。

関連項目

テーマシステムの挙動をより詳しく知りたい場合は「**レシピ9.3　テーマを使う**」と「**レシピ9.4　テーマ要素の体裁を変更する**」を参照してください。

12章 色を使う

ggplot2での『*Grammar of Graphics*』の実装において、色（`colour`）はエステティック属性であり、x座標、y座標やサイズ（`size`）と同じように扱われます。色がただのエステティック属性の1つであるなら、なぜ1つの章を割いて説明する必要があるのでしょうか。それは、色が他のエステティック属性に比べてより複雑であるためです。幾何オブジェクトを単に左右に移動したり、サイズを調整するのとは違い、色の使用は自由度が高く、より多くの選択をすることになります。どのパレットを使って離散値の色を指定するか、どのように異なった色相のグラデーションを指定するか、色覚異常の人にでも見分けやすい色をどのように選ぶか、この章では、このような問題に答えます。

レシピ12.1　オブジェクトの色を設定する

問題

グラフの幾何オブジェクトの色を設定したい。

解決策

幾何オブジェクトの呼び出し時に、`colour`または`fill`の値を設定します（**図12-1**）。

```
library(MASS)  # birthwtデータセットを使うためにMASSを読み込む

ggplot(birthwt, aes(x = bwt)) +
  geom_histogram(fill = "red", colour = "black")

ggplot(mtcars, aes(x = wt, y = mpg)) +
  geom_point(colour = "red")
```

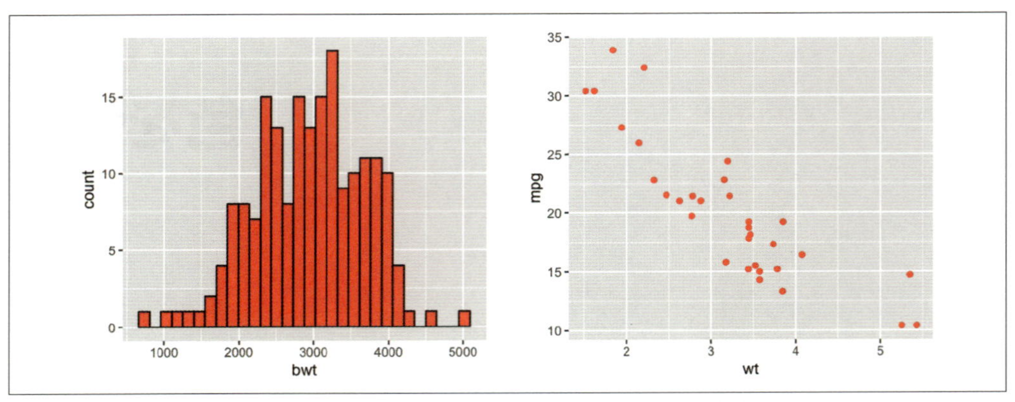

図12-1 左：棒グラフの塗りつぶしと枠線の色を設定 右：散布図の点の色を設定

解説

ggplot2において、エステティック属性を**設定**することと、**マッピング**することには重要な違いがあります。先の例では、オブジェクトの色を"red"に設定しました。

一般的には、colourは線やポリゴンの枠線の色を制御し、fillはポリゴン領域を塗りつぶす色を制御します。しかし、点の描画ではこれは少し異なります。ほとんどの種類の点で、点全体の色はfillではなくcolourで制御されます。ただし点の種類（shape）が21–25のときは例外で、これらは塗りつぶしと枠線の両方を持っています。

なお、colourとcolorはggplot2ではどちらでも使用可能です。この本では、colourを使っています。これは、ggplot2の公式ドキュメントで使われている形式を踏襲したものです。

関連項目

点の種類についての詳細は、**「レシピ4.5 点の体裁を変更する」**を参照してください。

色の指定についての詳細は、**「レシピ12.5 離散値変数に手動で定義したパレットを使う」**を参照してください。

レシピ12.2 変数を色にマッピングする

問題

変数（データフレームの1つの列）を使って、幾何オブジェクトの色を制御したい。

解決策

幾何オブジェクトを呼び出すときに、aes()でcolourまたはfillの値にデータの該当列の名前をマッピングします（**図12-2**）。

```
library(gcookbook)  # cabbage_expデータセットを使うためにgcookbookを読み込む

# 下記の2つのコードは同じ図を作成
ggplot(cabbage_exp, aes(x = Date, y = Weight, fill = Cultivar)) +
  geom_col(colour = "black", position = "dodge")

ggplot(cabbage_exp, aes(x = Date, y = Weight)) +
  geom_col(aes(fill = Cultivar), colour = "black", position = "dodge")

# 下記の2つのコードは同じ図を作成
ggplot(mtcars, aes(x = wt, y = mpg, colour = cyl)) +
  geom_point()

ggplot(mtcars, aes(x = wt, y = mpg)) +
  geom_point(aes(colour = cyl))
```

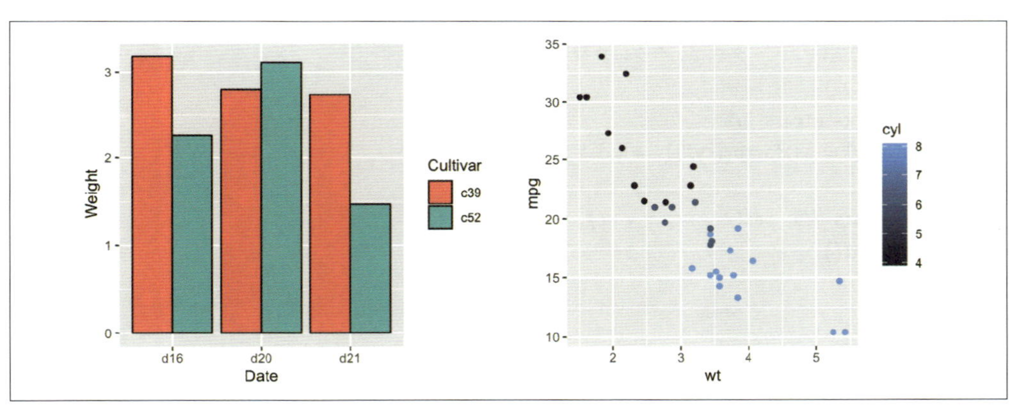

図12-2　左：塗りつぶしの色に変数をマッピング　右：点の色に変数をマッピング

ggplot()でマッピングを指定すると、それがデフォルトマッピングとしてすべての幾何オブジェクトに継承されます。デフォルトマッピングは、幾何オブジェクトの中で上書きすることができます。

解説

cabbage_expの例では、Cultivarの値をfillにマッピングしました。cabbage_expの列Cultivarはファクタ形式のデータであるため、ggplotはこれを離散値として扱います。データ形式を確認するためにはstr()を使用してください。

```
str(cabbage_exp)
#> 'data.frame':    6 obs. of  6 variables:
#>  $ Cultivar: Factor w/ 2 levels "c39","c52": 1 1 1 2 2 2
```

```
#>  $ Date    : Factor w/ 3 levels "d16","d20","d21": 1 2 3 1 2 3
#>  $ Weight  : num  3.18 2.8 2.74 2.26 3.11 1.47
#>  $ sd      : num  0.957 0.279 0.983 0.445 0.791 ...
#>  $ n       : int  10 10 10 10 10 10
#>  $ se      : num  0.3025 0.0882 0.311 0.1408 0.2501 ...
```

mtcarsの例では、cylは数値形式のデータであるため連続値変数として扱われます。このため、cylには4、6、8の値しかないにも関わらず、凡例は5、7の中間値を含むすべての値を示しています。ggplotでcylをカテゴリカル変数として扱うためには、ggplot()を呼び出すときにファクタに変換したcylを渡すか（**図12-3**左）、もしくは該当列が文字列またはファクタになるように、データ自体を変更します（**図12-3**右）。

```
# ggplot()呼び出しの際にファクタ変数に変換する
ggplot(mtcars, aes(x = wt, y = mpg, colour = factor(cyl))) +
  geom_point()

# もう1つの方法：データをファクタに変換する
library(dplyr)
mtcars_mod <- mtcars %>%
  mutate(cyl = as.factor(cyl))  # cylをファクタに変換する

ggplot(mtcars_mod, aes(x = wt, y = mpg, colour = cyl)) +
  geom_point()
```

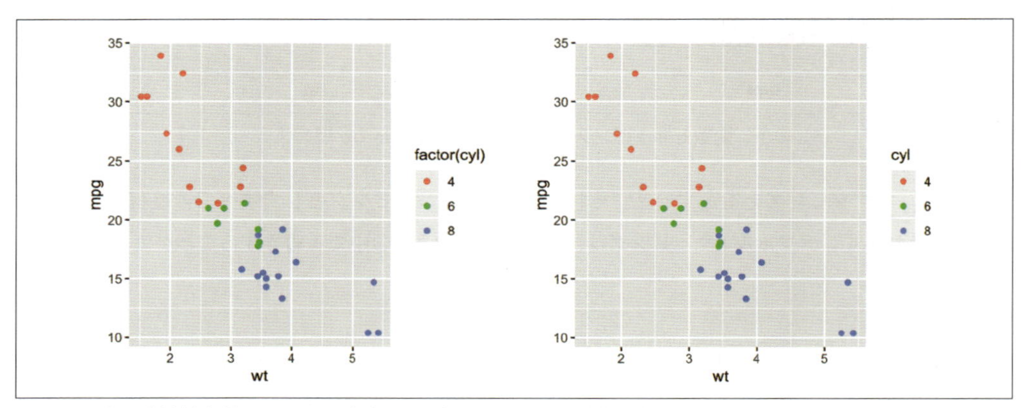

図12-3　左：連続値変数をggplot()呼び出しの際にファクタに変換　右：データフレームを変更

関連項目

使用する色を変更することもできます。連続値の場合には**「レシピ12.6　連続値変数に手動で定義したパレットを使う」**を、離散値の場合には**「レシピ12.4　離散値変数に異なるパレットを使う」**と**「レシ**

ピ12.5　離散値変数に手動で定義したパレットを使う」を参照してください。

レシピ12.3　色覚異常に配慮したパレットを使う

問題

色覚異常のある人にも見やすい色を使いたい。

解決策

viridisパッケージ中のカラースケールを使います。

viridisパッケージには、多くのカラースケールが用意されています。それらは、可能な限りパレットを拡張して、データの違いを見やすくするために設計されたものです。知覚的に均一なものや、グレースケールで印刷可能なもの、色覚異常のある人にも読みやすくしたものなども含まれています。

次の図はviridisの紹介ページ（https://cran.r-project.org/web/packages/viridis/vignettes/intro-to-viridis.html）に記載されている例です。

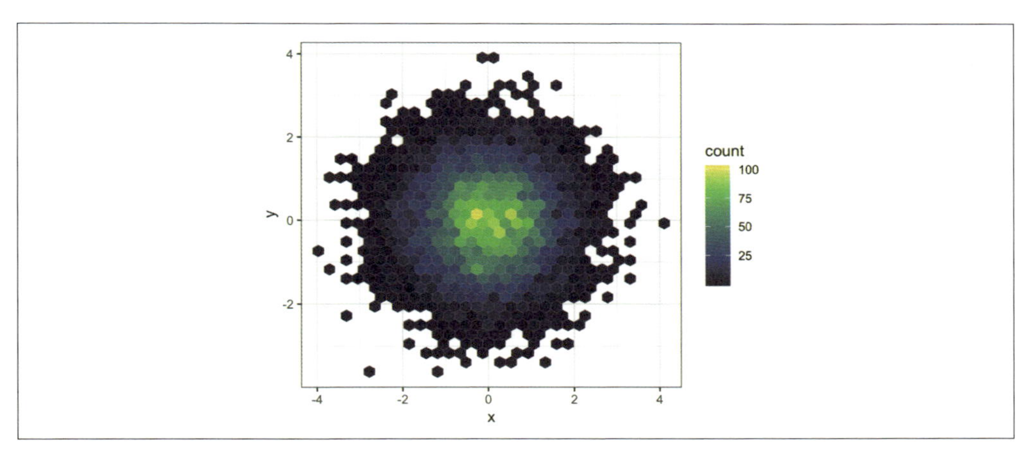

図12-4　viridisカラーパレットの例

viridisのカラースケールは、連続値データでも離散値データでも使うことができます。連続値データの場合は、`scale_fill_viridis_c()`をプロットに追加する必要があります。離散値データの場合は、`scale_fill_viridis_d()`を使う必要があります（**図12-5**）。

```
library(gcookbook)  # uspopageデータセットを使うためにgcookbookを読み込む

# 基本プロットを作成
uspopage_plot <- ggplot(uspopage, aes(x = Year, y = Thousands,
                                    fill = AgeGroup)) +
```

```
  geom_area()

# viridisカラーパレットを追加
uspopage_plot +
  scale_fill_viridis_d()
```

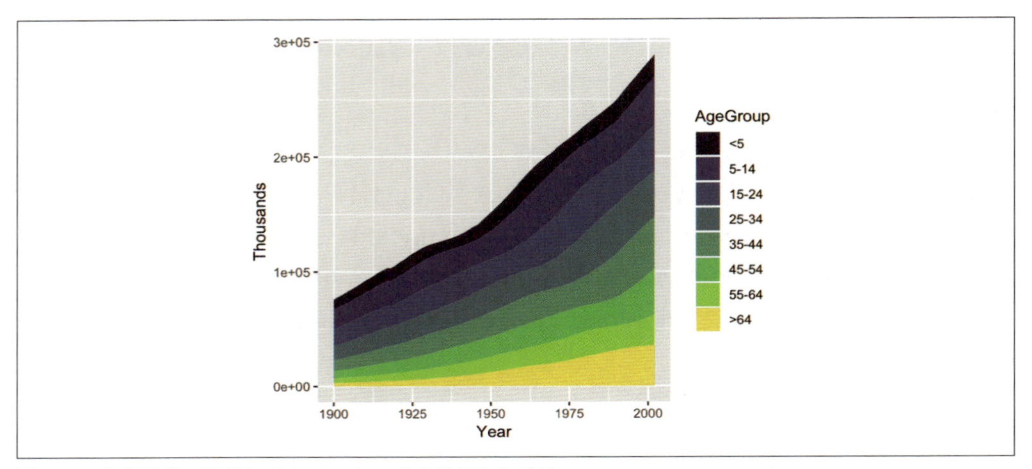

図12-5 色覚異常に配慮してviridisパレットを使用したグラフ

解説

男性の8％、女性の0.5％の人が何らかの色覚異常を持っており、あなたの図を見る人がそのうちの1人である可能性は十分にあります。色覚異常には多くの異なったタイプがあります。この本で参照したパレットは、ほとんどの一般的な色覚異常のうちどのタイプの人でも見分けることができるようにデザインされています（1色型色覚異常、つまり全色覚異常は稀です。全色覚異常の人は明るさしか見分けることができません）。

viridisカラースケールは、現在のggplot2のバージョン（3.0.0）に同梱されています。色覚異常のユーザを配慮したカラーパレットには、cetcolorパッケージのものなどもあります。

関連項目

viridisパレットについては、`?scales::viridis_pal`を参照してください。

cetcolorについては、https://github.com/coatless/cetcolorを参照してください。

カラーオラクル（Color Oracle、http://colororacle.org）は、画面上のものが色覚異常の人にどのように見えるかをシミュレートできるソフトウェアです。ただし、シミュレーションは完全ではないことに注意してください。私は非公式なテストとして、ある図が赤緑色覚異常の人にどのように見えるかシミュレートしてみましたが、画面上では図の色をきちんと見分けることができました。しかし、同じ図を見た実際の赤緑色覚異常を持つ人は、色を区別することができませんでした。

レシピ12.4　離散値変数に異なるパレットを使う

問題

離散値変数に異なる色を使いたい。

解決策

表12-1に挙げたスケールのリストのうち1つを使用します。

表12-1　離散値の塗りつぶしスケールとカラースケール

塗りつぶしスケール	カラースケール	説明
scale_fill_discrete()	scale_colour_discrete()	色相環上で等間隔に配置された色（hueと同じ）。
scale_fill_hue()	scale_colour_hue()	色相環上で等間隔に配置された色（discreteと同じ）。デフォルトパレット。
scale_fill_grey()	scale_colour_grey()	グレースケールパレット。
scale_fill_viridis_d()	scale_colour_viridis_d()	viridisパレット
scale_fill_brewer()	scale_colour_brewer()	ColorBrewerパレット
scale_fill_manual()	scale_colour_manual()	手動で指定した色。

例として、デフォルトパレット（hue）とviridisパレットとColorBrewerパレットを使用します（**図12-6**）。

```
library(gcookbook) # uspopageデータセットを使うためにgcookbookを読み込む
library(viridis) # viridisパレットを使うためにviridisを読み込む

# 基本プロットを作成
uspopage_plot <- ggplot(uspopage, aes(x = Year, y = Thousands, fill = AgeGroup)) +
  geom_area()

# 次の4行は同じ効果を持つ
uspopage_plot
# uspopage_plot + scale_fill_discrete()
# uspopage_plot + scale_fill_hue()
# uspopage_plot + scale_color_viridis()

# viridisパレット
uspopage_plot +
  scale_fill_viridis(discrete = TRUE)

# ColorBrewerパレット
```

```
uspopage_plot +
  scale_fill_brewer()
```

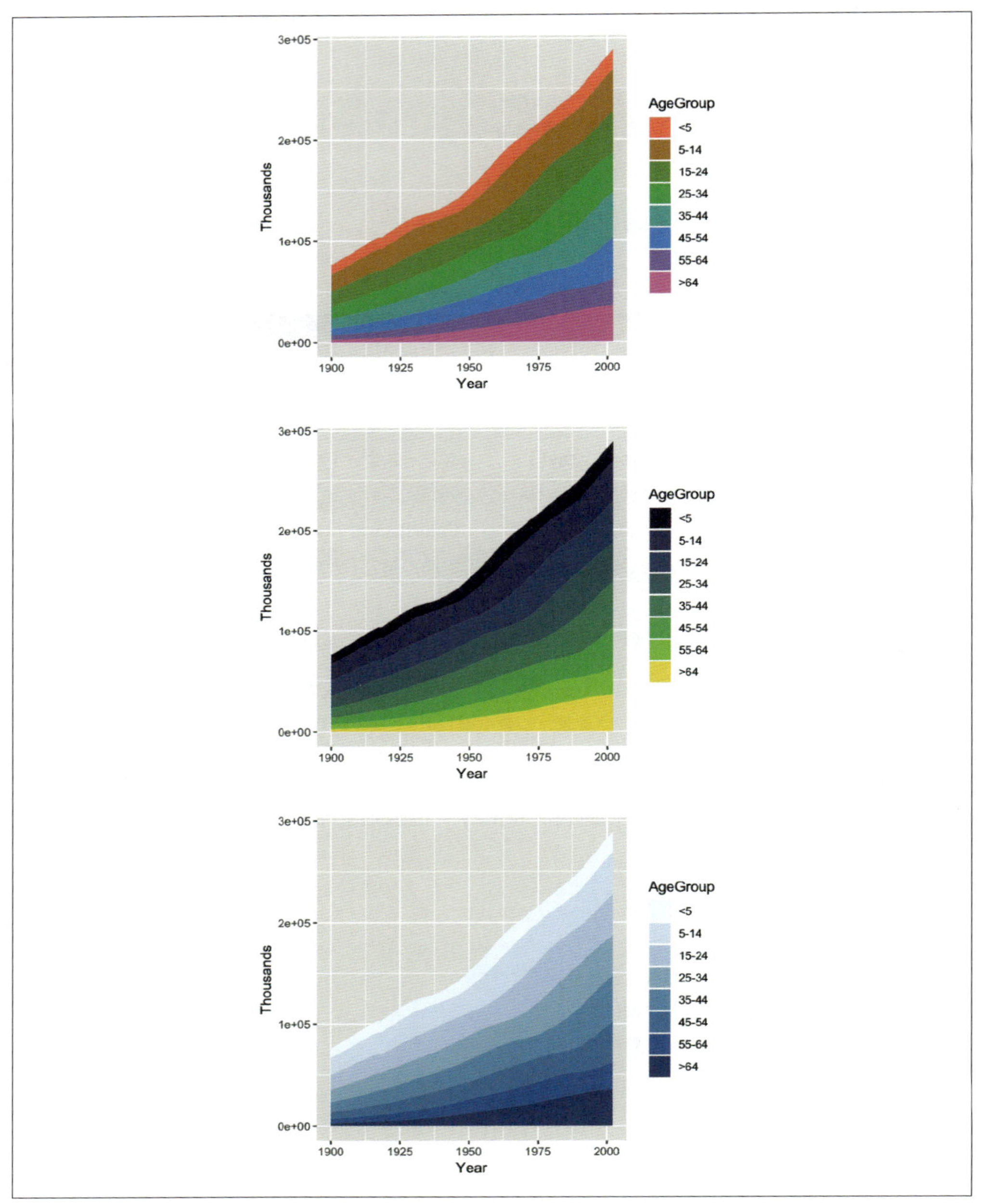

図12-6 上：デフォルトパレット（hue） 中：viridisパレット 下：ColorBrewerパレット

解説

パレットを変更するときには、カラースケール（もしくは塗りつぶしスケール）が変更され、数値データもしくはカテゴリカルデータのエステティック属性へのマッピングの変更を伴います。スケールには**塗りつぶしスケール**と**カラースケール**の2種類があります。

`scale_fill_hue()`には、HCL色空間（色相：Hue、彩度：Chroma、明度：Lightness）の色相環上に等間隔に配置された色が使用されています。明度の値は0から100までの値を取り、デフォルトでは65に設定されます。これは塗りつぶしにはちょうど良い値ですが、点や線の描画にはやや明るすぎます。**図12-7**（右）に示すように、点や線の色を暗くするためには`l`（明度：luminance/lightness）の値を設定します。

```
# 基本の散布図を作成する
hw_splot <- ggplot(heightweight, aes(x = ageYear, y = heightIn, colour = sex)) +
  geom_point()

# デフォルトの明度は65
hw_splot

# 少しだけ明度を下げて、45にする
hw_splot +
  scale_colour_hue(l = 45)
```

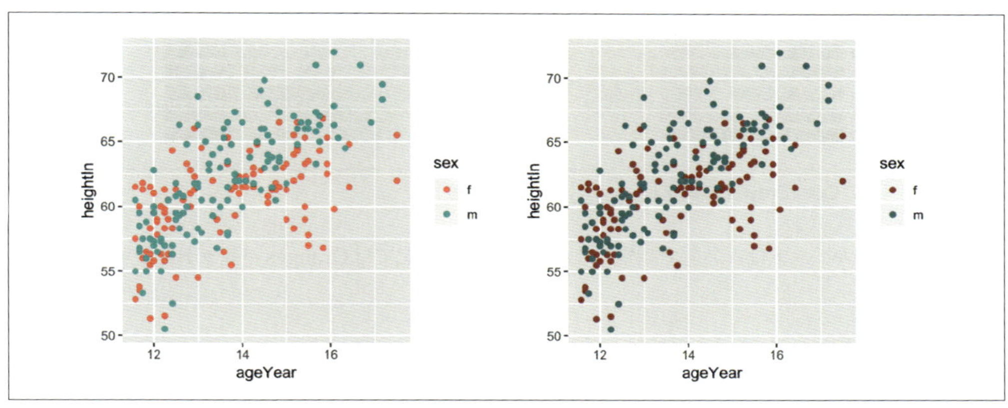

図12-7　左：デフォルトの明度で点を描画　右：明度を45に設定

viridisパッケージでは、データの差異を見やすくするカラースケールが豊富に提供されています。詳細と例は、**「レシピ12.3　色覚異常に配慮したパレットを使う」**を参照してください。

ColorBrewerパッケージにおいても、多くのパレットが提供されています。**図12-8**に示すように、すべてのパレットを表示した図を作成することができます。

```
library(RColorBrewer)
display.brewer.all()
```

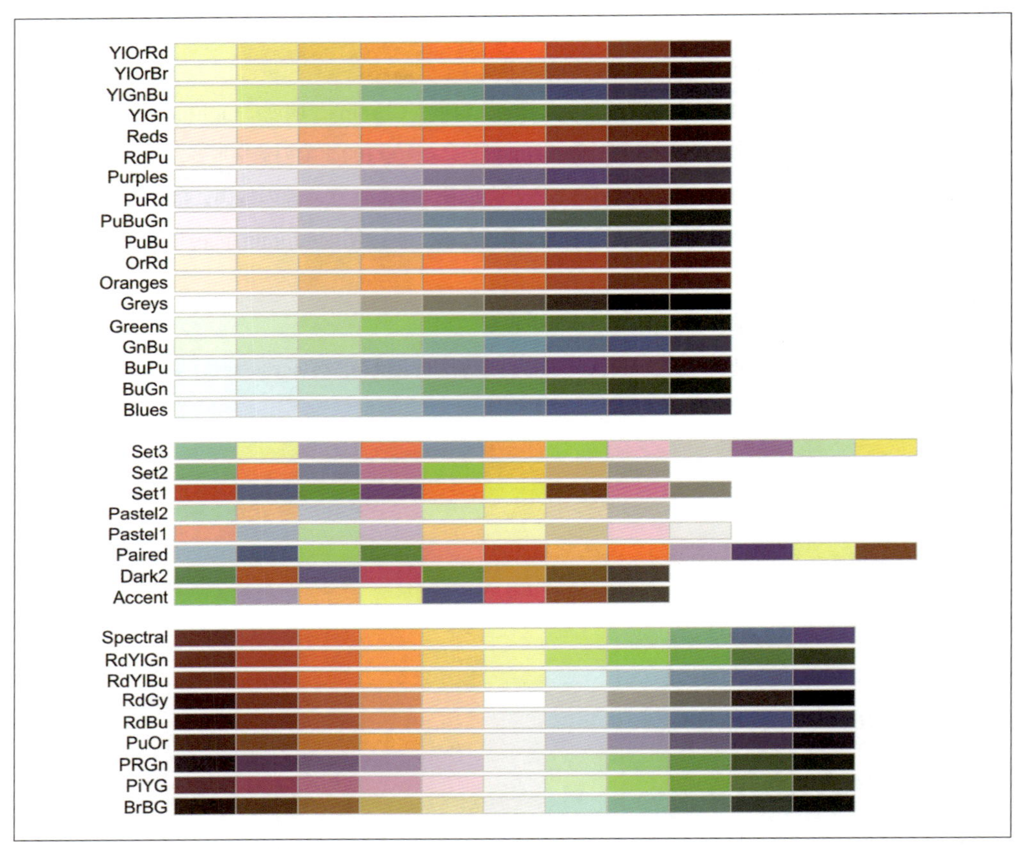

図12-8　すべてのColorBrewerパレット

ColorBrewerパレットは、名前で指定します。例えば、下記ではOrangesパレットを使用します（**図12-9**）。

```
hw_splot +
  scale_colour_brewer(palette = "Oranges") +
  theme_bw()
```

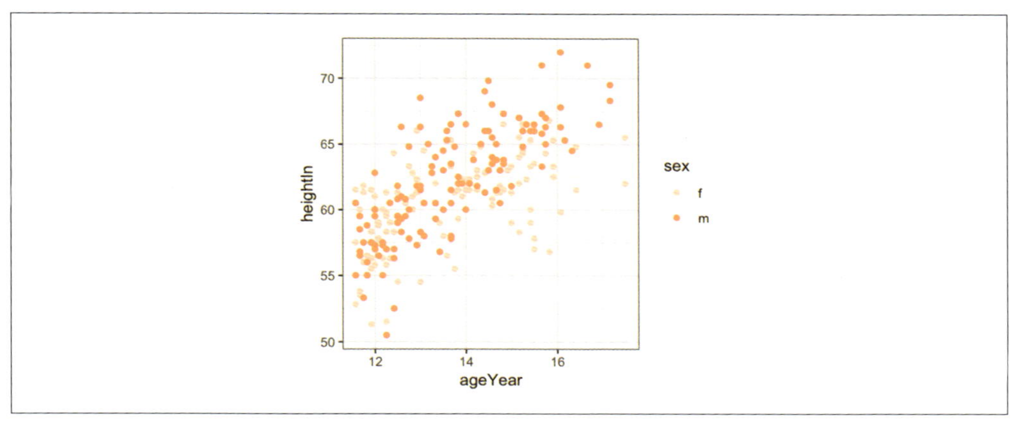

図12-9 ColorBrewerパレットの色を名前で指定

グレーパレットを使用することもできます。これは白黒印刷のときに便利です。グレースケールは0（黒）から1（白）までの値を取り、デフォルトではstartが0.2でendが0.8です。**図12-10**のように、この範囲は変更することができます。

```
hw_splot +
  scale_colour_grey()

# グレーパレットの色順を逆にして、色の範囲を変更する
hw_splot +
  scale_colour_grey(start = 0.7, end = 0)
```

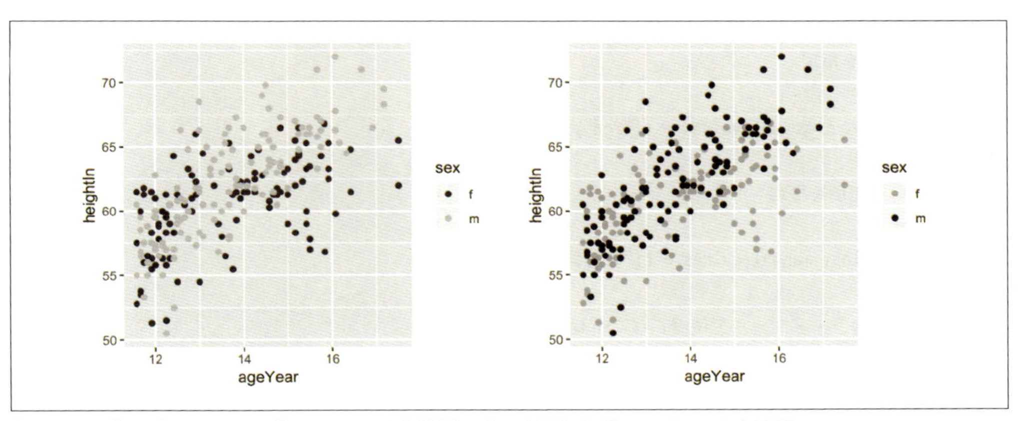

図12-10 左：デフォルトのグレーパレットを使用　右：変更したグレーパレットを使用

関連項目

凡例の順番を逆にするためには、**「レシピ10.4　凡例の項目順を反転させる」**を参照してください。

色を手動で設定するためには、**「レシピ12.5　離散値変数に手動で定義したパレットを使う」**を参照してください。

viridisについての詳細は、https://cran.r-project.org/web/packages/viridis/vignettes/intro-to-viridis.htmlを参照してください。ColorBrewerについての詳細は、http://colorbrewer.orgを参照してください。

レシピ12.5　離散値変数に手動で定義したパレットを使う

問題

離散値変数に手動で定義した色を使いたい。

解決策

この例では、`scale_colour_manual()`関数の引数に`values`を指定することによって色を手動で定義します（**図12-11**）。色は色名、もしくはRGBの値で指定することができます。

```
library(gcookbook)  # heightweightデータセットを使うためにgcookbookを読み込む

# 基本プロットを作成
hw_plot <- ggplot(heightweight, aes(x = ageYear, y = heightIn, colour = sex)) +
  geom_point()

# 名前で色を指定
hw_plot +
  scale_colour_manual(values = c("red", "blue"))

# RGBの値で色を指定
hw_plot +
  scale_colour_manual(values = c("#CC6666", "#7777DD"))

# viridisカラースケールで使用されているRGBの値を指定
hw_plot +
  scale_colour_manual(values = c("#440154FF", "#FDE725FF")) +
  theme_bw()
```

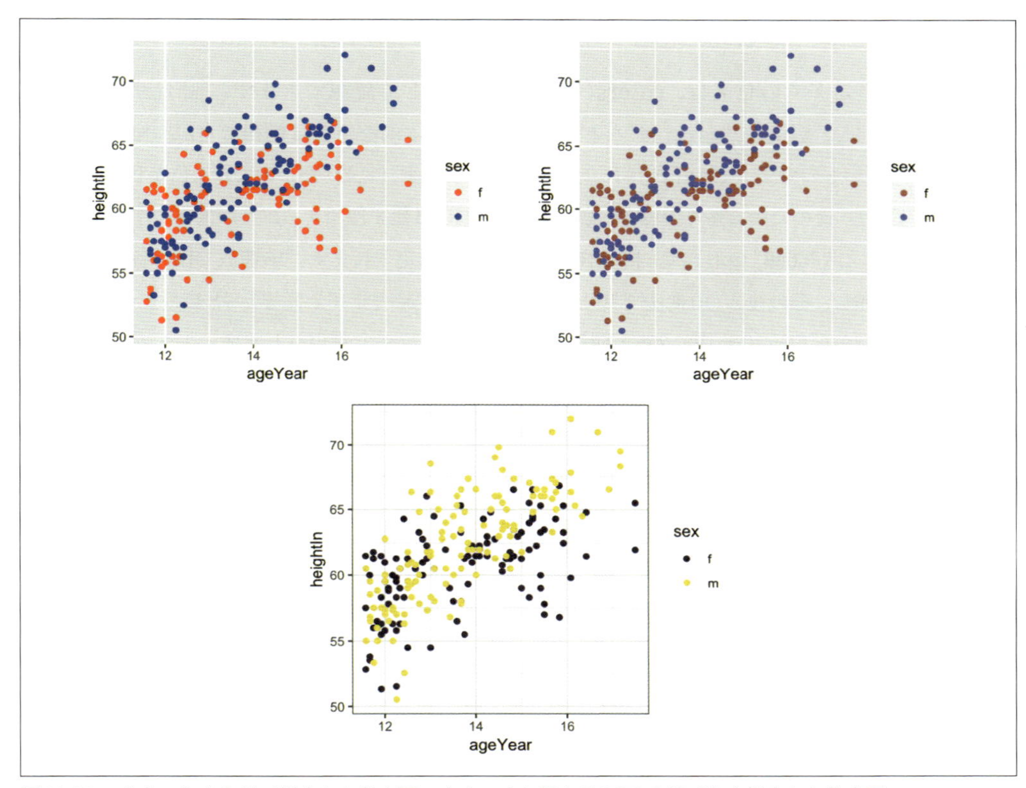

図12-11　左上：色を名前で指定した散布図　右上：少し異なるRGBの値で色を指定した散布図
下：viridisカラースケールの色を指定

塗りつぶしの色を指定するためには、`scale_fill_manual()`関数を使用してください。

解説

`values`に指定する項目（色名またはRGB値）の順番は、離散値スケールのファクタレベルの順番に対応して設定します。先ほどの例では、`sex`は`f`、`m`の順になっているため、`values`の最初の項目が`f`に、2つ目の項目が`m`に割り当てられます。ファクタレベルの順番は、次のようにして確認できます。

```
levels(heightweight$sex)
#> [1] "f" "m"
```

変数がファクタではなく文字列である場合には、文字列は自動的にファクタに変換され、レベルの順番はデフォルトではアルファベット順になります。

名前付きベクトルを使えば、色を違う順番で指定することもできます。

```
hw_plot +
```

```
scale_colour_manual(values = c(m = "blue", f = "red"))
```

Rで使用できる多くの色名は、colors()を実行することで確認できます。"white"、"black"、"grey80"、"red"、"blue"、"darkred"など、いくつかの基本的な色名は便利ですが、他の多くの色名はわかりづらいものです("thistle3"(アザミ)や"seashell"(貝殻)がどのような色か私にはさっぱりわかりません)。そのため、多くの場合、色の指定にはRGB値を使用するほうが簡単です。

RGBの色は、"#RRGGBB"の形式で6桁の16進数によって指定されます。16進数では、各桁の数字は0から9まで増加し、その後A(10進法で10と同等)からF(10進法で15と同等)へと続きます。赤・緑・青の各色は、00からFF(10進法で255と同等)までの2桁の数字で表現されます。ですから、例えば"#FF0099"という色は赤が255、緑が0、青が153の値を持つことを示し、マゼンタに近い色になります。各カラーチャンネルに対応する2桁の数字は、同じ値が繰り返されていることが多いです。これは、16進数の数字を読みやすくするためであり、また、2桁目の値は色の見え方にあまり大きな影響を与えないからです。

RGBカラーの指定や調整に役立つ、いくつかの経験則を示します。

- 一般的に、高い値ほど明るい色、低い値ほど暗い色になる。
- すべてのカラーチャンネルを同じ値に設定すると、グレーの色調になる。
- RGBとは逆の色の表現方法は、CMY(シアン/Cyan, マゼンタ/Magenta, イエロー/Yellow)による表現になる。赤のチャンネルの値が高いほど赤が多く、低いほどシアンが多くなる。緑とマゼンタ、青とイエローの組合せでも同じ。

「レシピ12.4　離散値変数に異なるパレットを使う」で紹介したviridisパッケージ中のカラースケールに基づいて、色を手動で選びたいときもあるかもしれません。その場合、viridis()関数を呼び、離散型のカテゴリの数を引数で渡すと、16進数形式のRGB値の情報を得ることができます。viridisパッケージの"magma"、"plasma"、"inferno"、"cividis"などのカラースケールについても、同様にRGB値を得ることができます。

```
library(viridis)
viridis(2)  # 離散値カテゴリの数として2を指定して、viridisカラースケールの情報を取得
#> [1] "#440154FF" "#FDE725FF"
inferno(5)  # 離散値カテゴリの数として5を指定して、infernoカラースケールの情報を取得
#> [1] "#000004FF" "#56106EFF" "#BB3754FF" "#F98C0AFF" "#FCFFA4FF"
```

関連項目

RGBカラーコード表はhttp://html-color-codes.comを参照してください。

レシピ12.6　連続値変数に手動で定義したパレットを使う

問題

連続値変数に異なる色を使いたい。

解決策

次の例では、さまざまなグラデーションスケールを使って連続値の色を指定します（**図12-12**）。色は色名、もしくはRGB値で指定します。

```
library(gcookbook)  # heightweightデータセットを使うためにgcookbookを読み込む

# 基本プロットを作成
hw_plot <- ggplot(heightweight, aes(x = ageYear, y = heightIn,
                                    colour = weightLb)) +
  geom_point(size = 3)

hw_plot

# 2色のグラデーション（黒と白）
hw_plot +
  scale_colour_gradient(low = "black", high = "white")

# 中間に白を挟んだグラデーション
library(scales)
hw_plot +
  scale_colour_gradient2(
    low = muted("red"),
    mid = "white",
    high = muted("blue"),
    midpoint = 110
  )

# n個の色のグラデーション
hw_plot +
  scale_colour_gradientn(colours = c("darkred", "orange", "yellow", "white"))
```

塗りつぶしスケールには、`scale_fill_xxx()`を使用します。*xxx*の部分には`gradient`、`gradient2`、`gradientn`のどれかを指定します。

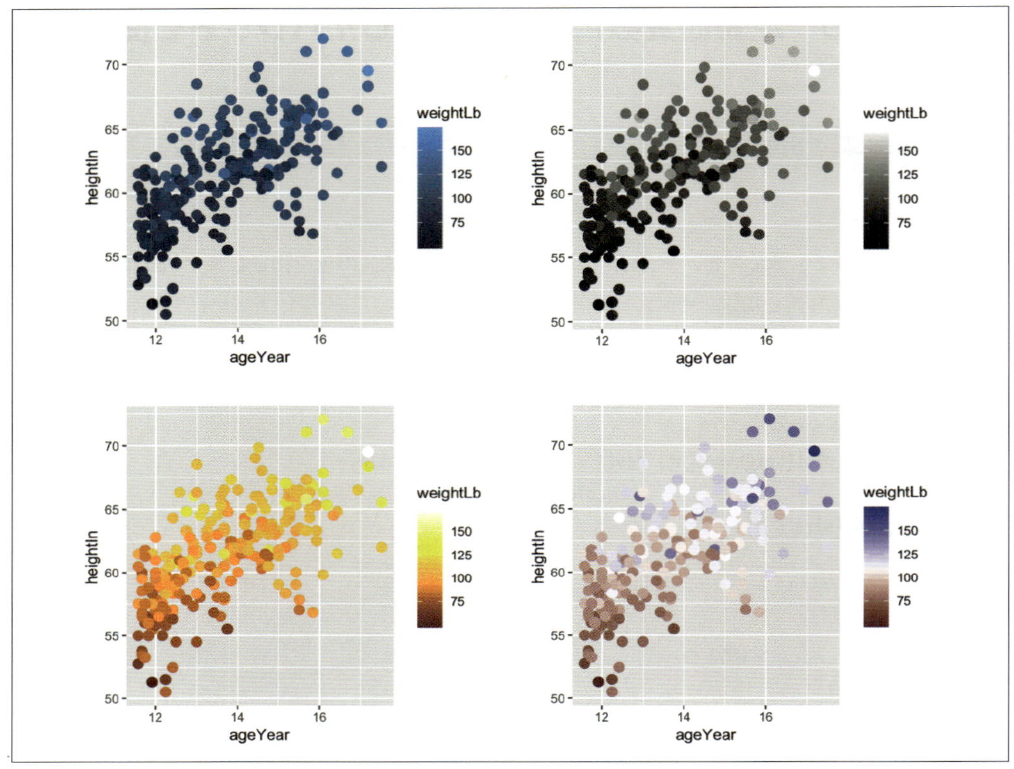

図12-12　左上から時計回りに、デフォルトのグラデーション、scale_colour_gradient()を使った2色のグラデーション、scale_colour_gradient2()を使って中間色を指定した3色のグラデーション、scale_colour_gradientn()を使った4色のグラデーション

解説

連続値をカラースケールにマッピングするためには、連続的に変化する色のパレットが必要です。**表12-2**は連続値のカラースケールと塗りつぶしスケールのリストです。

表12-2　連続した色の塗りつぶしスケールとカラースケール

塗りつぶしスケール	カラースケール	説明
`scale_fill_gradient()`	`scale_colour_gradient()`	2色のグラデーション
`scale_fill_gradient2()`	`scale_colour_gradient2()`	中間色と、そこから変化する2色のグラデーション
`scale_fill_gradientn()`	`scale_colour_gradientn()`	等間隔に配置されたn色のグラデーション
`scale_fill_viridis_c()`	`scale_colour_viridis_c()`	viridisのパレット

先の例の中で`muted()`関数を使っていることに注意してください。この関数はscalesパッケージに含まれるもので、渡した色の彩度を落としたRGBの値を返す関数です。

関連項目

連続値の代わりに離散値（カテゴリカル）スケールを使いたい場合には、データをカテゴリカル変数になるように変更します。**「レシピ15.14　連続値変数をカテゴリカル変数に変換する」**を参照してください。

レシピ12.7　値に基づいて網掛け領域に色を付ける

問題

yの値に基づいて、網掛け領域の色を設定したい。

解決策

*y*の値を離散値に分類した値の列を加え、この列を`fill`にマッピングします。この例では、値を正と負に分類します。

```
library(gcookbook)  # climateデータセットを使うためにgcookbookを読み込む
library(dplyr)

climate_mod <- climate %>%
  filter(Source == "Berkeley") %>%
  mutate(valence = if_else(Anomaly10y >= 0, "pos", "neg"))

climate_mod
#>        Source Year Anomaly1y Anomaly5y Anomaly10y Unc10y valence
#> 1   Berkeley 1800        NA        NA     -0.435  0.505     neg
#> 2   Berkeley 1801        NA        NA     -0.453  0.493     neg
#> 3   Berkeley 1802        NA        NA     -0.460  0.486     neg
#>  ...<199 more rows>...
#> 203 Berkeley 2002        NA        NA      0.856  0.028     pos
#> 204 Berkeley 2003        NA        NA      0.869  0.028     pos
#> 205 Berkeley 2004        NA        NA      0.884  0.029     pos
```

値を正と負に分けたら、`valence`を塗りつぶしの色（`fill`）にマッピングしてプロットします（**図12-13**）。

```
ggplot(climate_mod, aes(x = Year, y = Anomaly10y)) +
  geom_area(aes(fill = valence)) +
  geom_line() +
  geom_hline(yintercept = 0)
```

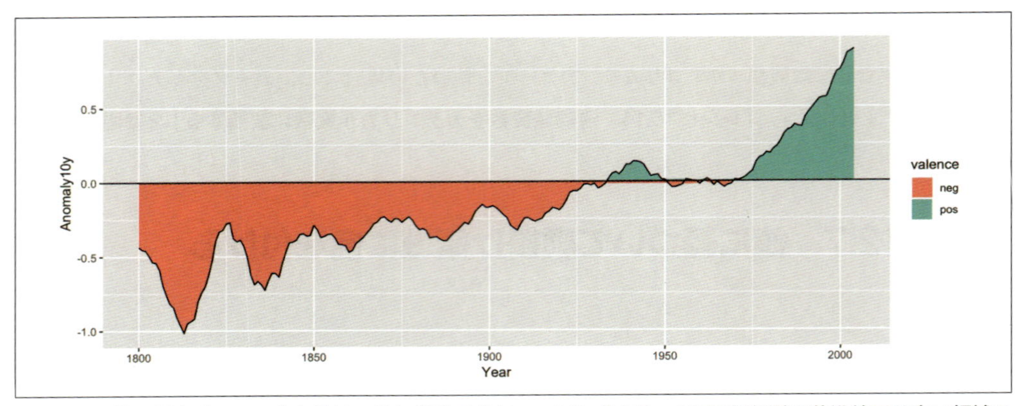

図12-13 値の正負（valence）を塗りつぶし（fill）の色にマッピングする－1950年付近の基準線下の赤い領域に注意

解説

図をよく見てみると、$y=0$の基準線の下に、はみ出した網掛け領域があるのがわかります。2色の網掛け領域はそれぞれデータポイントをつないだ1つのポリゴンですが、データポイントのyの値は実際にはちょうど0にはならないため、このようなことが起こります。この問題に対処するためには、approx()関数を用いて各データ間を補間し、データポイントを1000点にします。

```
# approx()はxとyベクトルのリストを返す
interp <- approx(climate_mod$Year, climate_mod$Anomaly10y, n = 1000)

# データフレームを作成し、valenceを計算し直す
cbi <- data.frame(Year = interp$x, Anomaly10y = interp$y) %>%
  mutate(valence = if_else(Anomaly10y >= 0, "pos", "neg"))
```

より正確には（そしてより複雑ですが）、y値が0の線と交わる点を内挿すれば良いのですが、今回の目的にはapprox()の使用で十分でしょう。

さて、補間したデータをプロットしてみましょう（**図12-14**）。今度はいくつか図の調整をしています。網掛け領域を半透明にし、色を変更し、凡例と左右の余分な領域を取り除いています。

```
ggplot(cbi, aes(x = Year, y = Anomaly10y)) +
  geom_area(aes(fill = valence), alpha = .4) +
  geom_line() +
  geom_hline(yintercept = 0) +
  scale_fill_manual(values = c("#CCEEFF", "#FFDDDD"), guide = FALSE) +
  scale_x_continuous(expand = c(0, 0))
```

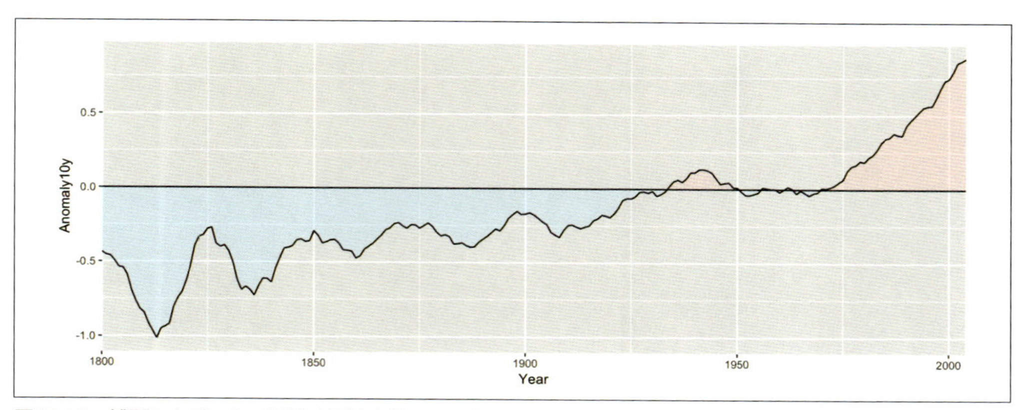

図12-14　補間したデータで網掛け領域を塗りつぶす

13章
さまざまなグラフ

データの可視化には非常に多くの方法があり、中にはカテゴリにうまく整理できないものもあります。この章では、そういったデータ可視化のさまざまな方法を紹介します。

レシピ13.1　相関行列の図を作成する

問題

相関行列をグラフで表示したい。

解決策

mtcarsデータセットを見てみましょう。

```
mtcars
#>                mpg cyl disp  hp drat    wt  qsec vs am gear carb
#> Mazda RX4     21.0   6  160 110 3.90 2.620 16.46  0  1    4    4
#> Mazda RX4 Wag 21.0   6  160 110 3.90 2.875 17.02  0  1    4    4
#> Datsun 710    22.8   4  108  93 3.85 2.320 18.61  1  1    4    1
#>  ...<26 more rows>...
#> Ferrari Dino  19.7   6  145 175 3.62 2.770 15.50  0  1    5    6
#> Maserati Bora 15.0   8  301 335 3.54 3.570 14.60  0  1    5    8
#> Volvo 142E    21.4   4  121 109 4.11 2.780 18.60  1  1    4    2
```

はじめに、corを使用して数値の相関行列を作成します。この関数は、各列のペアに対して相関係数を計算します。

```
mcor <- cor(mtcars)
# mcorを2桁に丸めて表示
round(mcor, digits = 2)
```

```
#>        mpg   cyl  disp    hp  drat    wt  qsec    vs    am  gear  carb
#> mpg   1.00 -0.85 -0.85 -0.78  0.68 -0.87  0.42  0.66  0.60  0.48 -0.55
#> cyl  -0.85  1.00  0.90  0.83 -0.70  0.78 -0.59 -0.81 -0.52 -0.49  0.53
#> disp -0.85  0.90  1.00  0.79 -0.71  0.89 -0.43 -0.71 -0.59 -0.56  0.39
#>   ...<5 more rows>...
#> am    0.60 -0.52 -0.59 -0.24  0.71 -0.69 -0.23  0.17  1.00  0.79  0.06
#> gear  0.48 -0.49 -0.56 -0.13  0.70 -0.58 -0.21  0.21  0.79  1.00  0.27
#> carb -0.55  0.53  0.39  0.75 -0.09  0.43 -0.66 -0.57  0.06  0.27  1.00
```

相関を計算したくない列（例えば名前の列など）があれば、その列を取り除きます。元データのどこかにNA値がある場合には、出力される相関行列にもNAが含まれます。これに対処するためには、`use="complete.obs"`か`use="pairwise.complete.obs"`のオプションを設定します。

相関行列をグラフ化するためには、corrplotパッケージを使用します（**図13-1**）。

```
# 必要ならinstall.packages("corrplot")でパッケージをインストールしておく
library(corrplot)

corrplot(mcor)
```

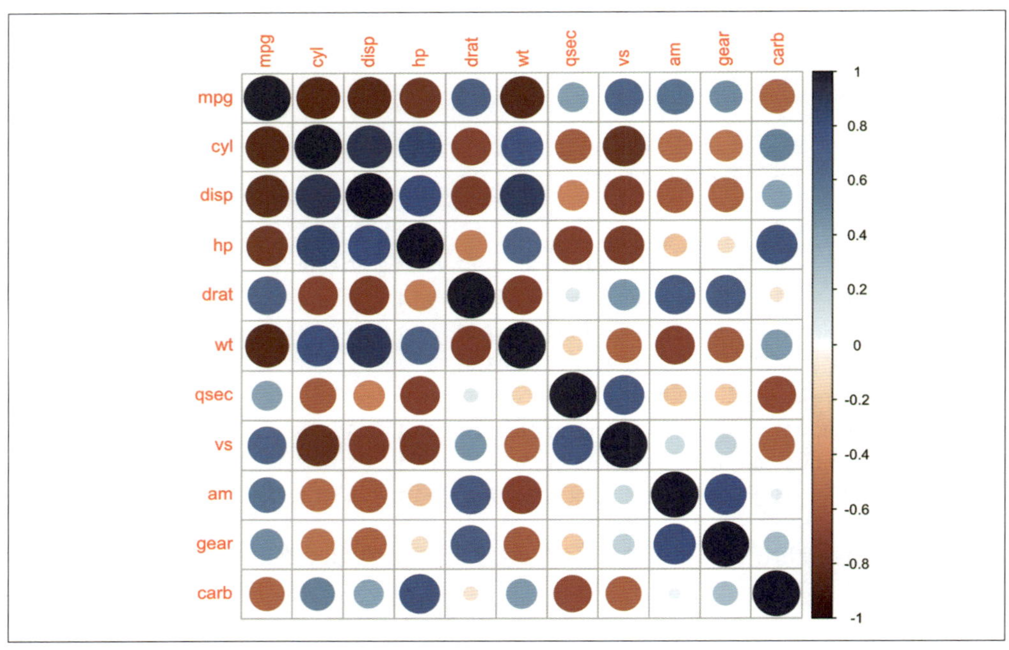

図13-1 相関行列

解説

corrplot()では多くのオプションを設定できます。相関行列の値を四角いパネルの色で表示し、上部テキストラベルを黒に設定し、文字列を45度回転させた例を示します（**図13-2**）。

```
corrplot(mcor, method = "shade", shade.col = NA, tl.col = "black", tl.srt = 45)
```

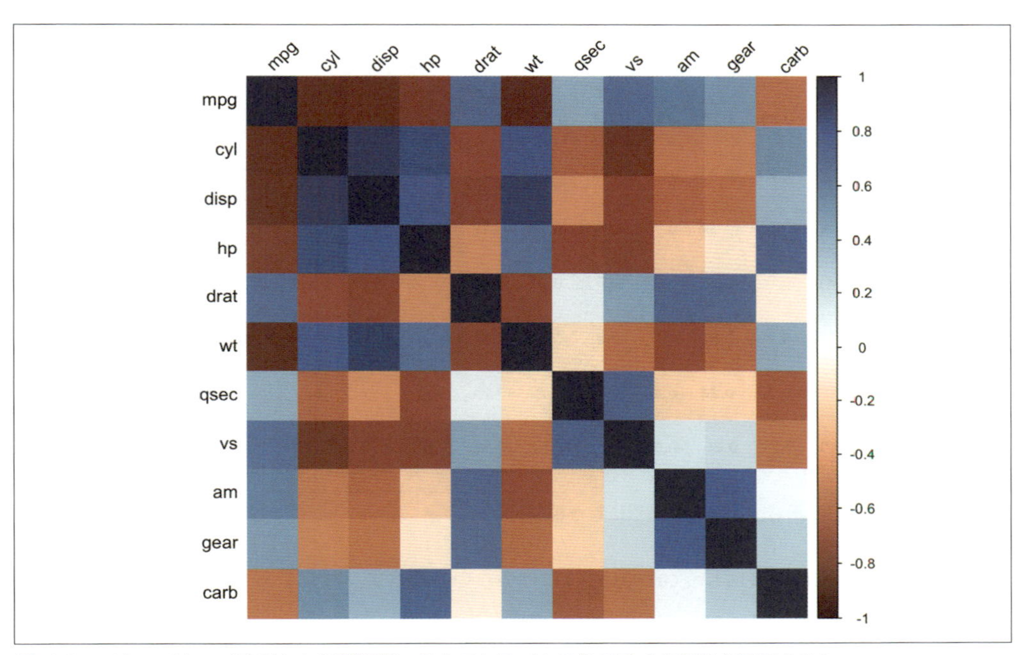

図13-2　四角いパネルで表示した相関行列。テキストラベルの色は黒で文字列を回転させた。

行列の各パネルに、相関係数の値を表示するのも役立ちます。次の例では、ラベルを読みやすくするためにパレットの色を薄くし、冗長なので色の凡例は除いています。またorder = "AOE"（固有ベクトルの角度順）オプションを使用し、要素を並び替えて相関の高い要素が隣り合うようにします。結果を**図13-3**に示します。

```
# 薄い色のパレットを作成する
col <- colorRampPalette(c("#BB4444", "#EE9988", "#FFFFFF", "#77AADD", "#4477AA"))

corrplot(mcor, method = "shade", shade.col = NA, tl.col = "black", tl.srt = 45, col = col(200),
        addCoef.col = "black", cl.pos = "n", order = "AOE")
```

	gear	am	drat	mpg	vs	qsec	wt	disp	cyl	hp	carb
gear	1	0.79	0.7	0.48	0.21	-0.21	-0.58	-0.56	-0.49	-0.13	0.27
am	0.79	1	0.71	0.6	0.17	-0.23	-0.69	-0.59	-0.52	-0.24	0.06
drat	0.7	0.71	1	0.68	0.44	0.09	-0.71	-0.71	-0.7	-0.45	-0.09
mpg	0.48	0.6	0.68	1	0.66	0.42	-0.87	-0.85	-0.85	-0.78	-0.55
vs	0.21	0.17	0.44	0.66	1	0.74	-0.55	-0.71	-0.81	-0.72	-0.57
qsec	-0.21	-0.23	0.09	0.42	0.74	1	-0.17	-0.43	-0.59	-0.71	-0.66
wt	-0.58	-0.69	-0.71	-0.87	-0.55	-0.17	1	0.89	0.78	0.66	0.43
disp	-0.56	-0.59	-0.71	-0.85	-0.71	-0.43	0.89	1	0.9	0.79	0.39
cyl	-0.49	-0.52	-0.7	-0.85	-0.81	-0.59	0.78	0.9	1	0.83	0.53
hp	-0.13	-0.24	-0.45	-0.78	-0.72	-0.71	0.66	0.79	0.83	1	0.75
carb	0.27	0.06	-0.09	-0.55	-0.57	-0.66	0.43	0.39	0.53	0.75	1

図13-3 相関係数を表示し、凡例を非表示にした相関行列

多くのグラフ描画関数と同じく`corrplot()`にはいろいろなオプションがありますが、ここですべては説明できません。**表13-1**にいくつかの便利なオプションを示します。

表13-1 corrplot()のオプション

オプション	説明
`type={"lower" | "upper"}`	相関行列の対角成分上部もしくは下部だけを表示
`diag=FALSE`	相関行列の対角成分を表示しない
`addshade="all"`	パネルに相関の正負を示す斜線を加える
`shade.col=NA`	パネルに相関の正負を示す斜線を表示しない
`method="shade"`	四角いパネルで相関行列を表示する
`method="ellipse"`	楕円で相関行列を表示する
`addCoef.col="*color*"`	`color`に指定した色のテキストで相関係数を表示する
`tl.srt="*number*"`	上部テキストラベルの回転角度を指定する
`tl.col="*color*"`	テキストラベルの色を指定する
`order={"AOE" | "FPC" | "hclust"}`	固有ベクトルの角度順（AOE）、第1主成分（FPC）、階層的クラスタリング（hclust）によりラベルをソートする

関連項目

散布図の行列を作成するためには、**「レシピ5.13　散布図の行列を作成する」**を参照してください。

データの一部分を取り出す方法については、**「レシピ15.7　データフレームの一部を取り出す」**を参照してください。

レシピ13.2　関数をプロットする

問題

関数をプロットしたい。

解決策

stat_function()を使用します。このとき、適切なxの範囲を指定するために、ダミーのデータフレームをggplotに渡す必要があります。次の例では、正規分布の確率密度を与えるdnorm()を用います。

```
# データフレームはxの範囲を設定するためだけに使用
p <- ggplot(data.frame(x = c(-3, 3)), aes(x = x))

p + stat_function(fun = dnorm)
```

解説

いくつかの関数は追加の引数を必要とします。例えば、t分布の密度関数dt()には自由度を設定するパラメータが必要です（**図13-4**右）。これらの追加の引数は、リストにしてargsに設定することで関数に渡すことができます。

```
p + stat_function(fun = dt, args = list(df = 2))
```

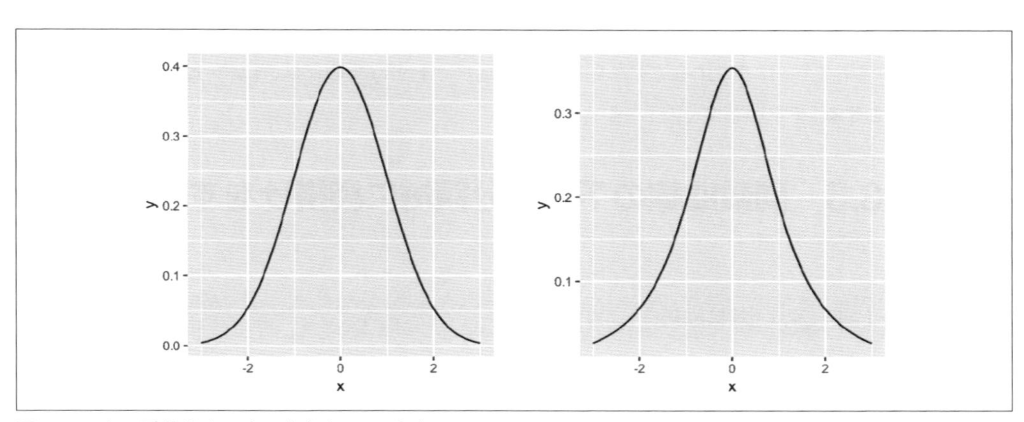

図13-4　左：正規分布　右：自由度2のt分布

自分で関数を定義することもできます。関数は、引数のはじめにxを取り、yの値を返すように定義します。この例では、シグモイド関数を定義します（**図13-5**）。

```
myfun <- function(xvar) {
    1 / (1 + exp(-xvar + 10))
}

ggplot(data.frame(x = c(0, 20)), aes(x = x)) +
  stat_function(fun = myfun)
```

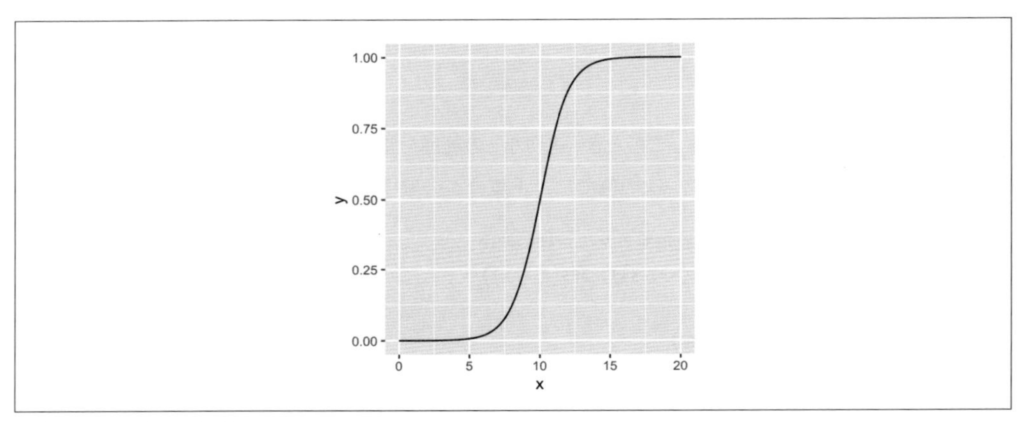

図13-5　ユーザ定義関数

デフォルトでは、関数はxの範囲内に101点計算されます。急速に振動する関数をプロットするときは、細かい部分が見えなくなります。より詳細な曲線を得るためには、`stat_function(fun=myfun, n=200)`のように、`stat_function()`の`n`にさらに大きな値を設定します。

関連項目

モデルオブジェクト（`lm`や`glm`など）から予測値をプロットするためには、**「レシピ5.7　既存のモデルをフィットさせる」**を参照してください。

レシピ13.3　関数曲線の下の部分領域に網掛けをする

問題

関数曲線の下の一部の領域に網掛けしたい。

解決策

プロットしたい関数に対してラップ関数を新たに定義し、範囲外の値をNAで置き換えます（**図13-6**）。

```
# 0 < x < 2の範囲ではdnorm(x)を返し、他のすべてのxにはNAを返す
dnorm_limit <- function(x) {
    y <- dnorm(x)
    y[x < 0  |  x > 2] <- NA
    return(y)
}

# ダミーデータを使ったggplot()
p <- ggplot(data.frame(x = c(-3, 3)), aes(x = x))

p +
  stat_function(fun = dnorm_limit, geom = "area", fill = "blue", alpha = 0.2) +
  stat_function(fun = dnorm)
```

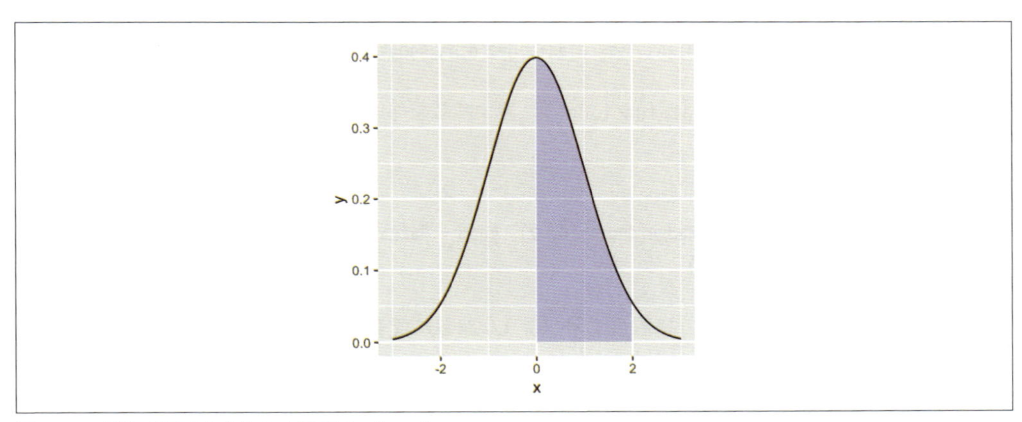

図13-6　網掛け領域を追加した関数のプロット

ラップ関数に渡すのは、個々の値ではなくベクトルであることに注意してください。もしこの関数が1つの要素を扱うのであれば、if-else条件文を使ってxの値によって返す値を決定することもできます。しかし、ここではxは多くの値を持つベクトルであり、そのような関数ではうまくいきません。

解説

Rは第一級関数を扱うことができ、クロージャ[*1]を返す関数を定義することができます。つまり、他

＊1　訳注：関数閉包とも呼ばれ、関数オブジェクトの一種です。

の関数を生成するための関数をプログラムすることができるということです。

次の関数には、プロットする関数、プロット範囲の最小値と最大値を渡すことができます。範囲外の値にはNAが返されます。

```
limitRange <- function(fun, min, max) {
  function(x) {
    y <- fun(x)
    y[x < min  |  x > max] <- NA
    return(y)
  }
}
```

この関数を使って別の関数を作成することができます。下記で定義する新しい関数dlimitは先に使用したdnorm_limit()と同じ働きをするものです。

```
# limitRangeは関数を返す
dlimit <- limitRange(dnorm, 0, 2)
# 新しい関数を試しに作り、0から2の範囲の入力にのみ値を返すようにする
dlimit(-2:4)
#> [1]         NA         NA 0.39894228 0.24197072 0.05399097         NA         NA
```

limitRange()を使用して、stat_function()に渡す関数を作成することができます。

```
p +
  stat_function(fun = dnorm) +
  stat_function(fun = limitRange(dnorm, 0, 2), geom = "area", fill = "blue",
                alpha = 0.2)
```

limitRange()関数は、dnorm()に限らずどのような関数にでも使用することができ、範囲を限定した関数を作成することができます。この関数を使えば、状況ごとに関数を書くハードコーディングを避けて、1つの関数を書いて、必要に応じて異なる引数を渡すことができます。

図13-6のグラフを細かいところまでよく見てみると、網掛け領域は指定した範囲にぴったり一致しません。これは、ggplot2が一定間隔で値を計算する近似を行っており、この間隔が指定範囲とずれてしまうためです。**「レシピ13.2　関数をプロットする」**に示したように、stat_function(n = 200)と設定し内挿値を増やすことで、この近似を改善することができます。

レシピ 13.4　ネットワークグラフを作成する

問題

ネットワークグラフを作成したい。

解決策

igraph パッケージを使用します。グラフを作成するためには、要素のペアを含むベクトルを graph() に渡し、実行結果のオブジェクトをプロットします（**図 13-7**）。

```
# install.packages("igraph") でパッケージをインストールしておく
library(igraph)

# 有向グラフの辺を指定する
gd <- graph(c(1,2, 2,3, 2,4, 1,4, 5,5, 3,6))
plot(gd)

# 無向グラフ
gu <- graph(c(1,2, 2,3, 2,4, 1,4, 5,5, 3,6), directed = FALSE)
# ラベルなし
plot(gu, vertex.label = NA)
```

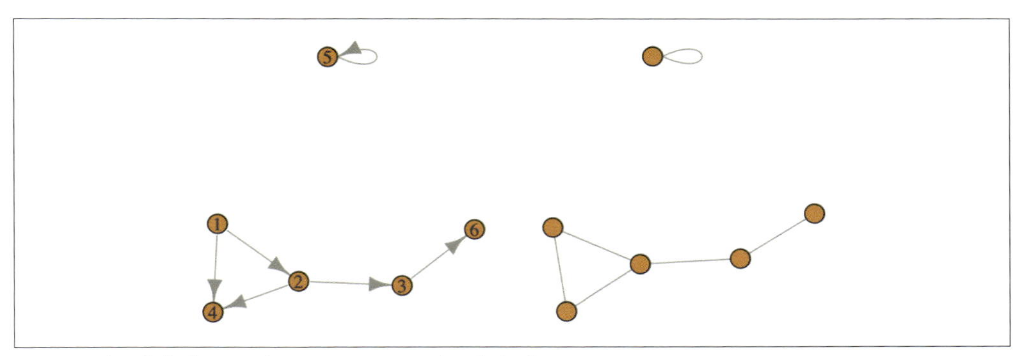

図 13-7　左：有向グラフ　右：ノードラベルのない無向グラフ

各グラフオブジェクトの構造は、次のようになっています。

```
gd
#> IGRAPH ea9b58e D--- 6 6 --
#> + edges from ea9b58e:
#> [1] 1->2 2->3 2->4 1->4 5->5 3->6
gu
#> IGRAPH a3410b5 U--- 6 6 --
```

```
#> + edges from a3410b5:
#> [1] 1--2 2--3 2--4 1--4 5--5 3--6
```

解説

ネットワークグラフでは、ノードの位置は決まった場所ではなくランダムに配置されます。再現性のあるグラフを作成するためには、プロットの前にランダムシードを設定します。良いグラフが書けるまで、さまざまなランダムシードの値を試してみてください。

```
set.seed(229)
plot(gu)
```

データフレームからグラフを作成することもできます。データフレームの最初の2列が使われ、各列が2つのノードのつながりを指定します（**図13-8**）。ここでは、この構造を持ったmadmen2データセットを使います。また、ノード位置のレイアウトのためにフラッターマン・レインゴールドアルゴリズムを用います。このアルゴリズムでは、すべてのノードは磁力のように互いに反発し、ノード間の辺がばねのようにノードをつないでいると考えます。

```
library(gcookbook) #データセットの読み込み
madmen2
#>                      Name1          Name2
#> 1              Abe Drexler    Peggy Olson
#> 2                  Allison     Don Draper
#> 3              Arthur Case   Betty Draper
#>   ...<81 more rows>...
#> 85                   Vicky Roger Sterling
#> 86                Waitress     Don Draper
#> 87 Woman at the Clios party     Don Draper
# データセットからグラフオブジェクトを作成
g <- graph.data.frame(madmen2, directed=TRUE)
# 余白を除く
par(mar = c(0, 0, 0, 0))
plot(g, layout = layout.fruchterman.reingold, vertex.size = 8,
     edge.arrow.size = 0.5, vertex.label = NA)
```

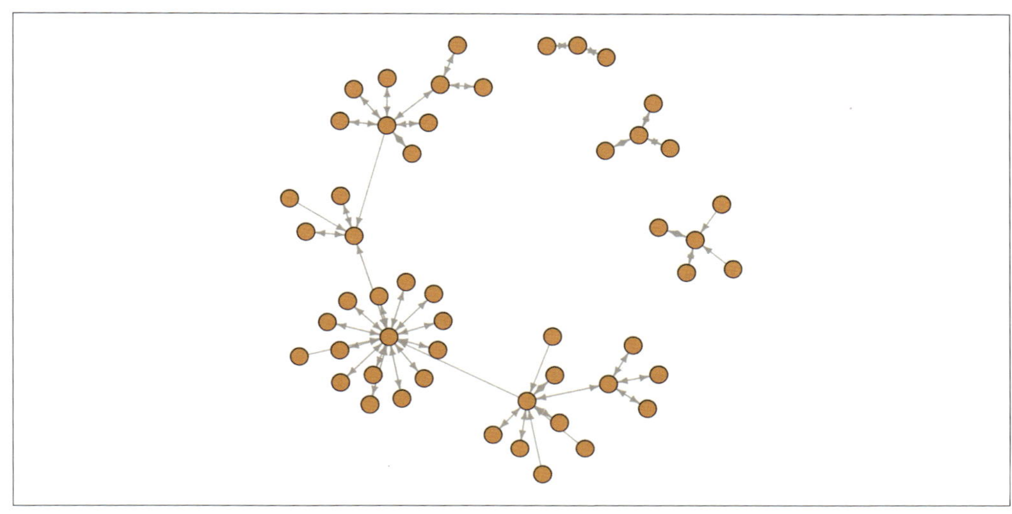

図13-8　データフレームから作成したフラッターマン・レインゴールドアルゴリズムによる有向グラフ

また、データフレームから無向グラフを作成することもできます。無向グラフでは方向は問題になりませんので、madmen2と違い各ペアが1行だけ含まれているmadmenデータセットを使います。今回は円形のレイアウトを用います（**図13-9**）。

```
g <- graph.data.frame(madmen, directed = FALSE)
par(mar = c(0, 0, 0, 0))  # 不要な余白を取り除く
plot(g, layout = layout.circle, vertex.size = 8, vertex.label = NA)
```

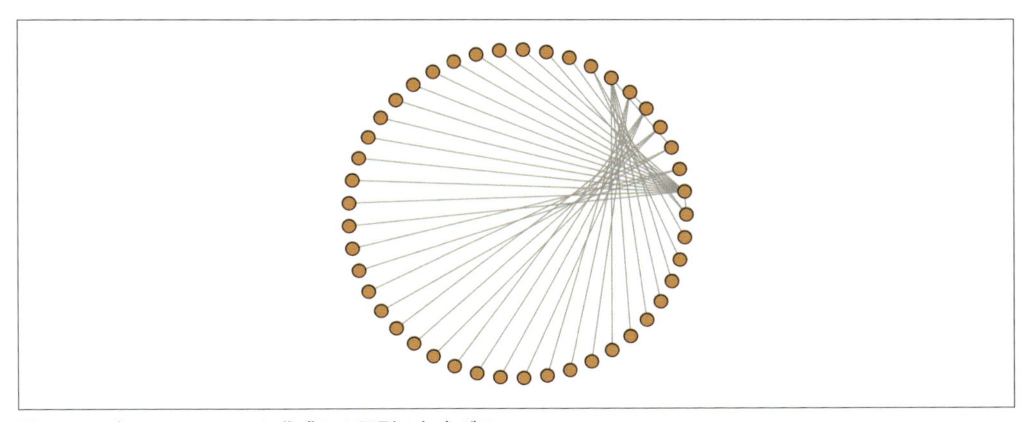

図13-9　データフレームから作成した円形の無向グラフ

関連項目

利用可能な出力オプションの詳細は、?plot.igraphを参照してください。レイアウトオプションに

ついては、?igraph::layoutを参照してください。

igraph以外の選択肢としてはRgraphvizがあります。これはGraphvizというグラフ描画のためのオープンソースライブラリにRからアクセスするためのパッケージです。このパッケージはラベルの設定やグラフレイアウトの調整がしやすく優れていますが、インストールが少し難しいかもしれません。Rgraphvizは Bioconductorのリポジトリからダウンロードすることができます。

レシピ13.5 ネットワークグラフにテキストラベルを使う

問題

ネットワークグラフにテキストラベルを使いたい。

解決策

各ノード（頂点）は名前を持っていますが、デフォルトではこれらの名前はラベルとして表示されません。ラベルを設定するためには、名前のベクトルをvertex.labelに渡します（**図13-10**）。

```
library(igraph)
library(gcookbook) # データの読み込み

# madmenをコピーして奇数行だけ使用
m <- madmen[1:nrow(madmen) %% 2 == 1, ]

g <- graph.data.frame(m, directed=FALSE)

# 各ノードの名前を表示
V(g)$name
#>  [1] "Betty Draper"      "Don Draper"         "Harry Crane"
#>  [4] "Joan Holloway"     "Lane Pryce"         "Peggy Olson"
#>  [7] "Pete Campbell"     "Roger Sterling"     "Sal Romano"
#> [10] "Henry Francis"     "Allison"            "Candace"
#> [13] "Faye Miller"       "Megan Calvet"       "Rachel Menken"
#> [16] "Suzanne Farrell"   "Hildy"              "Franklin"
#> [19] "Rebecca Pryce"     "Abe Drexler"        "Duck Phillips"
#> [22] "Playtex bra model" "Ida Blankenship"    "Mirabelle Ames"
#> [25] "Vicky"             "Kitty Romano"

plot(g, layout=layout.fruchterman.reingold,
    vertex.size = 4,          # ノードを小さく
    vertex.label = V(g)$name, # ラベルを設定
    vertex.label.cex = 0.8,   # フォントサイズを少し小さく
```

```
vertex.label.dist = 0.4,  # ラベルにオフセットを設定する
vertex.label.color = "black")
```

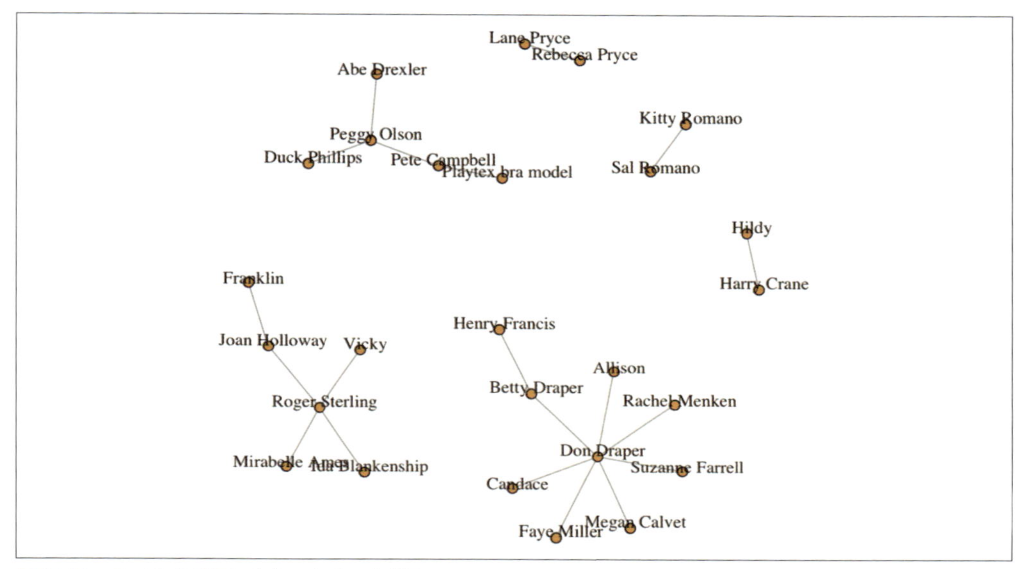

図13-10 ラベルを表示したネットワークグラフ

解説

plot()の引数にラベル名を渡す代わりに、plotオブジェクトに変更を加えても同じグラフを書くことができます。vertex.*xxx*という引数にラベルの値を渡す代わりに、V()$*xxx*<-を使用します。次のコードは、先ほどと同じグラフを出力します。

```
# 先ほどのコードと同じグラフ
V(g)$size        <- 4
V(g)$label       <- V(g)$name
V(g)$label.cex   <- 0.8
V(g)$label.dist  <- 0.4
V(g)$label.color <- "black"

# グラフ全体のプロパティを設定
g$layout <- layout.fruchterman.reingold

plot(g)
```

E()関数かedge.xxx引数に値を渡すことによって、辺のプロパティも設定することができます（**図13-11**）。

```
# 辺を表示
E(g)
#> + 20/20 edges from b4d1a80 (vertex names):
#>  [1] Betty Draper  --Henry Francis     Don Draper    --Allison
#>  [3] Betty Draper  --Don Draper        Don Draper    --Candace
#>  [5] Don Draper    --Faye Miller       Don Draper    --Megan Calvet
#>  [7] Don Draper    --Rachel Menken     Don Draper    --Suzanne Farrell
#>  [9] Harry Crane   --Hildy             Joan Holloway --Franklin
#> [11] Joan Holloway --Roger Sterling    Lane Pryce    --Rebecca Pryce
#> [13] Peggy Olson   --Abe Drexler       Peggy Olson   --Duck Phillips
#> [15] Peggy Olson   --Pete Campbell     Pete Campbell --Playtex bra model
#> [17] Roger Sterling--Ida Blankenship   Roger Sterling--Mirabelle Ames
#> [19] Roger Sterling--Vicky             Sal Romano    --Kitty Romano

# ラベルの一部を"M"に設定
E(g)[c(2,11,19)]$label <- "M"

# すべての辺の色をグレーに設定し、一部を赤に設定
E(g)$color              <- "grey70"
E(g)[c(2,11,19)]$color <- "red"

plot(g)
```

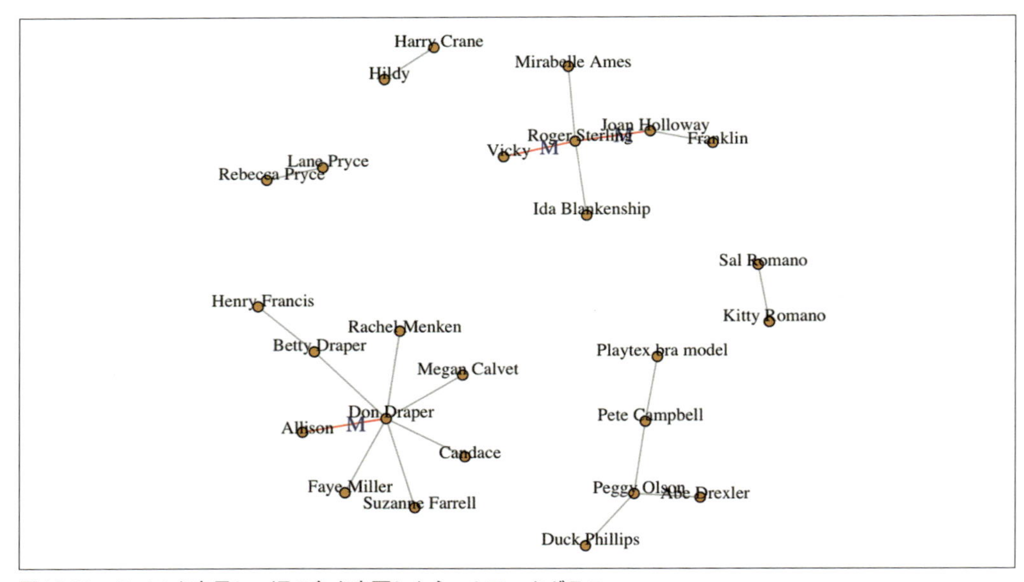

図13-11 ラベルを表示し、辺の色を変更したネットワークグラフ

関連項目

igraphのグラフィカルパラメータについての詳細は、?igraph.plottingを参照してください。

レシピ 13.6　ヒートマップを作成する

問題

ヒートマップを作成したい。

解決策

geom_tile()かgeom_raster()を使用し、fillに連続値変数をマッピングします。ここではpresidentsデータセットを使います。このデータはデータフレームではなく時系列オブジェクトです。

```
presidents
#>      Qtr1 Qtr2 Qtr3 Qtr4
#> 1945   NA   87   82   75
#> 1946   63   50   43   32
#> 1947   35   60   54   55
#>  ...
#> 1972   49   61   NA   NA
#> 1973   68   44   40   27
#> 1974   28   25   24   24
str(presidents)
#>  Time-Series [1:120] from 1945 to 1975: NA 87 82 75 63 50 43 32 35 60 ...
```

まず、ggplotで使用可能なフォーマット、つまり数値の列からなるデータフレームにデータを変換します。

```
pres_rating <- data.frame(
  rating = as.numeric(presidents),
  year = as.numeric(floor(time(presidents))),
  quarter = as.numeric(cycle(presidents))
)
pres_rating
#>     rating year quarter
#> 1       NA 1945       1
#> 2       87 1945       2
#> 3       82 1945       3
#>   ...<114 more rows>...
#> 118     25 1974       2
#> 119     24 1974       3
```

```
#> 120      24 1974        4
```

次に、geom_tile()かgeom_raster()でプロットを作成します（**図13-12**）。変数を1つずつx、y、fillにマッピングするだけです。

```
# 基本プロット
p <- ggplot(pres_rating, aes(x = year, y = quarter, fill = rating))

# geom_tile() を使用
p + geom_tile()

# geom_raster() を使用 - 同じ図だが、少しだけ描画効率が良い
p + geom_raster()
```

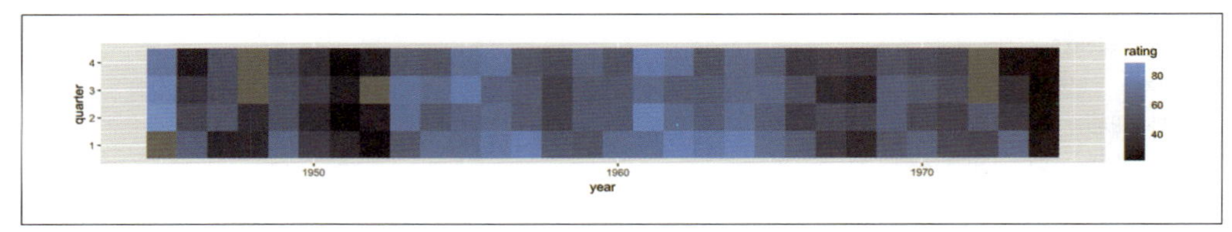

図13-12　ヒートマップ（グレーの四角はデータのNA値を示す）

geom_tile()とgeom_raster()の結果は同じに見える**はず**なのですが、実際には違って見えるかもしれません。この問題について、詳しくは**「レシピ6.12　2次元データから密度プロットを作成する」**を参照してください。

解説

情報を読み取りやすいように、ヒートマップの体裁を変更することができます。次の例では、y軸の向きを上から下に並ぶように変更し、大統領の任期に合わせて4年ごとの目盛をx軸上に追加します。xとy軸のスケールにexpand=c(0, 0)を追加し、背景の灰色の部分を除きます。またカラースケールを変更し、scale_fill_gradient2()を用いて中間の色、上端と下端の2色を指定します（**図13-13**）。

```
p +
  geom_tile() +
  scale_x_continuous(breaks = seq(1940, 1976, by = 4), expand = c(0, 0)) +
  scale_y_reverse(expand = c(0, 0)) +
  scale_fill_gradient2(midpoint = 50, mid = "grey70", limits = c(0, 100))
```

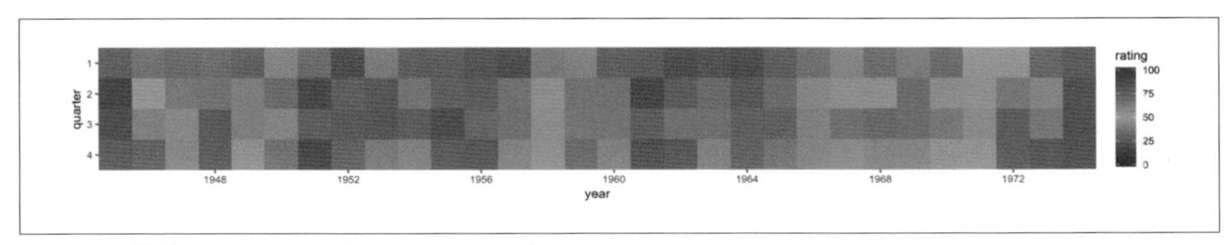

図13-13　体裁をカスタマイズしたヒートマップ

関連項目

異なるカラーパレットを使用したい場合には、**「レシピ12.6　連続値変数に手動で定義したパレットを使う」**を参照してください。

レシピ13.7　3次元の散布図を作成する

問題

3次元の散布図を作成したい。

解決策

rglパッケージを使用します。このパッケージは3次元グラフィックスを扱うOpenGLへのインタフェースを提供するものです。**図13-14**のような3次元散布図を作成するためには、`plot3d()`を使用して、左端の3列がx、y、z座標からなるデータフレーム、もしくはx、y、z座標の3つのベクトルを渡します。

```
# install.packages("rgl") でパッケージをインストールしておく
library(rgl)
plot3d(mtcars$wt, mtcars$disp, mtcars$mpg, type = "s", size = 0.75, lit = FALSE)
```

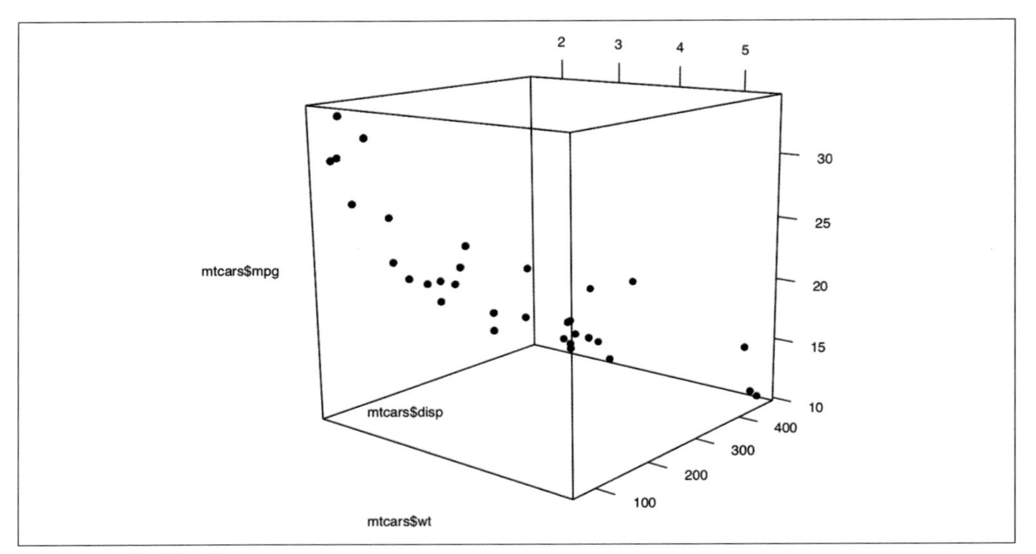

図13-14　3次元散布図

Macの場合には、rglを使う準備としてXQuartzをインストールする必要があります。XQuartzはhttps://www.xquartz.org/からダウンロードできます。

この図はマウスでドラッグして回転させたり、スクロールホイールで拡大縮小したりできます。

`plot3d()`はデフォルトでは四角い点をプロットしますが、これはPDFに保存したときにきちんと表示されません。図の体裁を整えるために、先の例では`type="s"`で球状の点を指定し、`size=0.75`で点を小さく、`lit=FALSE`で3Dライティングをオフにしています（オフにしないと、点は光沢のある球で表現されます）。

解説

3次元散布図は読み取りづらく、データを2次元で表現したほうが良い場合も多くあります。とはいえ、3次元グラフをわかりやすくするためのいくつかの方法があります。

図13-15では、点の位置をわかりやすくするために垂直の線分を追加します。

```
# 2つのベクトルの要素を交互に並べる関数
interleave <- function(v1, v2)  as.vector(rbind(v1,v2))

# 点をプロットする
plot3d(mtcars$wt, mtcars$disp, mtcars$mpg,
```

```
       xlab = "Weight", ylab = "Displacement", zlab = "MPG",
       size = .75, type = "s", lit = FALSE)

# 線分を追加する
segments3d(interleave(mtcars$wt,   mtcars$wt),
           interleave(mtcars$disp, mtcars$disp),
           interleave(mtcars$mpg,  min(mtcars$mpg)),
           alpha = 0.4, col = "blue")
```

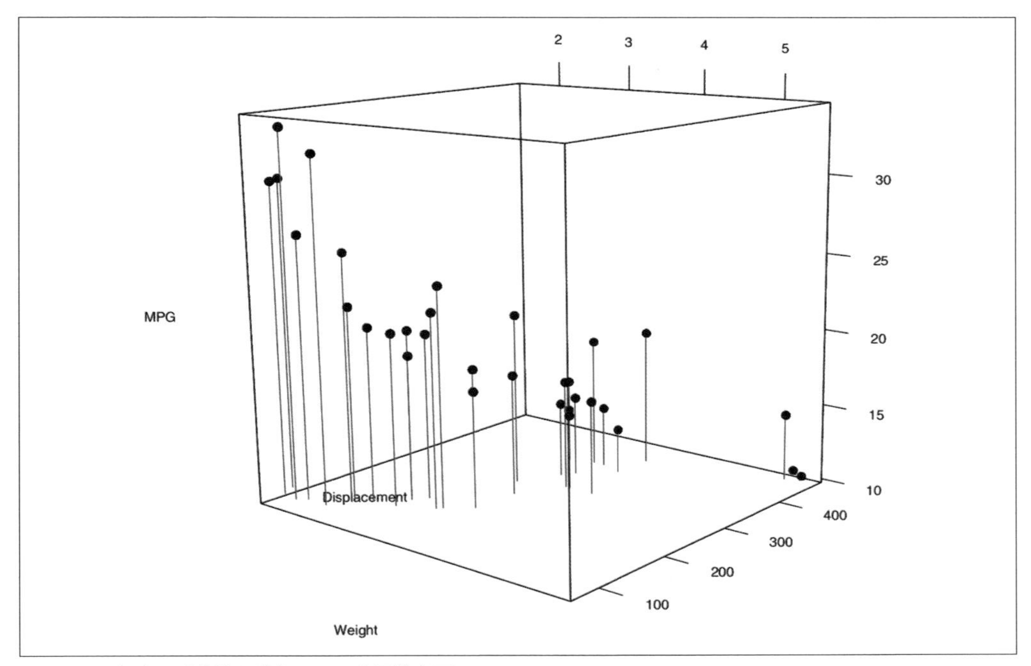

図13-15　各点に垂直線を追加した2次元散布図

背景と軸の体裁を調整することもできます。**図13-16**では、目盛の数を変更し、指定したサイドに目盛線と軸ラベルを追加します。

```
# 軸目盛とラベルのないプロットを作成する
plot3d(mtcars$wt, mtcars$disp, mtcars$mpg,
       xlab = "", ylab = "", zlab = "",
       axes = FALSE,
       size = .75, type = "s", lit = FALSE)

segments3d(interleave(mtcars$wt,   mtcars$wt),
           interleave(mtcars$disp, mtcars$disp),
```

```
            interleave(mtcars$mpg,  min(mtcars$mpg)),
            alpha = 0.4, col = "blue")

# ボックスをプロット描画する
rgl.bbox(color = "grey50",          # ボックスの表面色はgrey50, テキストは黒
         emission = "grey50",       # 放射光の色はgrey50
         xlen = 0, ylen = 0, zlen = 0)  # 目盛を表示しない

# これから書くオブジェクトのデフォルト色を黒に設定する
rgl.material(color = "black")

# 指定したサイドに軸を追加する。指定できる値は"x--", "x-+", "x+-", "x++"。
axes3d(edges = c("x--", "y+-", "z--"),
       ntick = 6,                       # 各サイドに6つ程度の目盛を追加
       cex = .75)                       # フォントを小さく

# 軸ラベルを追加。'line'は軸とラベルの距離を指定。
mtext3d("Weight",       edge = "x--", line = 2)
mtext3d("Displacement", edge = "y+-", line = 3)
mtext3d("MPG",          edge = "z--", line = 3)
```

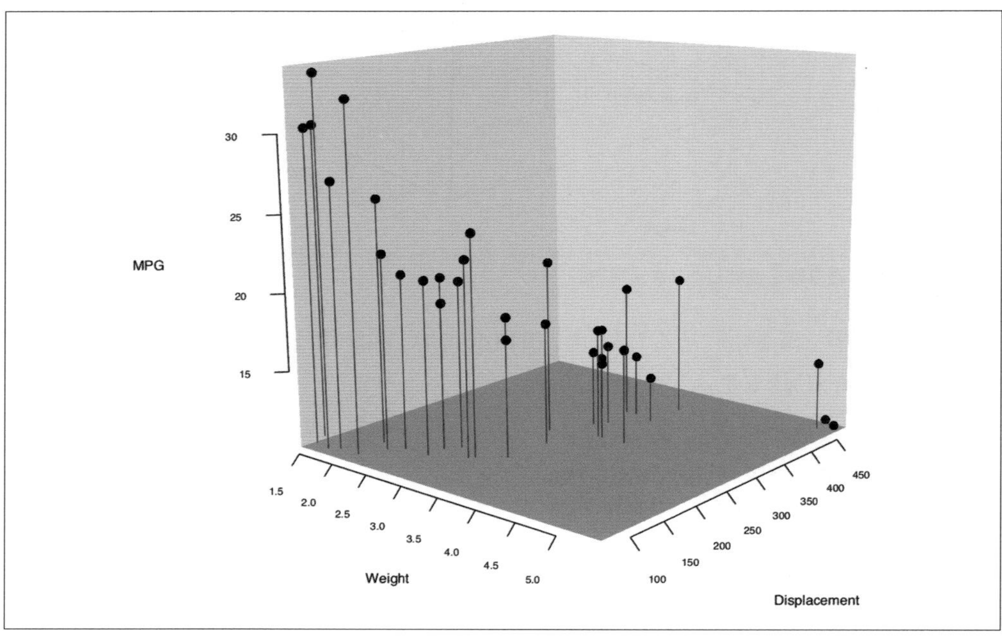

図13-16　軸目盛とラベル位置を調整した3D散布図

関連項目

図の体裁を設定する他のオプションについては、?plot3dを参照してください。

レシピ13.8　3次元プロットに予測面を追加する

問題

3次元散布図に、予測面を追加したい。

解決策

まず、モデルオブジェクトから予測値を生成するユーティリティ関数を定義する必要があります。

```
# モデルオブジェクトを引数として、xvarとyvarからzvarを予測する
# デフォルトでは、指定されたxとy変数の範囲で、16×16のグリッドを計算
predictgrid <- function(model, xvar, yvar, zvar, res = 16, type = NULL) {
  # モデルオブジェクトから予測面のxとy変数の範囲を決める。
  # lmとglmなどで使用可能だが、他のモデルオブジェクトではカスタマイズが必要。
  xrange <- range(model$model[[xvar]])
  yrange <- range(model$model[[yvar]])

  newdata <- expand.grid(x = seq(xrange[1], xrange[2], length.out = res),
                         y = seq(yrange[1], yrange[2], length.out = res))
  names(newdata) <- c(xvar, yvar)
  newdata[[zvar]] <- predict(model, newdata = newdata, type = type)
  newdata
}

# x, y, zの値を格納したlong形式のデータフレームを、xとyのベクトルと行列zを含むリストに変換する。
df2mat <- function(p, xvar = NULL, yvar = NULL, zvar = NULL) {
  if (is.null(xvar)) xvar <- names(p)[1]
  if (is.null(yvar)) yvar <- names(p)[2]
  if (is.null(zvar)) zvar <- names(p)[3]

  x <- unique(p[[xvar]])
  y <- unique(p[[yvar]])
  z <- matrix(p[[zvar]], nrow = length(y), ncol = length(x))

  m <- list(x, y, z)
  names(m) <- c(xvar, yvar, zvar)
  m
}
```

```
# 2つのベクトル要素を交互に並べる関数
interleave <- function(v1, v2)  as.vector(rbind(v1,v2))
```

ユーティリティ関数を定義したら、データから線形モデルを作成します。surface3d()を使用して、このモデル予測値をメッシュとして表示し、データと一緒にプロットします（**図13-17**）。

```
library(rgl)

# データセットのコピーを作成する
m <- mtcars

# 線形モデルを作成する
mod <- lm(mpg ~ wt + disp + wt:disp, data = m)

# wtとdispの値からmpgの予測値を計算する
m$pred_mpg <- predict(mod)

# wtとdispのグリッドに対してmpgの予測値を計算する
mpgrid_df <- predictgrid(mod, "wt", "disp", "mpg")
mpgrid_list <- df2mat(mpgrid_df)

# データポイントの散布図を作成する
plot3d(m$wt, m$disp, m$mpg, type = "s", size = 0.5, lit = FALSE)

# データポイントに対応した予測点を追加する（小さい点で）
spheres3d(m$wt, m$disp, m$pred_mpg, alpha = 0.4, type = "s", size = 0.5,
          lit = FALSE)

# 予測誤差を示す線を追加する
segments3d(interleave(m$wt,   m$wt),
           interleave(m$disp, m$disp),
           interleave(m$mpg,  m$pred_mpg),
           alpha = 0.4, col = "red")

# 予測値のメッシュを追加する
surface3d(mpgrid_list$wt, mpgrid_list$disp, mpgrid_list$mpg,
          alpha = 0.4, front = "lines", back = "lines")
```

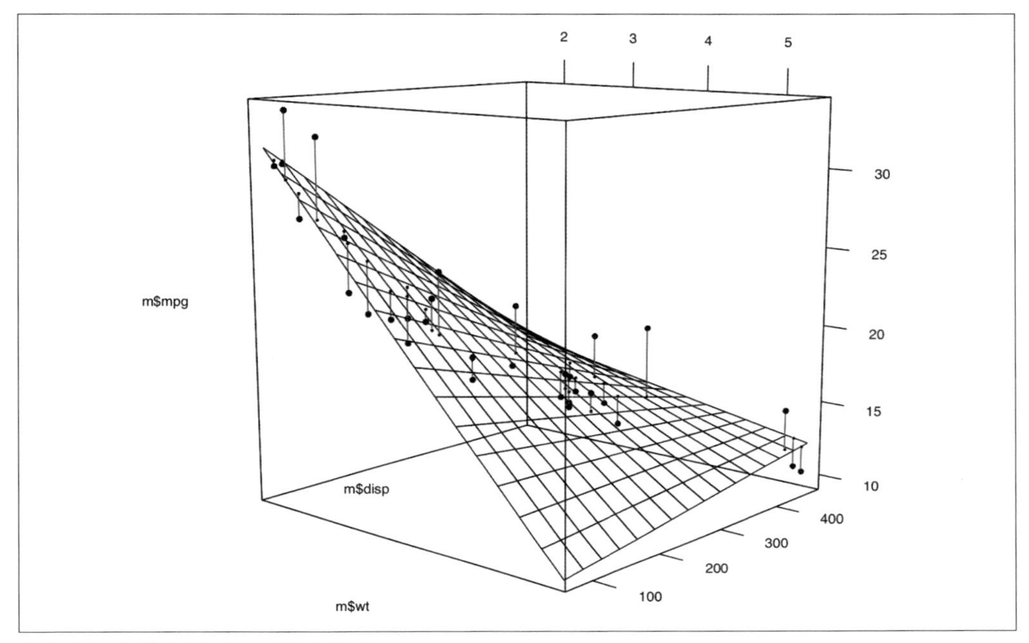

図13-17 予測面を追加した3次元散布図

解説

図13-18のように、グラフの体裁を微調整できます。グラフの各コンポーネントを順番に追加していきます。

```
plot3d(mtcars$wt, mtcars$disp, mtcars$mpg,
       xlab = "", ylab = "", zlab = "",
       axes = FALSE,
       size = .5, type = "s", lit = FALSE)

# データポイントに対応した予測点を追加する（小さい点で）
spheres3d(m$wt, m$disp, m$pred_mpg, alpha = 0.4, type = "s", size = 0.5,
          lit = FALSE)

# 予測誤差を示す線を追加する
segments3d(interleave(m$wt,   m$wt),
           interleave(m$disp, m$disp),
           interleave(m$mpg,  m$pred_mpg),
           alpha = 0.4, col = "red")

# 予測値のメッシュを追加する
```

```
surface3d(mpgrid_list$wt, mpgrid_list$disp, mpgrid_list$mpg,
          alpha = 0.4, front = "lines", back = "lines")

# ボックスを描画する
rgl.bbox(color = "grey50",           # ボックスの表面色はgrey50、テキストは黒
         emission = "grey50",        # 放射光の色はgrey50
         xlen = 0, ylen = 0, zlen = 0)  # 目盛を表示しない

# これから書くオブジェクトのデフォルト色を黒に設定する
rgl.material(color = "black")

# 指定したサイドに軸を追加する。指定できる値は"x--", "x-+", "x+-", "x++"。
axes3d(edges = c("x--", "y+-", "z--"),
       ntick = 6,                       # 各サイドに6つ程度の目盛を追加
       cex = .75)                       # フォントを小さく

# 軸ラベルを追加。'line'は軸とラベルの距離を指定。
mtext3d("Weight",       edge = "x--", line = 2)
mtext3d("Displacement", edge = "y+-", line = 3)
mtext3d("MPG",          edge = "z--", line = 3)
```

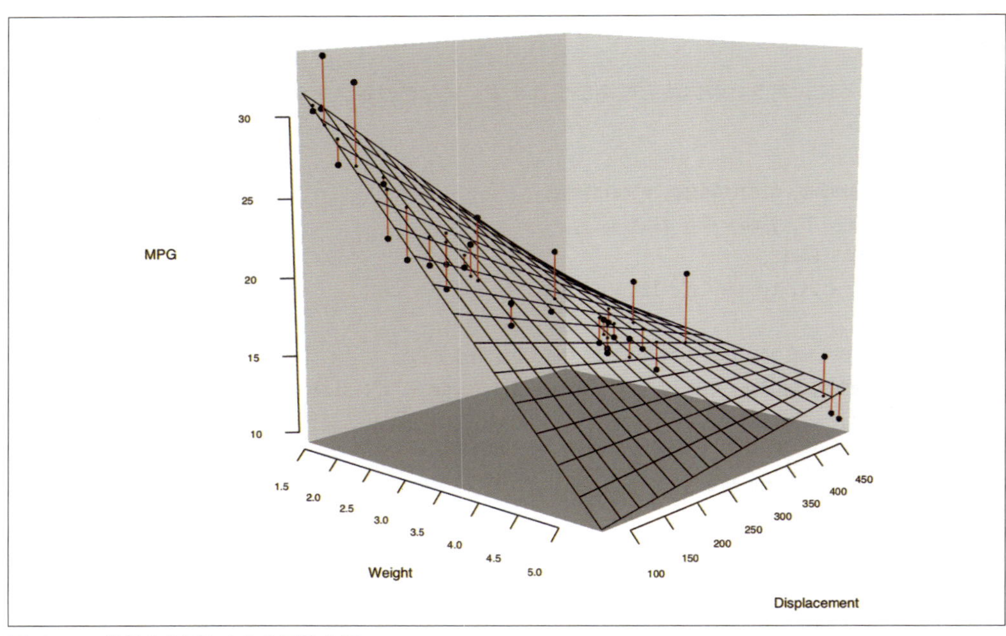

図13-18　体裁を変更した3次元散布図

関連項目

予測面の体裁変更についての詳細は、?rgl.materialを参照してください。

レシピ13.9　3次元プロットを保存する

問題

rglパッケージで作成した3次元プロットを保存したい。

解決策

rglによって作成したプロットをビットマップ画像として保存するためには、rgl.snapshot()を使用してください。画面に表示されている画像がそのままキャプチャーされます。

```
library(rgl)
plot3d(mtcars$wt, mtcars$disp, mtcars$mpg, type = "s", size = 0.75, lit = FALSE)

rgl.snapshot('3dplot.png', fmt = 'png')
```

rgl.postscript()を使用すれば、ポストスクリプトファイルやPDFファイルとして保存することもできます。

```
rgl.postscript('3dplot.pdf', fmt = 'pdf')

rgl.postscript('3dplot.ps', fmt = 'ps')
```

ポストスクリプトやPDFの出力は、rglの基礎となっているOpenGLライブラリの多くの機能をサポートしていません。例えば、透過などはサポートしていませんし、点や線などのオブジェクトのサイズは画面上で見える通りにはならないかもしれません。

解説

再現性のある図を作成するためには、現在の視点を保存して次回読み込む必要があります。

```
# 現在の視点を保存する
view <- par3d("userMatrix")

# 保存された視点を復元する
par3d(userMatrix = view)
```

視点であるviewの値をスクリプト内に保存するためには、dput()を使用して出力をスクリプトにコピー&ペーストします。

```
dput(view)
```

userMatrixをテキストで書き出したら、次の内容をスクリプトに追加します。

```
view <- structure(c(0.907931625843048, 0.267511069774628, -0.322642296552658,
0, -0.410978674888611, 0.417272746562958, -0.810543060302734,
0, -0.0821993798017502, 0.868516683578491, 0.488796472549438,
0, 0, 0, 0, 1), .Dim = c(4L, 4L))

par3d(userMatrix = view)
```

レシピ13.10 3次元プロットのアニメーション

問題

プロットの周りで視点を回転させて、3次元プロットのアニメーションを作成したい。

解決策

3Dプロットを回転させることで、データをあらゆる角度から見ることができます。3Dプロットのアニメーションを作成するためには、play3d()とspin3d()を使用します。

```
library(rgl)
plot3d(mtcars$wt, mtcars$disp, mtcars$mpg, type = "s", size = 0.75, lit = FALSE)

play3d(spin3d())
```

解説

デフォルトでは、グラフはz(垂直)軸上でRにbreakコマンドを送るまで回転します。

次のように、回転軸、回転速度、回転時間は、変更することができます。

```
# x軸上で回転、速度は4rpm、20秒間
play3d(spin3d(axis = c(1,0,0), rpm = 4), duration = 20)
```

動画を保存するためには、play3d()と同じ要領でmovie3d()を使用します。この関数は、各フレームごとに1枚の一連の.pngファイルを生成し、その後ImageMagickのconvertコマンドを使ってこれらの画像を1つのGIFアニメーションファイル.gifに変換します。次の例は図を15秒間で1回転させ、1秒間あたり50フレームの動画を生成します。

```
# z軸上で回転、速度は4rpm、15秒間
movie3d(spin3d(axis = c(0,0,1), rpm = 4), duration = 15, fps = 50)
```

出力ファイルは一時ディレクトリに保存され、ディレクトリの名前がRコンソールに表示されます。.gifファイルの出力にImageMagickを使いたくない場合には、convert=FALSEと指定して、一連の.pngファイルを他のソフトウェアを使って動画にすることもできます。

レシピ13.11 樹形図を作成する

問題

要素のクラスター分析結果を示す樹形図を作成したい。

解決策

hclust()を使用し、その出力をプロットします。その前に、データの前処理が必要になります。今回の例では、まずcountriesデータセットから2009年の一部分のデータを取り出します。また、簡単のためにNAを含む行をすべて除き、残った行からランダムに25行を選びます。

```
library(dplyr)
library(tidyr)      # drop_na関数を使用するため
library(gcookbook) # データセットを使用するため

# 再現性のためにランダムシードを設定する
set.seed(392)

c2 <- countries %>%
  filter(Year == 2009) %>%  # 2009年のデータを取得
  drop_na() %>%             # NA値を持つ行は削除する
  sample_n(25)              # 25個のランダムな行を取得する

c2
#>              Name Code Year        GDP laborrate  healthexp infmortality
#> 111       Liberia  LBR 2009   229.2703      71.1   29.35613         77.6
#> 86        Hungary  HUN 2009 12847.3031      50.1  937.98617          5.7
#> 194          Togo  TGO 2009   534.8508      74.4   28.93053         67.1
#>  ...<19 more rows>...
#> 19        Belgium  BEL 2009 43640.1962      53.5 5104.01899          3.6
#> 53        Denmark  DNK 2009 55933.3545      65.4 6272.72868          3.4
#> 199 Turkmenistan  TKM 2009  3710.4536      68.0   77.06955         48.0
```

行をランダムに選んだため、行の名前（1番目の列）がランダムな数になっていることに注意してください。このデータから樹形図を作成する前に、いくつかやるべきことがあります。まず、**行の名前**を設定する必要があります。Nameという名前の列がありますが、実際の行の名前はランダムな数字です（行の名前を使うことはあまりありませんが、hclust()関数では必須です)。次に、クラスタリングに値を使わないすべての列を取り除く必要があります。取り除く列は、Name、Code、Yearです。

```
rownames(c2) <- c2$Name
c2 <- c2[, 4:7]
c2
#>                     GDP laborrate  healthexp infmortality
#> Liberia        229.2703      71.1   29.35613         77.6
#> Hungary      12847.3031      50.1  937.98617          5.7
#> Togo           534.8508      74.4   28.93053         67.1
#>  ...<19 more rows>...
#> Belgium      43640.1962      53.5 5104.01899          3.6
#> Denmark      55933.3545      65.4 6272.72868          3.4
#> Turkmenistan  3710.4536      68.0   77.06955         48.0
```

GDPの値は、他の列(例えばinfmortality)の値より数桁大きくなっています。このため、infmortalityがクラスタリングに与える影響はGDPに比べて無視できるほど小さくなってしまい、これは解析の意図とは異なります。この問題に対処するために、データを標準化します。

```
c3 <- scale(c2)
c3
#>                      GDP  laborrate  healthexp infmortality
#> Liberia      -0.70164181  1.0118324 -0.5949323    1.8611870
#> Hungary      -0.06608287 -1.2419310 -0.1825555   -0.8070883
#> Togo         -0.68624999  1.3659953 -0.5951254    1.4715223
#>  ...<19 more rows>...
#> Belgium       1.48492740 -0.8770359  1.7081758   -0.8850213
#> Denmark       2.10412271  0.4000967  2.2385884   -0.8924435
#> Turkmenistan -0.52629774  0.6791340 -0.5732778    0.7627037
```

デフォルトでは、scale()関数は各列を標準偏差の値で割って標準化しますが、他の方法を用いることもできます。

ようやく、**図13-19**に示すような樹形図を描く準備ができました。

```
hc <- hclust(dist(c3))

# 樹形図を作成する
plot(hc)

# テキストを揃える
plot(hc, hang = -1)
```

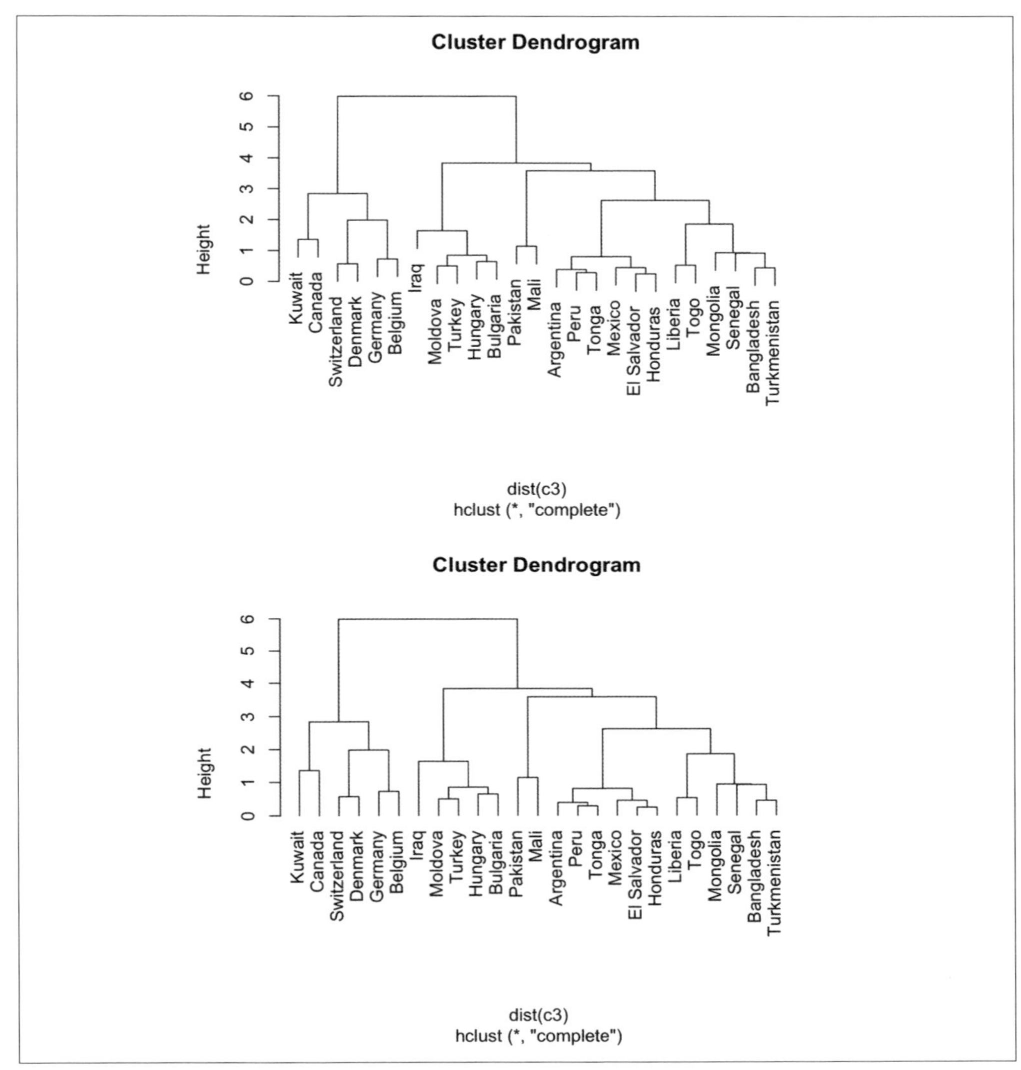

図13-19 上：樹形図 下：テキストを揃えた樹形図

解説

クラスター分析は、単に点をn次元空間（この例では4次元）にグループ分けする方法です。階層的クラスター分析は、この例の樹形図に表されるように、各グループをより小さな2つのグループに分けます。階層的クラスター解析を行う際には多くのパラメータを設定できるので、あなたのデータに対して1つの「正しい」方法があるわけではありません。

まず、ここではデータを標準化するために`scale()`をデフォルト設定のまま使いました。データを他の方法で標準化することもできますし、標準化しなくても良いのです（このデータセットで標準化をしないと、**図13-20**に示すように、他の変数に対してGDPの影響が圧倒的になります）。

```
hc_unscaled <- hclust(dist(c2))
plot(hc_unscaled)
```

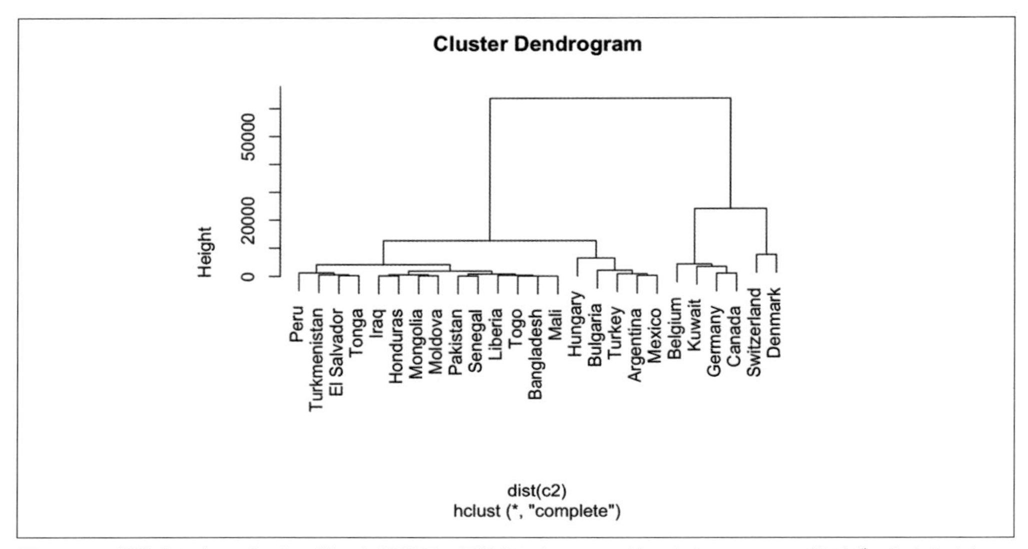

図13-20　標準化しないデータで描いた樹形図—標準化しないGDP値のためにheightの値がずっと大きくなっていることに注意

dist()による距離行列の計算では、デフォルトの方法である"euclidean"を用いました。この方法は2点間のユークリッド距離を計算します。他には"maximum"、"manhattan"、"canberra"、"binary"、"minkowski"などの方法を使用できます。

hclust()関数には、クラスター分析の方法がいくつか準備されています。デフォルトは"complete"ですが、他には"ward"、"single"、"average"、"mcquitty"、"median"、"centroid"を使用できます。

関連項目

その他のクラスター分析の方法については、?hclustを参照してください。

レシピ13.12　ベクトルフィールドを作成する

問題

ベクトルフィールド（ベクトル場）を作成したい。

解決策

geom_segment()を使用してください。この例では、isabelデータセットを使用します。

```
library(gcookbook) # isabelデータセットのため
isabel
#>              x      y      z      vx      vy       vz       t  speed
#> 1      -83.000 41.700  0.035      NA      NA       NA      NA     NA
#> 2      -83.000 41.555  0.035      NA      NA       NA      NA     NA
#> 3      -83.000 41.411  0.035      NA      NA       NA      NA     NA
#> ...<156,244 more rows>...
#> 156248 -62.126 24.096 18.035 -11.397 -5.3151 0.009657 -66.995 12.575
#> 156249 -62.126 23.952 18.035 -11.379 -5.2750 0.040921 -67.000 12.542
#> 156250 -62.126 23.808 18.035 -12.166 -5.4358 0.030216 -66.980 13.325
```

xとyはそれぞれ経度と緯度、zは高度（km）です。vx、vy、vzは風速（m/s）の各方向への成分であり、speedは風速です。

高度zは0.035kmから18.035kmまでの値を取ります。この例では、一番高度が低い層のデータを使用します。

ベクトルを描くためには、geom_segment()を使用します（**図13-21**）。各線分は始点と終点を持ちます。xとyの値を各線分の始点とし、vxとvyの値を適当な値で割ったものを、xとyの値に足して終点とします。vxとvyの値を割って小さくするのは、そのままでは図に表示される線が長すぎるためです。

```
library(dplyr)
islice <- filter(isabel, z == min(z))

ggplot(islice, aes(x = x, y = y)) +
       geom_segment(aes(xend = x + vx/50, yend = y + vy/50),
                    size = 0.25)   # 線分の太さを0.25mmに設定
```

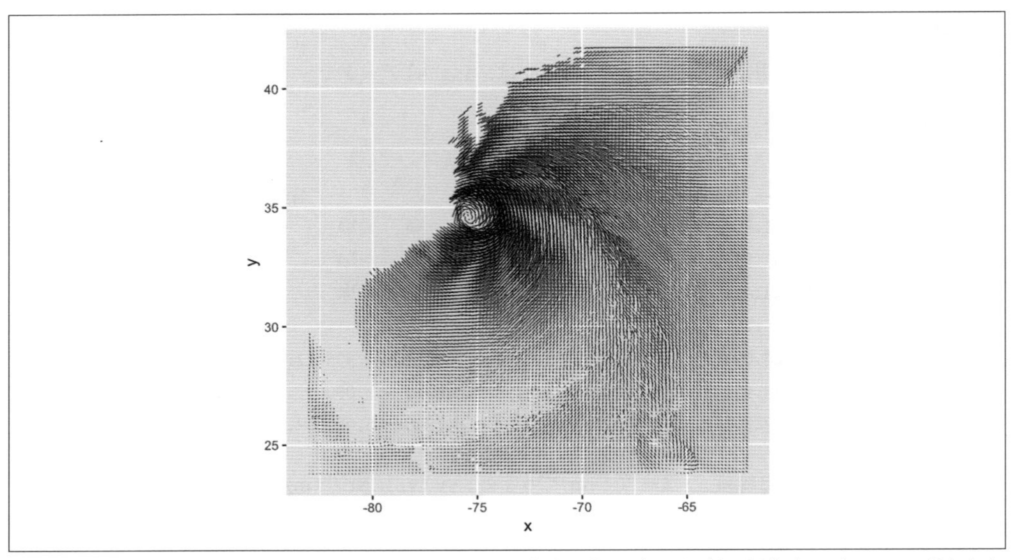

図13-21　ベクトルフィールドの最初の試作。データの解像度が高すぎるが、低い解像度のデータには見られない面白いパターンが見られる。

このベクトルフィールドには2つの問題があります。解像度が高すぎて見にくいことと、線分に風向きを示す矢印の向きが描かれていないことです。データの解像度を落とすために、nごとに1つ値を残して残りを取り除くevery_n()関数を定義します。

```
# zが最小値である層を取り出す
islice <- filter(isabel, z == min(z))

# ベクトルxから'by'ごとに1つの値を残す関数
every_n <- function(x, by = 2) {
  x <- sort(x)
  x[seq(1, length(x), by = by)]
}

# xとyから4ごとに1つ値を残す
keepx <- every_n(unique(isabel$x), by = 4)
keepy <- every_n(unique(isabel$y), by = 4)

# keepxに含まれるxとkeepyに含まれるyの行だけを残す
islicesub <- filter(islice, x %in% keepx  &  y %in% keepy)
```

さて、データの一部分を取り出したので、**図13-22**に示すように矢印を使ってプロットすることができます。

```
# arrow()関数のためにgridパッケージを読み込む
library(grid)

# 取り出したデータを使って、矢印の頭のサイズ0.1 cmで作図
ggplot(islicesub, aes(x = x, y = y)) +
    geom_segment(aes(xend = x+vx/50, yend = y+vy/50),
                 arrow = arrow(length = unit(0.1, "cm")), size = 0.25)
```

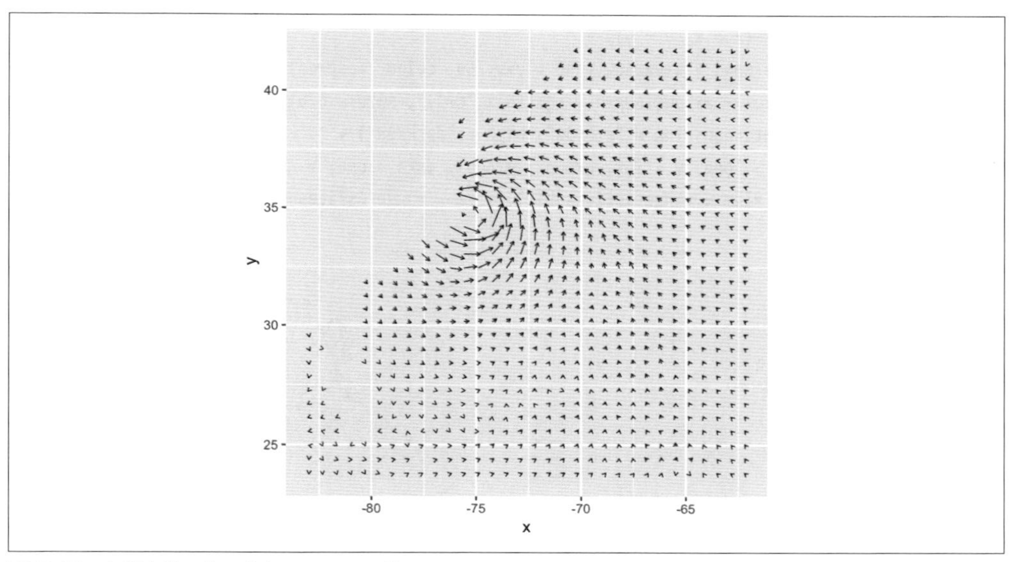

図13-22　矢印を使ったベクトルフィールド

解説

矢印で描画すると、短いベクトルでも長さに対してよりはっきり見えてしまいます。これはデータの解釈をいくらか歪めてしまうかもしれません。この効果を軽減するために、風速を他の属性、例えばsize（線の太さ）、alpha、colourなどにマッピングするのも役立ちます。ここでは、speedをalphaにマッピングします（**図13-23**左）。

```
# 既存の'speed'列の値は風速のz成分も含んでいる。水平方向の風速speedxyを計算する。
islicesub$speedxy <- sqrt(islicesub$vx^2 + islicesub$vy^2)

# 風速をalphaにマッピングする
ggplot(islicesub, aes(x = x, y = y)) +
    geom_segment(aes(xend = x+vx/50, yend = y+vy/50, alpha = speed),
                 arrow = arrow(length = unit(0.1,"cm")), size = 0.6)
```

次に、speedをcolourにマッピングします。また、**図13-23**の右の図のように、アメリカの地図を追加し、coord_cartesian()を使って描画したい地域を拡大表示します（こうしないと、アメリカ全体が表示されます）。

```
# アメリカの地図データを取得
usa <- map_data("usa")

# 風速を色にマッピングし、"grey80"から"darkred"の色を設定
ggplot(islicesub, aes(x = x, y = y)) +
    geom_segment(aes(xend = x+vx/50, yend = y+vy/50, colour = speed),
                 arrow = arrow(length = unit(0.1,"cm")), size = 0.6) +
    scale_colour_continuous(low = "grey80", high = "darkred") +
    geom_path(aes(x = long, y = lat, group = group), data = usa) +
    coord_cartesian(xlim = range(islicesub$x), ylim = range(islicesub$y))
```

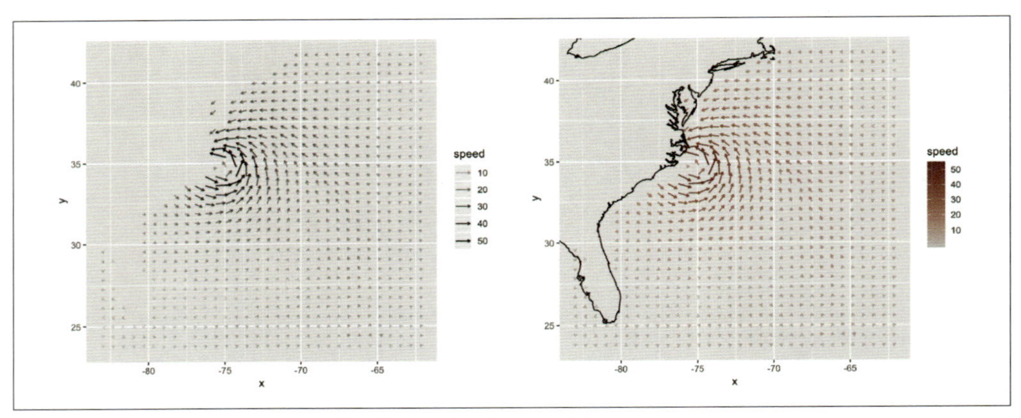

図13-23　左：風速をalphaにマッピングしたベクトルフィールド
右：風速を色にマッピングしたベクトルフィールド

isabelデータセットは3次元のデータなので、**図13-24**に示すように、ファセットを使用して高度ごとのグラフを作成することができます。各ファセットは小さいので、前回よりも粗いデータを使います。

```
# xとyから5つごとの値を残し、zから2つごとの値を残す
keepx <- every_n(unique(isabel$x), by = 5)
keepy <- every_n(unique(isabel$y), by = 5)
keepz <- every_n(unique(isabel$z), by = 2)

isub <- filter(isabel, x %in% keepx  &  y %in% keepy  &  z %in% keepz)

ggplot(isub, aes(x = x, y = y)) +
    geom_segment(aes(xend = x+vx/50, yend = y+vy/50, colour = speed),
```

```
            arrow = arrow(length = unit(0.1,"cm")), size = 0.5) +
  scale_colour_continuous(low = "grey80", high = "darkred") +
  facet_wrap( ~ z)
```

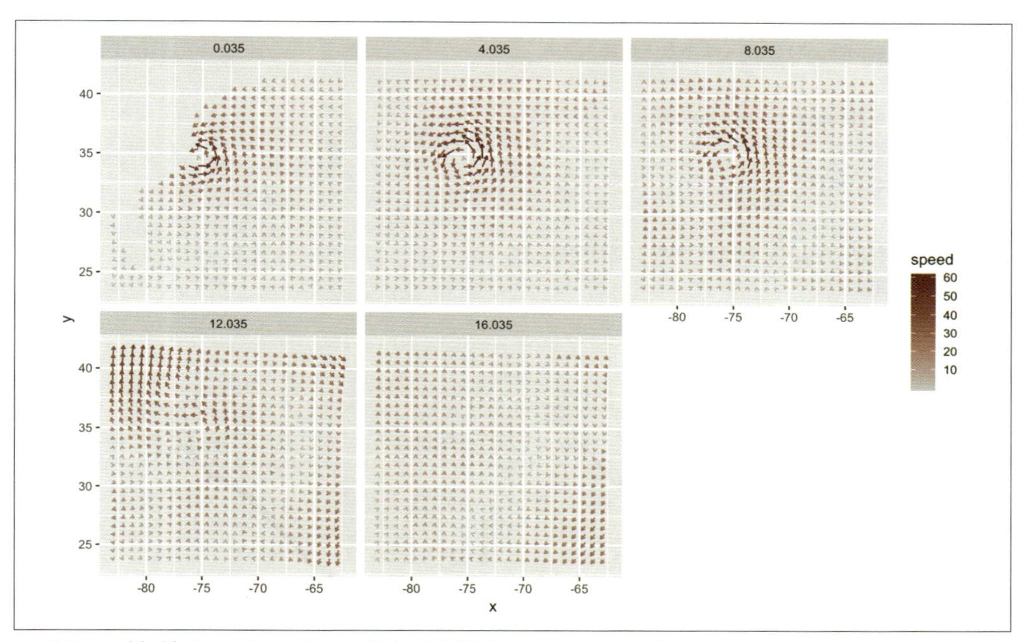

図13-24　z（高度）をファセットとして表示した風速のベクトルフィールド

関連項目

異なるカラーパレットを使いたい場合には、**「レシピ12.6　連続値変数に手動で定義したパレットを使う」**を参照してください。

グラフの一部を拡大する方法についての詳細は、**「レシピ8.2　連続値の軸の範囲を設定する」**を参照してください。

レシピ13.13　QQプロットを作成する

問題

正規確率プロット（QQプロット、quantile-quantile plot）を作成し、観測値分布と理論分布を比較したい。

解決策

観測値が正規分布に従っているかどうかを調べるためには、geom_qq()とgeom_qq_line()を使用します（**図13-25**）。

```
library(gcookbook) # データセットの読み込み

ggplot(heightweight, aes(sample = heightIn)) +
  geom_qq() +
  geom_qq_line()

ggplot(heightweight, aes(sample = ageYear)) +
  geom_qq() +
  geom_qq_line()
```

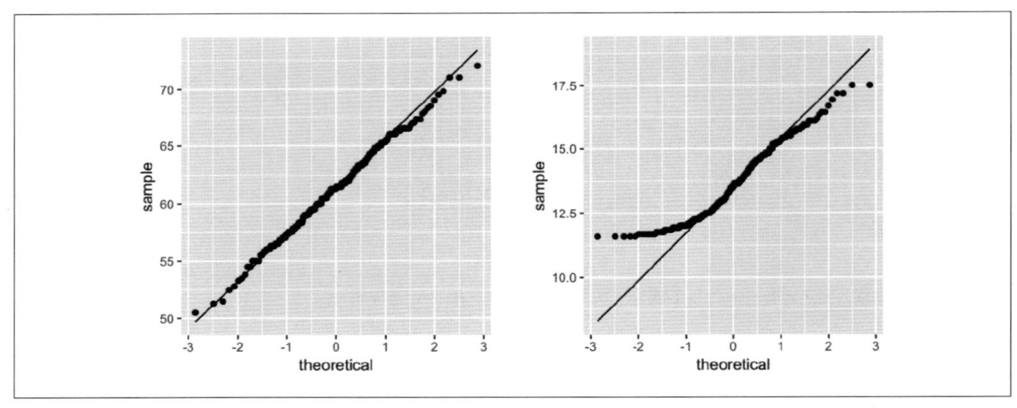

図13-25　左：身長のQQプロットは正規分布に近い　右：年齢のQQプロットは正規分布からずれている

解説

heightInの点は線に近く、分布が正規分布に近いことがわかります。一方でageYearの点は特に左側で線から離れていて、分布が偏っていることを示しています。データの分布を調べるためには、ヒストグラムを描くことも役立ちます。

関連項目

データが正規分布以外の理論分布に従っているかを調べるためには、?stat_qqを参照してください。

レシピ13.14　経験累積分布関数のグラフを作成する

問題

データセットから経験累積分布関数（empirical cumulative distribution function、ECDF）のグラフを作成したい。

解決策

stat_ecdf()を使用します（**図13-26**）。

```
library(gcookbook) # データセットの読み込み

# heightInのECDF
ggplot(heightweight, aes(x = heightIn)) +
  stat_ecdf()

# ageYearのECDF
ggplot(heightweight, aes(x = ageYear)) +
  stat_ecdf()
```

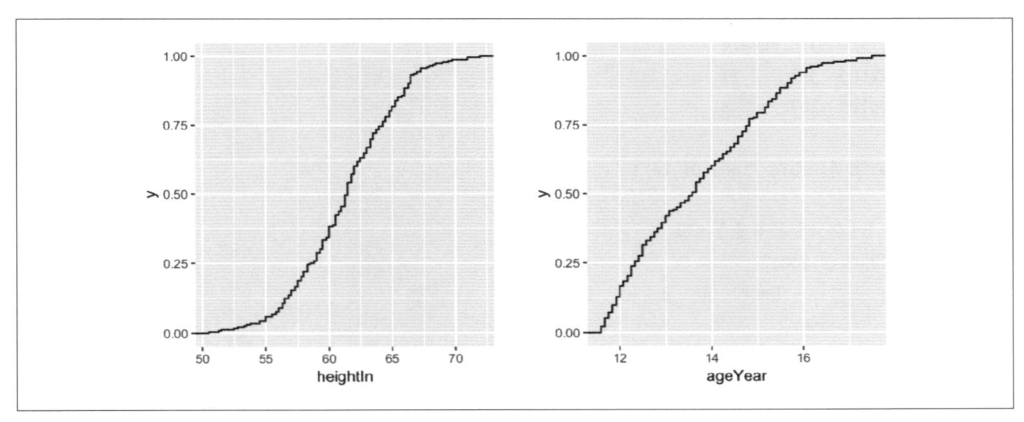

図13-26　左：身長のECDF　右：年齢のECDF

解説

経験累積分布関数は、与えられたx値に対してx以下の観測値の割合を示します。この関数は経験的な分布関数であり、1つ以上の観測値があったx値で階段状に増加します。

レシピ13.15　モザイクプロットを作成する

問題

分割表を可視化したモザイクプロットを作成したい。

解決策

vcdパッケージのmosaic()関数を使用します。この例では、USBAdmissionsデータセットを使います。このデータセットは3次元の分割表です。まず、いくつかの方法でデータの内容を見てみます。

```
UCBAdmissions
#> , , Dept = A
#>
#>           Gender
#> Admit      Male Female
#>   Admitted  512     89
#>   Rejected  313     19
#>
#> , , Dept = B
#>
#>           Gender
#> Admit      Male Female
#>   Admitted  353     17
#>   Rejected  207      8
#>
#>  ... with 41 more lines of text

# 「フラット」な分割表を表示する
ftable(UCBAdmissions)
#>                 Dept   A   B   C   D   E   F
#> Admit    Gender
#> Admitted Male        512 353 120 138  53  22
#>          Female       89  17 202 131  94  24
#> Rejected Male        313 207 205 279 138 351
#>          Female       19   8 391 244 299 317

dimnames(UCBAdmissions)
#> $Admit
#> [1] "Admitted" "Rejected"
#>
#> $Gender
#> [1] "Male"   "Female"
#>
```

```
#> $Dept
#> [1] "A" "B" "C" "D" "E" "F"
```

分割表の3つの次元はAdmit（合否）、Gender（性別）、Dept（学部）からなっています。変数間の関係を可視化するために、mosaic()を使用し、データを分割するための変数を指定した式を渡します（**図13-27**）。

```
# install.packages("vcd")でパッケージをインストールしておく
library(vcd)
# Admit、Gender、Deptの順に分割
mosaic( ~ Admit + Gender + Dept, data = UCBAdmissions)
```

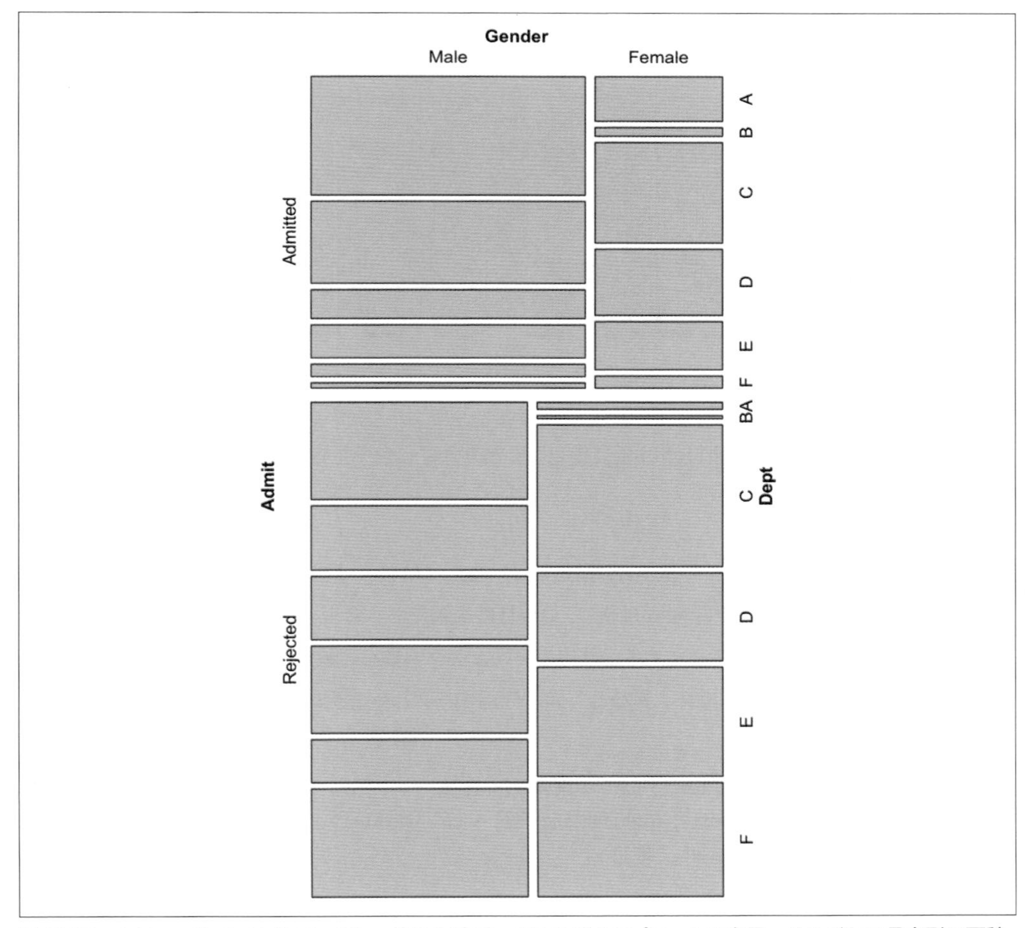

図13-27 カリフォルニア大学バークレー校の入試データをモザイクプロットで表示ーそれぞれの長方形の面積はそのセルに属するケースの数に比例する

mosaic()は、はじめに合否、次に性別、最後に学部というように、与えられた変数の順番でデータを分割することに注意してください。得られたプロットを見ると、合格者より不合格者の数が多いことがわかります。また、不合格者では男女の数がほぼ等しい一方で、合格者には男性が多いことが明らかです。しかしながら、このグラフでは各学部内で値を比較することは難しくなっています。変数による分割の順番を変えることで、また別の面白い情報が見えてきます。

はじめに学部、次に性別、最後に合否の順で分割すると、**図13-28**のように違った形でデータを表示することができます。このプロットでは、学部と性別で分割した**後で**最後に合否が分割されるため、各グループでの合格と不合格のセルが隣り合います。

```
mosaic( ~ Dept + Gender + Admit, data = UCBAdmissions,
       highlighting = "Admit", highlighting_fill = c("lightblue", "pink"),
       direction = c("v","h","v"))
```

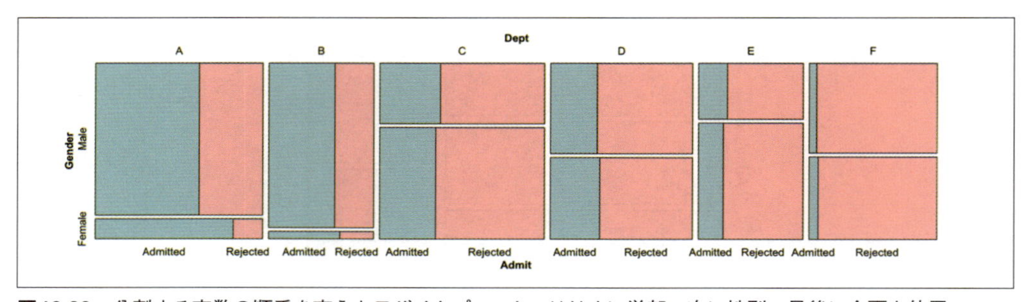

図13-28　分割する変数の順番を変えたモザイクプロット。はじめに学部、次に性別、最後に合否を使用。

また、ここではAdmitをhighlightingに指定し、塗り分けの色を指定しました。

解説

図13-28では、各変数が分割する方向も指定しています。はじめの変数である学部Deptは縦に分割され、2つ目の変数である性別Genderは横に、3つ目の変数である合否Admitは縦に分割されます。この例では、この方向に分割することで各学部内の男性と女性の数を比較しやすくなります。

図13-29と**図13-30**に示すように、異なる方向に分割することもできます。

```
# 分割方向の異なるモザイクプロット
mosaic( ~ Dept + Gender + Admit, data = UCBAdmissions,
       highlighting = "Admit", highlighting_fill = c("lightblue", "pink"),
       direction = c("v", "v", "h"))
```

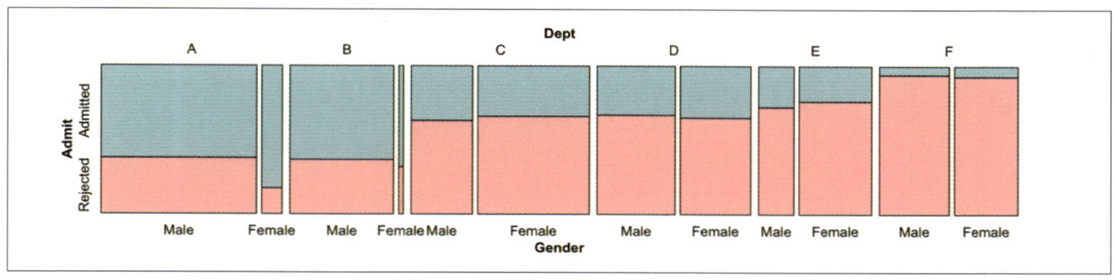

図13-29　学部を縦に、性別を縦に、合否を横に分割したモザイクプロット

```
# この分割方向では男女を比べにくい
mosaic( ~ Dept + Gender + Admit, data = UCBAdmissions,
       highlighting = "Admit", highlighting_fill = c("lightblue", "pink"),
       direction = c("v", "h", "h"))
```

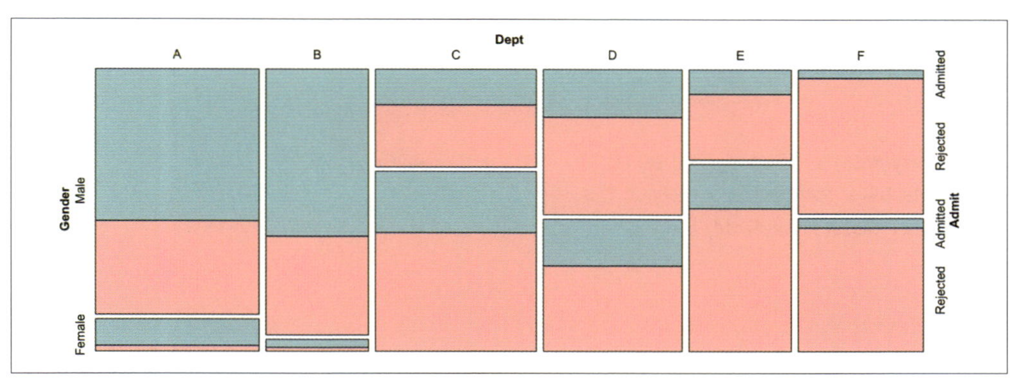

図13-30　学部を縦に、性別を横に、合否を横に分割したモザイクプロット

このデータは、分割された集団とそれらを合わせた集団では変数間の関係が異なる（または関係が逆になってしまう！）というシンプソンのパラドックスの典型的な例を示しています。UCBerkeleyのデータはカリフォルニア大学バークレー校の1973年の入試データです。全体では、男性のほうが女性より合格率が高く、これにより大学は性差別で訴えられました。しかし、学部別に見てみると、それぞれの学部での男女の合格率はほぼ等しかったことがわかりました。全体で見たときに合格率が異なる原因は、女性が男性よりも競争率が高く合格率の低い学部を受験する傾向があるためでした。

図13-28と**図13-29**を見ると、各学部で男性と女性の合格率はほぼ等しいことがわかります。また、合格率の高い学部（AとB）では受験生の性比が偏っていて、男性の受験者数が女よりもずっと多いこともわかります。このように、データを異なった順番と方向で分割することは、データを見る上で異なった視点をもたらします。**図13-28**と**図13-29**では、男女の合格率を学部内・学部間で比較しやすくなっています。**図13-30**のように、データを学部で縦に、性別で横に、合否を横に分割すると、学部内の男

女の合格率を比較しにくくなりますが、学部間での受験者の男女の割合を比較しやすくなります。

関連項目

モザイクプロットを作成するその他の関数は、?mosaicplotを参照してください。

P.J. Bickel, E.A. Hammel, and J.W. O'Connell, "Sex Bias in Graduate Admissions: Data from Berkeley," *Science* 187 (1975): 398–404.

レシピ13.16　円グラフを作成する

問題

円グラフを作成したい。

解決策

pie()関数を使用します。この例では（**図13-31**）、MASSライブラリのsurveyデータセットを使います。

```
library(MASS) # データセットの読み込み
# foldの各レベルの頻度をテーブルにする
fold <- table(survey$Fold)
fold

# plot周りの余白を小さくする
par(mar = c(1, 1, 1, 1))
# 円グラフを作成する
pie(fold)
```

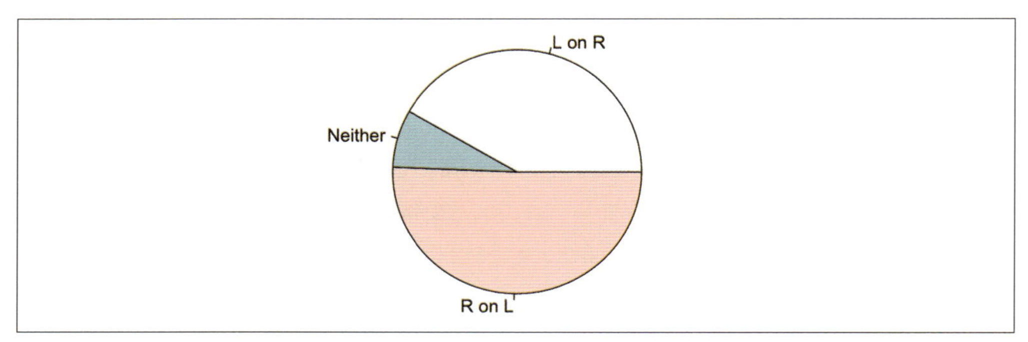

図13-31　円グラフ

この例では、pie()関数にtableオブジェクトを渡しました。次のように、名前付きベクトル、もしくは値のベクトルとラベルのベクトルを渡しても同じグラフを作成できます。

```
pie(c(99, 18, 120), labels = c("L on R", "Neither", "R on L"))
```

解説

データ可視化の専門家の間では、ひどい円グラフに関する話題がよく上がります。もしあなたが円グラフを使おうと考えているのなら、棒グラフ（もしくは積み上げ棒グラフ）のほうが情報をより効果的に表現できないか考えてみてください。ただし、円グラフに欠点があるとはいえ、その1つの重要な長所は、誰でもその読み方を知っているという点です。

レシピ13.17　地図を作成する

問題

地図を作成したい。

解決策

mapsパッケージから地図データを取得し、geom_polygon()（fillで塗りつぶし可能）かgeom_path()（塗りつぶしできない）で描画します。デフォルトではデカルト座標面（Cartesian coordinate plane）に直交した緯度と経度が描かれますが、coord_map()で投影法を指定することができます。coord_map()のデフォルトの投影法は"mercator"（メルカトル図法）で、これはデカルト座標系とは異なり、高緯度ほど緯線の間隔が広くなります（**図13-32**）。

```
library(maps) # 地図データの読み込みに必要
library(mapproj)
# アメリカの地図データを取得
states_map <- map_data("state") # map_data()の使用にはggplot2が読み込まれている必要がある

ggplot(states_map, aes(x = long, y = lat, group = group)) +
  geom_polygon(fill = "white", colour = "black")

# geom_path（塗りつぶしなし）、メルカトル投影法で描画
ggplot(states_map, aes(x = long, y = lat, group = group)) +
  geom_path() + coord_map("mercator")
```

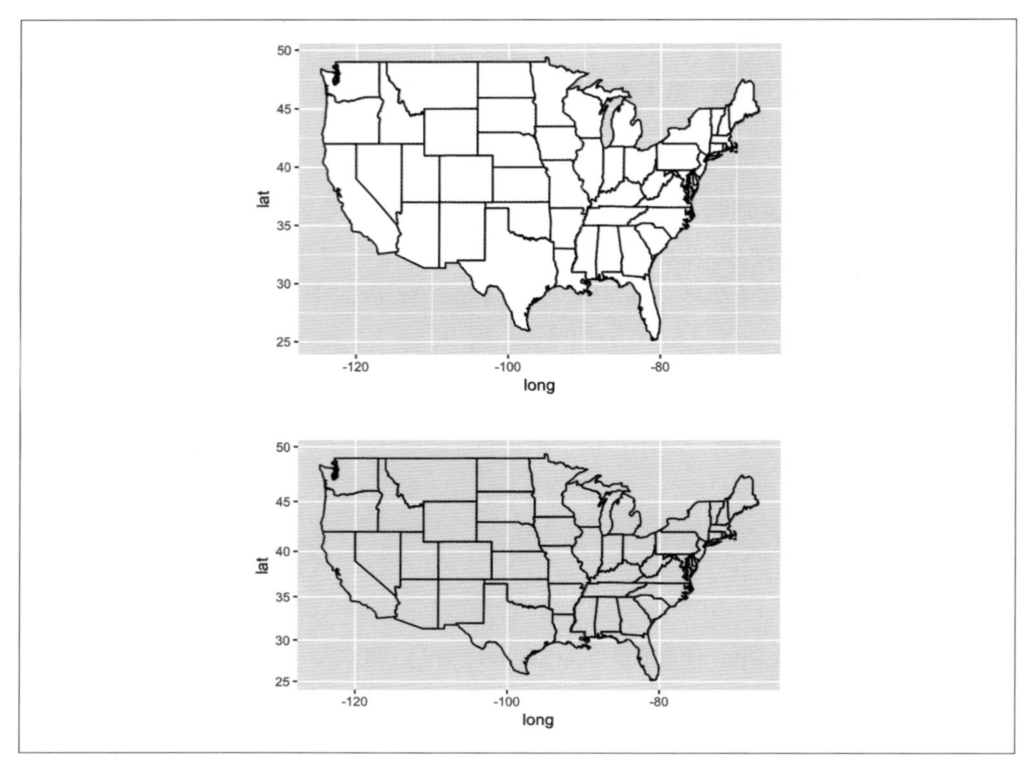

図13-32 上：塗りつぶした基本の地図 下：塗りつぶしのないメルカトル図法の地図

解説

map_data()関数は、次のような列を含むデータフレームを返します。

列名	説明
long	経度
lat	緯度
group	各ポリゴンのグループ化変数。1つのregionやsubregionには、例えば島がある場合などは複数のポリゴンが含まれる。
order	グループ内で各点を結ぶ順序。
region	多くの場合国名だが、他のオブジェクトも存在する（湖など）。
subregion	region内のsubregionの名前。複数のグループからなる場合がある。例えば、アラスカ。subregion内には多くの島が含まれ、各島が1つのグループになっている。

他にも、world、nz、france、italy、usa（アメリカ全体のアウトライン）、state（アメリカの各州）、county（アメリカの各群）などの多くの地図を利用することができます。例えば、世界地図のデータは次のようにして取得します。

```
# 世界地図のデータを取得
world_map <- map_data("world")
world_map
#>             long      lat group  order  region subregion
#> 1      -69.89912 12.45200     1      1   Aruba      <NA>
#> 2      -69.89571 12.42300     1      2   Aruba      <NA>
#> 3      -69.94219 12.43853     1      3   Aruba      <NA>
#>  ...<99,332 more rows>...
#> 100962  12.42754 41.90073  1627 100962 Vatican   enclave
#> 100963  12.43057 41.89756  1627 100963 Vatican   enclave
#> 100964  12.43916 41.89839  1627 100964 Vatican   enclave
```

地図データ（world）の中からある地域の地図を書きたい場合、もしその地域の独立した地図がなければ、まずregionの名前の中からその地域を探します。

```
sort(unique(world_map$region))
#>   [1] "Afghanistan"                       "Albania"
#>   [3] "Algeria"                           "American Samoa"
#>   [5] "Andorra"                           "Angola"
#>  ...
#> [247] "Virgin Islands"                    "Wallis and Futuna"
#> [249] "Western Sahara"                    "Yemen"
#> [251] "Zambia"                            "Zimbabwe"
```

地図の中から、指定したregionのデータを取得できます（**図13-33**）。

```
east_asia <- map_data("world", region = c("Japan", "China", "North Korea",
                                          "South Korea"))

# 各regionの地図を塗りつぶす
ggplot(east_asia, aes(x = long, y = lat, group = group, fill = region)) +
  geom_polygon(colour = "black") +
  scale_fill_brewer(palette = "Set2")
```

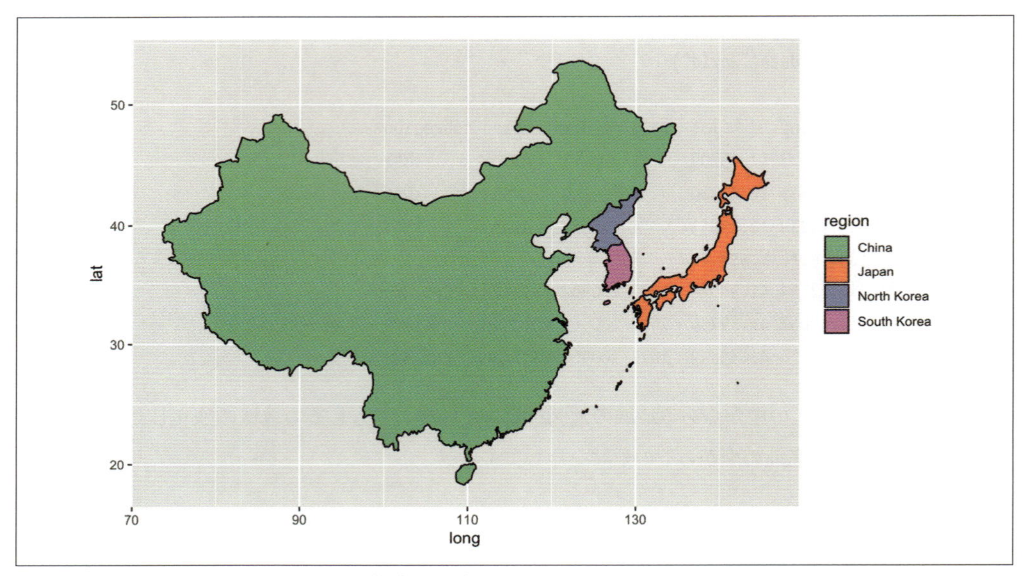

図13-33 世界地図データからregionを指定した地図

nz（ニュージーランド）のように、描きたい地域の独立した地図が利用可能であれば、world地図からデータを抽出するよりもデータの解像度は高くなります（**図13-34**）。

```
# 世界地図からニュージーランドのデータを取得する
nz1 <- map_data("world", region = "New Zealand") %>%
  filter(long > 0 & lat > -48)        # 諸島部をトリミング

ggplot(nz1, aes(x = long, y = lat, group = group)) +
  geom_path()

# nz mapからニュージーランドのデータを取得する
nz2 <- map_data("nz")
ggplot(nz2, aes(x = long, y = lat, group = group)) +
  geom_path()
```

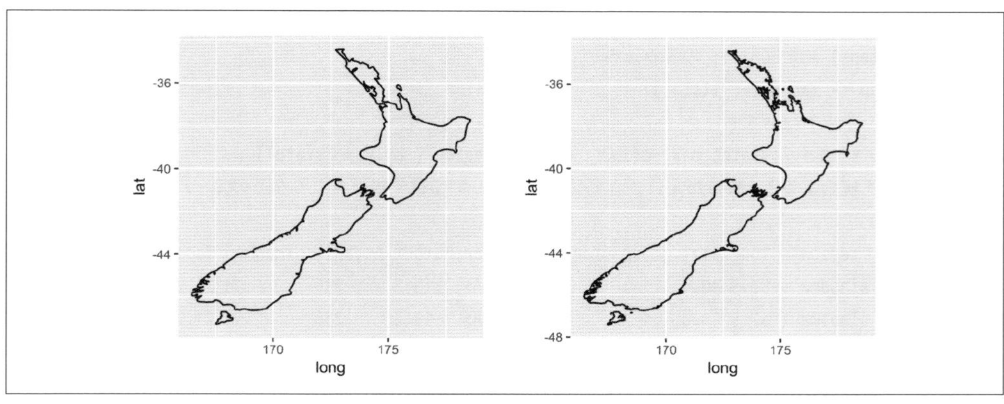

図13-34　左：ニュージーランドの地図。worldのデータを使用　右：nzのデータを使用

関連項目

他の地図データセットは、mapdataパッケージを参照してください。このパッケージには中国と日本の地図、解像度の高い世界地図である`worldHires`が含まれます。

簡単に地図を作成するためには、`map()`を参照してください。

使用可能な地図投影法のリストは、`?mapproject`を参照してください。

レシピ13.18　コロプレス地図（塗り分け地図）を描く

問題

地域を変数の値に応じて塗り分けた地図を作成したい。

解決策

変数の値のデータを地図データと統合して、値を`fill`にマッピングします。

```
# USArrestsデータセットを正しいフォーマットに変換
crimes <- data.frame(state = tolower(rownames(USArrests)), USArrests)
crimes
#>                        state Murder Assault UrbanPop Rape
#> Alabama              alabama   13.2     236       58 21.2
#> Alaska                alaska   10.0     263       48 44.5
#> Arizona              arizona    8.1     294       80 31.0
#>  ...<44 more rows>...
#> West Virginia west virginia    5.7      81       39  9.3
#> Wisconsin          wisconsin    2.6      53       66 10.8
#> Wyoming              wyoming    6.8     161       60 15.6
```

```
library(maps) # 地図データの読み込み
states_map <- map_data("state")
# データセットを統合する
crime_map <- merge(states_map, crimes, by.x = "region", by.y = "state")
# データを統合すると、順番が変更されポリゴンが正しい順番で描かれなくなるので、データをソートする。
crime_map
#>        region   long  lat group order subregion Murder Assault UrbanPop Rape
#> 1     alabama  -87.5 30.4     1     1      <NA>   13.2     236       58 21.2
#> 2     alabama  -87.5 30.4     1     2      <NA>   13.2     236       58 21.2
#> 3     alabama  -88.0 30.2     1    13      <NA>   13.2     236       58 21.2
#>  ...<15,521 more rows>...
#> 15525 wyoming -107.9 41.0    63 15597      <NA>    6.8     161       60 15.6
#> 15526 wyoming -109.1 41.0    63 15598      <NA>    6.8     161       60 15.6
#> 15527 wyoming -109.1 41.0    63 15599      <NA>    6.8     161       60 15.6

library(dplyr) # arrange()関数の読み込み
# はじめにgroup, 次にorderでソートする
crime_map <- arrange(crime_map, group, order)
crime_map
#>        region   long  lat group order subregion Murder Assault UrbanPop Rape
#> 1     alabama  -87.5 30.4     1     1      <NA>   13.2     236       58 21.2
#> 2     alabama  -87.5 30.4     1     2      <NA>   13.2     236       58 21.2
#> 3     alabama  -87.5 30.4     1     3      <NA>   13.2     236       58 21.2
#>  ...<15,521 more rows>...
#> 15525 wyoming -107.9 41.0    63 15597      <NA>    6.8     161       60 15.6
#> 15526 wyoming -109.1 41.0    63 15598      <NA>    6.8     161       60 15.6
#> 15527 wyoming -109.1 41.0    63 15599      <NA>    6.8     161       60 15.6
```

データを正しい形式に整えたら、プロットできます（**図13-35**）。データ値のうち1列を`fill`にマッピングします。

```
ggplot(crime_map, aes(x = long, y = lat, group = group, fill = Assault)) +
  geom_polygon(colour = "black") +
  coord_map("polyconic")
```

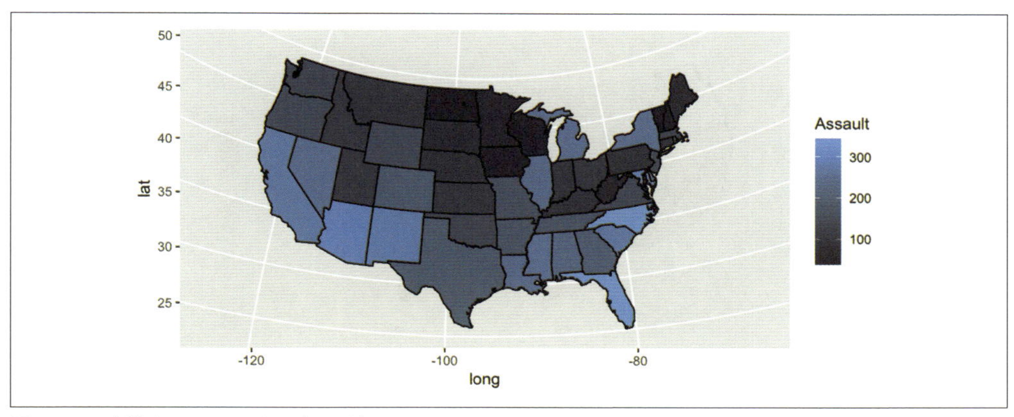

図13-35　変数をfillにマッピングした地図

解説

先ほどの例ではデフォルトのカラースケール（濃い青から薄い青へ）を使用しました。中間の値から大きな値、小さな値への値の変化を異なった色で示したい場合は、**図13-36**のようにscale_fill_gradient2()またはscale_fill_viridis_c()を使用します。

```
# 基本の図を作成する
crime_p <- ggplot(crimes, aes(map_id = state, fill = Assault)) +
  geom_map(map = states_map, colour = "black") +
  expand_limits(x = states_map$long, y = states_map$lat) +
  coord_map("polyconic")

crime_p +
  scale_fill_gradient2(low = "#559999", mid = "grey90", high = "#BB650B",
                       midpoint = median(crimes$Assault))

crime_p +
    scale_fill_viridis_c()
```

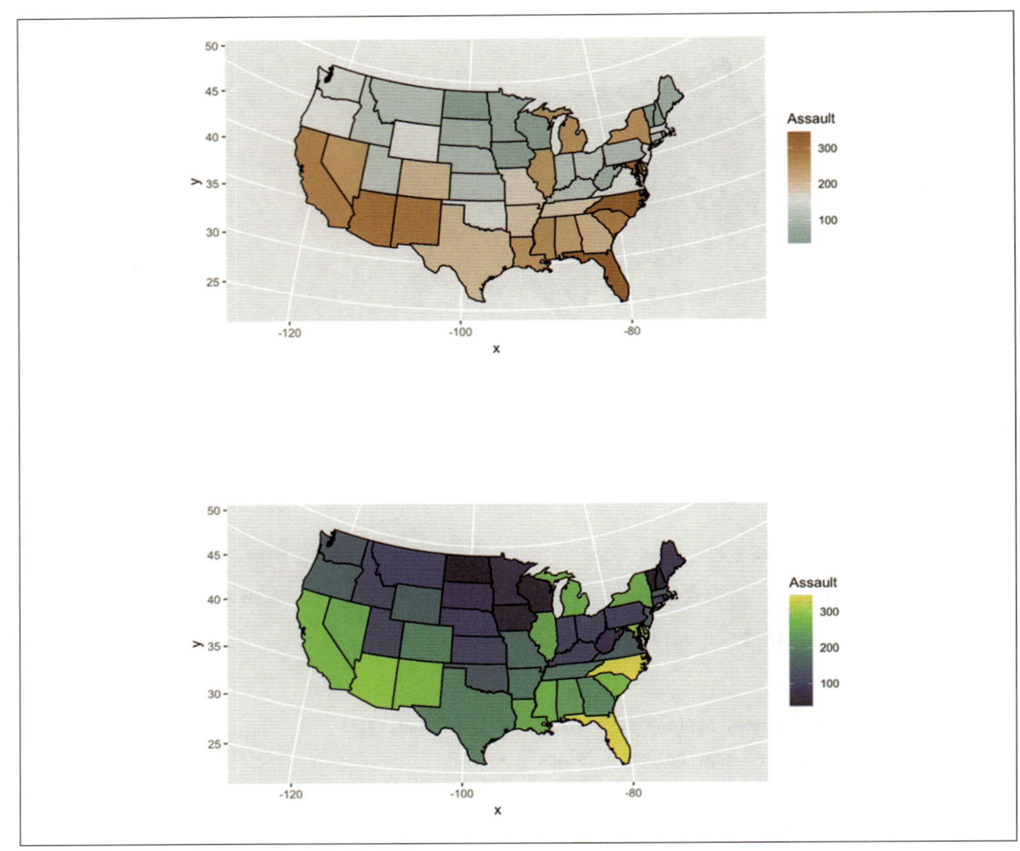

図13-36　上：カラースケールを変更した地図。scale_fill_gradient2()　下：scale_fill_viridis_c()

上記の例では連続値をfillにマッピングしましたが、同じように離散値を使うこともできます。値を離散値化したほうが、データの解釈が容易になることもあります。この例では、値を分位数で分割してカテゴリ化し、そのカテゴリを**図13-37**のようにプロットします。

```
# 分位数を決める
qa <- quantile(crimes$Assault, c(0, 0.2, 0.4, 0.6, 0.8, 1.0))
qa
#>     0%   20%   40%   60%   80%  100%
#>  45.0  98.8 135.0 188.8 254.2 337.0

# 分位数で分類したカテゴリ列を追加する
crimes$Assault_q <- cut(crimes$Assault, qa,
                  labels = c("0-20%", "20-40%", "40-60%", "60-80%", "80-100%"),
                  include.lowest = TRUE)
```

```
crimes
#>                    state Murder Assault UrbanPop Rape Assault_q
#> Alabama          alabama   13.2     236       58 21.2    60-80%
#> Alaska            alaska   10.0     263       48 44.5   80-100%
#> Arizona          arizona    8.1     294       80 31.0   80-100%
#>  ...<44 more rows>...
#> West Virginia west virginia   5.7      81       39  9.3     0-20%
#> Wisconsin      wisconsin    2.6      53       66 10.8     0-20%
#> Wyoming          wyoming    6.8     161       60 15.6    40-60%
# 5つの値に対する離散値カラーパレットを作成する
pal <- colorRampPalette(c("#559999", "grey80", "#BB650B"))(5)
pal
#> [1] "#559999" "#90B2B2" "#CCCCCC" "#C3986B" "#BB650B"

ggplot(crimes, aes(map_id = state, fill = Assault_q)) +
  geom_map(map = states_map, colour = "black") +
  scale_fill_manual(values = pal) +
  expand_limits(x = states_map$long, y = states_map$lat) +
  coord_map("polyconic") +
  labs(fill = "Assault Rate\nPercentile")
```

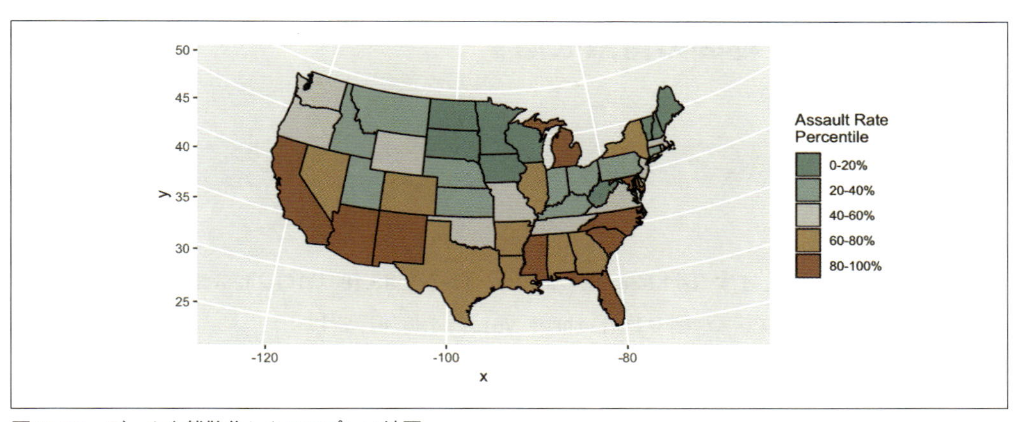

図13-37　データを離散化したコロプレス地図

geom_map()を使えば、地図データと値のデータを統合することなくコロプレス地図を描くことができます。この原稿を書いている時点では、geom_map()のほうが、先に述べた方法より地図描画が速いようです。

この方法で地図を描くためには、地図データフレームにlat、long、regionという名前の列が必要です。値のデータフレームには、地図データフレームのregion列に一致する列が必要で、この列を

map_idエステティック属性にマッピングします。例えば、次のコードは最初の例（**図13-35**）と同じ地図を出力します。

```
# crimesデータの'state'列はstates_mapデータの'region'列に一致する。
ggplot(crimes, aes(map_id = state, fill = Assault)) +
  geom_map(map = states_map) +
  expand_limits(x = states_map$long, y = states_map$lat) +
  coord_map("polyconic")
```

また、expand_limits()も使用する必要があることに注意してください。これはgeom_map()が、多くの幾何オブジェクトと違ってxとyの範囲の値を自動で設定しないためです。expand_limits()は指定したxとyを含む範囲を設定します（ylim()とxlim()を使用して指定することもできます）。

関連項目

地図の上に他のデータを重ね書きする例は、**「レシピ13.12　ベクトルフィールドを作成する」**を参照してください。

連続値のカラーパレットについての詳細は、**「レシピ12.6　連続値変数に手動で定義したパレットを使う」**を参照してください。

レシピ13.19　地図の背景を消す

問題

地図から背景を取り除きたい。

解決策

theme_void()を使用します（**図13-38**）この例では、**「レシピ13.18　コロプレス地図（塗り分け地図）を描く」**で作成したコロプレス地図の1つにtheme_void()を追加します。

```
ggplot(crimes, aes(map_id = state, fill = Assault_q)) +
  geom_map(map = states_map, colour = "black") +
  scale_fill_manual(values = pal) +
  expand_limits(x = states_map$long, y = states_map$lat) +
  coord_map("polyconic") +
  labs(fill = "Assault Rate\nPercentile") +
  theme_void()
```

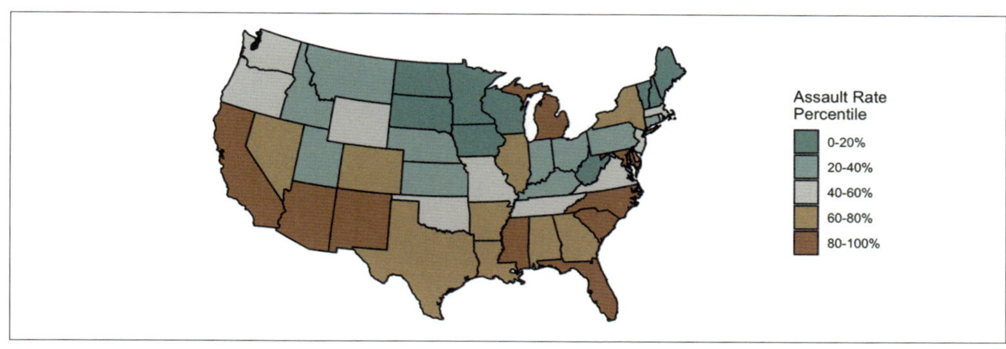

図13-38　背景のない地図

解説

地図の描画において、緯度経度などの情報が重要になることもありますが、そうでない場合には緯度経度の情報は不要で、他の伝えるべき情報から注意をそらしてしまうことにもなります。**図13-38**では、見る人が州の緯度と経度を気にすることはないでしょう。形と相対的な位置から各州を識別できますし、もし識別できないにしても、緯度と経度を描いても何の助けにもなりません。

レシピ13.20　シェープファイルから地図を描く

問題

Esriシェープファイルから地図を作成したい。

解決策

sfパッケージの`st_read()`を使用してシェープファイル*1を読み込み、`geom_sf()`でプロットします（**図13-39**）。

```
library(sf)

# シェープファイルを読み込む
taiwan_shp <- st_read("fig/TWN_adm/TWN_adm2.shp")
#> Reading layer `TWN_adm2' from data source `fig/TWN_adm/TWN_adm2.shp' using
#> driver `ESRI Shapefile'
#> Simple feature collection with 22 features and 11 fields
#> geometry type:  MULTIPOLYGON
```

＊1　訳注：https://gadm.orgから台湾のlevel2のシェープファイルをダウンロードしてから`st_rean`で読み込みます。GADMのデータの更新等により本書の図とは異なる地図が描画される可能性があります。

```
#> dimension:      XY
#> bbox:           xmin: 116.71 ymin: 20.6975 xmax: 122.1085 ymax: 25.63431
#> epsg (SRID):    4326
#> proj4string:    +proj=longlat +datum=WGS84 +no_defs
```

```
ggplot(taiwan_shp) +
  geom_sf()
```

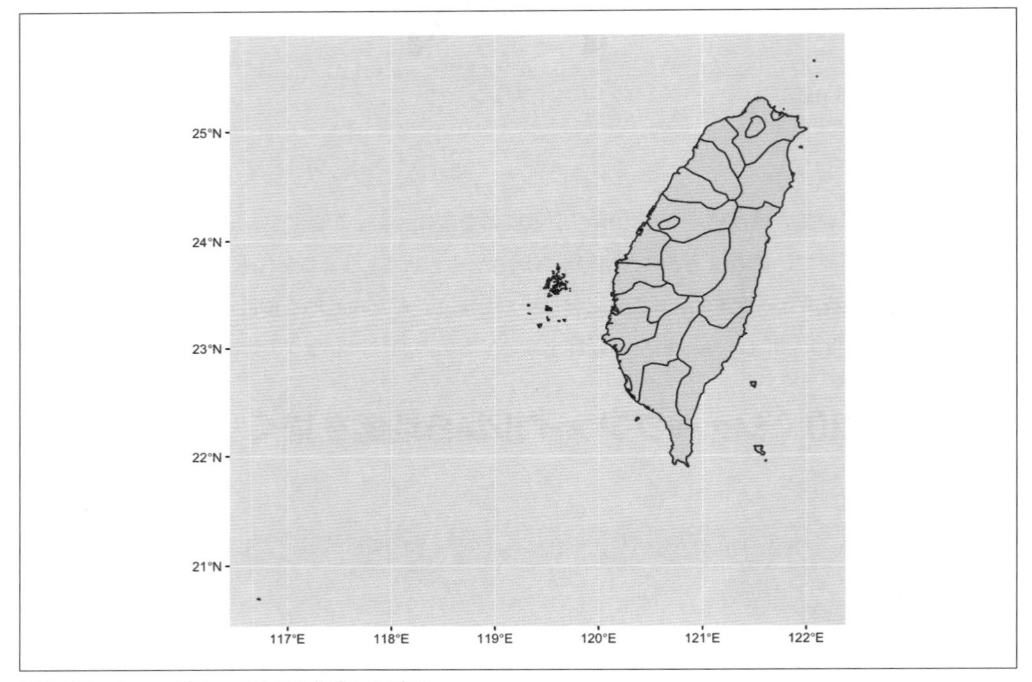

図13-39 シェープファイルから作成した地図

解説

Esriシェープファイルは地図データの一般的なフォーマットです。`st_read()`関数は、シェープファイルを読み込んで`sf`オブジェクトを返します。`sf`オブジェクトは便利な列を持ちます。オブジェクトの内容を見てみましょう。

```
taiwan_shp
#> Simple feature collection with 22 features and 11 fields
#> geometry type:  MULTIPOLYGON
#> dimension:      XY
#> bbox:           xmin: 116.71 ymin: 20.6975 xmax: 122.1085 ymax: 25.63431
```

```
#> epsg (SRID):    4326
#> proj4string:    +proj=longlat +datum=WGS84 +no_defs
#> First 6 features:
#>   ID_0 ISO NAME_0 ID_1         NAME_1 ID_2         NAME_2 NL_NAME_2
#> 1  223 TWN Taiwan    1      Kaohsiung    1 Kaohsiung City      <NA>
#> 2  223 TWN Taiwan    2 Pratas Islands    2           <NA>      <NA>
#> 3  223 TWN Taiwan    3         Taipei    3    Taipei City      <NA>
#> 4  223 TWN Taiwan    4         Taiwan    4       Changhwa      <NA>
#> 5  223 TWN Taiwan    4         Taiwan    5         Chiayi      <NA>
#> 6  223 TWN Taiwan    4         Taiwan    6        Hsinchu      <NA>
#>          VARNAME_2        TYPE_2            ENGTYPE_2
#> 1     Gaoxiong Shi     Chuan-shih Special Municipality
#> 2             <NA>          <NA>                 <NA>
#> 3       Taibei Shi     Chuan-shih Special Municipality
#> 4 Zhanghua|Changhua District|Hsien             County
#> 5      Jiayi|Chiai District|Hsien             County
#> 6           Xinzhu District|Hsien             County
#>                        geometry
#> 1 MULTIPOLYGON (((120.239 22....
#> 2 MULTIPOLYGON (((116.7172 20...
#> 3 MULTIPOLYGON (((121.525 25....
#> 4 MULTIPOLYGON (((120.4176 24...
#> 5 MULTIPOLYGON (((120.1526 23...
#> 6 MULTIPOLYGON (((120.9146 24...
```

sfオブジェクトは、22行12列からなる特殊なデータフレームです。各行が1つの特徴（feature）に対応し、各列がその特徴の何らかの値を格納しています。1つの列は各特徴の形状に関する情報（geometry）になっています。これはリスト列（list-column）という特殊な形式の列であり、22の要素はそれぞれ1つ以上の行列を格納しています。その行列は、特徴（feature）の形状を表現するものです。

データの列をfillのようなエステティック属性にマッピングすることができます。例えば、ENGTYPE_2の列をfillにマッピングすると、**図13-40**の図が描画されます。

```
# ENGTYPE_2がNAの行を除く。除かないとNAが凡例に表示される。
taiwan_shp_mod <- taiwan_shp
taiwan_shp_mod <- taiwan_shp[!is.na(taiwan_shp$ENGTYPE_2), ]

ggplot(taiwan_shp_mod) +
  geom_sf(aes(fill = ENGTYPE_2))
```

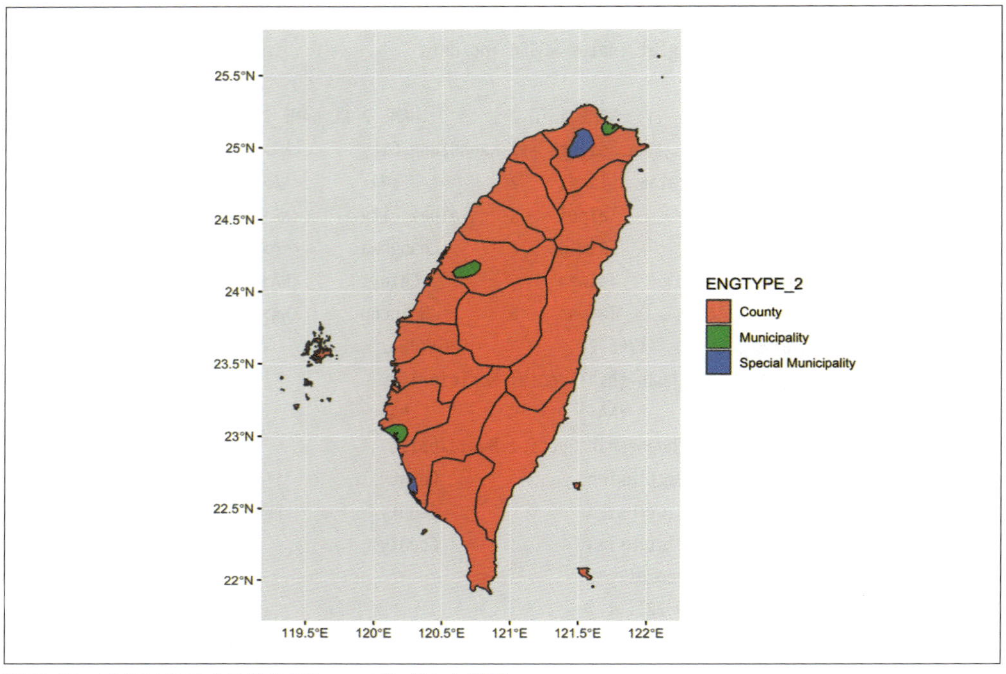

図13-40 ENGTYPE_2の行をfillにマッピングした地図

関連項目

例として使用した台湾のシェープファイルはgcookbookパッケージには含まれていません。他にも多くのシェープファイルをhttps://gadm.orgからダウンロードして利用できます。

14章
文書用に図を出力する

大雑把に言えば、データの視覚化には発見とコミュニケーションの2つの目的があります。発見の段階では試行錯誤するために図を作ります。このときはいろいろなことを素早く試せることが重要です。一方、コミュニケーションの段階では図を他の人に見せます。このときは図の体裁を微調整する必要があります（前章で紹介しました）し、通常はコンピュータ画面以外へ出力する必要があります。この最後の部分、文章中に埋め込むために図を**保存**する方法について、この章で説明します。

レシピ14.1　PDFベクタファイルへの出力

問題

図をPDFファイルに保存したい。

解決策

PDFファイルに出力する方法は2つあります。1つ目は、PDFグラフィックスデバイスをpdf()で開き、プロットした後にdev.off()で閉じる方法です。baseパッケージで作成した図を始めとしてggplot2やlatticeなどで作られるグリッドベースの図など、Rで作成できるほとんどの図でこの方法が使えます*[1]。

```
# 幅と高さはインチ指定
pdf("myplot.pdf", width = 4, height = 4)

# プロットを作成
plot(mtcars$wt, mtcars$mpg)
print(ggplot(mtcars, aes(x = wt, y = mpg)) + geom_point())

dev.off()
```

＊1　訳注：PDFデバイスへの日本語フォントの出力については、**「付録B　日本語フォントの利用」**の**「B.5　PDFファイルに出力する場合の日本語フォントの設定」**を参照してください。

複数の図を作るときは、各図がPDFの別ページに出力されます。ggplotオブジェクトに対してprint()を呼び出していることに注目しましょう。これはコードをスクリプト中から実行しても確実に図が出力されるようにするためです。

widthとheightはインチ指定なので、センチメートルで寸法を指定するためには手動で変換しなければなりません。

```
# 8x8 cm
pdf("myplot.pdf", width = 8/2.54, height = 8/2.54)
```

スクリプトから図を作成しようとして途中でエラーが発生した場合、dev.off()が実行されず、PDFデバイスが開かれたままの状態で残るかもしれません。この場合、dev.off()を手動で呼び出すまでPDFファイルを適切に開けません。

ggplot2でグラフを作る場合にはggsave()を使うと少し簡単になります。ggplotオブジェクトを変数に保存し、それに対してggsave()を呼び出します。

```
plot1 <- ggplot(mtcars, aes(x = wt, y = mpg)) +
  geom_point()

# デフォルトはインチ。単位を指定することも可能
ggsave("myplot.pdf", plot1, width = 8, height = 8, units = "cm")
```

変数を省略してggplot()を呼び出した後にggsave()を単に呼ぶこともできます。この場合、最後のggplotオブジェクトが保存されます。

```
ggplot(mtcars, aes(x = wt, y = mpg)) +
  geom_point()

ggsave("myplot.pdf", width = 8, height = 8, units = "cm")
```

ggsave()ではggplotオブジェクトをprint()する必要はありません。また、図を作成中や保存中にエラーが起きた場合にグラフィックスデバイスを手動で閉じる必要はありません。ただしggsave()では複数ページの図は作れません。

解説

印刷文書への出力が目的のときには、通常、PDFファイルが最良の選択です。LaTeXで簡単に扱えますし、AppleのKeynoteでプレゼンテーションにも使えます。しかし、Microsoftのソフトウェアでは取り込みに問題が出るかもしれません（Microsoftのソフトウェアに取り込めるベクタ画像の詳細な作り方は**「レシピ14.3　WMFベクタファイルへの出力」**を参照してください）。

また、PDFファイルはPNGファイルなどのビットマップファイルより一般的にサイズが小さくなります。ピクセルごとの色情報ではなく、「ここからあそこまで線を引く」といった描画命令の集合を使っているからです。しかしビットマップのほうが小さくなることもあります。例えば、点が幾重にも重なった散布図では、PDFファイルはPNGファイルよりとても大きくなることがあります。ほとんどの点は覆い隠されているにも関わらず、PDFファイルはすべての点を描く命令を含んでるからです。一方でビットマップファイルは冗長な情報を含みません。**「レシピ5.5　オーバープロットを扱う」**の例を参照してください。

関連項目

PDFやSVGファイルを手動で編集したいときは**「レシピ14.4　ベクタファイルの編集」**を参照してください。

レシピ14.2　SVGベクタファイルへの出力

問題

図をスケーラブル・ベクタ・グラフィックス（SVG）画像に保存したい。

解決策

svgliteパッケージの`svglite()`を使います。

```
library(svglite)
svglite("myplot.svg", width = 4, height = 4)
plot(...)
dev.off()

# ggsave()を使う場合
ggsave("myplot.svg", width = 8, height = 8, units = "cm")
```

解説

RにはSVG出力を生成する組み込みの`svg()`関数がありますが、svgliteパッケージはより標準に準拠した出力を生成します。

画像の取り込みに関しては、ソフトウェアによってはPDFよりSVGファイルのほうがうまく扱える場合があります。またその逆の場合もあります。例えば、WebブラウザではSVGのほうがうまく扱えることが多いのに対し、LaTeXのような文書作成ソフトウェアではPDFのほうがうまく扱えることが多い傾向にあります。

レシピ14.3　WMFベクタファイルへの出力

問題

図をWindows metafile（WMF）画像に保存したい。

解決策

WMFファイルはPDFとほぼ同じように作成できますが、作成できるのはWindows上のみです。

```
win.metafile("myplot.wmf", width = 4, height = 4)
plot(...)
dev.off()

# ggsave()を使う場合
ggsave("myplot.wmf", width = 8, height = 8, units = "cm")
```

解説

Microsoft WordやPowerPointといったWindowsソフトウェアはPDFファイルをうまく取り込めませんが、WMFファイルをネイティブに扱えます。WMFファイルを使う上での1つの欠点は透過（アルファ）を扱えないことです。

レシピ14.4　ベクタファイルの編集

問題

微調整のためにベクタファイルを開きたい。

解決策

文書に埋め込むためにグラフの体裁を最終的に微調整しなければならないことがあります。PDFやSVGファイルは、優れたフリーソフトウェアであるInkscapeや、商業ソフトウェアであるAdobe Illustratorを使って開けます。

解説

InkscapeでPDFファイルを開く際にはフォントのサポートが問題になるかもしれません。通常、PDFデバイスに描かれる点オブジェクトにはZapf Dingbatsフォントの記号が使われます。IllustratorやInkscapeのようなエディタでファイルを開こうとした際にはこれが問題になり得ます。例えば、**図14-1**のように点が**q**の文字で出てくるかもしれません。**q**はZapf Dingbatsで点に対応する文字だからです。

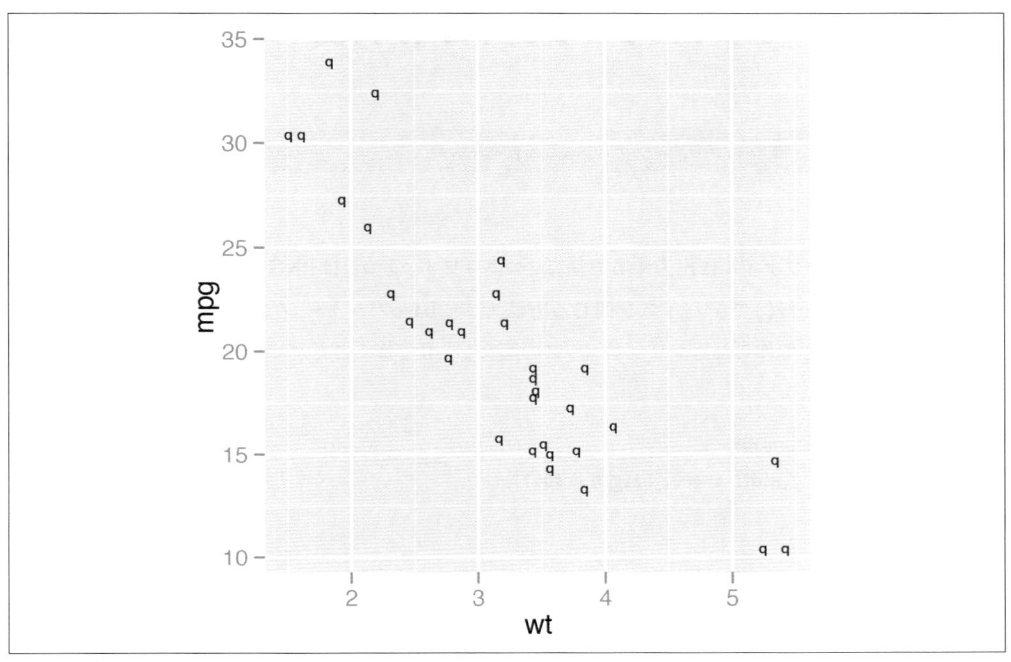

図14-1 Inkscapeで開いた後に点記号の変換に失敗。フォント間のスペースが少し狭いことにも注意。

この問題を避けるにはuseDingbats = FALSEを指定します。これにより円がフォント文字ではなく円として描かれるようになります。

```
pdf("myplot.pdf", width = 4, height = 4, useDingbats = FALSE)

# または
ggsave("myplot.pdf", width = 4, height = 4, useDingbats = FALSE)
```

Inkscapeは他にもフォントに関する問題が出る可能性があります。**図14-1**のフォントが完全には正しくないことに気付いた読者もいるかもしれません。これはInkscape（バージョン0.48）はHelveticaを見つけられず、Bitstream Vera Sansを代わりに使っているからです。Helveticaのフォントファイルを個人のフォントライブラリへコピーすることで問題を回避できます。例えばmacOSでは

```
cp System/Library/Fonts/Helvetica.dfont ~/Library/Fonts/
```

をターミナルから実行し、フォントの競合ダイアログが出たら「競合を無視」をクリックします。これ以降、Inkscapeは正しくHelveticaフォントを表示できるはずです。

レシピ14.5 ビットマップファイル(PNG/TIFF)への出力

問題

図のビットマップを作成し、PNGファイルに保存したい。

解決策

PNGビットマップファイルに出力する方法は2つあります。1つ目はPNGグラフィックスデバイスをpng()で開き、dev.off()でデバイスを閉じる方法です。baseパッケージで作成した図を始めとしてggplot2やlatticeなどで作られるグリッドベースの図など、Rで作ることができるほとんどの図でこの方法が使えます。

```
# 幅と高さはピクセル指定
png("myplot.png", width = 400, height = 400)

# プロット
plot(mtcars$wt, mtcars$mpg)

dev.off()
```

複数の図を出力するにはファイル名に%dを入れます。これが1、2、3といった連番に置き換えられます。

```
# 幅と高さはピクセル指定
png("myplot-%d.png", width = 400, height = 400)

plot(mtcars$wt, mtcars$mpg)
print(ggplot(mtcars, aes(x = wt, y = mpg)) + geom_point())

dev.off()
```

ggplotオブジェクトに対してprint()を呼び出していることに注目しましょう。これはコードをスクリプト中から実行しても確実に図が出力されるようにするためです。

幅と高さはピクセルで、デフォルトでは72ピクセル・パー・インチ(ppi)で出力されます。この解像度は画面上に表示するには適切ですが、印刷するとピクセル感が残ったり、ジャギーが入ったりするでしょう。

印刷用の高品質出力には300 ppi以上を使います。**図14-2**は同じ図を異なる解像度で示したものです。次の例では300 ppiで4×4インチのPNGファイルを作成します。

```
ppi <- 300
```

```
# 300ppi、4×4インチ画像の高さと幅を（ピクセルで）計算
png("myplot.png", width = 4*ppi, height = 4*ppi, res = ppi)
plot(mtcars$wt, mtcars$mpg)
dev.off()
```

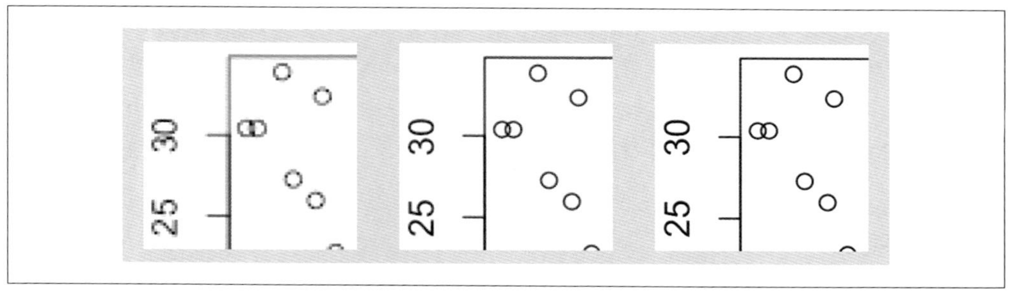

図14-2 左から右の順に72、150、300 ppiのPNG出力（実サイズ）

スクリプトから図を作成しようとして途中でエラーが発生した場合、dev.off()が実行されず、PNGデバイスが開いたままの状態で残るかもしれません。このときはdev.off()を手動で呼び出すまで、ビューアソフトウェアでPNGファイルを適切に開けません。

ggplotで図を作っているならggsave()を使うと少し簡単になります。ggsave()はggplot()で作った最後の図を単に保存します。幅と高さをピクセルではなくインチで指定し、インチあたりのピクセル数を指定します。

```
ggplot(mtcars, aes(x = wt, y = mpg)) + geom_point()

# デフォルトではインチだが単位を指定できる
ggsave("myplot.png", width = 8, height = 8, unit = "cm", dpi = 300)
```

ggsave()ではggplotオブジェクトをprint()する必要はありません。また、図を作成中や保存中にエラーが起きた場合、グラフィックスデバイスを手動で閉じる必要もありません。

引数名はdpiですが、実際にはドット・パー・インチではなくピクセル・パー・インチ（ppi）を制御します。グレーのピクセルを印刷する際に、実際にはより小さい多数の黒インクによる点（ドット）として出力されるため、印刷物ではインチあたりのドット数（dpi）がピクセル数（ppi）より多くなります。

解説

BMP、TIFF、JPEGなど他のビットマップフォーマットもRでサポートされていますが、PNG以外を使う理由は実のところあまりありません。

生成されるビットマップの体裁はプラットフォームによって細部が異なります。RのPDF出力デバイスは複数プラットフォームにわたり描画が一貫していますが、ビットマップ出力デバイスは同じ図でもWindows、Linux、macOSで描画が異なるかもしれません。たとえOSが同じであっても異なる結果となる可能性さえあります。

プラットフォームによりフォントの描画が異なります。アンチエイリアス処理（線を滑らかにする処理）を行うプラットフォームもあれば、行わないプラットフォームもあります。アルファ（透過）をサポートするプラットフォームとそうでないプラットフォームがあります。アンチエイリアスやアルファなどの機能をサポートしていないプラットフォームでは、Cairoパッケージの`CairoPNG()`を使えます。

```
install.packages("Cairo")  # インストール、初回のみ
CairoPNG("myplot.png")
plot(...)
dev.off()
```

`CairoPNG()`はプラットフォーム間で同一の描画が得られることを保証しません（フォントが正確に同じではないかもしれません）が、アンチエイリアスやアルファなどの機能をサポートします。

解像度を変更すると、テキスト、線、点といった図形オブジェクトの（ピクセル）サイズに影響します。例えば、75 ppiの6×6インチ画像と150 ppiの3×3インチ画像は同じピクセル寸法ですが、**図14-3**に示すように体裁が異なります。両方の画像とも450×450ピクセルです。コンピュータ画面に表示すると、**図14-3**のようにおおよそ同じサイズで表示されるでしょう。

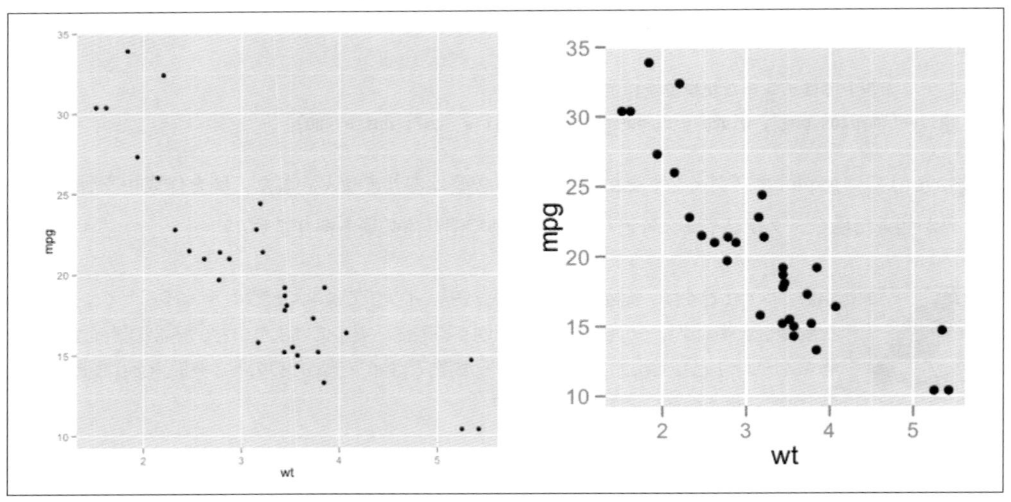

図14-3　左：75 ppiの6×6インチ画像　右：150 ppiの3×3インチ画像

レシピ14.6　PDFファイルでのフォント指定

問題

Rのデフォルト以外のフォントをPDFファイルで使いたい。

解決策

extrafontパッケージを使うとさまざまなフォントでPDFファイルを作成できます。

初回だけのセットアップを含め、いくつかの手順を踏む必要があります。Ghostscript（https://www.ghostscript.com/download.html）をダウンロード、インストールして、次のコードをR内で実行します。

```
install.packages("extrafont")
library(extrafont)

# システムにインストールされているフォントの情報を探して保存する
font_import()

# フォント一覧を出力する
fonts()
```

初回セットアップが終わったら、各Rセッションで次のコードを実行する必要があります。

```
library(extrafont)
# フォントをRに登録する
loadfonts()

# WindowsではGhostscriptをインストールした場所を指定する必要があるかもしれない
# （Ghostscriptをインストールしたパスに応じて変更する）
Sys.setenv(R_GSCMD = "C:/Program Files/gs/gs9.05/bin/gswin32c.exe")
```

最後に**図14-4**のようにPDFファイルを作成してフォントを埋め込みます。

```
library(ggplot2)

ggplot(mtcars, aes(x = wt, y = mpg)) + geom_point() +
  ggtitle("Title text goes here") +
  theme(text = element_text(size = 16, family = "Impact"))

ggsave("myplot.pdf", width = 4, height = 4)

embed_fonts("myplot.pdf")
```

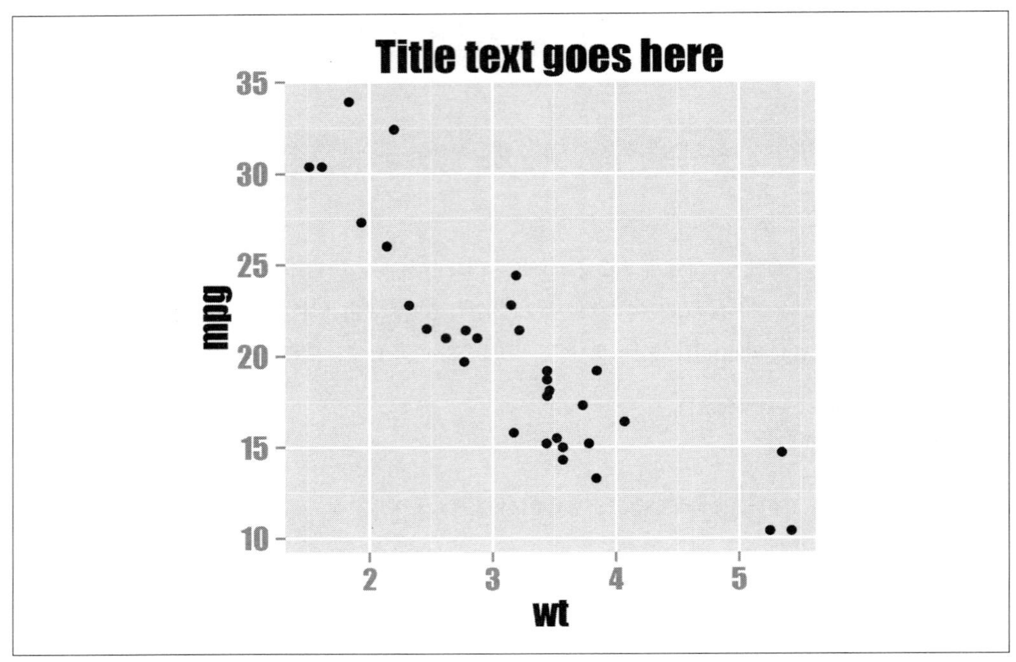

図14-4 Impactフォントを埋め込んだPDF出力

解説

Rでのフォントの扱いは難しいことがあります。macOSの画面上に出力するquartzデバイスなどの出力デバイスではコンピュータ上のどのフォントでも表示できます。WindowsのデフォルトPNGデバイスなどの出力デバイスではシステムフォントを表示できません。

さらにPDFファイルはフォントに関して独自の癖があります。PDF仕様には14の「コア」フォントが定められています。これは全PDFレンダラが持っているフォントで、Times、Helvetica、Courierなどの標準的フォントを含みます。これらのフォントでPDFを作れば、どのPDFレンダラでも正しく表示されるはずです。

コアフォントではないフォントを使うときには、PDFレンダラがフォントを持っている保証がないため、他のコンピュータやプリンタでフォントが正しく表示されるか確信を持てません。この問題を解決するために、コアフォント以外のフォントをPDF中に埋め込むことができます。つまり、PDFファイルの中に使いたいフォントのコピーを入れておけるのです。

PDF文書に複数の図を出力する場合には、各図に対してではなく最終的な文書に対してフォントを埋め込みたいと思うかもしれません。各図に1つずつフォントを埋め込む代わりに、文書に1つだけフォントを埋め込むため、最終的な文書を小さくできます。

Rでのフォント埋め込みはトリッキーなプロセスですが、extrafontパッケージが難しい部分の多くを肩代わりしてくれます。

この本の執筆時点でextrafontはTrueType（.ttf）フォントのみを取り込めますが、将来的にはOpenType（.otf）などの他の一般的フォーマットもサポートするかもしれません。

関連項目

showtextも、Rで標準と異なるフォントを使うためのパッケージです。TrueType、OpenType、PostScript Type 1フォントをサポートしており、ウェブフォントを簡単にダウンロードできるようになります。しかし、現在のところRStudioのビューアペインでは正しく動きません。https://cran.r-project.org/web/packages/showtext/vignettes/introduction.htmlを参照してください。

テキストの体裁をさらにコントロールするには**「レシピ9.2　テキストの体裁を変更する」**を参照してください。

レシピ14.7　Windowsのビットマップや画面出力でのフォント指定

問題

Windowsを使っていて、Rのデフォルト以外のフォントをビットマップや画面出力で使いたい。

解決策

extrafontパッケージはビットマップを生成したり、画面へ出力することもできます。手順はPDFファイルでextrafontを使うとき（**「レシピ14.6　PDFファイルでのフォント指定」**）と似ています。Ghostscriptが必要ない点を除けば、初回セットアップはほぼ同じです。

```
install.packages("extrafont")
library(extrafont)

# システムにインストールされているフォントの情報を探して保存する
font_import()

# フォント一覧を出力する
fonts()
```

初回セットアップが終わったら、各Rセッションで次のコードを実行する必要があります。

```
library(extrafont)

# Windows用にフォントを登録する
loadfonts("win")
```

最終的に**図14-5**のようにファイルを作成したりグラフを画面に表示できます。

```
library(ggplot2)

ggplot(mtcars, aes(x = wt, y = mpg)) + geom_point() +
  ggtitle("Title text goes here") +
  theme(text = element_text(size = 16, family = "Georgia", face = "italic"))

ggsave("myplot.png", width = 4, height = 4, dpi = 300)
```

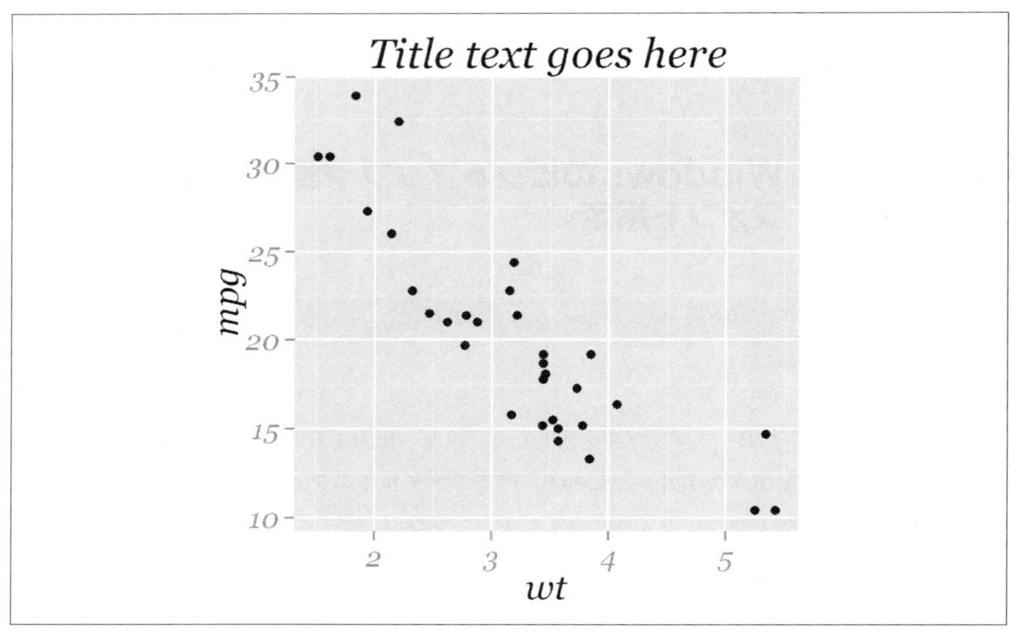

図14-5　Georgia Italicフォントを使ったPNG出力

解説

ビットマップではPDFファイルとはまったく異なる方法でフォントが処理されます。

Windowsのビットマップ出力では、各フォントをRに登録する[*1]必要があります（extrafontで簡単に

＊1　訳注：Windowsでのフォントの登録の方法や、日本語フォントの使用方法については付録Bで紹介しています。

登録できます)。macOSとLinuxではそのままでビットマップ出力にフォントが使えるはずなので手動で登録する必要はありません。

レシピ14.8　複数のプロットを結合して1つの図にまとめる

問題

複数のプロットを結合して1つの図にまとめて出力したい。

解決策

patchworkパッケージで複数のggplot2プロットを結合して1つの図にまとめられます。

この本の執筆時点では、patchworkパッケージはCRAN上にないため、devtoolsパッケージでインストールする必要があります（最新のインストール方法はプロジェクトのGitHubページ（https://github.com/thomasp85/patchwork）にあります）。

```
install.packages("devtools")
devtools::install_github("thomasp85/patchwork")
```

patchworkをインストールしたらプロットをつなぎ合わせられます（**図14-6**）。

```
library(patchwork)

plot1 <- ggplot(PlantGrowth, aes(x = weight)) +
  geom_histogram(bins = 12)

plot2 <- ggplot(PlantGrowth, aes(x = group, y = weight, group = group)) +
  geom_boxplot()

plot1 + plot2
```

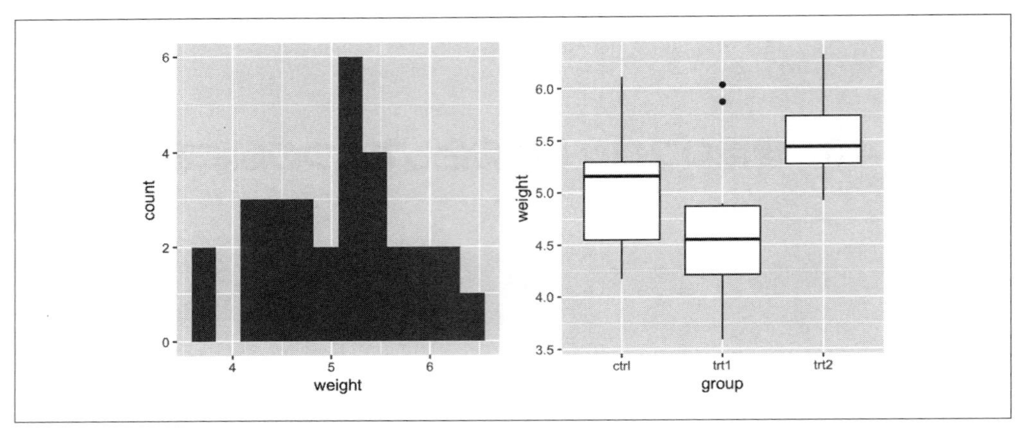

図14-6 patchworkを使って2つのプロットを結合する

解説

patchworkでは`plot_layout()`呼び出しを加えることでプロットの並べ方を指定できます。この呼び出しによってプロットを置く列数（**図14-7**）とサイズ（**図14-8**）を指定できます。

```
plot3 <- ggplot(PlantGrowth, aes(x = weight, fill = group)) +
  geom_density(alpha = 0.25)

plot1 + plot2 + plot3 +
  plot_layout(ncol = 2)
```

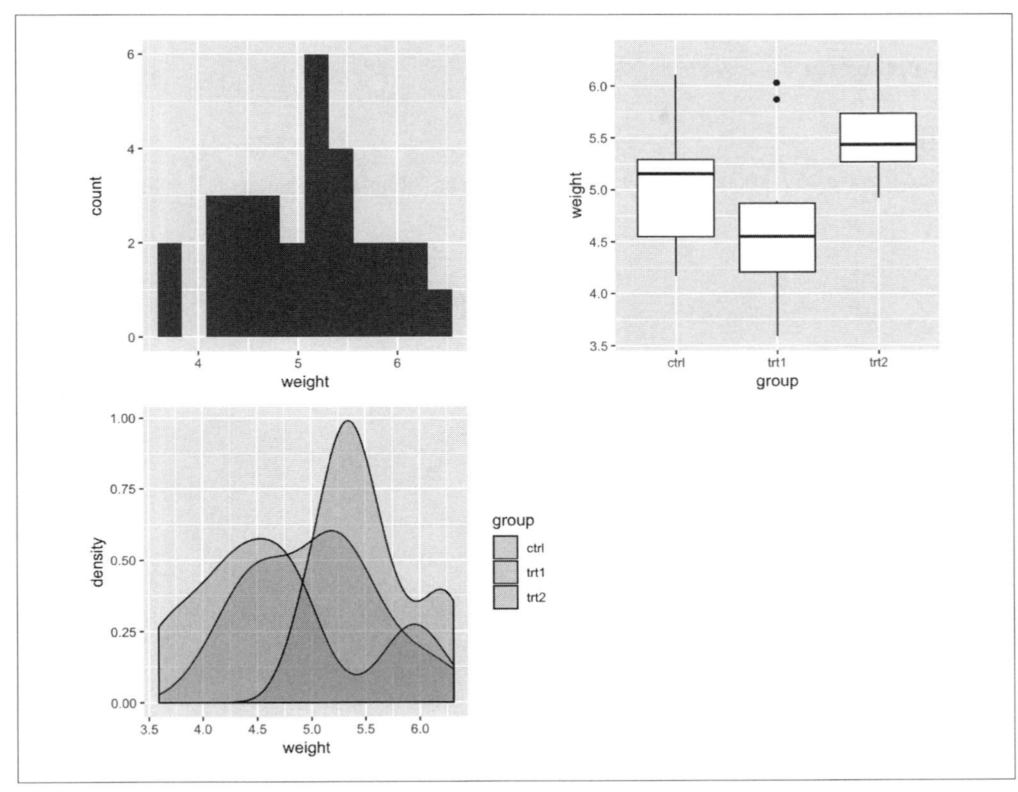

図14-7　plot_layout()を使いプロットを2列に並べる

```
plot1 + plot2 +
  plot_layout(ncol = 1, heights = c(1, 4))
```

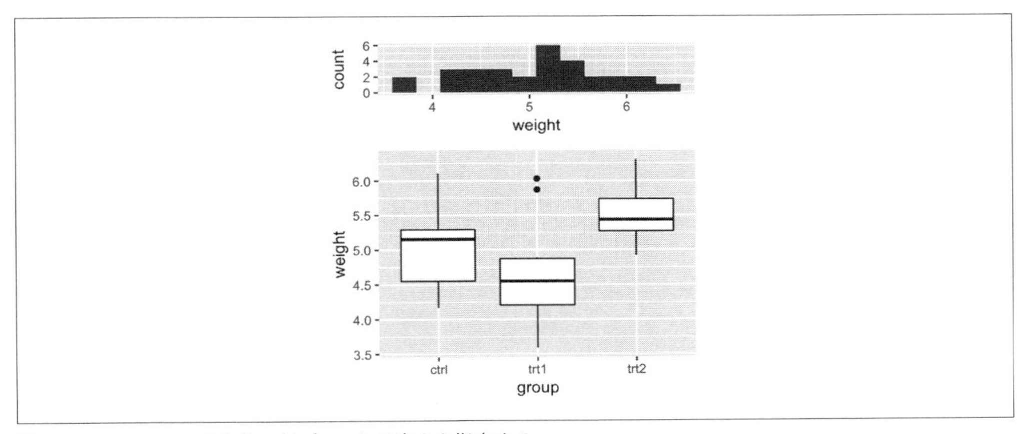

図14-8　plot_layout()を使い各プロットの高さを指定する

将来的にpatchworkはCRANから利用できるようになるかもしれません。そのときは普段通り`install.packages()`でインストールできます。

関連項目

patchworkのその他の機能についてはhttps://github.com/thomasp85/patchworkを参照してください。

15章
データの前処理

データを図示する際にはプロットコマンドを呼び出す前にも苦労するポイントが多くあります。プロット関数に渡す前に、データを読み込み正しい構造に変換しなければなりません。Rが提供しているデータセットはすぐに使える状態になっていますが、実世界のデータを扱う際にはそうはいきません。視覚化する前にデータを整理して構造を整える必要があります。

この章のレシピは**tidyverse**のパッケージを多用します。tidyverseの簡単な背景については**「1章　Rの基本」**の導入部を参照してください。また、Rのbaseパッケージを使って同じタスクの多くを実現する方法も示します。これは使用するパッケージ数を最小化することが重要な場合があるからです。またbaseパッケージで書かれたコードを理解できると有益であるからです。

この章ではパイプ演算子とも呼ばれる`%>%`シンボルを広く使います。これに慣れていない場合は**「レシピ1.7　%>%で関数をつなぐパイプ演算子」**を参照してください。

この章で使うtidyverse関数の多くはdplyrパッケージのものです。この章ではdplyrパッケージが既に読み込まれているものとして話を進めます。tidyverseは`library(tidyverse)`で読み込めます。実行環境をよりスリムにしたければdplyrを直接読み込むこともできます。

```
library(dplyr)
```

Rではデータセットの保存先としてデータフレームが最もよく使われます。典型的には、各行が事例を表し、各列が変数を表す2次元データ構造として使われます。データフレームは本質的にはベクトルとファクタのリストです。各ベクトルやファクタはすべて同じ長さであり、1列に相当します。

`heightweight`データセットを見てみましょう。

```
library(gcookbook) # heightweightデータセットを使うためにgcookbookを読み込む
heightweight
```

```
#>     sex ageYear ageMonth heightIn weightLb
#> 1     f   11.92      143     56.3     85.0
#> 2     f   12.92      155     62.3    105.0
#>  ...<232 more rows>...
#> 236   m   13.92      167     62.0    107.5
#> 237   m   12.58      151     59.3     87.0
```

5列あり、各行は1事例、つまり1人分の情報を表します。str()関数を使うと構造がより明確にわかります。

```
str(heightweight)
#> 'data.frame':    236 obs. of  5 variables:
#>  $ sex     : Factor w/ 2 levels "f","m": 1 1 1 1 1 1 1 1 1 1 ...
#>  $ ageYear : num  11.9 12.9 12.8 13.4 15.9 ...
#>  $ ageMonth: int  143 155 153 161 191 171 185 142 160 140 ...
#>  $ heightIn: num  56.3 62.3 63.3 59 62.5 62.5 59 56.5 62 53.8 ...
#>  $ weightLb: num  85 105 108 92 112 ...
```

最初の列sexは"f"と"m"という2レベルのファクタです。他の4列は数字のベクトルです（ageMonthだけは整数ベクトルですが、ここで説明する範囲では他の数値ベクトルと同じように振る舞います）。

ファクタと文字列ベクトルはggplot内で似たように振る舞います。主な違いは、文字列ベクトルでは辞書順に要素が表示されるのに対し、ファクタではファクタレベルと同じ順に要素が表示されることです。ファクタレベルの順序は変更できます。

レシピ15.1 データフレームを作成する

問題

ベクトルからデータフレームを作りたい。

解決策

data.frame()でベクトルからデータフレームを作れます。

```
# 2つの初期ベクトル
g <- c("A", "B", "C")
x <- 1:3
dat <- data.frame(g, x)
dat
#>   g x
#> 1 A 1
#> 2 B 2
```

```
#> 3 C 3
```

解説

データフレームは本質的にはベクトルやファクタのリストです。各ベクトル、ファクタはデータフレームの1列と考えられます。

ベクトルのリストが既にあるときには、as.data.frame()関数によってデータフレームに変換できます。

```
lst <- list(group = g, value = x)    # ベクトルのリスト

dat <- as.data.frame(lst)
```

tidyverseではdata_frame()やas_data_frame()（ピリオドではなくアンダースコア）を使ってデータフレームを作ります。この関数は特別な種類のデータフレーム**tibble**を返します。tibbleは、ほとんどの文脈で通常のデータフレームと同じように振る舞いますが、よりきれいに出力され、特にtidyverse関数とうまく組み合わせて使えるように設計されています。

```
data_frame(g, x)
#> # A tibble: 3 x 2
#>   g         x
#>   <chr> <int>
#> 1 A         1
#> 2 B         2
#> 3 C         3

# ベクトルのリストをtribbleに変換する
as_data_frame(lst)
```

通常のデータフレームはas_tibble()でtibbleに変換できます。

```
as_tibble(dat)
#> # A tibble: 3 x 2
#>   group value
#>   <fct> <int>
#> 1 A         1
#> 2 B         2
#> 3 C         3
```

レシピ15.2　データ構造の情報を得る

問題

オブジェクトやデータ構造に関する情報を知りたい。

解決策

str()関数を使います。

```
str(ToothGrowth)
#> 'data.frame':	60 obs. of  3 variables:
#>  $ len : num  4.2 11.5 7.3 5.8 6.4 10 11.2 11.2 5.2 7 ...
#>  $ supp: Factor w/ 2 levels "OJ","VC": 2 2 2 2 2 2 2 2 2 2 ...
#>  $ dose: num  0.5 0.5 0.5 0.5 0.5 0.5 0.5 0.5 0.5 0.5 ...
```

この出力からToothGrowthはlen、supp、doseの3列を持つデータフレームで、lenとdoseは数値、suppは2レベルのファクタであることがわかります。

summary()関数も便利です。

```
summary(ToothGrowth)
#>       len        supp         dose      
#>  Min.   : 4.20   OJ:30   Min.   :0.500  
#>  1st Qu.:13.07   VC:30   1st Qu.:0.500  
#>  Median :19.25           Median :1.000  
#>  Mean   :18.81           Mean   :1.167  
#>  3rd Qu.:25.27           3rd Qu.:2.000  
#>  Max.   :33.90           Max.   :2.000  
```

str()では各行の最初の数個の値を表示しますが、summary()ではその代わりに数値に対して基本的な統計値（最小値、最大値、中央値、平均、第1および第3四分位数）、文字列やファクタに対しては各値の個数を表示します。

解説

str()関数はデータ構造について深く知りたい場合にとても便利です。問題の原因としてよくあるのは、列の1つがファクタではなく文字列ベクトルになっていたり、その反対になっていたりすることです。この場合、分析時やグラフ描画時に不可解な問題を引き起こすことがあります。

通常の方法、つまり単にプロンプトにデータフレーム名を入力してエンターキーを押してデータフレームを表示した場合、ファクタと文字列の列はまったく同じに見えます。データフレームに対してstr()を実行するか、列自身を独立して表示したときのみ、違いを見ることができます。

```
tg <- ToothGrowth
tg$supp <- as.character(tg$supp)
str(tg)
#> 'data.frame':    60 obs. of  3 variables:
#>  $ len : num  4.2 11.5 7.3 5.8 6.4 10 11.2 11.2 5.2 7 ...
#>  $ supp: chr  "VC" "VC" "VC" "VC" ...
#>  $ dose: num  0.5 0.5 0.5 0.5 0.5 0.5 0.5 0.5 0.5 0.5 ...

# 列自身の情報を独立して表示する。
# まずは、元データフレームの列を表示（ファクタ）
ToothGrowth$supp
#>  [1] VC VC VC VC VC VC VC VC VC VC VC VC VC VC VC VC VC VC VC VC VC VC VC VC
#> [25] VC VC VC VC VC VC OJ OJ OJ OJ OJ OJ OJ OJ OJ OJ OJ OJ OJ OJ OJ OJ OJ OJ
#> [49] OJ OJ OJ OJ OJ OJ OJ OJ OJ OJ OJ OJ
#> Levels: OJ VC
# 次に、新しいデータフレームの列を表示（文字列）
tg$supp
#>  [1] "VC" "VC" "VC" "VC" "VC" "VC" "VC" "VC" "VC" "VC" "VC" "VC" "VC" "VC"
#> [15] "VC" "VC" "VC" "VC" "VC" "VC" "VC" "VC" "VC" "VC" "VC" "VC" "VC" "VC"
#> [29] "VC" "VC" "OJ" "OJ" "OJ" "OJ" "OJ" "OJ" "OJ" "OJ" "OJ" "OJ" "OJ" "OJ"
#> [43] "OJ" "OJ" "OJ" "OJ" "OJ" "OJ" "OJ" "OJ" "OJ" "OJ" "OJ" "OJ" "OJ" "OJ"
#> [57] "OJ" "OJ" "OJ" "OJ"
```

レシピ15.3　データフレームに列を追加する

問題

データフレームに列を追加したい。

解決策

dplyrのmutate()を使い新しい列を追加し値を代入します。この関数は新しいデータフレームを返すので、元の変数に上書きしたいことも多いでしょう。

新しい列に単一の値を代入した場合、列全体がその値で埋められます。次の例ではnewcolという名前の列を追加し、NAで埋めます。

```
library(dplyr)

ToothGrowth %>%
  mutate(newcol = NA)
#>     len supp dose newcol
```

```
#> 1   4.2   VC  0.5     NA
#> 2  11.5   VC  0.5     NA
#>  ...<56 more rows>...
#> 59 29.4   OJ  2.0     NA
#> 60 23.0   OJ  2.0     NA
```

新しい列にベクトルを代入することもできます。

```
# ToothGrowthは60行あるので、60行あるベクトルを作ります。
vec <- rep(c(1, 2), 30)

ToothGrowth %>%
  mutate(newcol = vec)
```

データフレームに追加するベクトルは1要素か、データフレーム行数と同じ要素数でなければならないことに注意しましょう。上の例ではc(1, 2)を30回繰り返すことで60行のベクトルを新規作成しました。

解説

データフレームの各列はベクトルですが、データフレーム内のすべての列は同じ長さでなければならないため、Rは通常のベクトルとは少し異なる扱い方をします。

Rのbaseパッケージの機能で列を追加するには、新しい列に値を単に代入します。

```
# ToothGrowthをコピー
ToothGrowth2 <- ToothGrowth

# 列全体にNAを代入
ToothGrowth2$newcol <- NA

# 1と2を代入。列を埋めるように自動的に繰り返す
ToothGrowth2$newcol <- c(1, 2)
```

baseパッケージの機能では、データフレームに代入するベクトルはデータフレームの行を埋めるように自動的に繰り返されます[*1]。

＊1　訳注：Rがデータフレームの全列の長さが同じになるように自動的に調整してくれた、ということです。

レシピ15.4　データフレームから列を削除する

問題

データフレームから列を削除したい。

解決策

新しいデータフレームが返されるので、元の変数に上書きしたいことも多いでしょう。dplyrのselect()を使い、削除したい列を-（マイナス記号）で指定します。

```
# len列を削除
ToothGrowth %>%
  select(-len)
```

解説

複数列を並べて同時に削除できます。また逆に保持したい列のみを指定することもできます。したがって次の2つのコード片は同じです。

```
# ToothGrowthからlenとsuppを削除する
ToothGrowth %>%
  select(-len, -supp)

# doseのみを保持する。このデータセットでは上と同じ効果
ToothGrowth %>%
  select(dose)
```

RのbaseパッケージのFunctions機能で列を削除するには、単にその列にNULLを代入します。

```
ToothGrowth$len <- NULL
```

関連項目

データフレームの一部を取り出す他の方法については**「レシピ15.7　データフレームの一部を取り出す」**を参照してください。

列を削除、保持する他の方法については?selectを参照してください。

レシピ15.5　データフレームの列名を変更する

問題

データフレームの列名を変更したい。

解決策

dplyrのrename()を使います。この関数は新しいデータフレームを返します。

```
tg_mod <- ToothGrowth %>%
  rename(length = len)
```

解説

一度のrename()呼び出しで複数の列名を変更できます。

```
ToothGrowth %>%
  rename(
    length = len,
    supplement_type = supp
  )
#>    length supplement_type dose
#> 1     4.2              VC  0.5
#> 2    11.5              VC  0.5
#>  ...<56 more rows>...
#> 59   29.4              OJ  2.0
#> 60   23.0              OJ  2.0
```

Rのbaseパッケージで列名を変更するには、もう少し冗長な書き方になります。<-演算子の左側でname()関数を使います。

```
# ToothGrowthをコピー
ToothGrowth2 <- ToothGrowth

names(ToothGrowth2)  # 列名を表示
#> [1] "len"  "supp" "dose"

# "len"を"length"に変更
names(ToothGrowth2)[names(ToothGrowth2) == "len"] <- "length"

names(ToothGrowth2)
#> [1] "length"  "supp" "dose"
```

関連項目

データフレームの列名を変更する他の方法については?selectを参照してください。

レシピ 15.6 データフレームの列順を変える

問題

データフレームの列順を変えたい。

解決策

dplyrの`select()`を使います。

```
ToothGrowth %>%
  select(dose, len, supp)
#>    dose  len supp
#> 1   0.5  4.2   VC
#> 2   0.5 11.5   VC
#>  ...<56 more rows>...
#> 59  2.0 29.4   OJ
#> 60  2.0 23.0   OJ
```

新しいデータフレームには`select()`に指定した列がその順で含まれます。`select()`は新しいデータフレームを返すので、元の値を変えたいときには上書きする必要があることに注意してください。

解説

いくつかの変数の列順のみを変更して他の変数順をそのまま保ちたいときには`everything()`をプレースホルダーとして使えます。

```
ToothGrowth %>%
  select(dose, everything())
#>    dose  len supp
#> 1   0.5  4.2   VC
#> 2   0.5 11.5   VC
#>  ...<56 more rows>...
#> 59  2.0 29.4   OJ
#> 60  2.0 23.0   OJ
```

列を選択する他の方法については`?select_helpers`を参照してください。例えば列名の一部でマッチするといったことが可能です。

Rのbaseパッケージでは、名前や列番号を指定して列順を変えられます。新しいデータフレームが返ってくるため、元のデータフレームを上書きして使うこともあります。

```
ToothGrowth[c("dose", "len", "supp")]

ToothGrowth[c(3, 1, 2)]
```

この例ではリスト形式のインデックス指定を使いました。データフレームは本質的にはベクトルのリストなので、リストとしてインデックスを指定すると別のデータフレームが返されます。行列（matrix）形式のインデックス指定を使っても同じ効果が得られます。

```
ToothGrowth[c("dose", "len", "supp")] # リスト形式のインデックス指定

ToothGrowth[, c("dose", "len", "supp")] # 行列形式のインデックス指定
```

この場合、2つの方法は同じデータフレームを結果として返します。しかし、1列だけを取得する際には、リスト形式のインデックス指定はデータフレームを返すのに対し、行列形式のインデックス指定はベクトルを返します。

```
ToothGrowth["dose"]
#>    dose
#> 1   0.5
#> 2   0.5
#>  ...<56 more rows>...
#> 59  2.0
#> 60  2.0
ToothGrowth[, "dose"]
#>  [1] 0.5 0.5 0.5 0.5 0.5 0.5 0.5 0.5 0.5 0.5 1.0 1.0 1.0 1.0 1.0 1.0 1.0 1.0
#> [19] 1.0 1.0 2.0 2.0 2.0 2.0 2.0 2.0 2.0 2.0 2.0 2.0 0.5 0.5 0.5 0.5 0.5 0.5
#> [37] 0.5 0.5 0.5 0.5 1.0 1.0 1.0 1.0 1.0 1.0 1.0 1.0 1.0 1.0 2.0 2.0 2.0 2.0
#> [55] 2.0 2.0 2.0 2.0 2.0 2.0
```

drop=FALSEを使えば確実にデータフレームを返せます。

```
ToothGrowth[, "dose", drop=FALSE]
#>    dose
#> 1   0.5
#> 2   0.5
#>  ...<56 more rows>...
#> 59  2.0
#> 60  2.0
```

レシピ15.7　データフレームの一部を取り出す

問題

データフレームの一部を取り出したい。

解決策

filter()で行をselect()で列を取り出せます。これらの操作は%>%演算子を使って連鎖させられます。これらの関数は新しいデータフレームを返すので、元の変数を変えたいときには上書きする必要があります。

この例ではclimateデータセットを使います。

```
library(gcookbook) # climateデータセットを使うためにgcookbookを読み込む
climate
#>       Source Year Anomaly1y Anomaly5y Anomaly10y Unc10y
#> 1   Berkeley 1800        NA        NA     -0.435  0.505
#> 2   Berkeley 1801        NA        NA     -0.453  0.493
#>  ...<495 more rows>...
#> 498  CRUTEM3 2010    0.8023        NA         NA     NA
#> 499  CRUTEM3 2011    0.6193        NA         NA     NA
```

Sourceが"Berkeley"でYearが1900以上2000以下の行だけを取り出したいとします。これはfilter()関数で取り出せます。

```
climate %>%
  filter(Source == "Berkeley" & Year >= 1900 & Year <= 2000)
```

Year列とAnomaly10y列だけ取り出したいときには**「レシピ15.4　データフレームから列を削除する」**でしたようにselect()を使います。

```
climate %>%
  select(Year, Anomaly10y)
#>     Year Anomaly10y
#> 1   1800     -0.435
#> 2   1801     -0.453
#>  ...<495 more rows>...
#> 498 2010         NA
#> 499 2011         NA
```

これらの操作は%>%演算子で連鎖されられます。

```
climate %>%
  filter(Source == "Berkeley" & Year >= 1900 & Year <= 2000) %>%
  select(Year, Anomaly10y)
#>     Year Anomaly10y
#> 1   1900     -0.171
#> 2   1901     -0.162
#>  ...<97 more rows>...
```

```
#> 100 1999       0.734
#> 101 2000       0.748
```

解説

filter()関数は条件によって行を取り出します。行番号によって取り出したいときにはslice()関数を使います。

```
slice(climate, 1:100)
```

一般的に、名前での指定が可能なときには数字ではなく名前で指定することをおすすめします。他の人と共同作業するときや長時間経った後で見直すときにコードが理解しやすくなりますし、列の追加削除などのデータ変更の際にコードが壊れにくくなります。

Rのbaseパッケージでは、次のようにして行を取り出すことができます。

```
climate[climate$Source == "Berkeley" &
        climate$Year >= 1900 &
        climate$Year <= 2000, ]
#>       Source Year Anomaly1y Anomaly5y Anomaly10y Unc10y
#> 101 Berkeley 1900        NA        NA     -0.171  0.108
#> 102 Berkeley 1901        NA        NA     -0.162  0.109
#>  ...<97 more rows>...
#> 200 Berkeley 1999        NA        NA      0.734  0.025
#> 201 Berkeley 2000        NA        NA      0.748  0.026
```

各列名をclimate$でプレフィックスする点と、選択条件の後にカンマが必要なことに注意します。この最後のカンマにより、列ではなく行[*1]を取り出すことを示しています。

行のフィルタリングは**「レシピ15.4 データフレームから列を削除する」**で紹介した列の選択と組み合わせられます。

```
climate[climate$Source == "Berkeley" &
        climate$Year >= 1900 &
        climate$Year <= 2000,
        c("Year", "Anomaly10y")]
#>     Year Anomaly10y
#> 101 1900     -0.171
#> 102 1901     -0.162
#>  ...<97 more rows>...
#> 200 1999      0.734
#> 201 2000      0.748
```

＊1 訳注：厳密には、カンマの後に何も指定しないことで「条件に合致した行のすべての列」を指定しているということです。

レシピ15.8　ファクタのレベル順を変更する

問題

ファクタのレベル順を変更したい。

解決策

factor()に、ファクタと変更したい順番に並べ変えたレベルを渡します。これは新しいファクタを返すので、元の変数を変更したいときは上書きする必要があります。

```
# デフォルトでは、レベルは辞書順
sizes <- factor(c("small", "large", "large", "small", "medium"))
sizes
#> [1] small  large  large  small  medium
#> Levels: large medium small

factor(sizes, levels = c("small", "medium", "large"))
#> [1] small  large  large  small  medium
#> Levels: small medium large
```

ファクタを最初に作るときにlevelsで順序を指定することもできます。

```
factor(c("small", "large", "large", "small", "medium"),
       levels = c("small", "medium", "large"))
```

解説

Rには2種類のファクタがあります。順序付けされたファクタと順序付けされていない普通のファクタです（実際には順序付けされたファクタは一般的に使われていません）。どちらのファクタでも**何らかの**順番でレベル順が決められます。違いは、順序付けされたファクタでは順序に意味があるのに対し、普通のファクタでは意味がない（データが保存されている様をそのまま反映しているだけ）ということです。データをプロットする際には、順序付けされたファクタと普通のファクタの区別は重要ではないことが多く、同じように扱うことができます。

ファクタのレベル順はグラフィカルな出力に影響を与えます。ggplotでファクタ変数がエステティック属性にマッピングされているとき、エステティック属性はファクタのレベル順を使います。ファクタがx軸にマッピングされている場合、軸のメモリはファクタのレベル順になります。ファクタが色にマッピングされている場合、凡例要素はファクタのレベル順になります。

レベル順を反転させるにはrev(levels())が使えます。

```
factor(sizes, levels = rev(levels(sizes)))
```

ファクタを並び替えるtidyverseの関数はforcatsパッケージのfct_relevel()です。構文はbaseパッケージのfactor()関数と似ています。

```
# レベル順を変更する
library(forcats)
fct_relevel(sizes, "small", "medium", "large")
#> [1] small  large  large  small  medium
#> Levels: small medium large
```

関連項目

別変数の値に基づいてファクタを並び替えるには**「レシピ15.8　ファクタのレベル順を変更する」**を参照してください。

ファクタレベルの並び替えは軸や凡例の順序を変更する際に使えます。より詳しくは**「レシピ8.4　カテゴリカルな軸の要素の順番を変更する」**と**「レシピ10.3　凡例の項目順を変える」**を参照してください。

レシピ15.9　データの値に基づいてファクタのレベル順を変更する

問題

データの値に基づいてファクタのレベル順を変更したい。

解決策

reorder()関数に、並び替えるレベルを持つファクタ、並び替えの基にする値、値を集約する関数を渡します。

```
# 変更するために、InsectSprays データセットをコピーする
iss <- InsectSprays
iss$spray
#>  [1] A A A A A A A A A A A A B B B B B B B B B B B B C C C C C C C C C C C C
#> [37] D D D D D D D D D D D D E E E E E E E E E E E E F F F F F F F F F F F F
#> Levels: A B C D E F

iss$spray <- reorder(iss$spray, iss$count, FUN = mean)
iss$spray
#>  [1] A A A A A A A A A A A A B B B B B B B B B B B B C C C C C C C C C C C C
#> [37] D D D D D D D D D D D D E E E E E E E E E E E E F F F F F F F F F F F F
#> attr(,"scores")
```

```
#>         A         B         C         D         E         F
#> 14.500000 15.333333  2.083333  4.916667  3.500000 16.666667
#> Levels: C E D A B F
```

元のレベルはABCDEFで、並び替え後のレベルはCEDABFであることに気付いたでしょうか。ここではsprayの各レベルについてcountの平均を取り、その値に基づいてsprayのレベルを並び替えました。

解説

生の出力を見ただけではreorder()の便利さがすぐに伝わらないかもしれません。**図15-1**はreorder()を利用して作った3つのプロットです。これらのプロットでは要素の順序が値によって決められています。

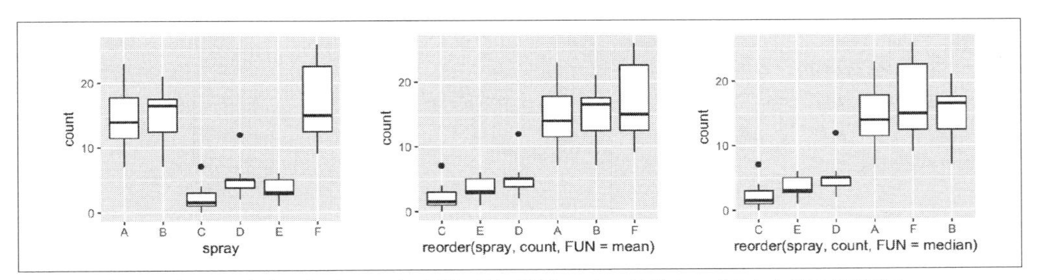

図15-1　左：元データ　中央：各グループの平均で並び替え　右：各グループの中央値で並び替え

図15-1中央ではボックスが平均値順に並べられています。各ボックス内で横に引かれた線はデータの**中央値**です。左から右に増加していない箇所があることに注意してください。このデータセットでは平均値での並び替えが中央値での並び替えと異なる結果になるからです。**図15-1**右に示すように、左から右に中央値が増えるようにするにはreorder()にmedian()関数を渡します。

ファクタを並び替えるtidyverse関数はfct_reorder()で、reorder()と同じように使えます。これらは同じ挙動を示します。

```
reorder(iss$spray, iss$count, FUN = mean)
fct_reorder(iss$spray, iss$count, .fun = mean)
```

関連項目

ファクタレベルの並び替えは軸や凡例の順序を制御する際に使えます。より詳しくは**「レシピ8.4　カテゴリカルな軸の要素の順番を変更する」**と**「レシピ10.3　凡例の項目順を変える」**を参照してください。

レシピ15.10　ファクタのレベル名を変更する

問題

ファクタのレベル名を変更したい。

解決策

forcatsパッケージのfct_recode()を使います。

```
sizes <- factor(c( "small", "large", "large", "small", "medium"))
sizes
#> [1] small  large  large  small  medium
#> Levels: large medium small

# マッピングの名前付きベクトルを渡す
fct_recode(sizes, S = "small", M = "medium", L = "large")
#> [1] S L L S M
#> Levels: L M S
```

解説

元レベルと新レベルの2ベクトルを使いたい場合には、do.call()をfct_recode()と使います。

```
old <- c("small", "medium", "large")
new <- c("S", "M", "L")

# まずは、oldとnewをマッピングする名前付きベクトルを作る
mappings <- setNames(old, new)
mappings
#>        S        M        L
#>  "small" "medium"  "large"

# fct_recodeに渡す引数リストを作る
args <- c(list(sizes), mappings)

# リストの構造を確認
str(args)
#> List of 4
#>  $  : Factor w/ 3 levels "large","medium",..: 3 1 1 3 2
#>  $ S: chr "small"
#>  $ M: chr "medium"
#>  $ L: chr "large"
```

```
# do.callを使いfct_recodeを指定された引数で呼び出す
do.call(fct_recode, args)
#> [1] S L L S M
#> Levels: L M S
```

より簡潔に一度に書くこともできます。

```
do.call(
  fct_recode,
  c(list(sizes), setNames(c("small", "medium", "large"), c("S", "M", "L")))
)
#> [1] S L L S M
#> Levels: L M S
```

ファクタレベル名を変更する昔ながらの（格好悪い）Rのbaseパッケージの方法として、`levels()<-`関数があります。

```
sizes <- factor(c( "small", "large", "large", "small", "medium"))

# レベルでインデックス指定して、それぞれを変更
levels(sizes)[levels(sizes) == "large"]  <- "L"
levels(sizes)[levels(sizes) == "medium"] <- "M"
levels(sizes)[levels(sizes) == "small"]  <- "S"
sizes
#> [1] S L L S M
#> Levels: L M S
```

ファクタの全レベル名を同時に変更する場合には`levels()<-`にリストを渡せます。

```
sizes <- factor(c("small", "large", "large", "small", "medium"))
levels(sizes) <- list(S = "small", M = "medium", L = "large")
sizes
#> [1] S L L S M
#> Levels: S M L
```

この方法ではファクタの全レベルがリストで指定されていなければなりません。もし抜けがあった場合、NAで置き換えられます。

ファクタのレベル順を位置指定で変更することもできますが、あまりエレガントではありません。

```
sizes <- factor(c("small", "large", "large", "small", "medium"))
levels(sizes)[1] <- "L"
sizes
```

```
#> [1] small  L      L      small  medium
#> Levels: L medium small

# 全レベル名を一度に変更
levels(sizes) <- c("L", "M", "S")
sizes
#> [1] S L L S M
#> Levels: L M S
```

ファクタのレベル名は位置より名前で変更したほうがミスしづらく安全です（そして位置指定した場合のミスは見つけづらいかもしれません）。また入力データセットのレベル数が多く、あるいは少なくなった場合にはレベルの数値位置が変わることがあります。この場合、深刻かつ発見が難しい分析上の問題を引き起こす可能性があります。

関連項目

ファクタではなく文字列ベクトルの項目名を変更したい場合には**「レシピ15.12 文字列ベクトル内の項目名を変更する」**を参照してください。

レシピ15.11 使わないレベルをファクタから取り除く

問題

使わないレベルをファクタから取り除きたい。

解決策

データ処理後に、もう使われないレベルを含むファクタができることがあります。例を示します。

```
sizes <- factor(c("small", "large", "large", "small", "medium"))
sizes <- sizes[1:3]
sizes
#> [1] small large large
#> Levels: large medium small
```

これらを取り除くにはdroplevels()を使います。

```
droplevels(sizes)
#> [1] small large large
#> Levels: large small
```

解説

droplevels()関数はファクタのレベル順を保持します。exceptパラメータを使えば指定したレベルを残せます。

tidyverseではforcatsパッケージのfct_drop()を使います。

```
fct_drop(sizes)
#> [1] small large large
#> Levels: large small
```

レシピ15.12　文字列ベクトル内の項目名を変更する

問題

文字列ベクトル内の項目名を変更したい。

解決策

dplyrパッケージのrecode()を使います。

```
library(dplyr)

sizes <- c("small", "large", "large", "small", "medium")
sizes
#> [1] "small"  "large"  "large"  "small"  "medium"

# マッピングを名前付きベクトルでrecode()に渡す
recode(sizes, small = "S", medium = "M", large = "L")
#> [1] "S" "L" "L" "S" "M"

# クォートすることも可能 -- スペースなどの特殊な文字を含むときに便利
recode(sizes, "small" = "S", "medium" = "M", "large" = "L")
#> [1] "S" "L" "L" "S" "M"
```

解説

元のレベルと新しいレベルが入った2つのベクトルを使いたい場合には、do.call()でfct_recode()を呼び出します。

```
old <- c("small", "medium", "large")
new <- c("S", "M", "L")
# まずは、新旧のマッピングを表す名前付きベクトルを作る
mappings <- setNames(new, old)
```

```
mappings
#>  small medium  large
#>    "S"    "M"    "L"

# recodeに渡す引数リストを作成する
args <- c(list(sizes), mappings)
# リストの構造を確認
str(args)
#> List of 4
#>  $       : chr [1:5] "small" "large" "large" "small" ...
#>  $ small : chr "S"
#>  $ medium: chr "M"
#>  $ large : chr "L"
# do.callでrecodeを引数付きで呼び出す
do.call(recode, args)
#> [1] "S" "L" "L" "S" "M"
```

より簡潔に一度に書くこともできます。

```
do.call(
  recode,
  c(list(sizes), setNames(c("S", "M", "L"), c("small", "medium", "large")))
)
#> [1] "S" "L" "L" "S" "M"
```

forcatsの`fct_recode()`関数と比べて、`recode()`は名前と値の引数が入れ替わっていることに注意してください。`recode()`では`small="S"`ですが、`fct_recode()`では`S="small"`となります。

昔ながらの方法として、角括弧でインデックスを指定して項目を選択し、名前を変更することもできます。

```
sizes <- c("small", "large", "large", "small", "medium")
sizes[sizes == "small"]  <- "S"
sizes[sizes == "medium"] <- "M"
sizes[sizes == "large"]  <- "L"
sizes
#> [1] "S" "L" "L" "S" "M"
```

関連項目

文字列ベクトルではなく、ファクタのレベル名を変更したい場合には「**レシピ15.10　ファクタのレベル名を変更する**」を参照してください。

レシピ15.13　カテゴリカル変数を別のカテゴリカル変数に変換する

問題

カテゴリカル変数を別の変数に変換したい。

解決策

この例ではPlantGrowthデータセットの一部を用います。

```
# PlantGrowthデータセットの一部を対象とする
pg <- PlantGrowth[c(1,2,11,21,22), ]
pg
#>    weight group
#> 1    4.17  ctrl
#> 2    5.58  ctrl
#> 11   4.81  trt1
#> 21   6.31  trt2
#> 22   5.12  trt2
```

この例ではカテゴリカル変数groupを、別のカテゴリカル変数treatmentに変換します。元の値が"ctrl"であれば新しい値を"No"に、元の値が"trt1"または"trt2"であれば新しい値を"Yes"にします。

これにはdplyrパッケージのrecode()関数が使えます。

```
library(dplyr)

recode(pg$group, ctrl = "No", trt1 = "Yes", trt2 = "Yes")
#> [1] No  No  Yes Yes Yes
#> Levels: No Yes
```

データフレームの新しい列に返り値を代入できます。

```
pg$treatment <- recode(pg$group, ctrl = "No", trt1 = "Yes", trt2 = "Yes")
```

入力がファクタなので返り値もファクタになっていることに注意してください。文字列ベクトルが欲しい場合にはas.character()を使います。

```
recode(as.character(pg$group), ctrl = "No", trt1 = "Yes", trt2 = "Yes")
#> [1] "No"  "No"  "Yes" "Yes" "Yes"
```

解説

forcatsパッケージのfct_recode()関数も使えます。名前と値が入れ替わっており、少しだけ直感的に感じられる点以外は同じように動作します。

```
library(forcats)
fct_recode(pg$group, No = "ctrl", Yes = "trt1", Yes = "trt2")
#> [1] No  No  Yes Yes Yes
#> Levels: No Yes
```

もう1つの違いはfct_recode()は常にファクタを返すことです。recode()は文字列ベクトルに対しては文字列ベクトルを、ファクタに対してはファクタを返します（dplyrには常にファクタを返すrecode_factor()関数もあります）。

Rのbaseパッケージではmatch()関数で変換できます。

```
oldvals <- c("ctrl", "trt1", "trt2")
newvals <- factor(c("No", "Yes", "Yes"))

newvals[ match(pg$group, oldvals) ]
#> [1] No  No  Yes Yes Yes
#> Levels: No Yes
```

ベクトルのインデックスを使うこともできます。

```
pg$treatment[pg$group == "ctrl"] <- "No"
pg$treatment[pg$group == "trt1"] <- "Yes"
pg$treatment[pg$group == "trt2"] <- "Yes"

# ファクタに変換する
pg$treatment <- factor(pg$treatment)
pg
#>    weight group treatment
#> 1    4.17  ctrl        No
#> 2    5.58  ctrl        No
#> 11   4.81  trt1       Yes
#> 21   6.31  trt2       Yes
#> 22   5.12  trt2       Yes
```

ここでは2つのファクタレベルを組み合わせ、結果を新しい列に保存しました。単にファクタのレベル名を変更したい場合には**「レシピ15.10　ファクタのレベル名を変更する」**を参照してください。

&や|演算子を使って複数列の値に基づいて新しい値を決めることもできます。

```
pg$newcol[pg$group == "ctrl" & pg$weight < 5]  <- "no_small"
pg$newcol[pg$group == "ctrl" & pg$weight >= 5] <- "no_large"
pg$newcol[pg$group == "trt1"] <- "yes"
pg$newcol[pg$group == "trt2"] <- "yes"
pg$newcol <- factor(pg$newcol)
pg
#>    weight group   newcol
#> 1    4.17  ctrl no_small
#> 2    5.58  ctrl no_large
#> 11   4.81  trt1      yes
#> 21   6.31  trt2      yes
#> 22   5.12  trt2      yes
```

interaction()関数を使うことで2つの列を組み合わせて1つにすることもできます。新しい値は元の値を.でつないだものになります。次の例はweightとgroup列から新しい列weightgroupを作っています。

```
pg$weightgroup <- interaction(pg$weight, pg$group)
pg
#>    weight group weightgroup
#> 1    4.17  ctrl   4.17.ctrl
#> 2    5.58  ctrl   5.58.ctrl
#> 11   4.81  trt1   4.81.trt1
#> 21   6.31  trt2   6.31.trt2
#> 22   5.12  trt2   5.12.trt2
```

関連項目

ファクタのレベル名を変更する方法についてより詳しくは「**レシピ15.10　ファクタのレベル名を変更する**」を参照してください。

連続値変数からカテゴリカル変数への変換は「**レシピ15.14　連続値変数をカテゴリカル変数に変換する**」を参照してください。

レシピ15.14　連続値変数をカテゴリカル変数に変換する

問題

連続値変数をカテゴリカル変数に変換したい。

解決策

cut()関数を用います。この例ではPlantGrowthデータセットの連続値変数weightをカテゴリカル変数wtclassにcut()関数で変換します。

```
pg <- PlantGrowth
pg$wtclass <- cut(pg$weight, breaks = c(0, 5, 6, Inf))
pg
#>    weight group wtclass
#> 1    4.17  ctrl   (0,5]
#> 2    5.58  ctrl   (5,6]
#>  ...<26 more rows>...
#> 29   5.80  trt2   (5,6]
#> 30   5.26  trt2   (5,6]
```

解説

3つのカテゴリに対して4つの境界を指定しました。境界にはInfと-Infを含めることができます。指定した境界の外に位置する値の場合はNAに分類されます。cut()の結果はファクタであり、例から見て取れるようにレベル名は境界にちなんで付けられます。

レベル名を変更するにはlabelsを指定します。

```
pg$wtclass <- cut(pg$weight, breaks = c(0, 5, 6, Inf),
                  labels = c("small", "medium", "large"))
pg
#>    weight group wtclass
#> 1    4.17  ctrl   small
#> 2    5.58  ctrl  medium
#>  ...<26 more rows>...
#> 29   5.80  trt2  medium
#> 30   5.26  trt2  medium
```

レベル名が示すように境界はデフォルトで左が開いており、右が閉じています。言い換えれば境界の低いほうの値はカテゴリに含まず、高いほうの値はカテゴリに含みます。include.lowest=TRUEを指定することで、最も小さいカテゴリで低いほうと高いほうの両方の値を含められます。この例では値0をsmallカテゴリに分類することになります。include.lowest=TRUEを指定しない場合はNAに分類されます。

左が閉じて右が開いたカテゴリにするにはright = FALSEを指定します。

```
cut(pg$weight, breaks = c(0, 5, 6, Inf), right = FALSE)
#>  [1] [0,5)   [5,6)   [5,6)   [6,Inf) [0,5)   [0,5)   [5,6)   [0,5)   [5,6)
```

```
#> [10] [5,6)   [0,5)   [0,5)   [0,5)   [0,5)   [5,6)   [0,5)   [6,Inf) [0,5)
#> [19] [0,5)   [0,5)   [6,Inf) [5,6)   [5,6)   [5,6)   [5,6)   [5,6)   [0,5)
#> [28] [6,Inf) [5,6)   [5,6)
#> Levels: [0,5) [5,6) [6,Inf)
```

関連項目

カテゴリカル変数を別のカテゴリカル変数に変換するには**「レシピ 15.13　カテゴリカル変数を別のカテゴリカル変数に変換する」**を参照してください。

レシピ 15.15　既存の列から新しい列を計算する

問題

データフレーム内に新しい値の列を計算したい。

解決策

dplyrパッケージの`mutate()`を用います。

```
library(gcookbook) # heightweightデータセットを使うためにgcookbookを読み込む
heightweight
#>     sex ageYear ageMonth heightIn weightLb
#> 1     f   11.92      143     56.3     85.0
#> 2     f   12.92      155     62.3    105.0
#>  ...<232 more rows>...
#> 236   m   13.92      167     62.0    107.5
#> 237   m   12.58      151     59.3     87.0
```

ここでは`heightIn`をセンチメートルに変換し、新しい列`heightCm`に保存します。

```
heightweight %>%
  mutate(heightCm = heightIn * 2.54)
#>     sex ageYear ageMonth heightIn weightLb heightCm
#> 1     f   11.92      143     56.3     85.0  143.002
#> 2     f   12.92      155     62.3    105.0  158.242
#>  ...<232 more rows>...
#> 235   m   13.92      167     62.0    107.5  157.480
#> 236   m   12.58      151     59.3     87.0  150.622
```

これは新しいデータフレームを返すので、元の変数を置き換えたい場合は結果を上書き保存する必要があります。

解説

mutate()では複数の列を一度に変換できます。

```
heightweight %>%
  mutate(
    heightCm = heightIn * 2.54,
    weightKg = weightLb / 2.204
  )
#>     sex ageYear ageMonth heightIn weightLb heightCm weightKg
#> 1     f   11.92      143     56.3     85.0  143.002 38.56624
#> 2     f   12.92      155     62.3    105.0  158.242 47.64065
#>  ...<232 more rows>...
#> 235   m   13.92      167     62.0    107.5  157.480 48.77495
#> 236   m   12.58      151     59.3     87.0  150.622 39.47368
```

複数の列を元にして、1つの新しい列を計算することもできます。

```
heightweight %>%
  mutate(bmi = weightKg / (heightCm / 100)^2)
```

mutate()では列は順に追加されます。したがって新しい列を計算するときにそれ以前に作られた列を参照できます。

```
heightweight %>%
  mutate(
    heightCm = heightIn * 2.54,
    weightKg = weightLb / 2.204,
    bmi = weightKg / (heightCm / 100)^2
  )
#>     sex ageYear ageMonth heightIn weightLb heightCm weightKg      bmi
#> 1     f   11.92      143     56.3     85.0  143.002 38.56624 18.85919
#> 2     f   12.92      155     62.3    105.0  158.242 47.64065 19.02542
#>  ...<232 more rows>...
#> 235   m   13.92      167     62.0    107.5  157.480 48.77495 19.66736
#> 236   m   12.58      151     59.3     87.0  150.622 39.47368 17.39926
```

Rのbaseパッケージで新しい列を計算するには、新しい列を$演算子で参照し、それに値を代入します。

```
heightweight$heightCm <- heightweight$heightIn * 2.54
```

関連項目

グループとしてデータを変換する方法については**「レシピ15.16　グループごとに新規の列を計算する」**を参照してください。

レシピ15.16　グループごとに新規の列を計算する

問題

グループ化する列を指定して、そのグループに対する計算結果を新しい列として作成したい。

解決策

dplyrパッケージの`group_by()`でグループ化変数を指定し、`mutate()`で演算します。

```
library(MASS)  # cabbagesデータセットを使うためにMASSを読み込む
library(dplyr)

cabbages %>%
  group_by(Cult) %>%
  mutate(DevWt = HeadWt - mean(HeadWt))
#> # A tibble: 60 x 5
#> # Groups:   Cult [2]
#>   Cult  Date  HeadWt  VitC  DevWt
#>   <fct> <fct>  <dbl> <int>  <dbl>
#> 1 c39   d16      2.5    51 -0.407
#> 2 c39   d16      2.2    55 -0.707
#> 3 c39   d16      3.1    45  0.193
#> 4 c39   d16      4.3    42  1.39
#> 5 c39   d16      2.5    53 -0.407
#> 6 c39   d16      4.3    50  1.39
#> # ... with 54 more rows
```

これは新しいデータフレームを返すので、元の変数を置き換えたい場合は結果を上書き保存する必要があります。

解説

cabbagesデータセットを詳しく見てみましょう。レベル`c39`と`c52`を持つ`Cult`と、レベル`d16`、`d20`、`d21`を持つ`Date`と言う2つのグループ化変数（ファクタ）があります。その他に`HeadWt`、`VitC`という数値を計測した変数が2つあります。

```
cabbages
```

```
#>    Cult Date HeadWt VitC
#> 1   c39  d16    2.5   51
#> 2   c39  d16    2.2   55
#>  ...<56 more rows>...
#> 59  c52  d21    1.5   66
#> 60  c52  d21    1.6   72
```

各行についてHeadWtの全体平均からの偏差を求めたいとします。全体平均を求め、各行の観測値から引けば良いだけです。

```
mutate(cabbages, DevWt = HeadWt - mean(HeadWt))
#>    Cult Date HeadWt VitC       DevWt
#> 1   c39  d16    2.5   51 -0.09333333
#> 2   c39  d16    2.2   55 -0.39333333
#>  ...<56 more rows>...
#> 59  c52  d21    1.5   66 -1.09333333
#> 60  c52  d21    1.6   72 -0.99333333
```

グループを1つ以上のグループ化変数によって指定して、各グループに対して別々にこのような操作をしたいことがよくあると思います。例えばCultでグループ化し、全体平均ではなく**グループごとの**平均からの各行の偏差を求め、グループごとに正規化したいとしましょう。この場合、group_by()とmutate()と一緒に使います。

```
cb <- cabbages %>%
  group_by(Cult) %>%
  mutate(DevWt = HeadWt - mean(HeadWt))
```

まずCultの値によりcabbagesをグループ化します。Cultにはc39とc52という2レベルがあります。次に各データフレームにmutate()関数を適用します。

正規化の前後を**図15-2**に示します。

```
# 正規化前のデータ
ggplot(cb, aes(x = Cult, y = HeadWt)) +
  geom_boxplot()

# 正規化後
ggplot(cb, aes(x = Cult, y = DevWt)) +
  geom_boxplot()
```

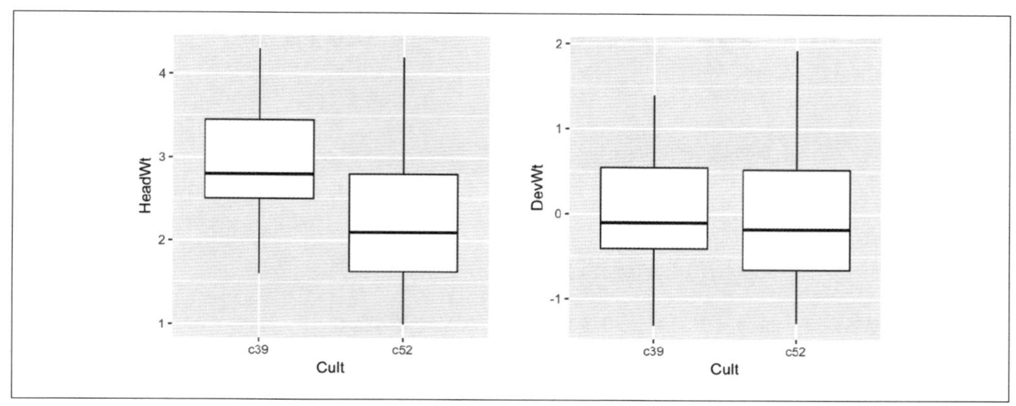

図15-2　左：正規化前　右：正規化後

複数変数によりデータフレームをグループ化し、複数変数を操作することもできます。次のコードはCultとDateでデータをグループ化、つまり2変数の固有な組合せごとにグループを形成します。その後、HeadWtとVitCの各グループ平均からの偏差を計算します。

```
cabbages %>%
  group_by(Cult, Date) %>%
  mutate(
    DevWt = HeadWt - mean(HeadWt),
    DevVitC = VitC - mean(VitC)
  )
#> # A tibble: 60 x 6
#> # Groups:   Cult, Date [6]
#>   Cult  Date  HeadWt  VitC DevWt DevVitC
#>   <fct> <fct>  <dbl> <int> <dbl>   <dbl>
#> 1 c39   d16      2.5    51 -0.68   0.7
#> 2 c39   d16      2.2    55 -0.98   4.7
#> 3 c39   d16      3.1    45 -0.08  -5.30
#> 4 c39   d16      4.3    42  1.12  -8.30
#> 5 c39   d16      2.5    53 -0.68   2.7
#> 6 c39   d16      4.3    50  1.12  -0.300
#> # ... with 54 more rows
```

関連項目

グループごとにデータを要約するには**「レシピ15.16　グループごとに新規の列を計算する」**を参照してください。

レシピ15.17　グループごとにデータを要約する

問題

1つ以上のグループ化変数に基づいてデータを要約したい。

解決策

dplyrパッケージのgroup_by()とsummarise()に操作を指定します。

```
library(MASS)  # cabbagesデータセットを使うためにMASSを読み込む
library(dplyr)

cabbages %>%
  group_by(Cult, Date) %>%
  summarise(
    Weight = mean(HeadWt),
    VitC = mean(VitC)
  )
#> # A tibble: 6 x 4
#> # Groups:   Cult [?]
#>   Cult  Date  Weight  VitC
#>   <fct> <fct>  <dbl> <dbl>
#> 1 c39   d16     3.18  50.3
#> 2 c39   d20     2.8   49.4
#> 3 c39   d21     2.74  54.8
#> 4 c52   d16     2.26  62.5
#> 5 c52   d20     3.11  58.9
#> 6 c52   d21     1.47  71.8
```

解説

dplyrとtidyverseを使うのが初めての場合には一般に馴染みのないことが、ここではいくつかあります。

まずcabbagesデータセットを詳しく見てみましょう。レベルc39とc52を持つCultと、レベルd16、d20、d21を持つDateという2つのグループ化変数（ファクタ）があります。その他にHeadWt、VitCという数値を計測した変数が2つあります。

```
cabbages
#>    Cult Date HeadWt VitC
#> 1   c39  d16    2.5   51
#> 2   c39  d16    2.2   55
```

```
#>  ...<56 more rows>...
#> 59  c52  d21    1.5   66
#> 60  c52  d21    1.6   72
```

HeadWtの全体平均を求めるのは単純です。単にその列に対してmean()関数を使えば良いのです。しかしここでは代わりにsummarise()関数を使います。その理由はこの後すぐ明らかになります。

```
library(dplyr)
summarise(cabbages, Weight = mean(HeadWt))
#>     Weight
#> 1 2.593333
```

結果はWeightという名前の1行1列のデータフレームです。

グループ化変数で指定された各グループのデータについての情報を求めたいことがよくあります。例えば、各Cultでグループ分けした各グループについて平均を求めたいとしましょう。この場合、group_by()をsummarise()と一緒に使えます。

```
tmp <- group_by(cabbages, Cult)
summarise(tmp, Weight = mean(HeadWt))
#> # A tibble: 2 x 2
#>   Cult  Weight
#>   <fct> <dbl>
#> 1 c39     2.91
#> 2 c52     2.28
```

このコマンドは最初にcabbagesデータフレームをCultの値でグループ化します。Cultにはc39とc52という2つのレベルがあるため、2グループが出来上がります。次にこれらの各データフレームに対してsummaries()関数を適用します。各データフレームのHeadWt列のmean()を取ることでWeightを計算します。結果としてできる各グループの要約はデータフレームに集められて関数から返されます。

cabbagesデータが2つのデータフレームに分割されて、各データフレームに対してsummarise()が呼び出され（各データフレームに対して1行が返され）、結果が1つに組み合わされ最終的なデータフレームになると想像してみてください。これはdplyrの前身であるplyrがddply()関数で実際にやっていることです。

前のコードでは結果を保持する一時変数を使いました。少し冗長なので、代わりに%>%が使えます。これはパイプ演算子とも呼ばれ、関数呼び出しを連鎖させられます。パイプ演算子は単純に対象を左に取り、右に置いた関数呼び出しの第1引数として使います。次の2行は同等です。

```
group_by(cabbages, Cult)
# パイプ演算子はcabbagesをgroup_by()の第1引数に使う
```

```
cabbages %>% group_by(Cult)
```

関数呼び出しを操作のパイプラインとして順番につないでいくことができるのが、パイプ演算子と呼ばれている理由です。これは関数の**連鎖**（チェーン、chaining）と例えられることもあります。

関数呼び出しの最初の引数が違う場所にあるからといって、それが何だというのでしょうか。しかし、その強みは連鎖したときに明らかになります。一時変数なしでgroup_by()に続いてsummarise()を呼び出そうとすると次のようになるでしょう。左から右に進む代わりに、計算は中から外に向けて起こります。

```
summarise(group_by(cabbages, Cult), Weight = mean(HeadWt))
```

一時変数を使えば、これまでのコードで見たように少し読みやすくなりますが、それよりもさらにエレガントな解法はパイプ演算子を使うことです。

```
cabbages %>%
  group_by(Cult) %>%
  summarise(Weight = mean(HeadWt))
```

データの要約に戻りましょう。データフレームを複数の変数（または列）でグループ化して要約するのは単純です。追加する変数名を与えるだけです。計算する列を追加して、1つ以上の要約を得ることもできます。ここではCultとDateで決まる各グループの要約として、HeadWtとVitCの平均を取得しています。

```
cabbages %>%
  group_by(Cult, Date) %>%
  summarise(
    Weight = mean(HeadWt),
    Vitc = mean(VitC)
  )
#> # A tibble: 6 x 4
#> # Groups:   Cult [?]
#>   Cult  Date  Weight  Vitc
#>   <fct> <fct>  <dbl> <dbl>
#> 1 c39   d16     3.18  50.3
#> 2 c39   d20     2.8   49.4
#> 3 c39   d21     2.74  54.8
#> 4 c52   d16     2.26  62.5
#> 5 c52   d20     3.11  58.9
#> 6 c52   d21     1.47  71.8
```

結果にCultでグループ化されていると出ており、Dateではグループ化されていると出ていないことに気付いたかもしれません。これはsummarise()関数がグループ化を1レベル取り除くためです。グループ化変数が1つのときは、これが望みの挙動であることが多いでしょう。複数のグループ化変数があるときには、望み通りかもしれませんし、そうでないかもしれません。すべてのグループ化を取り除くにはungroup()を使い、元のグループ化に戻すにはgroup_by()をもう一度使います。

平均を求める以上のこともできます。例えば、各グループの標準偏差と個数を求めたいと思うかもしれません。グループ内の標準偏差はsd()を、行数はn()を使って求められます。

```
cabbages %>%
  group_by(Cult, Date) %>%
  summarise(
    Weight = mean(HeadWt),
    sd = sd(HeadWt),
    n = n()
  )
#> # A tibble: 6 x 5
#> # Groups:   Cult [?]
#>   Cult  Date  Weight    sd     n
#>   <fct> <fct>  <dbl> <dbl> <int>
#> 1 c39   d16     3.18 0.957    10
#> 2 c39   d20     2.8  0.279    10
#> 3 c39   d21     2.74 0.983    10
#> 4 c52   d16     2.26 0.445    10
#> 5 c52   d20     3.11 0.791    10
#> 6 c52   d21     1.47 0.211    10
```

便利な要約統計量には他にもmin()、max()、median()があります。n()関数はdplyr関数であるsummarise()、mutate()、filter()の中でのみ動作する特別な関数です。他の便利な関数については?summariseを参照してください。

n()関数は行数を取得しますが、NAを数えたくないときには別の方法が必要です。例えばHeadwt列のNAを無視したければsum(!is.na(Headwt))が使えます。

NA（欠損値）を扱う

要約を計算する際にはまる可能性があるのは、データにNAが含まれていると結果がNAになることです。HeadWtに少しNAを混ぜて何が起きるか見てみましょう。

```
c1 <- cabbages # コピーを作成
```

```
c1$HeadWt[c(1, 20, 45)] <- NA # いくつかをNAに設定
  c1 %>%
    group_by(Cult) %>%
    summarise(
      Weight = mean(HeadWt),
      sd = sd(HeadWt),
      n=n()
    )
  #> # A tibble: 2 x 4
  #>   Cult  Weight    sd     n
  #>   <fct>  <dbl> <dbl> <int>
  #> 1 c39       NA    NA    30
  #> 2 c52       NA    NA    30
```

問題は入力値のいずれかがNAのときにmean()とsd()が単純にNAを返すことです。幸いなことにこれらの関数は、まさにこの問題に対処するオプションを備えています。na.rm=TRUEを指定することでNAを無視できます。

```
c1 %>%
  group_by(Cult) %>%
  summarise(
    Weight = mean(HeadWt, na.rm = TRUE),
    sd = sd(HeadWt, na.rm = TRUE),
    n = n()
  )
#> # A tibble: 2 x 4
#>   Cult  Weight    sd     n
#>   <fct>  <dbl> <dbl> <int>
#> 1 c39     2.9  0.822    30
#> 2 c52     2.23 0.828    30
```

存在しない組合せ

グループ化変数の組合せの中で存在しないものは結果のデータフレームに現れません。グラフを作る際に存在しない組合せが問題になることがあります。問題を説明するため、c52かつd21のレベルを持つデータ行をすべて削除します。**図15-3**は、棒グラフで組合せが失われると何が起きるかを示しています。

```
# cabbagesをコピーし、c52かつd21の行をすべて取り除く
c2 <- filter(cabbages, !( Cult == "c52" & Date == "d21" ))
c2a <- c2 %>%
  group_by(Cult, Date) %>%
```

```
    summarise(Weight = mean(HeadWt))

  ggplot(c2a, aes(x = Date, fill = Cult, y = Weight)) +
    geom_col(position = "dodge")
```

存在しない組合せを埋めるには（**図15-3**右）、tidyrパッケージのcomplete()関数を使います。tidyrはtidyverseの一部でもあります。c2aのグルーピングもungroup()で解除する必要があります。そうしなければ期待するより多くの行を返してしまいます。

```
library(tidyr)
c2b <- c2a %>%
  ungroup() %>%
  complete(Cult, Date)

ggplot(c2b, aes(x = Date, fill = Cult, y = Weight)) +
  geom_col(position = "dodge")
```

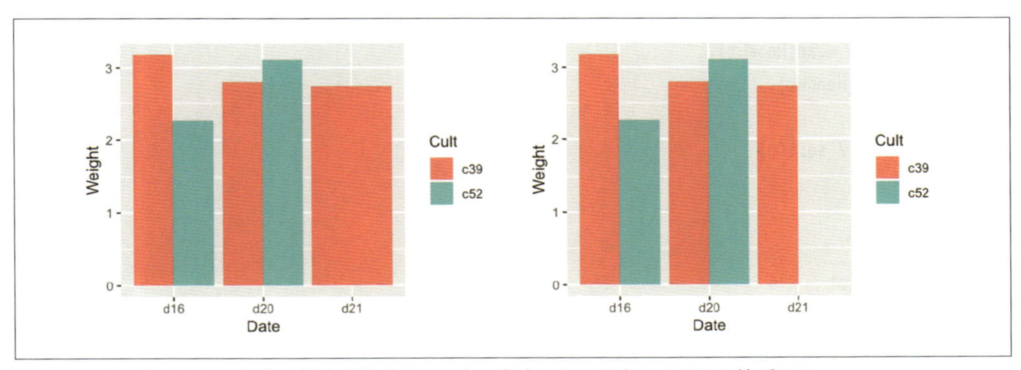

図15-3　左：存在しない組合せがある棒グラフ　右：存在しない組合せを埋めた棒グラフ

complete()では存在しない組合せはNAで埋められます。違う値で埋めるにはfillパラメータが使えます。詳しい情報は?completeを参照してください。

関連項目

標準誤差と信頼区間を掲載したい場合は**「レシピ15.18　標準誤差と信頼区間でデータを要約する」**を参照してください。

stat_summary()を使い、平均を計算してグラフ上に重ねる例は**「レシピ6.8　箱ひげ図に平均値を追加する」**を参照してください。

グループごとにデータを変換するには**「レシピ15.16　グループごとに新規の列を計算する」**を参照してください。

レシピ15.18　標準誤差と信頼区間でデータを要約する

問題

平均の標準誤差と信頼区間を使ってデータを要約したい。

解決策

平均からの標準誤差を求めるには2つの手順が必要です。まず各グループについて標準偏差と個数を求め、次にそれらを使って標準誤差を計算します。各グループの標準誤差は、標準偏差を標本数の平方根で単に割ったものです。

```
library(MASS)  # cabbagesデータセットを使うためにMASSを読み込む
library(dplyr)

ca <- cabbages %>%
  group_by(Cult, Date) %>%
  summarise(
    Weight = mean(HeadWt),
    sd = sd(HeadWt),
    n = n(),
    se = sd / sqrt(n)
  )

ca
#> # A tibble: 6 x 6
#> # Groups:   Cult [?]
#>   Cult  Date  Weight    sd     n     se
#>   <fct> <fct>  <dbl> <dbl> <int>  <dbl>
#> 1 c39   d16     3.18 0.957    10 0.303
#> 2 c39   d20     2.8  0.279    10 0.0882
#> 3 c39   d21     2.74 0.983    10 0.311
#> 4 c52   d16     2.26 0.445    10 0.141
#> 5 c52   d20     3.11 0.791    10 0.250
#> 6 c52   d21     1.47 0.211    10 0.0667
```

解説

summarise()関数は列を指定した順で計算するため、それより前に作成した列を参照できます。seがsdとn列を使えるのはこのためです。

n()関数は行数を取得しますが、NAを数えたくないときには別の方法が必要です。例えばHeadwt列のNAを無視したければsum(!is.na(Headwt))が使えます。

信頼区間

信頼区間は平均からの標準誤差と自由度を使って計算されます。信頼区間を計算するには、qt()関数を使い分数位を求め、これに標準誤差をかけます。確率レベルと自由度を指定すると、qt()関数はt分布の分位数を返します。95％信頼区間では、釣鐘型のt分布で両側の2.5％ずつを切り取ることになるため、確率レベルには0.975を用います。自由度は標本数から1を引いたものに等しくなります。

次のコードは各グループの分位数を求めます。6グループあり、各グループが同じ観測数(10)なので、すべて同じ値になります。

```
ciMult <- qt(.975, ca$n - 1)
ciMult
#> [1] 2.262157 2.262157 2.262157 2.262157 2.262157 2.262157
```

95％信頼区間を得るには今得たベクトルと標準誤差をかけ合わせます。

```
ca$ci95 <- ca$se * ciMult
ca
#> # A tibble: 6 x 7
#> # Groups:   Cult [?]
#>   Cult  Date  Weight    sd     n     se  ci95
#>   <fct> <fct>  <dbl> <dbl> <int>  <dbl> <dbl>
#> 1 c39   d16     3.18 0.957    10 0.303  0.684
#> 2 c39   d20     2.8  0.279    10 0.0882 0.200
#> 3 c39   d21     2.74 0.983    10 0.311  0.703
#> 4 c52   d16     2.26 0.445    10 0.141  0.318
#> 5 c52   d20     3.11 0.791    10 0.250  0.566
#> 6 c52   d21     1.47 0.211    10 0.0667 0.151
```

次のように1行で書くこともできます。

```
ca$ci95 <- ca$se * qt(.975, ca$n - 1)
```

99％信頼区間には、0.995を用います。

平均からの標準誤差と信頼区間を表すエラーバーは、母平均の推定がどの程度良いかを読者に伝えるために使われます。標準誤差は標本分布の標準偏差です。信頼区間はもう少し簡単に解釈できます。大雑把に言えば、95％信頼区間は95％の確率で区間内に真の母平均があることを意味します（実際は違う意味ですが、ここでそれを説明すると単純な話題を複雑にしすぎるため、詳しく知りたい方はベイズ統計について調べてください）。

次の関数では、標準偏差、個数、標準誤差、信頼区間を求める全手順を実行しています。na.rmと.dropにより、NAと存在しない組合せを処理しています。デフォルトでは、95％信頼区間を求めますが、conf.interval引数で変更可能です。

```
summarySE <- function(data = NULL, measurevar, groupvars = NULL, na.rm = FALSE,
                      conf.interval = .95, .drop = TRUE) {

  # na.rm==TのときにNAを数えないlength
  length2 <- function(x, na.rm = FALSE) {
    if (na.rm) sum(!is.na(x))
    else       length(x)
  }

  groupvars  <- rlang::syms(groupvars)
  measurevar <- rlang::sym(measurevar)

  datac <- data %>%
    dplyr::group_by(!!!groupvars) %>%
    dplyr::summarise(
      N             = length2(!!measurevar, na.rm = na.rm),
      sd            = sd     (!!measurevar, na.rm = na.rm),
      !!measurevar := mean   (!!measurevar, na.rm = na.rm),
      se            = sd / sqrt(N),
      # 信頼区間を求めるために標準誤差にかける分位数
      # t統計量を計算する
      # 例：conf.intervalが.95のときは.975（上下）、df=N-1
      ci            = se * qt(conf.interval/2 + .5, N - 1)
    ) %>%
    dplyr::ungroup() %>%
    # sd、se、ciが最後になるように列を並び替える
    dplyr::select(seq_len(ncol(.) - 4), ncol(.) - 2, sd, se, ci)

  datac
}
```

次の使用例は99％信頼区間を持ち、NAと存在しない組合せを処理しています。

```
# c52かつd21の行をすべて取り除く
c2 <- filter(cabbages, !(Cult == "c52" & Date == "d21" ))
# いくつかの値をNAにする
c2$HeadWt[c(1, 20, 45)] <- NA
summarySE(c2, "HeadWt", c("Cult", "Date"),
          conf.interval = .99, na.rm = TRUE, .drop = FALSE)
#> # A tibble: 5 x 7
#>   Cult  Date      N HeadWt    sd     se    ci
```

```
#>     <fct> <fct> <int>  <dbl> <dbl>  <dbl> <dbl>
#> 1 c39   d16       9   3.26 0.982 0.327  1.10
#> 2 c39   d20       9   2.72 0.139 0.0465 0.156
#> 3 c39   d21      10   2.74 0.983 0.311  1.01
#> 4 c52   d16      10   2.26 0.445 0.141  0.458
#> 5 c52   d20       9   3.04 0.809 0.270  0.905
```

関連項目

ここで計算した値をグラフ上にエラーバーとして追加したい場合は**「レシピ7.7　エラーバーを追加する」**を参照してください。

レシピ15.19　横持ち形式から縦持ち形式へ変換する

問題

横持ち形式（wide format）から縦持ち形式（long format）へデータを変換したい[*1]。

解決策

tidyrパッケージの`gather()`を使います。`anthoming`データセットでは、各`angle`ごとに2つの測定値があります。1列は実験条件下の値で、もう1列は対照実験下での値です。

```
library(gcookbook) # データセットの読み込み
anthoming
#>   angle expt ctrl
#> 1   -20    1    0
#> 2   -10    7    3
#> 3     0    2    3
#> 4    10    0    3
#> 5    20    0    1
```

すべての測定値が1列に収まるようにデータを整形することができます。次のコードは`expt`列と`ctrl`列を1列にまとめ、元の列名を別の列に値として保存します。

```
library(tidyr)
gather(anthoming, condition, count, expt, ctrl)
#>    angle condition count
#> 1    -20      expt     1
```

＊1　訳注：縦持ち形式は、データの行が増え、表形式のデータが縦に長く（long）なるため、縦持ちと呼びます。横持ち形式は、データの列が増え、表形式のデータが横に広く（wide）になるため、横持ちと呼びます。

```
#> 2    -10     expt     7
#>  ...<6 more rows>...
#> 9     10     ctrl     3
#> 10    20     ctrl     1
```

このデータフレームは元と同じ情報を持ちますが、ある種の分析においてはこの構造が使いやすいことがあります。

解説

先ほどの入力データ（anthoming）には**ID**変数と**値**変数があります。ID変数はどの値が同じ行を表していたかを示します。入力データの最初の行はangleが-20のときの測定値です。出力データフレームでは、exptとctrlにおける2つの測定値は、もはや同じ行に存在しませんが、angleの値が同じであることから同じ行であったことがわかります。

値変数はデフォルトではID変数以外すべてになります。これらの変数名はconditionと名付けた**キー**列に、値はcountと名付けた**値**列に保存されます。

先ほどexptとctrlを引数に指定したように、入力データの**値**列を個別に指定することができます。gather()は残された列であるangleがID変数だと自動的に推論します。逆の方法で値列を指定することもできます。angle列を除くことで残された列exptとctrlが値列だと推論されます。

```
gather(anthoming, condition, count, expt, ctrl)
# 列名前の - は値列ではないことを意味する
gather(anthoming, condition, count, -angle)
```

値列を指定する他の便利なショートカットもあります。例えばexpt:ctrlはexptとctrlの間のすべての列を選択します（この例では、間に他の列がありませんが、大きなデータセットでタイプ量を減らせることがわかるでしょう）。

デフォルトではgather()は入力データのすべての列をID列か値列として扱います。したがって、無視したい列があるときには、まずselect()関数でフィルターする必要があります。

例えばdrunkデータセットで、sexを1列に保ちながら別の列に数値を保存して、縦持ち形式に変換したいとします。今回は0-29と30-39の値だけが欲しく、他の年代の値は無視したいとしましょう。

```
# 入力データ
drunk
#>      sex 0-29 30-39 40-49 50-59 60+
#> 1   male  185   207   260   180  71
#> 2 female    4    13    10     7  10

# 0-29と30-39だけでgather()を実行
```

```
drunk %>%
  gather(age, count, "0-29", "30-39")
#>      sex 40-49 50-59 60+   age count
#> 1   male   260   180  71  0-29   185
#> 2 female    10     7  10  0-29     4
#> 3   male   260   180  71 30-39   207
#> 4 female    10     7  10 30-39    13
```

これは、うまくいってなさそうです。gather()に0-29と30-39が値列だと教えたため、他の列がすべてID列だと推論されたのです。今回はsexだけを使い、他は無視したいので、select()で不要な列を削除し、それからgather()を呼び出すことで解決できます。

```
library(dplyr)  # select()関数用

drunk %>%
  select(sex, "0-29", "30-39") %>%
  gather(age, count, "0-29", "30-39")
#>      sex   age count
#> 1   male  0-29   185
#> 2 female  0-29     4
#> 3   male 30-39   207
#> 4 female 30-39    13
```

複数列をID変数として使いたいときもあるでしょう。

```
plum_wide
#>   length      time dead alive
#> 1   long   at_once   84   156
#> 2   long in_spring  156    84
#> 3  short   at_once  133   107
#> 4  short in_spring  209    31
# lengthとtimeを(値変数として指定しないことによって)ID変数として使う
gather(plum_wide, "survival", "count", dead, alive)
#>   length      time survival count
#> 1   long   at_once     dead    84
#> 2   long in_spring     dead   156
#>  ...<4 more rows>...
#> 7  short   at_once    alive   107
#> 8  short in_spring    alive    31
```

ID変数列のないデータセットもあります。例えばcorneasデータセットでは各行は測定値ペアを表しますが、ID変数はありません。ID変数なしでは値がどのようにペアになっているかを伝えられません。このような場合はgather()を使う前にID変数を追加できます。

```
# データのコピーを作成
co <- corneas
# ID列の追加
co$id <- 1:nrow(co)

gather(co, "eye", "thickness", affected, notaffected)
#>    id         eye thickness
#> 1   1    affected       488
#> 2   2    affected       478
#>  ...<12 more rows>...
#> 15  7 notaffected       464
#> 16  8 notaffected       476
```

ID変数が数値の場合は後続の分析に問題を起こすかもしれません。その場合はidをas.character()で文字列ベクトルに変換したり、factor()でファクタに変換したい場合もあるかもしれません。

関連項目

反対方向である縦持ち形式から横持ち形式への変換は「**レシピ15.20　縦持ち形式から横持ち形式へ変換する**」を参照してください。

横持ち形式から縦持ち形式へ変換する他の方法としてはstack()関数を参照してください。

レシピ15.20　縦持ち形式から横持ち形式へ変換する

問題

縦持ち形式（long format）から横持ち形式（wide format）へデータを変換したい。

解決策

tidyrパッケージのspread()関数を使います。この例では縦持ち形式のplumデータセットを使います。

```
library(gcookbook) # データセットの読み込み
plum
#>   length      time survival count
#> 1   long   at_once     dead    84
#> 2   long in_spring     dead   156
#>  ...<4 more rows>...
```

```
#> 7  short    at_once    alive  107
#> 8  short in_spring    alive   31
```

横持ち形式への変換は、ある列の固有な値を新しい列のヘッダとして使い、別の列の値をその新しい列の値として使います。例えばsurvival列の値をヘッダに移して、count列の値を使って、その新しく作られた列の値として埋めます。

```
library(tidyr)
spread(plum, survival, count)
#>   length      time dead alive
#> 1   long   at_once   84   156
#> 2   long in_spring  156    84
#> 3  short   at_once  133   107
#> 4  short in_spring  209    31
```

解説

spread()関数を用いる際は、出力データフレームのヘッダ名として使われる**キー**列と値を埋めるために使われる**値**列を指定する必要があります。他の列はすべてID変数列として使うと想定されています。

前の例では、2つのID列lengthとtime、1つのキー列survival、1つの値列countがありました。もし2つの列をキーとして使いたいときにはどうしたらいいでしょうか。例えばlengthとsurvivalをキーとして使い、残されたtimeをID列として使いたいとしましょう。

lengthとsurvivalを組み合わせて新しい列に保存し、新しい列をキーとして使うことで、これを実現できます。

```
# lengthとsurvivalから新しい列length_survivalを作る
plum %>%
  unite(length_survival, length, survival)
#>   length_survival      time count
#> 1       long_dead   at_once    84
#> 2       long_dead in_spring   156
#>   ...<4 more rows>...
#> 7     short_alive   at_once   107
#> 8     short_alive in_spring    31

# spread()にlength_survivalをキーとして渡す
plum %>%
  unite(length_survival, length, survival) %>%
  spread(length_survival, count)
```

```
#>        time long_alive long_dead short_alive short_dead
#> 1   at_once        156        84         107        133
#> 2 in_spring         84       156          31        209
```

関連項目

反対方向である横持ち形式から縦持ち形式への変換は**「レシピ15.19　横持ち形式から縦持ち形式へ変換する」**を参照してください。

縦持ち形式から横持ち形式へ変換する他の方法としてはunstack()関数を参照してください。

レシピ15.21　時系列オブジェクトを時刻と値に変換する

問題

時系列オブジェクトを時刻と値からなる数値ベクトルに変換したい。

解決策

各観測に対応する時刻を取得するにはtime()関数を使います。その後、as.numeric()を使い時刻と値を数値ベクトルに変換します。

```
# nhtemp時系列オブジェクトを見る
nhtemp
#> Time Series:
#> Start = 1912
#> End = 1971
#>  ...
#> [43] 52.0 52.0 50.9 52.6 50.2 52.6 51.6 51.9 50.5 50.9 51.7 51.4 51.7 50.8
#> [57] 51.9 51.8 51.9 53.0

# 各観測に対応する時刻を見る
as.numeric(time(nhtemp))
#>  [1] 1912 1913 1914 1915 1916 1917 1918 1919 1920 1921 1922 1923 1924 1925
#> [15] 1926 1927 1928 1929 1930 1931 1932 1933 1934 1935 1936 1937 1938 1939
#> [29] 1940 1941 1942 1943 1944 1945 1946 1947 1948 1949 1950 1951 1952 1953
#> [43] 1954 1955 1956 1957 1958 1959 1960 1961 1962 1963 1964 1965 1966 1967
#> [57] 1968 1969 1970 1971

# 各観測値を得る
as.numeric(nhtemp)
#>  [1] 49.9 52.3 49.4 51.1 49.4 47.9 49.8 50.9 49.3 51.9 50.8 49.6 49.3 50.6
```

```
#> [15] 48.4 50.7 50.9 50.6 51.5 52.8 51.8 51.1 49.8 50.2 50.4 51.6 51.8 50.9
#> [29] 48.8 51.7 51.0 50.6 51.7 51.5 52.1 51.3 51.0 54.0 51.4 52.7 53.1 54.6
#> [43] 52.0 52.0 50.9 52.6 50.2 52.6 51.6 51.9 50.5 50.9 51.7 51.4 51.7 50.8
#> [57] 51.9 51.8 51.9 53.0
# これらをデータフレームにする
nht <- data.frame(year = as.numeric(time(nhtemp)), temp = as.numeric(nhtemp))
nht
#>    year temp
#> 1  1912 49.9
#> 2  1913 52.3
#>  ...<56 more rows>...
#> 59 1970 51.9
#> 60 1971 53.0
```

解説

時系列オブジェクトは定間隔の観測情報を効率的に保持しますが、ggplotで使う際には、各観測の時刻と値を別々に表現した形式に変換する必要があります。

周期性を持つ時系列オブジェクトもあります。例えばpresidentsデータセットは四半期ごとに1度、つまり1年につき4つの観測を含みます。

```
presidents
#>      Qtr1 Qtr2 Qtr3 Qtr4
#> 1945   NA   87   82   75
#> 1946   63   50   43   32
#>  ...
#> 1973   68   44   40   27
#> 1974   28   25   24   24
```

年に少数部分を含ませて2列のデータフレームに変換するには、前と同じ方法が使えます。

```
pres_rating <- data.frame(
  year = as.numeric(time(presidents)),
  rating = as.numeric(presidents)
)
pres_rating
#>        year rating
#> 1   1945.00     NA
#> 2   1945.25     87
#>  ...<116 more rows>...
#> 119 1974.50     24
#> 120 1974.75     24
```

年と四半期を別の列に保存することもできます。視覚化方法によってはこちらのほうが使いやすいことがあります。

```
pres_rating2 <- data.frame(
  year = as.numeric(floor(time(presidents))),
  quarter = as.numeric(cycle(presidents)),
  rating = as.numeric(presidents)
)
pres_rating2
#>      year quarter rating
#> 1    1945       1     NA
#> 2    1945       2     87
#>  ...<116 more rows>...
#> 119 1974       3     24
#> 120 1974       4     24
```

関連項目

時系列オブジェクトを操作するにはzooパッケージも便利です。

付録A
ggplot2を理解する

この本に収められているほとんどのレシピでは、ハドレー・ウィッカム氏によって作成されたggplot2パッケージが必要になります。ggplot2はRのbaseパッケージに含まれてはいませんが、その多用途性やわかりやすく一貫したインタフェース、また出力の美しさなどから、Rコミュニティの多くのユーザの注目を集めています。

ggplot2は、Rで使用可能な他のグラフ描画パッケージとは異なるグラフィックスへのアプローチ方法を取っています。ggplot2の名前は、データグラフィックスの表現方法について正式かつ構造化された考え方を解説する本である、リーランド・ウィルキンソン著の『*Grammar of Graphics*』から取られています。

この本では主にggplot2を扱っていますが、ggplot2がRでグラフィックスを扱うどのような場面でも最善の方法だと言うつもりはありません。例えば、特にデータがあらかじめggplot2で使用するために構造化されていないような場合には、Rのbaseグラフィックスを使用したほうがデータの検査や探索がしやすいこともあります。このように、ggplot2では実現できないことや、他のグラフィックスパッケージと同等には実現できないことも存在します。また、ggplot2でも実現できるが、別の専用のパッケージで扱うほうが適しているような場合もあります。しかしほとんどの場合は、ggplot2を使うことで、最も時間効率よく、美しくて出版に適した出力を得ることができるはずです。

もう1つの汎用的なグラフ描画パッケージとしてはディーペイアン・ショーカーが作成したlatticeが挙げられますが、これは**格子状**（trellis）グラフを実装したものです。latticeはRのbaseパッケージに含まれています。

それでは、ggplot2をより深く理解するために、この先を読み進めましょう。

A.1　背景

データグラフィックスでは、データの属性からグラフィックス内の視覚属性へのマッピング（あるいは対応関係）が発生します。データの属性とは一般的に数値またはカテゴリカルな値で、一方視覚属性はxとyの座標値、線の色、棒の高さなどで表されるものです。データを視覚属性にマッピングしないデータの視覚化は、データの視覚化とは呼べません。ある数をx座標の値で表現することと、ある数を点の色で表現することは、表面的には大きく異なるように見えるかもしれませんが、抽象的なレベルでは同じなのです。データグラフィックスを扱ったことのある人なら誰でも、このことを無意識のうちに理解しています。そして私たちのほとんどにとっては、この点こそが理解の足りない点なのです。

グラフィックスの文法においては、この深い類似性はただ認識されるだけではなく、中核をなすものです。Rのbaseパッケージのグラフィックス関数では、データ属性から視覚属性へのそれぞれのマッピングが独立したものであり、マッピングの仕方を変えるには、データを再構築するか、まったく異なる描画コマンドを出すか、またはその両方が必要になることもあります。

このことを視覚的に説明するために、gcookbookパッケージに含まれるsimpledatデータセットをグラフ化したものをお見せしましょう。

```
# まだgcookbookをインストールしていない場合は、
# install.packages("gcookbook")を実行してインストールする

library(gcookbook)  # simpledatデータセットを使うためにgcookbookを読み込む
simpledat
#>    A1 A2 A3
#> B1 10  7 12
#> B2  9 11  6
```

次のコードは、Aをx軸に取り、Bで棒をグループ化する、シンプルな棒グラフとして表現しています（**図A-1**）。

```
barplot(simpledat, beside = TRUE)
```

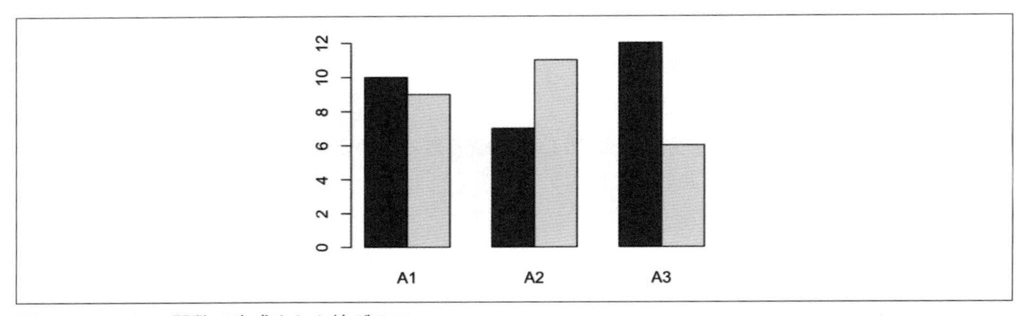

図A-1　barplot()関数で生成された棒グラフ

ここからやりたいことの1つとして、Bをx軸に取り、Aをグループ化に使うように切り替えるといったことがあるでしょう。これを行うためには、行列を変換してデータを再構築する必要があります。

```
t(simpledat)
#>    B1 B2
#> A1 10  9
#> A2  7 11
#> A3 12  6
```

再構築されたデータを基に、先ほどと同じ操作で目的のグラフを描画できます(**図A-2**)。

```
barplot(t(simpledat), beside=TRUE)
```

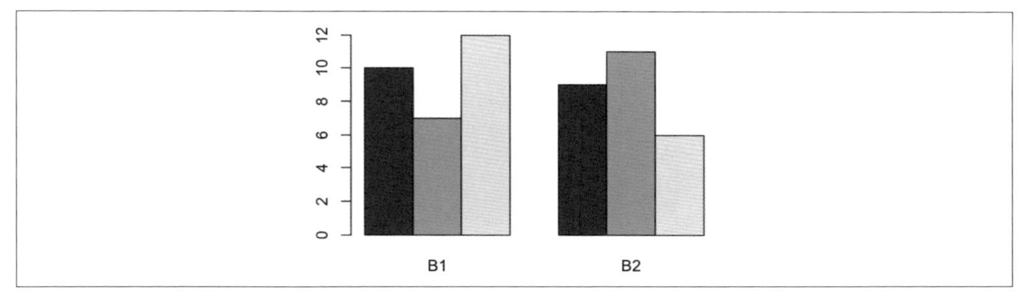

図A-2 変換されたデータで描画した棒グラフ

また別のやりたいこととして、**図A-3**に示すように、棒でなく折れ線でデータを表現したいといったこともあるでしょう。baseグラフィックスでこれを実現するには、まったく異なるコマンドのセットを使う必要があります。はじめに`plot()`を使い、グラフを新規に作成して1行目のデータを折れ線で描画します。その次に、`lines()`を使って2行目の折れ線を描画します。

```
plot(simpledat[1,], type="l")
lines(simpledat[2,], type="l", col="blue")
```

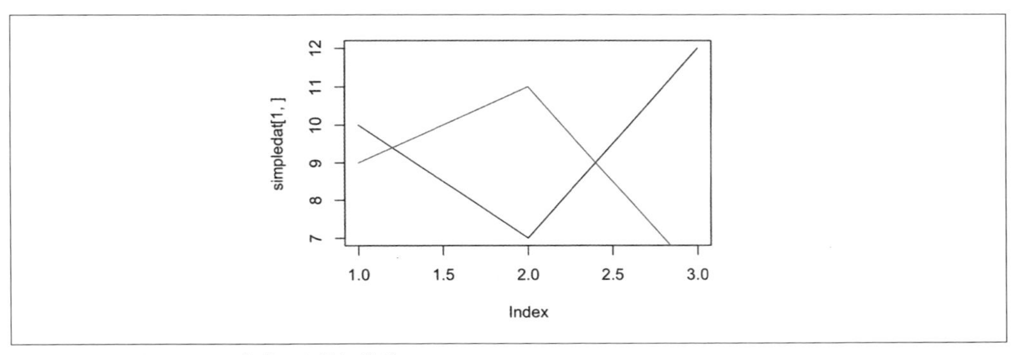

図A-3 plot()とlines()で作成した折れ線グラフ

この方法で生成されたグラフには、いくつかおかしな点があります。まず、2本目の線（青線）がグラフの下方向にはみ出ていますが、これはyの数値幅が1本目の線だけで（すなわち`plot()`関数が呼ばれたときに）決まることが原因です。また、x軸にカテゴリでなく数値が振られてしまっています。

ではここで、ggplot2では同等のコードやグラフがどのように表現されるかを見てみましょう。ggplot2では、データの構造は常に変わりません。つまり、従来使用していた「横持ち（wide）」形式ではなく、「縦持ち（long）」形式のデータフレームが必要になります。縦持ち形式で記述されたデータでは、各行が1つの項目を表現します。行列の中の位置によって意味を決定される項目のグループを持つのではなく、項目は列区切りによって示されるグループを持つのです。以下が、`simpledat`を縦持ち形式に変換したものです。

```
simpledat_long
#>   Aval Bval value
#> 1   A1   B1    10
#> 2   A1   B2     9
#> 3   A2   B1     7
#> 4   A2   B2    11
#> 5   A3   B1    12
#> 6   A3   B2     6
```

ここではデータの構造は異なりますが、同じ情報が表現されています。つまり、**整然（tidy）データ**になっていて、各行は1つの観測値を表しています。縦持ち形式には利点も欠点もありますが、全体で言えば、複雑なデータセットを扱う場合は縦持ち形式を使用したほうが簡単に処理できると思います。縦持ちと横持ちのデータ形式の変換についての詳細は、**「レシピ15.19　横持ち形式から縦持ち形式へ変換する」**と**「レシピ15.20　縦持ち形式から横持ち形式へ変換する」**を参照してください。

初めに作った、グループ分けされた棒グラフを作成するには、まずggplot2パッケージを読み込む必要があります。それから`x = Aval`を指定して`Aval`をxの位置にマッピングし、`fill = Bval`を指定して`Bval`を塗りつぶし色にマッピングします。これで、`A`の値がx軸に取られ、`B`の値でグループ化が決まるようになります。また、`y = value`を指定して`value`を`y`の座標位置、または棒グラフの高さにマッピングします。最後に、`geom_col()`関数を実行することで棒グラフを描画できます（他の細かい設定については、後で扱いますのでまだ心配しないでください）。

```
library(ggplot2)
ggplot(simpledat_long, aes(x = Aval, y = value, fill = Bval)) +
  geom_col(position = "dodge")
```

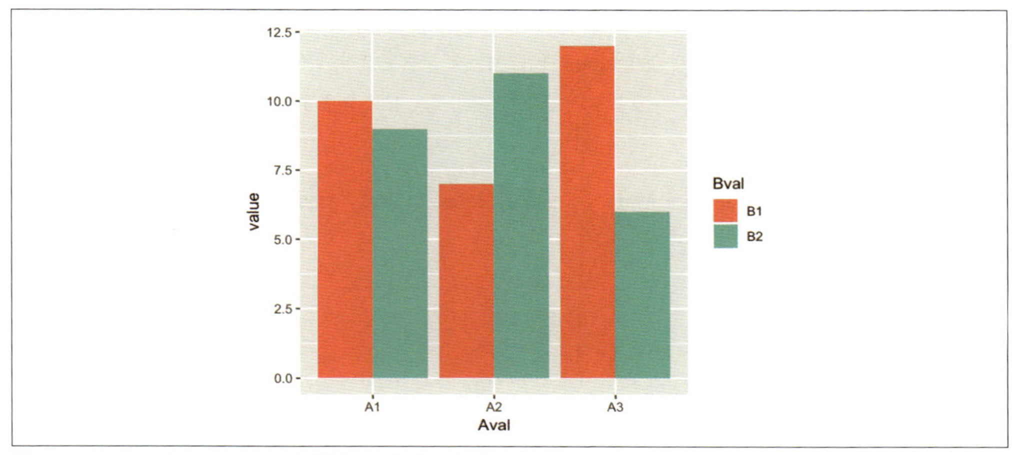

図A-4 ggplot()とgeom_col()を使用して作成したグラフ

Bをx軸に取り、Aをグループ分けに使用するように切り替えるには（**図A-4**）、マッピングの指定を入れ替えて、`x = Bval`と`fill = Aval`のように記述するだけです。baseグラフィックスとは異なり、データを変更する必要はありません。グラフを作成するためのコマンドを変更するだけでよいのです。

```
ggplot(simpledat_long, aes(x = Bval, y = value, fill = Aval)) +
    geom_col(position = "dodge")
```

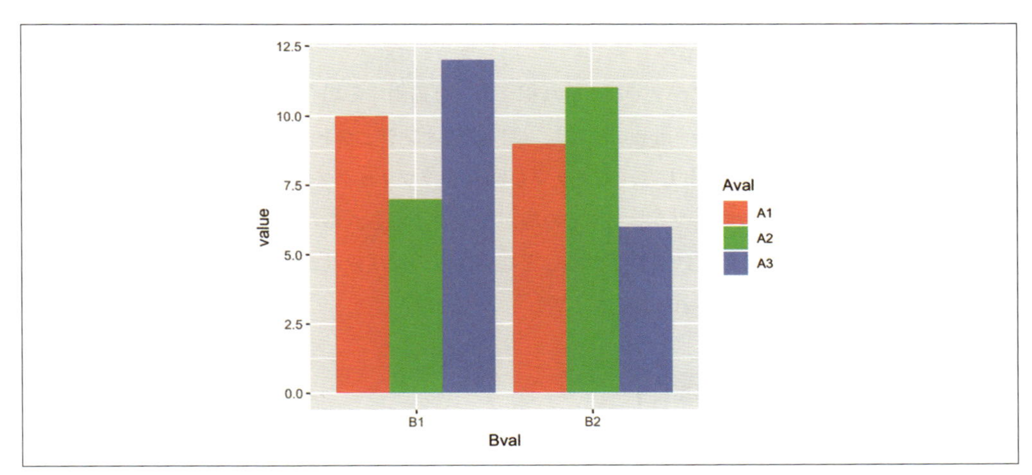

図A-5 同じデータだが、xと塗りつぶしのマッピングを入れ替えた棒グラフ

ggplot2では、プロットの構成要素が+演算子で結合されていることに気付いた方もいるでしょう。ggplotオブジェクトに要素を追加することで、徐々にオブジェクトを作り上げることができます。要素の追加をすべて終えたら、出力の指示に移れます。

グラフを折れ線に変更するには（**図A-5**）、geom_col()をgeom_line()に変更します。また、colourを使用して、Bvalをfillの色ではなくlineの色にマッピングします（イギリス式の綴りに注意してください。ggplot2の作者はニュージーランド人です）。繰り返しになりますが、他の細かい点についてはまだ気にしないでください。

```
ggplot(simpledat_long, aes(x = Aval, y = value, colour = Bval, group = Bval)) +
  geom_line()
```

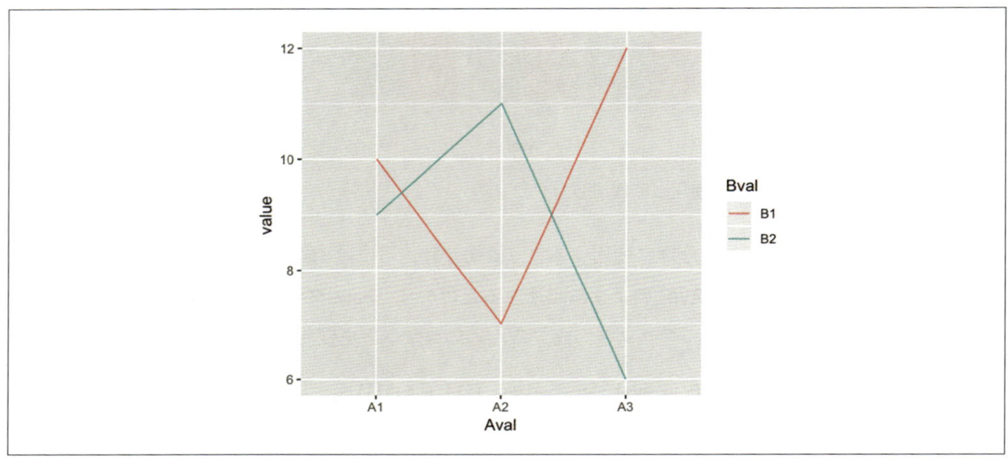

図A-6 ggplot()とgeom_line()を使用して作成した折れ線グラフ

baseグラフィックスでは、棒グラフでなく折れ線グラフを描画する場合にはまったく異なるコマンドを使わなければなりませんでした。ggplot2では、単に**幾何オブジェクト**（geom）を棒（col）から折れ線（line）に変えただけです。また、出力されたグラフもbaseグラフィックス版とは重要な点で異なります。折れ線を1本ずつ描画するのではなく、すべての線が一度に描画されるため、y軸の数値幅は自動で調整されます。そして、x軸は数値に変換されることなく、カテゴリ分けが保たれます。またggplot2のグラフでは、凡例が自動で生成されます。

A.2 用語の定義と理論

先に進む前に、ggplot2で使用するいくつかの用語を定義しておきましょう。

- **データ**とは、視覚化の対象を意味します。データは**変数**で構成され、データフレームに列として保存されます。
- **幾何オブジェクト**とは、データを表現するために描画される幾何学的オブジェクト（棒、折れ線、または点など）を意味します。

- **エステティック属性**、または**エステティック**とは、幾何オブジェクトの視覚的プロパティ（xとyの位置、線の色、点の形など）を意味します。
- データの値からエステティック属性に、**マッピング**が発生します。
- **スケール**はデータ空間の値からエステティック空間の値へのマッピングをコントロールします。連続的なyスケールにおいては、より大きな数値が、垂直方向でより高い位置へとマッピングされます。
- **ガイド**は、視覚属性がデータ空間にどのようにマッピングし直されるかを示すものです。最も一般的なガイドは、軸上に追加される目盛とラベルです。

典型的なマッピングがどのように行われるかの例を示しましょう。用いる要素は以下です。数値またはカテゴリカルな値が集合した**データ**、さまざまな視覚的表現のための**幾何オブジェクト**、yの（垂直方向の）位置といった**エステティック属性**、そして、データ空間（数値）からエステティック空間（垂直方向の位置）へのマッピング方法を定義する**スケール**です。典型的な線形のyスケールは、0の値をグラフの底線に、5を真ん中に、そして10を一番上の位置にマッピングするといったものでしょう。yが対数スケールの場合は、マッピングされる位置は異なってきます。

データとエステティック属性の空間で実現できることは、ここまでで紹介したものに留まりません。抽象的な定義でのグラフィックスの文法においては、データとエステティック属性は何にでもなれるのです。一方、ggplot2の実装では、データとエステティック属性の種類があらかじめいくつか定義されています。データの種類でよく使われるのは、数値、カテゴリカルな値、そして文字列です。エステティック属性の種類でよく使われるのは、水平方向と垂直方向の位置、色、大きさ、そして形などです。

グラフを解釈するには、**ガイド**を参照します。ガイドの例としては、y軸（目盛とラベルを含む）があります。このガイドを見ることで、ある点がスケールの真ん中に打たれているときに、それが何を意味するのかを解釈できるのです。もう1つのガイドの形として、**凡例**があります。凡例を見ることで、例えばある点が円または三角形で示されるとき、またある線が青や赤などの色で示されるときに、それらが何を示すのかを知ることができます。

エステティック属性の中には、点の形（三角形、円、四角形など）といったように、カテゴリカル変数のみに対応するものもあります。また、xの（水平方向の）位置のように、カテゴリカルまたは連続値変数に対応するエステティック属性もあります。棒グラフの場合は、変数はカテゴリカルでなければなりません。x軸に連続値があっても意味がないのです。一方散布図の場合は、変数は数値型でなければなりません。これらのデータ型（カテゴリカルデータと数値データ）はどちらもエステティック空間のx位置にマッピングできますが、それぞれ異なる種類のスケールが必要となるのです。

ggplot2の用語では、カテゴリカル変数は**離散的（discrete）**、数値変数は**連続的（continuous）**と呼ばれます。これらは、一般的にこれらの用語が使用される意味と常に同じであるとは限りません。ggplot2の意味では連続的ですが、一般的な意味では離散的であるような場合もあります。例えば、太陽の黒点の数は整数なので、この値は数値（つまりggplot2にとっては**連続的**）であり、かつ一般的な言葉の意味では**離散的**と言えます。

A.3　シンプルなグラフを作成する

ggplot2で必要になるデータ構造の条件は単純です。データフレームに格納され、かつエステティック属性にマッピングされる変数がそれぞれ固有の列に記録されていれば、条件は満たされます。前に見た`simpledat`の例では、まず1つの変数をエステティック属性`x`に、もう1つをエステティック属性`fill`にマッピングしました。それから、マッピングの指定を変更し、どの変数をどのエステティック属性にマッピングするかを入れ替えました。

シンプルな例を見ていきましょう。まず、単純なサンプルデータでデータフレームを作成します。

```
dat <- data.frame(
  xval = 1:4,
  yval=c(3, 5, 6, 9),
  group=c("A","B","A","B")
)

dat
#>   xval yval group
#> 1    1    3     A
#> 2    2    5     B
#> 3    3    6     A
#> 4    4    9     B
```

基本的な`ggplot()`の指定では、次のようになります。

```
ggplot(dat, aes(x = xval, y = yval))
```

この指定により、データフレーム`dat`を使用したggplotオブジェクトが生成されます。また`aes()`内の指定で、デフォルトの**エステティックマッピング**が行われます。

- `x = xval`で、`xval`列がx位置にマッピングされる。
- `y = yval`で、`yval`列がy位置にマッピングされる。

ggplotにデータフレームとエステティックマッピングを与えた後に、もう1つ重要になる要素があります。どのような**幾何オブジェクト**でプロットするかを指定する必要があるのです。上記の時点では、

ggplot2は棒、折れ線、点またはそれ以外のうち、どの幾何オブジェクトでグラフを描画すべきかを判別できません。ここで、例えば点を描画するためにgeom_point()を指定すれば、出力結果は散布図になります（**図A-7**）。

```
ggplot(dat, aes(x = xval, y = yval)) +
  geom_point()
```

これらの要素のうち再度使いたいものがある場合は、変数に格納しておくことができます。ggplotオブジェクトを変数pに保存し、変数pにgeom_point()を追加するといった指定が可能です。以下の記述は、1つ前のコードと同じ結果になります。

```
p <- ggplot(dat, aes(x = xval, y = yval))

p +
  geom_point()
```

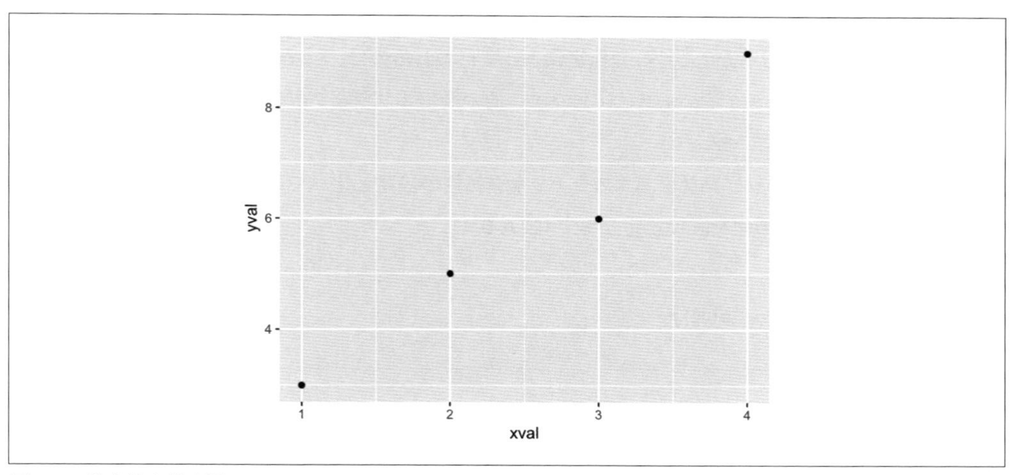

図A-7　基本的な散布図

また、geom_point()の引数にaes()を置き、color = groupを指定することで、変数groupを点の色にマッピングすることが可能です（**図A-8**）。

```
p +
  geom_point(aes(colour = group))
```

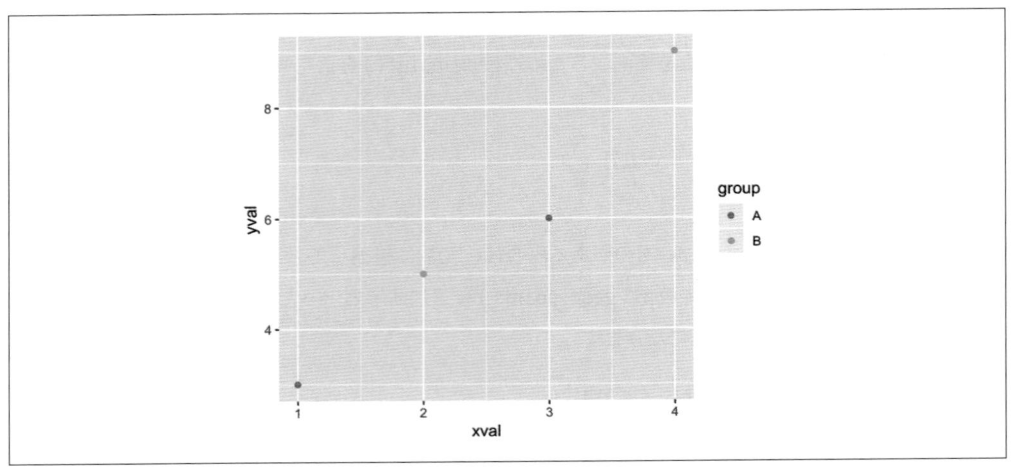

図A-8　変数を点の色にマッピングした散布図

この指定は、はじめに定義したデフォルトのエステティックマッピング、すなわちggplot(...)の中身を変更するものではありません。この指定によって行われるのは、geom_point()という特定の幾何オブジェクトへのエステティックマッピングです。他の幾何オブジェクトを加えたとしても、このマッピングはそれには影響しません。

このエステティック**マッピング**を、エステティック属性の**設定**と比べてみましょう。今回はaes()は使わず、単純にcolourの値を直接設定します（**図A-9**）。

```
p +
  geom_point(colour = "blue")
```

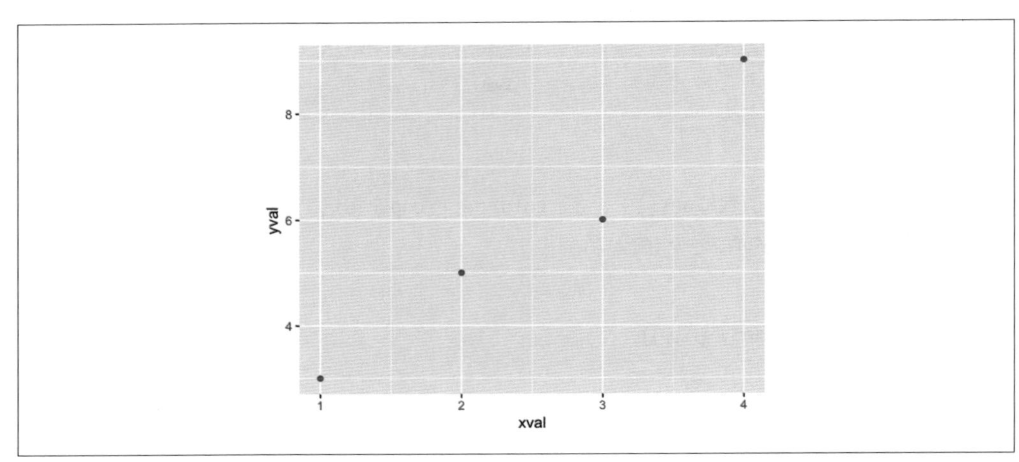

図A-9　点の色を設定した散布図

また、スケールを変更することもできます。これはデータから視覚的属性へのマッピングと言えます。ここでは、xのスケールを変更し、範囲を拡大しましょう（**図A-10**）。

```
p +
  geom_point() +
  scale_x_continuous(limits = c(0, 8))
```

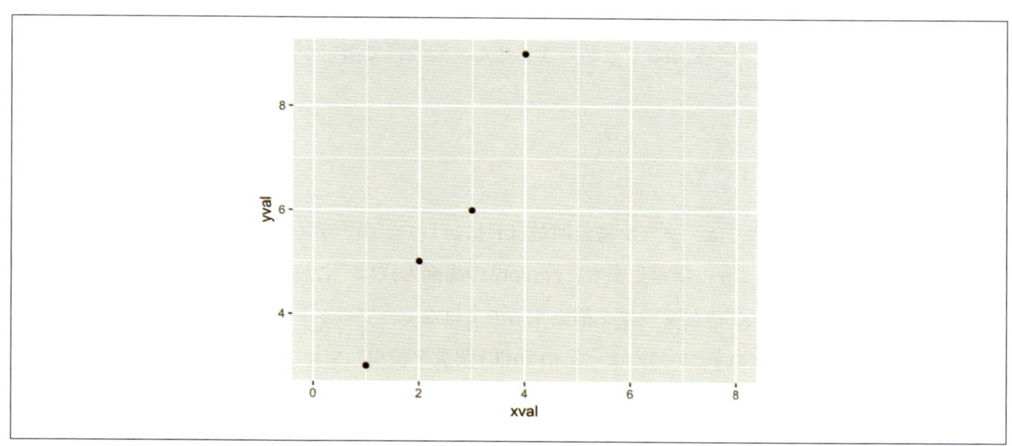

図A-10 xの範囲を拡大した散布図

colour = groupのマッピングの例に戻ると、カラースケールを変更することも可能です（**図A-11**）。

```
p +
  geom_point(aes(colour = group)) +
  scale_colour_manual(values = c("orange", "forestgreen"))
```

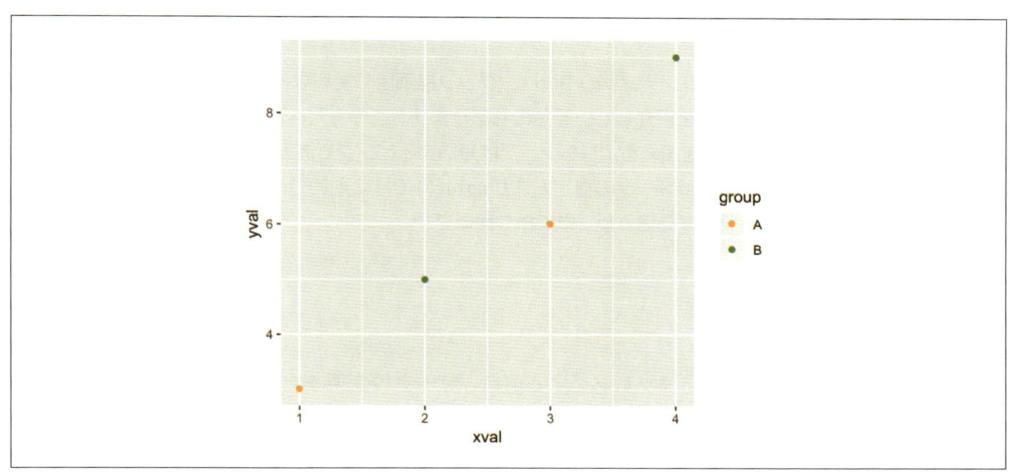

図A-11 点の色を変更し、異なるパレットを使用した散布図

スケールを変更したいずれの場合にも、ガイドが併せて変更されました。xのスケールを変更した場合は、x軸上の目盛がガイドにあたります。カラースケールの変更の場合は、凡例がガイドにあたります。

ここで、コードの各部品を結合するのに+を使っていることに注目してください。最後の例では、1行目を+で終えて、次の行でさらに記述を追加しています。コードが複数行にわたる場合は、次の行の先頭でなく、各行の末尾に+を記述する必要があります。行の末尾に+がないと、Rのパーサは次の行にさらに記述が続くのかどうかを知ることができません。その行で指定が完了し、評価を開始すると判定してしまうのです。

A.4 出力

Rのbaseグラフィックスでは、グラフ描画関数はRに対して、出力デバイス（スクリーンまたはファイル）にグラフを描画するように指示します。ggplot2の描画方式は、これとは少し異なります。グラフ描画関数は、出力デバイスに直接グラフを描画するのではなく、プロットの**オブジェクト**を生成するのです。そして、`print(object)`といったように`print()`関数を使用してオブジェクトを出力しなければ、プロットは描画されません。「でも待てよ、Rに何も出力の命令をしていないのにグラフは描画されたじゃないか！」と考えた方もいるかもしれません。実は、厳密に言うとそれは正しくありません。Rでは、プロンプトにコマンドを打つと、実際には2つの処理を行います。1つ目は、コマンドそのものの実行。そして2つ目として、そのコマンドを呼び出して戻った結果を`print()`で出力する処理を行うのです。

インタラクティブなRのプロンプトにおける振る舞いは、スクリプトや関数を実行する場合とは異なります。スクリプトでは、コマンドは自動的には出力されません。関数でも同じことが言えますが、戻ってくるものがわずかにあります。関数の最後のコマンドの結果は戻り値として返されるため、もしRのプロンプトから関数を呼び出せば、最後のコマンドの結果（すなわち関数の結果）は出力されます。

ggplot2の入門コンテンツの中には、グラフ描画用の便利なインタフェースとして`qplot()`と呼ばれる関数を紹介しているものもあります。この方法は、確かに`ggplot()`に幾何オブジェクトの指定を加えるよりも少しだけ短いタイピングで済みます。しかし筆者は、ある種のグラフ描画パラメータの指定方法が`qplot()`では変則的で、混乱しやすいと感じました。`ggplot()`を使用するほうが、単純かつ簡単です。

A.5 統計

データをエステティック属性にマッピングする前に、データの変換または要約が必要となる場合があります。例えば、ヒストグラムを描画するのにサンプルをビンにグループ化して個数を数える必要がある場合などがこれにあたります。ビンごとの個数が数えられたら、その値が棒の高さの指定に使用されるのです。geom_histogram()など一部の幾何オブジェクトではこの処理が自動で行われますが、stat_*xxx*で定義されたさまざまな関数を使って、自分でデータを変換または要約する必要がある場面も出てくるでしょう。

A.6 テーマ

グラフの体裁のうち、いくつかの側面はグラフィックス文法の範囲外となります。範囲外になるものには、背景色やグラフ描画領域の目盛線の描画色、軸のラベルで使用するフォント、およびグラフのタイトルのテキストなどが含まれます。これらは、**「9章　グラフの全体的な体裁」**で紹介するtheme()関数で制御することができます。

A.7 おわりに

ここまで読み進めたあなたは、きっとggplot2の背景にあるコンセプトを理解できたはずです。この本の残りの部分では、ggplot2をいかに使うかを紹介しています。

付録B 日本語フォントの利用（日本語版補遺）

Rをインストールした後、デフォルトの設定のままでは日本語フォントは利用できず、文字化けが発生してしまいます。

付録Bでは、日本の読者向けにグラフでの日本語フォントの利用方法を簡単に説明します。

B.1 日本語フォントの設定

例えば、次のように何も設定せずにグラフのタイトルに日本語を記述した場合、タイトル部分が文字化けしてしまいます（**図B-1**）。

```
x <- c(1,2,3)
y <- c(2,3,4)
plot(x,y, main="日本語タイトル")
```

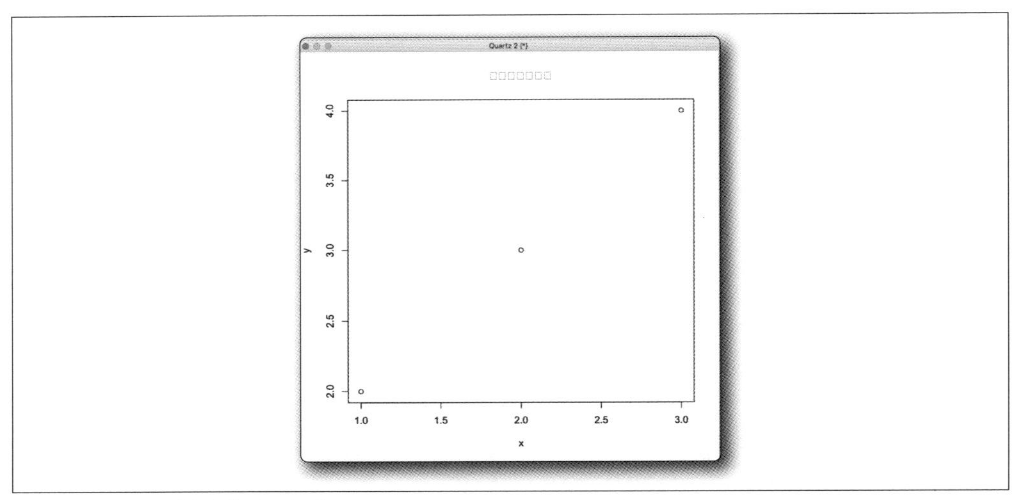

図B-1 タイトルが文字化けしたグラフ

日本語フォントを使用するためには、OSによって設定の仕方が変わります。

B.2 macOSの場合

次のようにquartzFonts関数を使って、使用したいフォントを定義しておきます。ここではHiraginoSans-W3に対して、HiraKakuというフォントファミリーを定義しています*1。

quartzFontsにおけるフォントファミリーは、1つのファミリーに対して4個のフォントを指定する必要があるため、ここではrep()関数を使って、同じフォントを4回指定しています。4つとも異なるフォントにすることも可能です。

```
quartzFonts(HiraKaku=quartzFont(rep("HiraginoSans-W3",4)))
```

quartzFonts()関数を呼び出すことで、定義したフォントファミリーが追加されていることが確認できます。

```
quartzFonts()
#> $serif
#>[1] "Times-Roman"      "Times-Bold"       "Times-Italic"      "Times-BoldItalic"
#>
#> $sans
#> [1] "Helvetica"             "Helvetica-Bold"        "Helvetica-Oblique"
#> [4] "Helvetica-BoldOblique"
#>
#> $mono
#> [1] "Courier"              "Courier-Bold"          "Courier-Oblique"
#> [4] "Courier-BoldOblique"
#>
#> $HiraKaku
#> [1] "HiraginoSans-W3" "HiraginoSans-W3" "HiraginoSans-W3" "HiraginoSans-W3"
```

その後、plot関数で使用したいフォントファミリーを指定します（**図B-2**）。

```
plot(x,y, main="日本語タイトル", family="HiraKaku")
```

＊1　注：このHiraginoSans-W3という文字列は、PostScript名というものでmacOSのFont Bookアプリでフォント情報を表示すると確認できます。

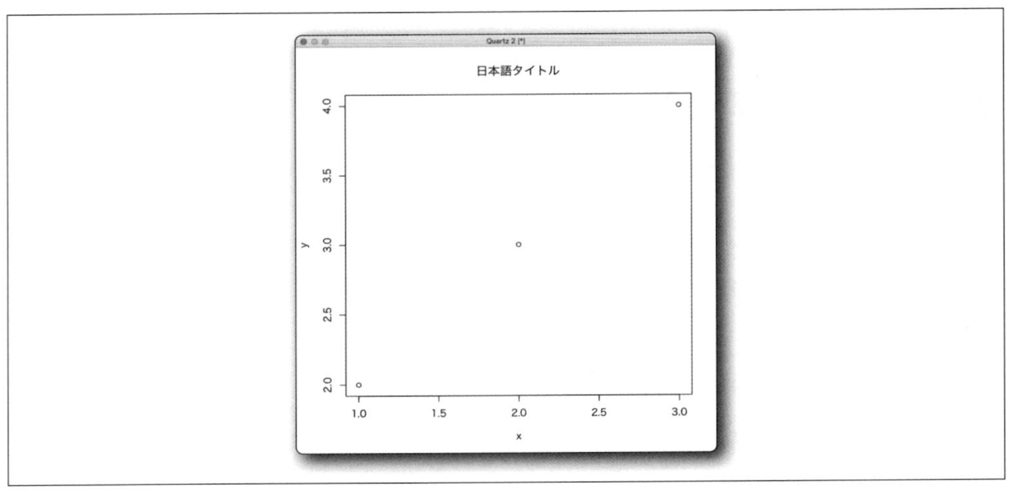

図B-2　日本語フォントをタイトルに使用したグラフ

プロットをするたびにフォントを指定するのが面倒なときは、次のようにpar()関数でフォントファミリーを指定しておけばplot()関数ではfamilyの値を設定する必要はありません。

```
par(family="HiraKaku")
```

なお、プロットの各部でフォントファミリーに定義した4つのフォントをそれぞれ別に使いたい場合には、以下のようにどの部分にファミリーに含まれる何番目のものを使うかを指定します。

```
par(font.axis=1, font.lab=2, font.main=3, font.sub=4)
```

B.3　Windowsの場合

次のように先にwindowsFonts関数を使って、使用したいフォントを定義しておきます*1。

```
windowsFonts(
  JP1 = windowsFont("Meiryo UI"),
  JP2 = windowsFont("MS Gothic"),
  JP3 = windowsFont("MS UI Gothic"),
  JP4 = windowsFont("MS Mincho"),
  JP5 = windowsFont("MS PMincho")
)
```

＊1　注：筆者のWindows 10環境に、R（バージョン3.5.2）を新規インストールしたところ、windowsFontsによる設定をしなくても日本語は表示されました。Windowsでは日本語フォントの問題は発生しなくなっているのかもしれません。しかし、参考までにwindowsFontsの設定方法は記載しておきます。

macOSと同様に、`windowsFonts()`関数を呼び出すことで、定義したファミリーが追加されていることが確認できます。

```
windowsFonts()
#> $serif
#> [1] "TT Times New Roman"
#>
#> $sans
#> [1] "TT Arial"
#>
#> $mono
#> [1] "TT Courier New"
#>
#> $JP1
#> [1] "Meiryo UI"
#>
#> $JP2
#> [1] "MS Gothic"
#>
#> $JP3
#> [1] "MS UI Gothic"
#>
#> $JP4
#> [1] "MS Mincho"
#>
#> $JP5
#> [1] "MS PMincho"
```

使用するフォントを指定した後は、macOSの場合と同様です。

B.4 ggplot2での日本語フォントの設定

`par`関数で日本語フォントを設定している場合でも、ggplot2のグラフには影響せず、文字化けが発生してしまいます（**図B-3**）。

```
library(gcookbook) # データセットの読み込み
library(ggplot2)
par(family="HiraKaku")
ggplot(heightweight, aes(x=ageYear, y=heightIn)) +
  geom_point() +
  ggtitle("日本語タイトル")
```

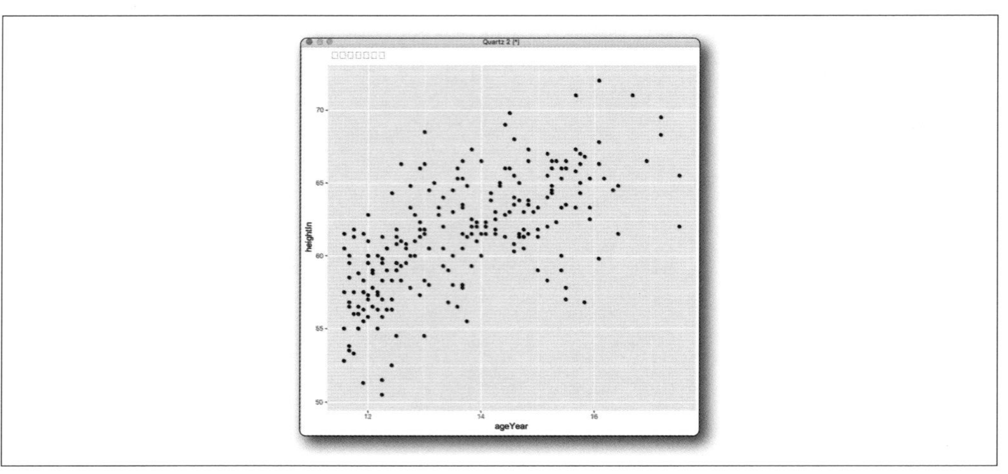

図B-3　タイトルが文字化けしたggplot2のグラフ

ggplot2のグラフで日本語フォントを指定するためには、9章で紹介したテーマシステムを使用します。ここでは、plot.title部分のフォントファミリーを定義済みのHiraKakuに指定しています（**図B-4**）。

```
library(gcookbook) # データセットの読み込み
library(ggplot2)
ggplot(heightweight, aes(x=ageYear, y=heightIn)) +
  geom_point() +
  ggtitle("日本語タイトル") +
  theme(plot.title=element_text(family="HiraKaku"))
```

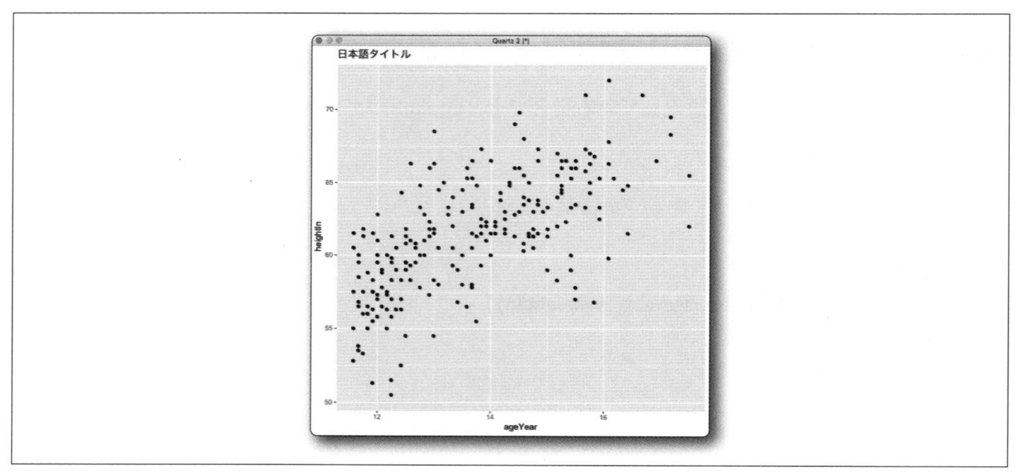

図B-4　日本語のフォントを使用したggplot2のグラフ

グラフのplot.titleなど、個別にフォントファミリーを指定するのが面倒な場合は、あらかじめbase_familyを設定しておくのが便利です。次の例は、デフォルトで用意されているテーマtheme_bwのフォントだけを日本語フォントに指定し、これをtheme_setとして設定しています（**図B-5**）。このtheme_setはRのセッションの間だけ有効です。

```
library(gcookbook) # データセットの読み込み
library(ggplot2)
theme_set(theme_bw(base_family="HiraKaku"))
ggplot(heightweight, aes(x=ageYear, y=heightIn)) +
  geom_point() +
  ggtitle("日本語タイトル")
```

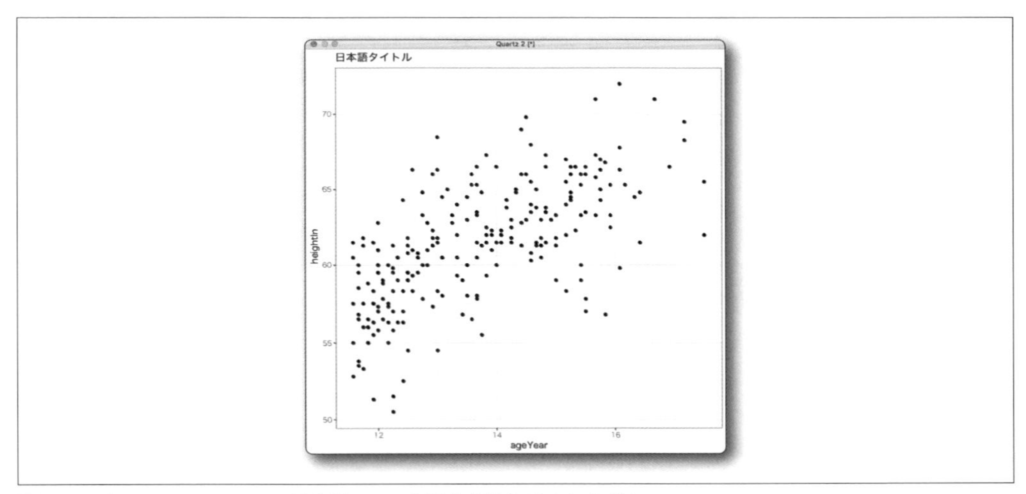

図B-5　デフォルトのテーマに日本語フォント指定を追加設定したグラフ

B.5　PDFファイルに出力する場合の日本語フォントの設定

前節までで、日本語の文字を含んだグラフを画像にすることはできるようになりましたが、PDFファイルに出力する場合は、もうひと手間必要になります。

例えばmacOSでPDFファイルにグラフを出力する場合、以下のように、そのままggsaveを使ってしまうと、エラーが発生し日本語部分が真っ白になってしまいます（**図B-6**）。

```
library(ggplot2)
library(gcookbook)

# フォントファミリーを定義する
quartzFonts(HiraKaku = quartzFont(rep("HiraginoSans-W3", 4)))
```

```
theme_set(theme_bw(base_family = "HiraKaku"))
ggplot(heightweight, aes(x=ageYear, y=heightIn)) +
  geom_point() +
  ggtitle("日本語タイトル")
ggsave("sample.pdf", device = "pdf")
```

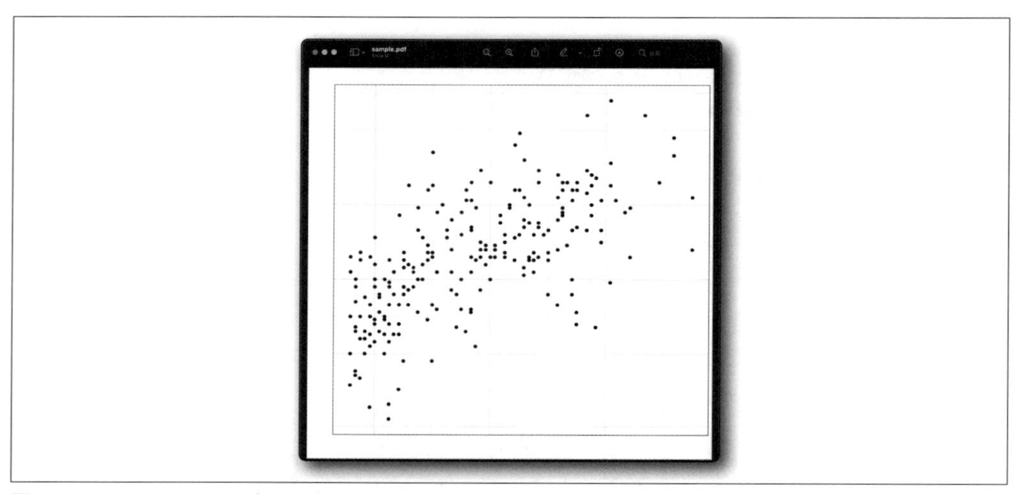

図B-6　PDFファイルで日本語が表示されていないグラフ

なお、Windowsでも同様に、何もせずにggsaveをしただけでは、PDFに日本語を表示することはできません。

このエラーの原因は、macOSの例で説明をすると、quartzFontsで登録したフォントを指定して、quartzではなくpdfデバイスに（ggsaveを介して）出力をしているためです。pdfデバイスでは、pdfFontsとして登録されているfont familiyしか使用することができません。したがって、ggsaveを実行したときにquartzFontsでは登録済みのfont familyのHiraKakuがpdfFontsには存在しないため、エラーが発生します。Windowsの場合も細かい部分は異なりますが、原因としては同様です。

対応策としては、以下のうちいずれかがあります。

1. pdfFontsで、PDFで使えるfont family（Japan1など）を確認し、それをtheme_setで指定した上でggsaveを使う
2. pdfFontsに使いたいフォントを新しく登録した上でggsaveを使う
3. pdfデバイスを使わずに、quartz（macOS）やwin.print（Windows）などのデバイスのPDF出力オプションを使ってPDFを出力する

1.の場合のコードは以下のようになります。

```
library(ggplot2)
library(gcookbook)

theme_set(theme_bw(base_family = "Japan1"))

# quartzなどデフォルトのデバイス側に"Japan1"フォントがないのが原因の警告がでるのを防ぐため、
# デバイスに出力せずに、結果を変数japan1_sampleで保持しておく
japan1_sample &lt;- ggplot(heightweight, aes(x=ageYear, y=heightIn)) +
  geom_point() +
  ggtitle("日本語タイトル")
ggsave("japan1_sample.pdf", device = "pdf")
```

2.の場合は、True Type fontファイル（.ttf）からAdobe Font Metrics（.afm）ファイルを作成した上で、pdfFontsでafmファイルを指定してフォント情報を登録する必要があるため、難易度が高いです。この本では、この手順の説明は割愛します。

2.の方針で行く場合、あらかじめ日本語を使用可能なTrue Type FontをOSにインストールした上で、P.367に記載のextrafontパッケージを使用した手順で、OSにインストールしたフォントをRで使えるようにすると難易度が下がると思います。

3.の場合、macOSではquartzデバイスでtype=pdfオプションを指定できるため、quartzFontsで登録したフォントを使ってPDFを出力します。Windowsを使う場合は、デバイスとして、win.printを使ってPDFプリンターを指定します。

macOSの場合

```
library(ggplot2)
library(gcookbook)

# フォントファミリーを定義する
quartzFonts(HiraKaku = quartzFont(rep("HiraginoSans-W3", 4)))

theme_set(theme_bw(base_family = "HiraKaku"))
quartz_pdf_sample &lt;- ggplot(heightweight, aes(x=ageYear, y=heightIn)) +
  geom_point() +
  ggtitle("日本語タイトル")

quartz(file="quartz_pdf_sample.pdf", type = "pdf")
print(quartz_pdf_sample)
dev.off()
```

Windowsの場合

```
library(ggplot2)
library(gcookbook)

windowsFonts(
  JP1 = windowsFont("Meiryo UI"),
  JP2 = windowsFont("MS Gothic"),
  JP3 = windowsFont("MS UI Gothic"),
  JP4 = windowsFont("MS Mincho"),
  JP5 = windowsFont("MS PMincho")
)

theme_set(theme_bw(base_family = "JP1"))

pdf_printer_sample &lt;- ggplot(heightweight, aes(x=ageYear, y=heightIn)) +
  geom_point() +
  ggtitle("日本語タイトル")

# win.print()のprinterパラメータに、OSにインストール済みのPDFプリンター名を指定する
win.print(printer = "Adobe PDF")
print(pdf_printer_sample)
dev.off()
```

索引

数字・記号

A

B

C

D

E

F

G

H

I

L

M

N

P

Q

R

S

T

U

V

W

X

Y

あ行

か行

さ行

た行

な行

は行

ま行

や行

ら行

●著者紹介

Winston Chang（ウィンストン・チャン）

RStudioのソフトウェアエンジニア。データビジュアライゼーション、R用ソフトウエア開発ツールの開発に従事。ノースウエスタン大から心理学の博士号を授与されている。博士課程の学生時代は「Cookbook for R」というサイトを作成し、Rのレシピを紹介していた。

●訳者紹介

石井 弓美子（いしい ゆみこ）

東京大学大学院総合文化研究科博士課程修了。国立環境研究所研究員。昆虫生態学が専門。統計解析やシミュレーション、データの可視化などにRを使用。

河内 崇（かわち たかし）

1978年大分県生まれ、東京大学大学院総合文化研究科修士課程修了。学生時代よりベンチャー企業でプログラミングを手がけ、SIer、スマートフォンベンチャー企業を経て、現在は（株）pLuckyでユーザデータ分析サービスの開発に携わる。ネットワークプログラミング、iPhoneプログラミングを得意とするエンジニア。最近の興味は機械学習や関数型言語、子育てなど。

瀬戸山 雅人（せとやま まさと）

大手SIerで勤務後、オンライン英会話サービスを開発。現在は、株式会社プレセナ・ストラテジック・パートナーズにてeラーニングシステムの開発と運用を行っている。大学時代には昆虫の研究活動の中でRや統計学の基礎を学習した。共訳書に『RとRubyによるデータ解析入門』『戦略的データサイエンス』『データサイエンス講義』、監訳書に『RとKerasによるディープラーニング』（以上オライリー・ジャパン）。

カバーの説明

表紙の動物はトナカイ（学名Rangifer tarandus）です。北アメリカでは「カリブー」とも呼ばれています。トナカイは北極圏および亜北極地域固有の鹿の一種です。トナカイは極寒の環境に適した理想的な体を持っており、毛皮、角、蹄、視力は、低温に適しています。

トナカイの外側の毛はまっすぐで内部に空洞があるため、冷たい水から体を守り、また浮力も得ることができます。内側の毛は羊毛状です。トナカイの毛皮は熱を遮断するので、トナカイが雪の上に横たわっても雪が溶けることはありません。トナカイのオスにもメスにも、子供にも枝角がありますが、この特徴を持つのは鹿の仲間ではトナカイだけです。体の大きさと比較した枝角の大きさは、現存する鹿の中で最大です。枝角は毎年生え変わり、新しい枝角は、春から夏にかけて成長します。

トナカイの蹄は、季節に合わせて変化します。ツンドラが柔らかくぬかるんでいる夏場は、歩きやすいように蹄の裏側はスポンジ状になります。冬には蹄の裏は硬く締まり、縁が露出します。このような硬い蹄は、氷や凍りついた雪に食い込むので、滑らずに済みます。またこの硬い蹄を使って雪で覆われた地面を掘り、好物（ハナゴケとして知られている地衣類）を見つけます。

2012年、ユニバーシティ・カレッジ・ロンドンの研究者は、トナカイは紫外線を見ることができる唯一の哺乳動物であることを発見しました。人間の視力では400 nmより短い波長の光を見ることはできませんが、トナカイは320 nmより短い光でも見ることができます。この範囲の光はブラックライトがなければ我々は見ることができません。紫外線が見えるという能力のおかげで北極圏の銀世界の中で対象を見分け、生存することができるのです。

クリスマスの物語では、サンタクロースのそりはトナカイに引かれています。そりを引く8頭のトナカイの名前は、ダッシャー（Dasher）、ダンサー（Dancer）、プランサー（Prancer）、ヴィクセン（Vixen）、コメット（Comet）、キューピッド（Cupid）、ドンダー（Donder）、ブリッツェン（Blitzen）です。この名前が最初に登場したのは1823年に発表された詩「サンタクロースがきた」の中においてです。

Rグラフィックスクックブック 第2版
―ggplot2によるグラフ作成のレシピ集

2019年11月19日　初版第1刷発行
2022年1月14日　初版第2刷発行

著　者　Winston Chang（ウィンストン・チャン）
訳　者　石井 弓美子（いしい ゆみこ）、河内 崇（かわち たかし）、
瀬戸山 雅人（せとやま まさと）
発行人　ティム・オライリー
制　作　ビーンズ・ネットワークス
印刷・製本　日経印刷株式会社
発行所　株式会社オライリー・ジャパン
〒160-0002　東京都新宿区四谷坂町12番22号
Tel　(03)3356-5227
Fax　(03)3356-5263
電子メール　japan@oreilly.co.jp
発売元　株式会社オーム社
〒101-8460　東京都千代田区神田錦町3-1
Tel　(03)3233-0641（代表）
Fax　(03)3233-3440

Printed in Japan (ISBN978-4-87311-892-5)
乱丁本、落丁本はお取り替え致します。

本書は著作権上の保護を受けています。本書の一部あるいは全部について、株式会社オライリー・ジャパンから文書による許諾を得ずに、いかなる方法においても無断で複写、複製することは禁じられています。